中国石化员工培训教材

# 炼化企业安全处(科)长岗位培训教材

中国石化员工培训教材编审指导委员会　组织编写

本书主编　李　刚

中国石化出版社

## 内 容 提 要

《炼化企业安全处(科)长岗位培训教材》为《中国石化员工培训教材》之一，为管理岗位培训类型的教材。内容涵盖了安全生产法规标准、安全技术管理、安全监察监督管理、安全教育培训、直接作业环节安全监督管理、石油化工设施安全监督管理、危险化学品安全监督管理、特种设备安全监督管理、防雷防静电安全监督管理、自控联锁使用安全监督管理、职业卫生监督管理、消防、气防监督管理、事故管理、应急管理、石化企业防灾减灾以及相关方安全监督管理等内容。

本书可作为炼化企业安全处(科)长进行岗位培训使用，同时也可作为炼化企业管理人员、工程技术人员系统了解安全管理的工具书。

**图书在版编目(CIP)数据**

炼化企业安全处(科)长岗位培训教材 / 李刚主编.
—北京：中国石化出版社，2014.8
中国石化员工培训教材
ISBN 978-7-5114-2931-5

Ⅰ.①炼… Ⅱ.①李… Ⅲ.①石油炼制-工业企业管理-安全管理-职工培训-教材 Ⅳ.①F407.22

中国版本图书馆 CIP 数据核字(2014)第 191852 号



**中国石化出版社出版发行**
地址：北京市东城区安定门外大街 58 号
邮编：100011 电话：(010)84271850
读者服务部电话：(010)84289974
http://www.sinopec-press.com
E-mail:press@sinopec.com
北京柏力行彩印有限公司印刷
全国各地新华书店经销
*
787×1092 毫米 16 开本 26 印张 634 千字
2014 年 12 月第 1 版 2014 年 12 月第 1 次印刷
定价：75.00 元

# 《中国石化员工培训教材》编审指导委员会

主　任：李春光

委　员：戴　锭　谭克非　章治国　初　鹏
吕长江　张卫东　吕永健　徐　惠
张吉星　雍自强　寇建朝　张　征
蒋振盈　齐学忠　翟亚林　耿礼民
吕大鹏　郭安翔　何建英　石兴春
王妙云　徐跃华　孙久勤　吴文信
王德华　亓玉台　周志明　王子康

# 《炼化企业安全处(科)长岗位培训教材》编委会

主　　任：王　强

副 主 任：寇建朝　李　刚

成　　员：杜红岩　张德全　闫　进　李立新　张启敏
　　　　　谢景山　陈凤棉　贾如伟　方文林　马文耀
　　　　　杨　杰　孙志刚　郭旭辉　吴加平　张兴赞
　　　　　郑　建　王启林

主　　编：李　刚

副 主 编：谢景山

编写人员：贾如伟　陈凤棉　方文林　杨　杰　孙志刚
　　　　　吴加平　郭旭辉　马文耀　张兴赞　郑　建
　　　　　王启林

主　　审：杜红岩

审稿人员：冯少伟　张德全　闫　进　贾如伟　方文林
　　　　　王绍民　王豫安　刘保书　陈凤棉　许　倩

# 序

中国石化是上中下游一体化能源化工公司，经营规模大、业务链条长、员工数量多，在我国经济社会发展中具有举足轻重的作用。公司的发展，基础在队伍，关键在人才，根本在提高员工队伍整体素质。员工教育培训是建设高素质员工队伍的先导性、基础性、战略性工程，是加强人才队伍建设的重要途径。

当前，我们已开启了建设世界一流能源化工公司的新航程，加快转变发展方式的任务艰巨而繁重，这对进一步做好员工教育培训工作提出了新的更高要求。我们要以中国特色社会主义理论为指导，紧紧围绕企业改革发展、队伍建设和员工成长需要，以提高思想政治素质为根本，以能力建设为重点，积极构建符合中国石化实际的培训体系，加大重点和骨干人才培训力度，深入推进全员培训，不断提高教育培训的质量和效益，为打造世界一流提供有力的人才保证和智力支持。

培训教材是员工学习的工具。加强培训教材建设，能够有效反映和传递公司战略思想和企业文化，推动企业全员学习，促进学习型企业建设。中国石化员工培训教材编审指导委员会组织编写的这套系列教材，较好地反映了集团公司经营管理目标要求，总结了全体员工在实践中创造的好经验好做法，梳理了有关岗位工作职责和工作流程，分析研究了面临的新技术、新情况、新问题等，在此基础上进行了完善提升，具有很强的实践性、实用性和较高的理论性、思想性。这套系列培训教材的开发和出版，对推动全体员工进一步加强学习，进而提高全体员工的理论素养、知识水平和业务能力具有重要的意义。

学习的目的在于运用，希望全体员工大力弘扬理论联系实际的优良学风，紧密结合企业发展环境的新变化、新进展、新情况，学好用好培训教材，不断提高解决实际问题、做好本职工作的能力，真正做到学以致用、知行合一，把学习培训的成果切实转变为推进工作、促进改革创新的实际行动，为建设世界一流能源化工公司作出积极的贡献。

李春光

二〇一二年七月十六日

# 前　言

根据中国石化发展战略要求，为加强培训资源建设、推进全员培训的深入开展，集团公司人事部组织梳理了近些年培训教材开发成果，调研了企业培训教材需求，开展了中国石化员工培训课程体系研究。在此基础上，按职业素养、综合管理、专业技术、技能操作、国际化业务、新员工等六类，组织编写覆盖石油石化主要业务的系列培训教材，初步构建起中国石化特色的培训教材体系。这套系列教材围绕中国石化发展战略、队伍建设和员工成长的需要，以提高全体员工履行岗位职责的能力为重点，把研究和解决生产经营、改革发展面临的新挑战、新情况、新问题作为重要目标，把全体员工在实践中创造的好经验、好做法作为重要内容，具有较强的实践性、针对性。这套培训教材的开发工作由中国石化员工培训教材编审指导委员会组织，集团公司人事部统筹协调，总部各业务部门分工负责专业指导和质量把关，主编单位负责组织培训教材编写。在培训教材开发和编写的过程中，上下协同、团结合作，各级领导给予了高度重视和支持，许多管理专家、技术骨干、技能操作能手为培训教材编写贡献了智慧、付出了辛勤的劳动。

《炼化企业安全处(科)长岗位培训教材》为管理岗位培训类型的教材。该教材立足于满足安全处(科)长岗位培训需要，同时也可以作为炼化企业管理人员、工程技术人员系统了解安全管理的工具书。教材编写紧密结合炼化企业安全处(科)长的岗位职责实际，按照必备与够用的原则，坚持典型性和实效性相结合，坚持能力提升与理论强化相结合，力求做到语言通俗，观点明确、案例鲜活。相信该教材的出版会对提升炼化企业安全处(科)长岗位管理能力，落实安全岗位责任制，强化红线意识，促进安全发展起到积极的推动作用。

《炼化企业安全处(科)长岗位培训教材》由燕山石化公司组织编写，燕山石化公司副总经理李刚担任主编，参加编写的有燕山石化、齐鲁石化、镇海炼化、金陵石化等单位。本教材第 1 章由贾如伟、郑建负责；第 2 章由吴加平负责；第 3 章由贾如伟、杨杰负责；第 4 章、第 8 章由陈凤棉负责；第 5 章由孙志刚、贾如伟负责；第 6 章由方文林、孙志刚、郭旭辉负责；第 7 章由方文林负责；

第9章、第10章由郭旭辉负责；第11章由杨杰负责；第12章由马文耀、王启林负责；第13章由张兴赞、杨杰负责；第14章由方文林、杨杰负责；第15章由方文林负责；第16章由吴加平负责。

本教材已由中国石油化工集团公司人事部组织审定通过。杜红岩、冯少伟、张德全、闫进、贾如伟、方文林、王绍民、王豫安、刘保书、陈凤棉、许倩等参加了审定工作。

本书的编审工作得到了燕山石化、齐鲁石化、镇海炼化、金陵石化、济南炼化等单位的大力支持；中国石化出版社对教材的编写和出版给予了通力合作与配合，在此一并表示感谢。

由于各企业在设备、工艺、管理、体制、机制、文化等存在一定差异，所以在安全管理方面也不尽相同，又加上时间紧迫，不足之处在所难免，敬请各使用单位及个人对教材提出宝贵意见和建议，以便教材修订时补充更正。

# 目　录

# 第1章　安全生产法规标准及管理体制

本章主要包括安全生产法规标准体系、企业安全健康管理体系、企业安全管理制度编制、安全信息的沟通交流、安全管理及考核方案的制定等内容，涵盖了安全生产法规标准制度的基本知识和企业制度、管理方案的编制及安全动态分析等基本程序、管理要点。

## 1.1　安全生产法规标准体系

安全生产法规标准体系，是指我国现行的，由不同领域安全生产法律、法规、标准等形成的有机联系的统一整体。

### 1.1.1　安全生产法律

从法的不同层级上，可以分为上位法与下位法。法的层级不同，其法律地位和效力也不同。上位法是指法律地位、效力高于其他相关法的立法。下位法相对上位法而言，是指法律地位、法律效力低于相关上位法的立法。不同的安全生产立法对同一类或者同一个安全生产行为做出不同法律规定的，以上位法规定为准，适用上位法的规定。上位法没有规定的，可以适用下位法。

#### 1.1.1.1　法律

法律是安全生产法律体系的上位法，居于整个体系的最高层级，其法律地位和效力高于行政法规、地方性法规、部门规章、地方政府规章等下位法。国家现行的有关安全生产的专门法律有《安全生产法》《职业病防治法》《消防法》《道路交通安全法》《海上交通安全法》《矿山安全法》《特种设备安全法》，与安全生产相关的法律主要有《劳动法》《工会法》《矿山资源法》《铁路法》《公路法》《民用航空法》《港口法》《建筑法》《煤炭法》等。

#### 1.1.1.2　法规

安全生产法规分为行政法规和地方性法规。

行政法规的法律地位和法律效力低于有关安全生产的法律，高于地方性安全生产法规、地方政府安全生产规章等下位法。行政法规一般以条例为行文载体，以国务院令的形式发布，如《危险化学品安全管理条例》(国务院令第591号)。

地方性安全生产法规的法律地位和法律效力低于有关安全生产的法律、行政法规，高于地方政府安全生产规章。如《北京市安全生产条例》(北京市人大常委会2011年5月27日修订通过)。

#### 1.1.1.3　规章

安全生产行政规章分为部门规章和地方政府规章。

部门规章。国务院有关部门依照安全生产法律、行政法规的规定或者国务院的授权制定发布的安全生产规章的法律地位和法律效力低于法律、行政法规，高于地方政府规章。

地方政府规章。地方政府安全生产规章是最低层级的安全生产立法，基本法律地位和法律效力低于其他上位法，不得与上位法相抵触。

#### 1.1.1.4 法定安全生产标准

国家制定的许多安全生产立法将安全生产标准作为生产经营单位必须执行的技术规范而载入法律，安全生产标准的法律化是我国安全生产立法的重要趋势。法定安全生产标准分为国家标准和行业标准，两者对生产经营单位的安全生产具有同样的约束力。

国家标准是指国家标准化行政主管部门依照《标准化法》制定的在全国范围内适用的安全生产技术规范。

行业标准是指国务院有关部门和直属机构依照《标准化法》制定的在安全生产领域内适用的安全生产技术规范。行业安全生产标准对同一安全生产事项的技术要求，可高于国家安全生产标准但不得与其相抵触。

### 1.1.2 安全生产标准

我国目前已有近1500项安全生产国家标准和近3000项安全生产行业标准。

#### 1.1.2.1 安全生产标准的种类

安全系统工程理论认为事故是由人、物、环境、管理四要素引起的，而安全标准是用于预防事故和职业伤害的，因此它必须包含人、物、环境、管理四方面的标准。安全生产标准具体分为基础标准、管理标准、技术标准、方法标准和产品标准五大类。

(1) 基础标准

基础标准是指在安全生产领域的不同范围内，对普遍的、广泛通用的共性认识所作的统一规定，是在一定范围内作为制定其他安全标准的依据和共同遵守的准则。其内容包括制定安全标准所必须遵循的基本原则、要求、术语、符号；各项应用标准、综合标准赖以制定的技术规定；物质的危险性和有害性的基本规定；材料的安全基本性质及基本检测方法等。

(2) 管理标准

管理标准是指通过计划、组织、控制、监督、检查、评价与考核等管理活动的内容、程序、方式，使生产过程中人、物、环境各个因素处于安全受控状态，直接服务于生产经营管理的准则和规定。如安全教育、培训、考核标准，重大事故隐患评价方法及分级标准，事故统计、分析标准等。

(3) 技术标准

技术标准是指对于生产过程中的设计、施工、操作、安装等具体技术要求及实施程序中设立的必须符合一定安全要求，以及能达到此要求的实施技术和规范的总称。如金属非金属矿山安全规程、石油化工企业设计防火规范、建筑设计防火规范等。

(4) 方法标准

方法标准指对各项生产过程中技术活动的方法所做出的规定。包括两类，一类以试验、检查、分析、抽样、统计、计算、测定、作业等方法为对象制定的标准如试验方法、检查方法、分析方法、测定方法、抽样方法、设计规范、工艺规程、作业指导书、生产方法、操作方法等。另一类为生产优质产品，并在生产、作业、试验、业务处理等方面为提高效率而制定的标准。如防护服装机械性能材料抗刺穿性及动态撕裂性的试验方法、安全评价通则、安全预评价导则、安全验收评价导则等。

(5) 产品标准

产品标准是对某一具体安全设备、装置的防护用品及其试验方法、检测检验规则、标志、运输、储存等方面所作的技术规定。是产品生产、检验、验收、使用、维护和洽谈贸易的重要技术依据，对于保障安全、提高生产和使用效益具有重要意义。

#### 1.1.2.2 安全生产标准的范围

我国的安全生产标准由煤矿安全、非煤矿山安全、电气安全、危险化学品安全、石油化工安全、民爆物品安全、烟花爆竹安全、涂装作业安全、交通运输安全、机械安全、消防安全、建筑安全、个体防护装备、特种设备安全、通用生产安全等多个子系统组成。现就石化行业涉及的主要安全生产标准系统进行介绍。

（1）危险化学品安全生产标准

包括通用基础安全生产标准、安全技术标准和安全管理标准。通用基础安全生产标准主要包括危险化学品分类、标识等。安全技术标准主要包括安全设计和建设标准、生产企业安全距离标准、生产安全标准、运输安全标准、储存和包装安全标准、作业与检修标准、使用安全标准等。安全管理标准主要包括生产企业安全管理、应急救援预案管理、重大危险源安全监控、职业危害防护配备管理等。

（2）职业卫生与健康安全标准

包括作业环境安全标准、个体防护标准、职业病鉴定标准等三个领域。在作业环境方面可进一步划分为粉尘、噪声、振动、放射性辐射、高低温等。在职业危害和卫生方面有关的国家标准有：工业企业卫生设计标准、体力劳动强度分级、作业场所呼吸性粉尘卫生标准、职业性接触毒物危害程度分级等。

（3）个体防护装备安全生产标准

主要包括头部防护装备、听力防护装备、眼面部防护装备、呼吸防护装备、手部防护装备、足部防护装备、躯干防护装备等，每个部分由基础标准、管理标准、技术标准、方法标准和产品标准组成。

### 1.1.3 法律法规基本要求

#### 1.1.3.1 宪法

1982 年 12 月 4 日全国人民代表大会公告公布施行的《宪法》是安全生产法律体系框架的最高层级。“加强劳动保护，改善劳动条件”，是国家对安全生产方面做出的具有最高法律效力的规定。

#### 1.1.3.2 安全生产法

《安全生产法》由九届人大常务委员会第二十八次会议于 2002 年 6 月 29 日通过，自 2002 年 11 月 1 日起施行。该法律是国家根据我国安全生产的实际情况和国家安全生产监督管理体制的调整，为适应安全生产监督管理需要，加大违法犯罪处罚力度，防止和减少生产安全事故发生，保障人民群众生命财产安全而制定的安全生产法律。

2014 年 8 月 31 日全国人大常委会通过新安全生产法，该法律进一步明确和强化安全生产工作，进一步落实生产经营单位的主体责任，进一步明确政府安全监管定位和加强基层执法力量；进一步强化安全生产责任追究等内容。

《安全生产法》适用于所有生产经营单位，是从事安全生产管理工作必须遵循的基本法，也是安全生产法规制度体系中的核心。

#### 1.1.3.3 劳动合同法

《劳动合同法》于 2007 年 6 月 29 日经第十届全国人大常委会第二十八次会议表决通过，自 2008 年 1 月 1 日起施行。该法律在强调保护劳动者合法权益的同时，加大了对试用期劳动者保护力度，加重了用人单位违法不订立书面劳动合同的法律责任，并明确政府机关人员不作为给劳动者造成危害应承担的赔偿责任。对员工工作地点、工作时间和休息休假、社会保险、职业危害防护等做了法律规定。

#### 1.1.3.4 消防法

《消防法》于2008年10月28日第十一届人大常委会第五次会议通过，自2009年5月1日起施行。《消防法》的立法目的是为了预防火灾和减少火灾危害，保护公民人身、公共财产和公民财产的安全，维护公共安全。对消防规划、安全设置、建设工程的消防安全、公共聚集场所和群众性活动的消防安全、消防安全职责、消防安全重点单位的安全管理、消防产品电气产品及燃气用具的管理、消防安全的监督检查等做了具体规定。

本法明确规定企业应当履行下列消防安全职责：落实消防安全责任制，制定本单位的消防安全制度、消防安全操作规程，制定灭火和应急疏散预案；按照国家标准、行业标准配置消防设施、器材，设置消防安全标志，并定期组织检验、维修，确保完好有效；对建筑消防设施每年至少进行一次全面检测，确保完好有效，检测记录应当完整准确，存档备查；保障疏散通道、安全出口、消防车通道畅通，保证防火防烟分区、防火间距符合消防技术标准；组织防火检查，及时消除火灾隐患；组织进行有针对性的消防演练；法律、法规规定的其他消防安全职责。

#### 1.1.3.5 职业病防治法

《职业病防治法》于2001年10月27日第九届全国人民代表大会常务委员会第二十四次会议通过，根据2011年12月31日第十一届全国人民代表大会常务委员会第二十四次会议《关于修改〈中华人民共和国职业病防治法〉的决定》进行了修正。此法是为了预防、控制和消除职业病危害，防治职业病，保护劳动者健康及其相关权益，促进经济发展，根据宪法，而制定的法律。对用人单位在职业病防治方面的职责、职业病的前期预防、生产过程中职业病的防护与管理、职业病诊断与职业病人保障等做了具体规定。

企业应当采取如下的职业病防治管理措施：

（1）设置或者指定职业卫生管理机构或者组织，配备专职或者兼职的职业卫生管理人员，负责本单位的职业病防治工作；

（2）制定职业病防治计划和实施方案；

（3）建立、健全职业卫生管理制度和操作规程；

（4）建立、健全职业卫生档案和劳动者健康监护档案；

（5）建立、健全工作场所职业病危害因素监测及评价制度；

（6）建立、健全职业病危害事故应急救援预案。

职业病防治的监督管理工作由地方人民政府安全生产监督管理部门、卫生行政部门、劳动保障行政部门负责。

#### 1.1.3.6 防震减灾法

《防震减灾法》于1997年12月29日第八届全国人民代表大会常务委员会第二十九次会议通过，2008年12月27日第十一届全国人民代表大会常务委员会第六次会议修订。主要内容为地震监测预报、地震灾害预防、地震应急救援、地震灾后过渡性安置和恢复重建等。

新建、扩建、改建建设工程，应当达到抗震设防要求。重大建设工程和可能发生严重次生灾害的建设工程，应当按照国务院有关规定进行地震安全性评价，并按照经审定的地震安全性评价报告所确定的抗震设防要求进行抗震设防。

#### 1.1.3.7 防洪法

《防洪法》于1998年1月1日起施行。目的是防治洪水，防御、减轻洪涝灾害，维护人民的生命和财产安全，任何单位和个人都有保护防洪工程设施和依法参加防汛抗洪的义务。

在洪泛区、蓄滞洪区内建设非防洪建设项目，应当就洪水对建设项目可能产生的影响和建设项目对防洪可能产生的影响做出评价，编制洪水影响评价报告，提出防御措施。建设项目可行性研究报告按照国家规定的基本建设程序报请批准时，应当附具有关水行政主管部门审查批准的洪水影响评价报告。

#### 1.1.3.8 特种设备安全法

2013年6月29日，人大常委会通过《特种设备安全法》，共分七章101条，对特种设备的生产经营、使用、检测、安全监督管理、事故应急救援与调查处理、法律责任等作了详细规定，旨在建立健全特种设备安全责任体系，强化政府监管职责，预防特种设备安全事故发生，是我国第一部对各类特种设备安全管理作出统一、全面规范的法律。

#### 1.1.3.9 生产安全事故报告和调查处理条例

《生产安全事故报告和调查处理条例》于2007年3月28日国务院第172次常务会议通过，自2007年6月1日起施行。目的是规范生产安全事故的报告和调查处理，落实生产安全事故责任追究制度，防止和减少生产安全事故。主要内容包括事故报告、事故调查、事故处理和法律责任。

事故发生后，事故现场有关人员应当立即向本单位负责人报告；单位负责人接到报告后，应当于1小时内向事故发生地县级以上人民政府安全生产监督管理部门和负有安全生产监督管理职责的有关部门报告。安全生产监督管理部门和负有安全生产监督管理职责的有关部门逐级上报事故情况，每级上报的时间不得超过2小时。

事故发生后不得有下列行为：谎报或者瞒报事故；伪造或者故意破坏事故现场；转移、隐匿资金、财产，或者销毁有关证据、资料；拒绝接受调查或者拒绝提供有关情况和资料；在事故调查中作伪证或者指使他人作伪证；事故发生后逃匿。

#### 1.1.3.10 危险化学品安全管理条例

《危险化学品安全管理条例》于2011年2月16日国务院144次常务会议修订通过，于2011年12月1日起施行。对生产储存安全、使用安全、经营安全、运输安全、危险化学品登记与事故应急救援等做了具体规定。

危险化学品生产企业进行生产前，应当依照《安全生产许可证条例》的规定，取得危险化学品安全生产许可证。使用危险化学品从事生产并且使用量达到规定数量的化工企业，应当取得危险化学品安全使用许可证。国家对危险化学品经营(包括仓储经营)实行许可制度。未经许可，任何单位和个人不得经营危险化学品。

新建、改建、扩建生产、储存危险化学品的建设项目，应当由安全生产监督管理部门进行安全条件审查。

生产、储存危险化学品的企业，应当委托具备国家规定的资质条件的机构，对本企业的安全生产条件每3年进行一次安全评价，提出安全评价报告。安全评价报告的内容应当包括对安全生产条件存在的问题进行整改的方案。

#### 1.1.3.11 安全生产许可证条例

《安全生产许可证条例》于2004年1月7日国务院第34次常务会议通过，2004年1月13日起施行。

国家对矿山企业、建筑施工企业和危险化学品、烟花爆竹、民用爆破器材生产企业(以下统称企业)实行安全生产许可制度。安全生产许可证的有效期为3年。

企业取得安全生产许可证，应当具备下列安全生产条件：

(1) 建立、健全安全生产责任制，制定完备的安全生产规章制度和操作规程；

(2) 安全投入符合安全生产要求；

(3) 设置安全生产管理机构，配备专职安全生产管理人员；

(4) 主要负责人和安全生产管理人员经考核合格；

(5) 特种作业人员经有关业务主管部门考核合格，取得特种作业操作资格证书；

(6) 从业人员经安全生产教育和培训合格；

(7) 依法参加工伤保险，为从业人员缴纳保险费；

(8) 厂房、作业场所和安全设施、设备、工艺符合有关安全生产法律、法规、标准和规程的要求；

(9) 有职业危害防治措施，并为从业人员配备符合国家标准或者行业标准的劳动防护用品；

(10) 依法进行安全评价；

(11) 有重大危险源检测、评估、监控措施和应急预案；

(12) 有生产安全事故应急救援预案、应急救援组织或者应急救援人员，配备必要的应急救援器材、设备；

(13) 法律、法规规定的其他条件。

#### 1.1.3.12 危险化学品重大危险源监督管理暂行规定

《危险化学品重大危险源监督管理暂行规定》于2011年7月22日国家安全生产监督管理总局局长办公会议审议通过，自2011年12月1日起施行。

危险化学品重大危险源，是指按照《危险化学品重大危险源辨识》(GB 18218)标准辨识确定，生产、储存、使用或者搬运危险化学品的数量等于或者超过临界量的单元(包括场所和设施)。

危险化学品单位是本单位重大危险源安全管理的责任主体，其主要负责人对本单位的重大危险源安全管理工作负责，并保证重大危险源安全生产所必需的安全投入。

危险化学品单位应对危险化学品进行重大危险源的辨识、评估、登记建档、备案、核销及其监督管理工作。

#### 1.1.3.13 国务院关于进一步加强企业安全生产工作的通知

为遏制重特大事故，改变企业重生产轻安全、安全管理薄弱、主体责任不落实等影响安全生产的突出问题，国务院于2010年下发了《关于进一步加强企业安全生产工作的通知》，通知分为九部分内容：总体要求、严格企业安全管理、建设坚实的技术保障体系、实施更加有力的监督管理、建设更加高效的应急救援体系、严格行业安全准入、加强政策引导、更加注重经济发展方式转变、实行更加严格的考核和责任追究。

在“严格企业安全管理”方面，企业应做到：规范企业生产经营行为；及时排查治理安全隐患；强化生产过程管理的领导责任；企业主要负责人和领导班子成员要轮流现场带班；强化职工安全培训；全面开展安全达标。

### 1.1.4 法规识别及符合性管理

为确保安全生产符合法律法规要求，企业应及时获取和识别最新的适用于安全生产的法律法规，并将具体要求传达给全体员工，使企业制定的安全管理规定符合国家和地方的法律法规、国际惯例及行业的要求。

#### 1.1.4.1 法律法规的收集范围

法律法规的收集范围为：

（1）国际公约；

（2）全国人民代表大会及人大常委会通过并颁布的法律；

（3）国务院发布的法规；

（4）国务院行政部门颁布的规章和国家安全卫生消防技术标准；

（5）地方政府安全卫生消防法规、地方政府安全卫生消防技术标准；

（6）各级行政管理部门的规定、要求、通知、公告等；

（7）相关行业、专业管理部门颁布制定的行业标准、管理规范等；

（8）集团公司及上级主管单位的规章、制度和要求遵守的其他要求。

#### 1.1.4.2 法律法规的获取途径

法律法规可从如下途径获取：

（1）访问各级政府部门及其网站；

（2）访问行业主管部门及其网站；

（3）访问国内外行业协会、团体或其网站；

（4）订购报纸杂志等社会媒体；

（5）订购商业数据库；

（6）订购专业性服务；

（7）咨询机构提供的信息；

（8）外来文件（政府文件、集团公司法律事务部门提供的相关信息等）；

（9）其他获取途径。

#### 1.1.4.3 法律法规的获取频率

法律法规的获取频率一般至少为每季度一次。

#### 1.1.4.4 法律法规的识别

企业各职能部门将获取的法律法规进行识别，确定其是否适用于本企业；将适用的法律法规及时发送至法规主管部门，法规主管部门再次进行评审；评审结果送交企业主管领导审批，审批后的法律法规由法规主管部门在企业内部通过期刊、网站平台或办公系统等进行发布。

#### 1.1.4.5 法律法规的符合性评审

各职能部门在获取法律法规及相关要求的同时，对照本部门业务活动进行法律法规符合性评审，并依据评审结果建立、修改和完善规章制度。必要时，可组织评审会，对评审结果进行确认，并协调安排评审结果的有效处理。符合性评审应采用事先设计的评审表，评审时应对照法规条文逐条进行，以避免遗漏。符合性评审应留下记录。

## 1.2 安全生产管理体制

### 1.2.1 国家的安全生产监管体制

《安全生产法》在总结我国安全生产管理经验的基础上，提出了“安全第一，预防为主，综合治理”的安全生产方针，为我国现阶段的安全生产及监督管理工作确定了基本的方向。

十六届五中全会通过的《关于制定国民经济和社会发展第十一个五年计划的建议》中，提出了“坚持节约发展、清洁发展、安全发展，实现可持续发展”要求，确定了国家经济和社会发展的指导原则。“节约发展、清洁发展、安全发展”作为一个重要理念纳入到我国社会主义现代化建设的总体战略中。

现阶段，我国确定的安全生产监督管理体制是：综合监管与行业监管相结合、国家监察与地方监管相结合、政府监督与其他监督相结合。即国家与行政管理部门之间，实行的是综合监管和行业监管；在中央政府与地方政府之间，实行的是国家监管与地方监管；在政府与企业之间，实行的是政府监管与企业管理。

目前，我国现已基本形成“政府统一领导，部门依法监督，企业全面负责，群众监督参与，社会广泛支持”的安全生产监管格局。“强化安全生产属地监管，建立分类分级监管监察机制”的要求，将使国家的安全监管更为具体和直接。

### 1.2.2 中国石化 HSE 监管体制

中国石化作为大型的石油化工集团，安全、环境与健康管理密不可分。因此，中国石化及其下属企业实行的是安全、环境与健康的一体化管理，简称“HSE 管理”。

中国石化 HSE 管理委员会是集团公司安全监督管理的最高权力机构，在董事长及总经理领导下，对所属企业实行全面的 HSE 监督管理。HSE 管理委员会办公室设在安全环保局。安全环保局是 HSE 管理的归口管理部门，其他职能部门按“谁主管谁负责”的原则，负责相应版块、业务或专业的 HSE 管理工作。其下属企业 HSE 管理的基本组织形式是：

(1) 企业设立 HSE 管理委员会，对企业的 HSE 工作实行统一领导。HSE 管理委员会主任由最高管理者担任，副主任由分管领导担任，委员由相关职能部门的负责人担任；

(2) HSE 管理委员会下设办公室，办公室设在 HSE 管理部门，负责处理企业 HSE 管理工作的日常事务；

(3) 企业建立 HSE 管理组织机构及管理网络。企业及二级单位设立 HSE 管理部门，并配备满足 HSE 管理工作所需的管理、技术人员；基层单位应设立专职 HSE 管理人员，关键生产装置所属基层单位设立安全总监、配备专职安全工程师；工段或班组或作业小组应设立兼职的 HSE 监督员；

(4) 企业设立消防、气防、职防等专业抢险救灾队伍和安全、卫生、环境检测机构，并按国家的有关规定配备人员、设备；

(5) 基层单位(车间)成立 HSE 管理小组，组长由基层单位主任担任，副组长由分管 HSE 工作的副职领导担任，组员由相关人员组成。

### 1.2.3 HSE 管理体系

现行的安全管理体系有 HSE 管理体系、职业健康安全管理体系、安全生产标准化体系等。这些体系均采用了计划(P)、实施(D)、检查(C)、改进(A)动态循环的 PDCA 管理模式。通过企业自我检查、自我纠正、自我完善这一动态循环的管理模式，能够更好地促进企业安全绩效的持续改进和安全生产长效机制的建立。

#### 1.2.3.1 HSE 管理体系的建立

HSE 管理体系，是 20 世纪 80 年代欧美石油公司在面临频繁的重大事故灾难后产生的管理成果和积极实践，1997年引入我国。1998~2000年，中国石油、中国石化等企业开始建立自己的HSE管理体系标准，2001年在中国石化下属企业中全面建立实施。

HSE管理体系由十大要素构成，这十项要素之间紧密相关，互相渗透，以确保体系的系统性、统一性和规范性。其十大要素为：

（1）领导承诺、方针目标和责任；

（2）组织机构、职责、资源和文件控制；

（3）风险评价和隐患治理；

（4）承包商和供应商管理；

（5）装置（设施）设计和建设；

（6）运行和维修；

（7）变更管理和应急管理；

（8）检查和监督；

（9）事故处理和预防；

（10）审核、评审和持续改进。

企业是HSE管理体系实施的主体，经理（局长、厂长）是HSE的最高管理者，按照本标准的要求，应设立管理者代表和HSE管理体系的组织机构，组建HSE管理委员会及HSE管理部门，明确责任并落实HSE责任。在开展HSE现状调查分析基础上编制出简洁明确、通俗适用的HSE管理体系实施程序，重点制定HSE目标、HSE职责、HSE表现、HSE业绩考核和奖惩制度，认真开展各层次的HSE培训。该程序应及时经企业最高管理者批准发布并正式投入运行，实行年度HSE业绩报告制度，通过审核、评审、实现持续改进，不断提高HSE管理水平。

#### 1.2.3.2 HSE管理体系的实践

按照《中国石化集团公司安全环境与健康（HSE）管理体系》系列标准的要求，中国石化集团下属的油田、炼化、施工、销售四大板块企业，分别在2001~2005年前后，陆续建立了安全环境与健康管理体系，开展了体系化的HSE管理工作，HSE管理绩效得到持续提高和保持。

在HSE管理体系的建立实施过程中，各企业根据各自的管理实践和相关体系运行情况，采取了不同的运行管理模式。一是HSE管理体系、职业健康管理体系、环境管理体系、质量管理体系采取单独文件、单独运行的方式。二是将以上的管理体系文件进行整合，体系单独运行的方式。三是体系文件和运行模式有机整合，形成一体化的管理文件和运行模式。不管哪种运行模式，关键的问题是体系框架及文件的设计要与现实的管理保持一致，既要有先进的理念与文化引领，又要有强劲的内在管理驱动力，防止出现体系文件和实际运作不一致、两张皮的现象。

从2006年开始，为了促进企业HSE管理体系的规范运行，中国石化制定了HSE审核工作指南、HSE审核工作要点等指导文件。

随着合资企业的快速发展，企业文化和管理模式开始呈现多元化，并引入一些先进的设计理念和有效的管理方法，对中国石化的HSE管理产生了积极的推动作用。为了及时总结推广这些管理做法，中国石化开展了对扬巴公司、赛科公司、福建联合石化、扬子江乙酰公司等合资企业的管理审核工作。在调研审核的基础上，出台了HSE行为观察、未遂事件管理等制度性的文件，中国石化的HSE体系及管理得到了深化和升华。

### 1.2.4 安全生产标准化

安全生产标准化是企业提升安全生产管理水平、实现安全管理标准化、工艺安全标准化、设备安全标准化、作业安全标准化、环境安全标准化的重要方法和手段，是国家对企业安全生产管理和达标运行的基本要求，也是强制性的法规要求。

#### 1.2.4.1 法规文件要求

自2004年开始，国家安监总局开始企业安全标准化的推进工作，并陆续出台了一系列的管理标准、文件。2010~2011年，国务院、国务院安委会、国家安监总局、工业和信息化部在文件通知中，提出了安全生产标准化建设的明确管理要求和期限要求，并发布了与安全生产许可证挂钩等相关的激励约束性政策，安全标准化建设由此进入了法规化、强制化轨道。有关安全标准化建设的标准及文件：

（1）危险化学品从业单位安全标准化通用规范（AQ 3013—2008）；

（2）企业安全标准化基本规范（AQ/T 9006—2010）；

（3）危险化学品从业单位安全标准化评审标准（安监总管三〔2011〕93号）；

（4）关于做好安全生产许可证延期换证工作的通知（安监总政法〔2008〕127号）；

（5）国务院关于进一步加强企业安全生产工作的通知（国发〔2010〕23号）；

（6）国家安监总局、工业和信息化部关于危险化学品企业贯彻落实《国务院关于进一步加强企业安全生产工作的通知》的实施意见（安监总管三〔2010〕186号）；

（7）关于深入开展企业安全生产标准化建设的指导意见（国务院安委会〔2011〕4号）；

（8）关于印发危险化学品从业单位安全标准化评审工作办法的通知（安监总管三〔2011〕145号）。

#### 1.2.4.2 安全标准化管理要素

有关安全标准化建设的标准依据主要有3项，一是《危险化学品从业单位安全标准化通用规范》（AQ 3013—2008），二是《企业安全标准化基本规范》（AQ/T 9006—2010），三是《危险化学品从业单位安全标准化评审标准》（安监总管三〔2011〕93号）。作为危险化学品企业，中国石化主要依据《危险化学品从业单位安全标准化通用规范》和综合管理及评审两用的《危险化学品从业单位安全标准化评审标准》。

《危险化学品从业单位安全标准化通用规范》对10个管理要素作了具体规范。

（1）负责人与职责；

（2）风险管理；

（3）法律法规与安全管理制度；

（4）培训教育；

（5）生产设施和工艺安全；

（6）作业安全；

（7）产品安全与危害告知；

（8）职业危害；

（9）事故与应急；

（10）检查与自评。

#### 1.2.4.3 安全标准化建立实施步骤

按照《关于印发危险化学品从业单位安全标准化评审工作办法的通知》（安监总管三

〔2011〕145号)的要求，企业安全生产标准化的建立实施工作一般按下列步骤进行：

(1) 企业提出安全标准化建设计划，向省、市安监局提交申请。

(2) 确定咨询机构、评审机构，洽谈咨询合同和评审合同。

(3) 企业与咨询机构一起组织进行各级人员的宣贯培训。

(4) 由咨询机构对申请范围的单位进行安全管理现状诊断，提出诊断报告和改进意见。

(5) 企业按诊断报告进行问题整改和管理改进，开始试运行。

(6) 企业运行一年后进行自评，写出自评报告。并向所在省、市安监局提出评审验收申请，提交评审验收材料。

(7) 评审机构组织评审验收，向省、市安监局提交评审报告。

(8) 省、市安监局评审通过后，颁发达标证书。

(9) 省、市安监局按评审期限，对企业进行验证评审，提出证书保留、延期和废止意见。

### 1.2.5 安全生产费用管理

中国石化用于安全生产的专项费用主要包括四大项：一是由中国石化收缴、管理和返还，专门用于企业隐患治理项目和事故灾后理赔的安全生产保证基金。二是以企业年度销售收入计提返还，与装置检修消缺和安全设施更新维护捆绑使用的安全生产费用。三是专门用于奖励安全先进单位及发现隐患、避免事故个人的安全环保总经理专项奖励，四是列入新改扩建项目的安全防护设施、卫生防护设施、环境保护设施的采购安装费用、安全卫生环境评价费用等。

用于安全教育和培训的费用，由企业安全环保部门提出计划，企业人力资源部门列入计划，提供保障。用于安全卫生消防器材等固定资产的采购费用，由企业安全环保等部门提出计划，企业发展计划部门列入投资计划，予以保障。劳动保护费用、消防器材费用等，在企业生产成本中列支和摊销。

#### 1.2.5.1 安全生产保证基金

中国石化是国民经济的支柱产业之一，也是具有易燃易爆有毒有害的高危行业。为了加强防灾防损工作，减少或避免灾害事故发生，并对企业在遭受自然灾害或意外事故并遭受巨大财产损失时得到及时快速的经济补偿，使其迅速恢复生产，保障石化产品供给。经国务院批准，在中国石化内部设立安全生产保证基金(以下简称“安保基金”)，实行行业内部财产保险。

(1) 安保基金的来源

安保基金计提的依据是企事业单位固定资产原值和存货。安保基金缴纳单位按照期末固定资产原值和存货账面平均余额的4‰提取上缴。

(2) 安保基金的使用范围

安保基金分企业与集团公司两级使用，即小部分由集团公司返回企业使用，大部分由集团公司统筹使用。安保基金的使用范围主要包括：

① 自然灾害及事故损失赔偿费；

② 隐患治理补助费；

③ 安全技术装备和安全技术产品开发补助费；

④ 安全科研补助费。

(3) 安保基金的理赔范围

由于下列原因造成缴纳财产5万元(含5万元)以上直接经济损失的，按照中国石化安保基金自然灾害及事故损失赔偿细则的规定，可以申请事故及自然灾害的理赔。

① 火灾、爆炸；

② 雷击、暴雨、洪水、台风、暴风、龙卷风、雹灾、雪灾、泥石流、突发性滑坡、地面下陷下沉；

③ 在发生缴纳财产事故灾害时，为抢救或防止事故损失扩大，五日内支付的必要的、合理的抢救、保护、整理所需的材料费。

(4) 不在理赔范围的损失情况

由于下列原因造成缴纳财产的损失，不在中国石化事故及自然灾害理赔范围：

① 缴纳财产遭受上述第一、二款原因引起的停工、停业的损失以及各种间接损失；

② 地震所造成的一切损失；

③ 缴纳财产本身缺陷、保管不善导致的损毁、缴纳财产的变质、霉烂、受潮、虫咬、自然损耗、自燃、烘焙所造成的损失；

④ 堆放在露天或罩棚下的缴纳财产以及罩棚，由于暴风、暴雨造成的损失；

⑤ 由于行政行为或执法行为所致的损失等；

⑥ 缴纳单位的故意行为或纵容所致的损失；

⑦ 其他不属于缴纳财产范围的损失和费用。

(5) 理赔处理

根据中国石化的有关规定，企业单位的安监部门负责本单位缴纳财产损失赔偿的调查，申请及管理工作。

① 缴纳财产遭受损失时，企业应当积极抢救，及时采取必要措施防止损失的扩大，使损失减少至最低程度。尽快与当地政府和有关部门取得联系，并在 24 小时内报告集团公司安全监管局。

② 企业财产遭受损失时，应迅速组织安全、机动、生产、财务等部门参加的查勘小组，查清出险地点是否与缴纳台账上所列明的财产一致；是否属于缴纳财产范围；现场拍照显示出险地点，现场概貌，损失财产等情况；统计整理受损财产的名称、规格(型号)、数量、损失程度等情况；查对会计账册，确定财产损失金额。

③ 企业单位根据情况，填制《损失财产申请赔偿表》，并附当地气象部门的灾害证明材料、事故报告书、现场查勘报告、受损财产损失清单等正式向中国石化申报。

④ 中国石化主管部门对企业单位提出的赔偿申请进行审查、批复和报批。

(6) 安保基金监督管理

安保基金实行分级管理。集团公司安全监管局负责安保基金的管理和使用，财务部和财务公司负责安保基金财务监督和银行结算。企事业单位的安监部门负责本单位安保基金管理和使用，财务部门负责安保基金的财务监督和银行结算。

中国石化安保基金使用政策、管理办法的制定及变更须报经国家财政部同意。

## 1.3 安全生产管理方法

### 1.3.1 安全信息管理

安全信息是指劳动生产过程中与安全生产有关的信息集合，一般来源于安全方面的文件、通报、会议、检查、调研等。安全信息是安全管理决策的基础和依据，员工安全信息的掌握情况是提高安全执行力和预防事故的重要因素。

#### 1.3.1.1 安全信息的采集

在企业日常的生产运行和管理工作中存在大量的信息流，这些信息流通常包含着诸多安全信息。但由于人们对信息获取理解上的差异，有时即使出现了安全信息，也难以捕捉。安全信息的一般来源：

（1）有关会议：参加政府及上级主管部门会议、本企业生产调度会、企业管理和安全管理有关会议、各类事故分析会以及安全工作例会等。

（2）现场管理：生产计划的调整、生产装置的异常波动、设备的缺陷失效、环境的变化、人员的变化等。

（3）公文资料：文件、报刊、安全通报、安全杂志以及安全技术资料、安全技术标准等。

（4）计算机网络、电视、新闻、广播等提供的国内外、行业内外以及本企业的最新事故及安全信息。

（5）基层单位的反映信息，主要是有关安全生产的建议、潜在危险因素、安全隐患的书面报告等。

（6）任何涉及安全的外部相关方（如周边居民、产品客户、承包商、承运商等）的抱怨及批评意见等。

#### 1.3.1.2 安全信息的处理

对收集到的安全信息要进行分析，以确保去伪存真、客观真实。

（1）在对所获得信息的分析、判断、加工、整理工作中，要客观对待和处理，尽量减少主观因素。

（2）对安全信息的处理要有选择性。信息真实可靠、对本单位的安全管理工作能够起指导、监督、促进、提高作用的，就及时加以推广使用。

（3）处理安全信息要表明准确的意见和要求，提出的建议和整改措施必须切实可行，既要考虑法规、规范的要求，又要考虑本企业的实际和可操作性。

（4）处理信息过程要注重时效性，及时整理、汇报、利用。特别对来自外部的抱怨，应及时采取措施。

#### 1.3.1.3 外部信息沟通

与企业外部安全信息的有效沟通，对提高安全绩效、降低企业风险是非常重要的。企业外部相关方安全信息的传递可采用如下方式：

（1）对涉及产品及过程的危险信息（如安全技术说明书和安全标签），向产品客户、承运商、承包商进行告知，并保存相关记录；

（2）对发生事故后可能影响的周边区域，通过适当的形式，将应急预案的内容告知当地政府、企业和居民管理部门；

（3）如果合同有安全方面的要求，企业应给相关方提供合理的资料或取得资料的渠道；

（4）对涉及安全的任何外部抱怨和批评意见，企业任何部门都应记录备案，并做出积极回应和处理，必要时报告到上级安全主管部门；

（5）通过发布报告、召开座谈会等方式，定期公布安全业绩，对外宣布 HSE 方针、征求意见。

#### 1.3.1.4 内部信息沟通

掌握必要的安全信息是提高员工安全行为能力的关键因素，企业员工应掌握如下的主要安全信息：

(1) 化学品安全技术说明书(SDS)和安全标签；

(2) 现场危险化学品最大储量及处理量限制；

(3) 活性化学品禁配体系表；

(4) 装置危险有害信息分布公告；

(5) 装置安全设施及逃生集合地点公告；

(6) 个体防护器材配备标识；

(7) 现场危险点安全标识；

(8) 装置罐区管线的规范安全色标；

(9) 高度适宜、分布合理的风向标识等。

企业内部安全信息的交流可采用如下方式：

(1) 通过合理化建议、民主对话会、职工代表参加安全会议、HSE 观察活动等形式，建立员工参与安全事务的渠道，领导层对职工提出的问题应进行及时负责的答复处理；

(2) 对于上级会议、文件等信息，要结合本企业安全特点，及时在安全工作例会或日常班组安全活动上传达；

(3) 对于事故信息，要针对本企业情况，举一反三开展事故案例教育和安全检查，制定切实可行的防止类似事故发生的措施；

(4) 对于检查、审核中发现的问题和隐患，要进行分析研究，制定整改措施和管理方案并传达至相关单位及人员；

(5) 利用计算机网络，开辟安全网页，随时将安全指示、工作方向、发生事故以及以往的事故案例等内容公示，使员工可随时查阅学习。

### 1.3.2 安全风险管理

在安全管理活动的各种表象中，存在着实际或潜在的不安全因素及事故事件的苗头，安全风险管理就是要通过制定针对性的安全管理方案，采取预防和纠正措施，防止事故的发生，提升预防管理的绩效。目前在中国石化企业中开展的十大薄弱环节的查改活动、法规符合性评审活动、作业前的七想七不干、安全 5 分钟、HSE 观察等活动，均是安全风险管理的具体实践。

#### 1.3.2.1 安全风险分析的内容

安全风险分析是根据企业安全生产的实际需要，采用定性评估和头脑风暴的方法，找出并确定企业安全生产及管理中存在的不利因素或薄弱环节，为有效制定安全管理方案打好基础。安全风险分析的内容包括：

(1) 违反安全禁令、规章及其他不安全行为。

通过员工的日常作业行为、安全知识考试、应急预案演练、事故调查、HSE 观察、安全检查等活动，了解员工的安全责任意识、自我保护意识、遵章守纪意识及对安全行为能力等。如违章作业、简化程序、禁忌作业、心理异常、辨识缺陷、指挥错误、操作错误、监护失误、责任心缺失、工作不到位、身心疲劳、注意力下降等。

(2) 设备设施的隐患、缺陷及不安全状态。

根据各类安全检查、事故分析及开展的 HSE 观察活动等，对比安全标准，查找物的不安全状态。如设备设施工具附件缺陷、防护缺陷、电伤害、噪声、振动、电离辐射、非电离辐射、明火、高温物质、低温物质、信号缺陷、标识缺陷、有害光照、化学物质等。

(3) 环境不利因素。

通过日常安全检查、事故分析及开展的 HSE 观察活动等，找出因作业环境的不良造成危及人身安全、健康的因素。如室内作业环境不良、室外作业环境不良、地下作业环境不良等。

(4) 管理缺陷。

通过日常的安全检查、事故情况及员工的反馈信息等，查找管理缺陷。如组织机构不健全、责任制不落实、规章制度不完善、安全培训不到位、三同时制度不落实、事故应急预案及响应缺陷、操作规程不完善、安全投入不足等。

(5) 内部未遂事件。

未遂事件是可能造成死亡、职业病、伤害、财产损失或环境破坏的前兆事件。在发生险兆事件的同时，由于机会原因或及时采取有效措施，避免了发生人员伤亡或较大财产损失的事件。未遂事件的致因包括人的不安全行为、物的不安全状态、环境因素和管理缺陷，及时抓好未遂事件的管理，对降低事故风险意义重大。

(6) 外部事故事件。

外部事故特别是同行业、同工艺装置等发生的事故，是有益的经验教训。切实做到"一厂出事故，万厂受教育，一地有隐患，全国受警示。"

#### 1.3.2.2 安全风险分析的方法

常用的安全风险分析评估方法有多种，如：

(1) 数据统计分析法，如：进行装置安全运行的分析、装置安全阀起跳频次、装置抢修办理用火票的数量、主要工艺指标超标频次等；

(2) 抽样调查法；

(3) 重点问卷法；

(4) 专家评估法；

深入的风险分析方法可采用安全评价方法，如安全检查表、工作危害分析、预先危险性分析、事件树、事故树等。

#### 1.3.2.3 安全风险分析的程序

首先根据需要确定分析题目，然后收集、核实、分类处理资料，最后运用分析方法综合分析并形成动态分析报告。

安全风险分析报告一般应包括下列内容：

(1) 安全风险分析题目的选定；

(2) 分析方法的选择；

(3) 事实数据、案例等资料收集；

(4) 进行分析，对事故事件发生的类型、分布规律、主要特征、主要原因等进行统计分析；

(5) 综合评估。应结合安全管理工作实际和对安全绩效的影响程度，确定主要的安全风险排序，制定风险控制对策。

### 1.3.3 安全管理方案

安全管理方案或安全工作计划，是根据安全风险分析的结果，为控制、降低和消除风险而制定的对策措施和实施方法。安全管理方案有年度的综合管理方案、项目专项安全管理方案、专业安全管理方案、阶段性安全管理方案等。

#### 1.3.3.1 安全管理方案的制定依据

安全工作计划或管理方案的制定依据：

(1) 安全风险分析的结果；

(2) 技术可行、经济适用；

(3) 考虑员工作业要求，即可操作性；

(4) 法规、标准、规章与其他要求。

#### 1.3.3.2 安全管理方案的主要内容

年度综合安全管理方案，即企业每年发布的1号文件，主要包括指导思想、HSE工作目标、主要管理措施和实施要求等，一般较为宏观、原则。年度综合安全管理方案顺利实施，需要专业安全管理方案的有力支撑。

项目或专项安全管理方案，是为实施某项任务而制定，内容也较为具体、详尽，具有较强的操作性，其主要内容包括：

(1) 方案名称；

(2) 涉及的单位或工作场所；

(3) 目标和任务；

(4) 实施程序、步骤和时间控制；

(5) 实施的方法、手段；

(6) 具体的分工与职责；

(7) 经费预算及来源；

(8) 效果验证与跟踪管理等。

#### 1.3.3.3 安全管理方案的制定执行

安全管理方案的制定，一般遵循下列步骤：

(1) 进行任务和目标分析；

(2) 进行危害识别和安全风险分析；

(3) 编制管理方案；

(4) 审查、论证安全管理方案；

(5) 下发方案或计划，进行技术交底、宣贯培训；

(6) 监督检查安全管理方案的执行情况，进行跟踪管理和考核。

### 1.3.4 安全管理制度

建立健全安全管理制度的目的，是贯彻国家安全生产法律法规，建立企业良好安全生产秩序，防范生产经营过程安全风险，保障从业人员安全和健康，加强安全生产管理的重要措施。《安全生产法》第四条规定：“生产经营单位必须遵守本法和其他有关安全生产的法律、法规，加强安全生产管理，建立、健全安全生产责任制和安全生产规章制度，改善安全生产条件，推进安全生产标准化建设提高安全生产水平，确保安全生产”。第十八条规定：“生产经营单位的主要负责人组织制定本单位安全生产规章制度和操作规程”。

安全管理制度的建设与管理是安全管理工作人员的一项基本管理技能。

#### 1.3.4.1 安全管理制度建设的依据

安全规章制度建设应依据：

(1) 安全生产法律法规、国家和行业标准、地方政府的法规、标准；

（2）企业生产、经营过程中存在的危险有害因素和主要安全风险；

（3）企业内外发生的典型事故教训；

（4）国际、国内先进、有效的安全管理方法等；

（5）安全管理和绩效提升的实际需要。

#### 1.3.4.2 安全管理制度建设的原则

（1）主要负责人负责的原则：《安全生产法》规定“建立、健全本单位安全生产责任制；组织制定本单位安全生产规章制度和操作规程，是生产经营单位的主要负责人的职责”。

（2）安全第一的原则：“安全第一，预防为主，综合治理”是我国的安全生产方针，也是安全生产客观规律的具体要求。

（3）系统性原则：按照安全系统工程的原理，建立涵盖全员、全过程、全方位的安全规章制度。

（4）规范化和标准化原则：安全规章制度的建设应实现规范化和标准化管理，以确保其严密、完整、有序，其编制要做到目的明确、流程清晰、标准明确，具有可操作性。

#### 1.3.4.3 安全管理制度的制定程序

（1）起草制度：由负有安全生产管理职能的部门负责起草。起草前应首先进行现场管理调研，以征求管理意见、确定管理需求、明确管理要求。其次要收集国家有关安全生产法律法规、国家行业标准、地方政府的有关法规、标准等。在此基础上根据上级及主管部门的管理意图，完成安全管理制度的起草工作。

技术规程、安全操作规程的编制应按照企业标准的格式进行起草。其他规章制度格式可根据内容多少分章节、条、款、目结构表达，内容单一的也可直接以条的方式表达。规章制度中的序号可用中文数字和阿拉伯数字依次表述。

规章制度的草案应对起草目的、适用范围、主管部门、具体规范、解释部门和施行日期等做出明确的规定。

新的规章制度代替原有规章制度时，应在草案中标明原规定废止的内容。

（2）征求意见：由制度编制部门和制度归口部门负责征求意见。安全管理制度草案经编制部门内部通过后，应通过网络发布和会议审查的形式，进一步征求基层单位、管理部门对安全管理制度在操作性、可行性、职责权限等方面的意见。

（3）部门会签：应根据制度内容确定的管理部门，组织会签。安全部门收集会签部门意见并与会签部门协商，确定意见的采纳情况。

（4）规范性审核：规章制度归口管理部门组织应从信息化角度、合法合规性角度、程序履行情况、异议的协商情况、行文规范性情况进行审核。

（5）签发、发布：技术规程规范、安全操作规程等技术性安全规章制度由生产经营单位分管安全生产的负责人签发，涉及全局性的综合管理类安全规章制度应由生产经营单位主要负责人签发。

企业主管负责人签发后，应采用固定的发布方式。如通过红头文件形式在企业内部办公网络发布或纸质文件发布。发布的范围应覆盖与制度相关的部门及人员，失效和过期版本应及时作废处理。

（6）宣贯培训：安全管理制度发布后，只将制度文本简单的交给员工是远远不够的，只有通过培训让员工完全理解安全管理制度的意图，彻底地了解和认知安全制度的要求，从而明确职责，自觉的遵章执行。安全管理制度培训的基本要求：

① 制度所涉及的所有相关人员都应得到培训；

② 为什么要做出制度规定；

③ 每项工作应遵循的程序；

④ 每项工作应达到的标准和要求；

⑤ 提出及时反馈意见的要求。

（7）评估：企业的安全管理制度应在实施 2 年内，每 1 年评估 1 次。制度运行稳定后，可根据实际情况进行评估，确定是否需进行修订。实施满 5 年的制度应进行评估。

#### 1.3.4.4 健全的安全管理制度

健全的安全生产规章制度，至少应包括下列内容：

（1）岗位安全生产责任制；

（2）安全法规的识别及其他要求；

（3）安全生产会议管理；

（4）安全生产费用；

（5）安全生产奖惩管理；

（6）管理制度评审和修订；

（7）安全培训教育；

（8）特种作业人员管理；

（9）管理部门、基层班组安全活动管理；

（10）危害识别与风险控制；

（11）隐患排查治理；

（12）重大危险源管理；

（13）变更管理；

（14）事故管理；

（15）防火、防爆管理，包括禁烟管理；

（16）消防气防管理；

（17）仓库、罐区安全管理；

（18）关键装置、重点部位安全管理；

（19）生产设施管理，包括安全设施、特种设备等管理；

（20）监视和测量设备管理；

（21）安全作业管理，包括动火作业、进入受限空间作业、临时用电作业、高处作业、起重吊装作业、破土作业、断路作业、设备检维修作业、高温作业、抽堵盲板作业管理等；

（22）危险化学品安全管理，包括剧毒化学品安全管理及危险化学品储存、出入库、运输、装卸等；

（23）装置检维修管理；

（24）生产设施拆除和报废管理；

（25）承包商管理；

（26）供应商管理；

（27）职业卫生管理，包括防尘、防毒管理；

（28）劳动防护用品(具)和保健品管理；

（29）作业场所职业危害因素检测管理；

(30) 应急救援管理；

(31) 安全检查管理。

## 1.3.5 安全目标与绩效管理

安全目标是指引员工开展安全工作的努力方向，是提升安全管理绩效的主要手段。而安全考核和激励，则是实现企业安全目标指标，并将安全目标指标变成现实的重要管理方法。

企业应建立安全目标与绩效管理办法，采取分层次、分专业签定安全目标任务书的方式，对职能部室、直属单位领导班子的安全绩效，进行定期检查考核；同时，制订专业管理考核细则，采取月度、季度检查的绩效管理方法，对直属单位的安全过程管理绩效进行检查、考核。

### 1.3.5.1 安全目标指标

我国的安全生产控制考核指标体系，由事故死亡人数总量控制指标、绝对指标、相对指标、重大和特大事故起数控制考核指标4类、27个具体指标构成。"无事故、无污染、无伤害"为中石化的HSE管理目标，各企业采取分阶段、分年度控制和持续改进的管理方式，努力实现HSE总体目标。安全控制指标包括事故控制指标和主动管理指标两大部分。

(1)事故控制指标包括：

① 伤害频率(LTIF)，也就是，每百万个工作小时引起一天以上不能工作的工伤人数。

② 可记录事件率，也就是每百万个工作小时引起的可记录事件的数量，可记录事件包括生产事故、设备事故、损失工时事件、医疗处理事件、简单处理事件、失去知觉事件、工作受限事件等；

③ 物料泄漏跑冒：油品、化学品的泄漏，统计一次泄漏150L及以上的泄漏的次数和量(回收量和泄漏总量都需要统计报告)。

④ 非计划停车时间和次数。

(2)主动管理指标

包括但不限于：

① 隐患治理项目整改完成率；

② 设备完好率；

③ 员工不安全行为发生纠正率；

④ 职业病危害因素的监测率、合格率；

⑤ 员工职业健康体检的覆盖率；

⑥ 未遂事件报告、经验共享率；

⑦ 设备、仪表的检验检测率；

⑧ 其他相关工作指标，如作业活动风险控制率。

### 1.3.5.2 安全考核方案

安全目标指标的完成情况，是通过安全管理考核方案来进行评估。考核方案应视企业的具体情况而定，至少包括：

(1)对职能部门、直属单位的安全生产考核

主要考核内容为层层分解的目标指标落实情况，包括主动的管理指标和事故控制指标，可参照表1.1。

(2) 对基层单位、员工的安全生产考核

主要指规章制度的执行情况、不安全行为的发生情况等，可参照表1.2。

表 1.1　职能部门、直属单位的安全生产考核表

| 责任单位 | 考核项目 | 考核指标 | 考核分数 | 考核标准（目标、指标） | 考核部门 |
|---|---|---|---|---|---|
| | | | | | |
| | | | | | |

表 1.2　基层单位、员工的安全生产考核表

| 考核单位 | 考核项目（制度名称） | 考核内容（制度条款内容） | 考核标准 | 考核分值（+、-） | 检查方法 | 被考核单位 |
|---|---|---|---|---|---|---|
| | | | | | | |
| | | | | | | |

考核方案不应只包含对未完成指标的处罚，还应包含激励干部职工遵章守纪，实现安全生产的奖励。如：

① 全面落实安全生产责任制目标，单位事故指标得到有效控制，经考核取得优异成绩的；

② 在安全生产竞赛等专项活动中取得突出成绩的；

③ 严格执行安全生产规章制度，在制止和纠正违章作业、违章指挥上坚持原则，对安全生产做出特殊贡献者；

④ 精心操作，保持生产稳定，认真执行巡回检查制度，及时发现和消除事故隐患成绩显著者；

⑤ 在实现安全生产和改善劳动条件中，推行现代化安全管理方法，进行技术改进，有发明创造，为生产作出特殊贡献者；

⑥ 避免重大事故或在事故抢救中处理果断，奋勇抢救人员和企业财产，防止事故扩大、减少事故损失贡献突出者；

⑦ 在重大事故隐患项目整改治理工作中尽职尽责，措施得力，做出突出成绩者；

⑧ 在实现安全生产中有其他突出贡献者。

#### 1.3.5.3　安全考核的注意事项

安全考核与激励方案的建立，应以目标指标管理为基础，是对目标指标管理情况和过程管理绩效的综合考核。安全考核与激励方案的制定实施中应注意：

（1）必须符合工作实际，有利于安全管理

安全考核和激励方案的制定实施是为了提高安全执行力，因此要根据企业内各单位生产性质、危险程度、管理难度的不同划定标准。根据生产性质差异、管理难度不同的单位，适当加权平均。

不合理的考核方案非但不能提高安全绩效，反而会在员工中产生抵触情绪。

（2）细化考核内容

安全考核和激励方案是对安全管理制度的细化，因此应对应条款，量化细化考核指标。考核方案的条款要具体、清楚，概念明确、措辞严谨、便于操作。

（3）一致性

安全考核和激励方案是对企业内各项安全管理制度的深化，对安全管理制度中不够明确或完善的内容做进一步的补充、完善、深化。要注意与企业内各项相关制度，特别是安全管理制度的一致性。

## 1.4　典型案例——齐鲁石化 HSE 专业比学赶帮超活动管理方案

### 1.4.1　情景

根据 HSE 专业月度考核实践，重新修订公司 HSE 专业比学赶帮超活动方案，自 2012 年 1 月实施。

(1) 公司安全环保部成立 HSE 专业比学赶帮超活动考评小组，负责每月 1 次的 HSE 专业比学赶帮超活动考评工作。考评小组根据各单位 HSE 关键绩效指标完成情况和 HSE 专业过程管理情况，制定活动评比内容，见附件 1.1，按照各单位的完成情况，进行量化考核和综合评定。评定结果见附件 1.2。

(2) 公司 HSE 专业比学赶帮超活动的评比排名，按生产系统和非生产系统分别评定。生产系统安全消防和职业健康专业占 60%的权重，环保专业占 40%的权重。非生产系统只考评安全消防与职业健康专业。

(3) 生产系统按量化考核评分取前 3 名，授予月度红旗单位。量化考核评分第 4 名、第 5 名，授予月度红星单位。同时，按照《安全环保总经理奖管理办法》进行相应奖励。

(4) 非生产系统按量化考核评分取前 2 名，授予月度红旗单位。量化考核评分第 3 名、第 4 名，授予月度红星单位。同时，按照《安全环保总经理奖管理办法》进行相应奖励。

(5) 各单位当月发生轻微损伤事件、火警事件、尘毒超标事件、环保外排超标事件、违反禁令事件、政府行政处罚事件、防爆区域(禁烟区)发现烟头事件、一般作业无作业许可证、一般作业监护人擅离脱岗事件、职工上下班发生负主要责任的交通事故等，否决月度红旗单位和红星单位。

(6) 各单位发生车间级事故的连续否决 2 个月的评选资格，发生厂级事故的连续否决 3 个月的评选资格，发生公司级事故的连续否决 4 个月的评选资格，发生上报集团公司一般及以上事故的否决 6 个月的评选资格。

**附件 1.1　安全消防与职业健康专业“比学赶帮超”活动评比内容**

(1) 本专业考核指标由 4 项专业结果否决指标、1 项行为表现否决指标，11 项过程管理指标、2 项综合专业管理指标组成。

(2) 车间级及以上事故，为绩效结果否决指标，扣 40 分。

车间级事故连续否决 2 个月的评选资格，厂级事故连续否决 3 个月的评选资格，公司级事故连续否决 4 个月的评选资格，上报集团公司一般及以上事故否决 6 个月的评选资格。

(3) 火警事件(安全管理责任)、违反禁令、尘毒超标、防爆区域(禁烟区)发现烟头、一般作业无作业许可证、一般作业监护人擅离脱岗等，为行为及表现否决指标，扣 10 分。发生一项即否决月度红旗、红星单位的评选资格，扣除相应分数。

(4) 作业风险控制，为重要过程控制指标，权重 15 分。作业风险控制的作业许可统计范围见附件 1.3。单位如有作业活动并通过关键环节安全控制保证作业安全，即给予 7 分的基础分。同时考虑作业风险与作业数量、监控力量投入的直接关系，给于每月作业数量最多且保证作业安全的单位最高 15 分。其他单位按作业数量除以最高作业数量，分别给于 7~14 分，计算低于 7 分的按 7 分计算。

(5) 各单位在上报各类安全作业许可数量时，同时上报各车间可记录的关键环节控制活动数量，没按要求开展关键环节控制活动并记录的，酌情扣1~2分。

（6）未遂事件上报共享是公司鼓励的一项工作，每上报一起并得到确认后，即加1分，最高加5分。

（7）隐患管理，在开展隐患排查并组织整改的情况下，给予2分的基础分，如不开展，则不得分。

在整改率基本相同的基础上，以查改数量最多者为最高5分，其他依次递减（考核方式：以各单位上报数量、整改率及公司抽查为依据）。

（8）单位HSE督察，在开展HSE督察并组织整改的情况下，给予3分的基础分，如不开展督察工作，则不得分。

在整改率基本相同的基础上，以查改数量最多者为最高10分，其他依次递减（考核方式：以各单位上报数量、整改率及公司抽查为依据）。

（9）公司督察问题，为扣分项，每督察考核一个问题，即扣1分，最高扣10分。

（10）应急演练，以各单位基层车间应该演练的次数为基本考核依据，按要求演练的即得5分，少一个车间扣1分，多于5个车间不演练不得分。同时，根据演练质量情况酌情扣减。

（11）安全教育培训管理，主要以《齐鲁石化安全教育管理规定》为考评依据，每违反1项扣1分，最多扣10分。公司鼓励自主开展安全教育培训工作，每自主组织开展1次培训或编制1个培训课件（日常开展的入厂安全教育除外），即加2分，最高不超过6分。

（12）HSE观察是公司鼓励的工作，组织开展并进行有效观察即给予2分的基础分，同时根据观察数量和质量，给予数量最多者5分，其他单位按观察数量除以最高观察数量，分别给于2~4分（人数和频次，按观察率）。

（13）承包商及禁令管理为公司鼓励的主动工作内容，对承包商主动开展管理控制活动（包括检查通报、考核处理），每次加2分；自主检查并处理1起违反禁令事件，加2分。最高不超过6分。

（14）职业健康管理为综合专业过程考核，权重10分。主要以《中国石化职业卫生管理工作考核规定》为考评依据，每违反1项扣1分，最多扣10分。

（15）消防气防管理为综合专业过程考核，权重10分。主要以《齐鲁石化消防安全管理规定》为考评依据，每违反1项扣1分，最多扣10分。具体监督检查工作由消防支队负责。

（16）安全与职业卫生“三同时”及隐患治理项目管理。积极参与建设项目可研、基础设计、评价、试生产及验收工作，每通过一个地方政府行政许可批复项目加2分；配套装置安全与职业卫生设施实现“三同时”并达到设计、投用要求的，加2分；积极申报集团公司隐患治理项目，按规定时间上报隐患项目的资料，加2分；隐患治理项目进度按进度节点完成的，加2分，否则，扣2分；总部领导及部门监管的隐患治理项目未按进度节点完成整改扣5分；所有加分最多为10分。

（17）连续安全健康绩效。各单位如通过管理，保持良好的连安全健康绩效，即无车间级及以上事故，每月加2分，累计计算，最高加10分。如出现车间级及以上事故及否决事件，终止计分，重新计算。

（18）亮点工作及临时工作，考虑到各单位针对HSE管理实际，主动开展的HSE管理活动，取得实际绩效或获得领导肯定、上级奖励的情况，设立亮点工作及临时工作指标，每项给予1~2分的加分，累计加分最多不超过5分。未按要求完成临时性工作安排的，酌情扣1~5分。

## 附件 1.2　安全消防及职业健康专业比学赶帮超评比排名表

| 单位 | 事故/急性中毒 | OHSA 否决事件 | 行为/表现否决事件 | 连续安全健康绩效 | 作业风险控制 | 未遂事件 | 隐患管理 | 单位督察 | 公司督察 | 应急演练 | 教育培训 | HSE 观察 | 承包商/禁令管理 | 三同时 | 健康管理 | 消防管理 | 亮点临时工作 |
|---|---|---|---|---|---|---|---|---|---|---|---|---|---|---|---|---|---|
| | 有否决，无得 40 分 | 有否决，无得 10 分 | 有否决，无得 10 分 | 无否决项 1 月加 2 分，最高 12 分 | 基础 7 分，最多 15 分 | 1 个 1 分，最高 5 分 | 基础 2 分，最高 5 分 | 基础 3 分，最高 10 分 | 1 项扣 1 分，最高扣 10 分 | 基础 5 分，少 1 减 1 分 | 加 2~6，违反酌减 1~6 | 基础 2 分，数量最多 5 分 | 主动管理 1 次加 2 分，最高加 6 分 | 按细则加扣 1~10 分 | 10 分基础，按规定扣分 | 10 分基础，按规定扣分 | 加 1~5 分，未完酌减 1~5 分 |
| 炼油厂 | 40 | 10 | 10 | | | | | | | | | | | | | | |
| 烯烃厂 | 40 | 10 | 10 | | | | | | | | | | | | | | |
| 氯碱厂 | 40 | 10 | 10 | | | | | | | | | | | | | | |
| 塑料厂 | 40 | 10 | 10 | | | | | | | | | | | | | | |
| 橡胶厂 | 40 | 10 | 10 | | | | | | | | | | | | | | |
| 二化 | 40 | 10 | 10 | | | | | | | | | | | | | | |
| 腈纶厂 | 40 | 10 | 10 | | | | | | | | | | | | | | |
| 储运厂 | 40 | 10 | 10 | | | | | | | | | | | | | | |
| 热电厂 | 40 | 10 | 10 | | | | | | | | | | | | | | |
| 水厂 | 40 | 10 | 10 | | | | | | | | | | | | | | |

附件 1.3　作业风险控制的作业许可统计范围

（1）用火作业；

（2）受限空间作业；

（3）高处作业；

（4）临时用电作业；

（5）破土作业；

（6）射线作业；

（7）接触硫化氢作业；

（8）一般作业许可的六种作业类别；

（9）机动车进入装置罐区作业；

（10）危险化学品汽车槽车装卸作业。

### 1.4.2　问题

（1）竞赛活动的考核指标如何确定？

（2）如何制定生产系统安全消防和职业健康专业“比学赶帮超”活动考评方案和实施细则？

### 1.4.3　简析

确定考核指标是制定安全考核与激励方案的基础。考核指标的确定应考虑如下因素：与日常安全管理活动相结合；有安全管理规章制度支撑；既要有事故事件控制指标，也要有过程管理控制指标；考虑长期连续安全绩效的激励。

## 1.5　思考题

（1）在贯彻执行国家安全法规标准时，你单位做了哪些管理方面的工作？

（2）中国石化直接作业环节安全监督管理制度有哪些？你单位是如何具体落实的？

（3）你单位的安全管理制度是否完善？需要做哪些增补和修订工作？

（4）你单位通常通过什么渠道掌握安全工作的状况？如何编制安全管理方案？

（5）你在制定安全考核与激励方案中会遇到哪些问题？应注意些什么？

（6）结合安全处(科)长的安全生产职责，谈谈你是如何做好安全监督管理工作的？

# 第2章　安全技术管理

本章主要包括建设项目安全设施“三同时”监督管理、隐患评估与治理、危害辨识与安全评价、安全技术开发应用、HSE 管理系统等内容。

## 2.1　建设项目“三同时”监督管理

建设项目“三同时”监督管理(以下简称“三同时”)，最早见于 1973 年 10 月 21 日，中共中央《关于认真做好劳动保护工作的通知》。通知中对工矿企业的建设工程等项目中有关安全生产和工业卫生设施提出具体要求：新建、改建、扩建的工矿企业和革新、挖潜的工程项目，都必须有保证安全生产和消除有毒有害物质的设施。这些设施要与主体工程同时设计，同时施工，同时投产使用，不得削减。

在新建、改建和扩建项目中，贯彻执行“三同时”原则，是实现和保证安全生产的根本大计。首先，它是从源头上消除可能造成火灾、爆炸、泄漏、伤亡事故和职业病的危险因素，保障新、改、扩建项目从投产起，就能够满足安全生产、保护职工健康的目的。其次，实施“三同时”原则，可以保证新的工程项目在正常开车投产使用和顺利运行后，达到预期质量安全要求，避免因安全质量问题引起返工或采取弥补措施造成资金浪费，防止新的工程项目带病投产，确保新工程项目的本质安全。

中国石化负责建设项目“三同时”的投资计划和综合监督管理工作。建设项目所属企业或单位对“三同时”监督管理工作全面负责。

### 2.1.1　建设项目的政府监管

(1) 国家安全生产监督管理总局指导、监督全国建设项目安全设施审查的实施工作，并负责实施下列建设项目的安全审查：

① 国务院审批(核准、备案)的；

② 跨省、自治区、直辖市的。

(2) 省、自治区、直辖市人民政府安全生产监督管理部门指导、监督本行政区域内建设项目安全审查的监督管理工作，确定并公布本部门和本行政区域内由设区的市级人民政府安全生产监督管理部门实施的规定以外的建设项目范围，并报国家安全生产监督管理总局备案。

(3) 国家安全监管总局目前负责下列建设项目职业卫生“三同时”审查工作：

① 由国务院投资主管部门和国务院授权的有关部门审批、核准或备案，且总投资在 500 亿人民币以上的建设项目；

② 跨省、自治区、直辖市行政区域的建设项目；

③ 其他建设项目职业卫生“三同时”的备案、审核、审查和竣工验收，由各省级安全监管部门根据本地区的实际情况确定，重点要指导市(区)、县(市)安全监管部门加大对职业病危害严重的中小企业职业卫生“三同时”的审查和监督检查力度。相关职业卫生监管职能

尚未划转的地区，安全监管部门要按照《作业场所职业健康监督管理暂行规定》(国家安全监管总局令第23号)的规定，认真做好建设项目职业病危害预评价报告、控制效果评价报告、职业病危害防护设施竣工验收批复文件等的备案管理和监督检查工作。

(4) 按照国务院令(第323号)，以下建设项目地震安全性评价报告应报国务院地震工作主管部门审定：

① 由国务院投资主管部门和国务院授权的有关部门审批、核准或备案的建设项目。

② 跨省、自治区、直辖市行政区域的建设项目。

③ 除(1)、(2)规定以外的建设项目的地震安全性评价报告，应报省、自治区、直辖市人民政府负责管理地震工作的部门审定。

### 2.1.2 建设项目的监督程序

#### 2.1.2.1 建设项目《可行性研究报告》审批前

(1) 建设单位应在建设项目的可研报告审批前，委托开展地震安全性评价工作。对尚未开展区域地震安全性评价的建设项目，建设单位应根据国务院令323号的要求，委托具有相应资质的地震安全评价单位进行区域地震安全性评价，并将编制的建设项目地震安全性评价报告，按照分级管理的原则，报送相关政府地震主管部门或机构审定。建设项目应一次性完成该场地所在区域(含预留发展场地和原有场地)的地震安全性评价工作，避免重复评价。

(2) 建设单位应委托具有相应资质的《可行性研究报告》编制单位对建设项目安全条件、职业卫生设施进行论证；抗震设防内容进行专项论述。编制劳动安全、职业卫生章(节)和安全条件论证报告。建设单位应对《可行性研究报告》中劳动安全、职业卫生、抗震减灾方面内容，组织相关人员进行初审，初审表应经建设单位主管领导签字后，在《可行性研究报告》审查会前报中国石化安全监管局备案。

(3) 建设项目《可行性研究报告》审批前，建设单位应将地震主管部门批复的地震安全性评价报告提交设计单位作为设计依据。建设项目设计单位应根据地震主管部门批复意见进行抗震设防设计。

#### 2.1.2.2 建设项目《可行性研究报告》审批后

建设项目可研批复后，建设单位应根据国家总局8号令的要求，委托具有甲级资质的单位进行建设项目设立安全评价工作，评价报告完成后，建设单位应对建设项目的安全报告进行初审，并将初审意见报中国石化安全监管局。建设单位应参照国家总局《职业卫生技术服务机构监督管理办法(草案)》的要求，委托具有相应评价资质的单位进行建设项目职业病危害预评价工作，建设单位应对建设项目职业病危害预评价报告进行初审，并将初审意见报中国石化安全监管局。

#### 2.1.2.3 建设项目基础设计(初步设计)阶段

(1) 建设单位应委托具有资质的设计单位对建设项目进行基础设计(初步设计)，编制《安全设施设计专篇》；对职业病危害预评价结论为职业病危害严重的建设项目，委托设计单位编制《职业卫生专篇》。建设单位应组织相关人员对《安全设施设计专篇》《职业卫生专篇》内容进行初审，初审报告经主管领导签字后，在安全设施设计审查前报中国石化安全监管局和发展计划部。

(2) 设计单位应当按照国家法律法规、行业的标准规范和中国石化有关管理规定，进行安全、职业病防护设施设计，编制《安全设施设计专篇》《职业卫生专篇》，并对其安全、职业卫生保护设施设计负责。参加政府安全生产监督管理部门、卫生主管部门组织的《安全设施设计专篇》设计审查。

（3）建设项目安全设施的施工应当由取得相应资质的施工单位进行，并与建设项目主体工程同时施工。施工单位应当在施工组织设计中编制安全技术措施和施工现场临时用电方案，同时对危险性较大的分项工程依法编制专项施工方案，并附安全验算结果，经施工单位技术负责人、总监理工程师签字后实施。施工单位应当严格按照安全设施设计和相关施工技术标准、规范施工，并对安全设施的工程质量负责。

（4）工程监理单位应当审查施工组织设计中的安全技术措施或者专项施工方案是否符合工程建设强制性标准。工程监理单位在实施监理过程中，发现存在事故隐患的，应当要求施工单位整改；情况严重的，应当要求施工单位暂时停止施工，并及时报告生产经营单位。施工单位拒不整改或者不停止施工的，工程监理单位应当及时向有关主管部门报告。工程监理单位、监理人员应当按照法律、法规和工程建设强制性标准实施监理，并对安全设施工程的工程质量承担监理责任。

#### 2.1.2.4 建设项目总体试车方案审查阶段

建设单位应按照《中国石油化工股份公司建设项目生产准备与试车规定》（石化股份建〔2008〕268号）要求，在生产准备阶段编制《总体试车方案》。建设单位在总体试车方案审核前，对《总体试车方案》中劳动安全、职业卫生方面的内容进行初审。根据总局8号令的要求，编写建设项目试生产（使用）方案，将政府安全生产监督管理部门对建设项目试生产（使用）方案意见报中国石化安全监管局备案。

#### 2.1.2.5 建设项目投料前安全条件确认阶段

（1）投料前，建设单位对建设项目劳动安全、职业卫生条件检查确认，检查报告应报中国石化安全监管局和工程部备案。

（2）建设单位应在建设项目投料试车、产出合格产品并进行生产考核后，申请建设项目安全、职业病防护设施竣工验收，属于联合生产性的建设项目，试生产期限一般不超过12个月；其他建设项目试生产（使用）期限一般不超过6个月。建设单位委托具有甲级资质的评价机构，按照国家安监总局8号令的要求进行建设项目竣工验收安全评价，建设单位组织对建设项目的安全验收评价报告进行初审，并将初审意见报中国石化安全监管局。建设单位委托具有相应资质的评价机构，按照国家安全生产监督管理总局的要求，进行建设项目职业病控制效果评价，建设单位组织对建设项目的职业病控制效果评价报告进行初审，并将初审意见报中国石化安全监管局。

（3）评价单位应当依据有关安全生产、职业卫生的法律、法规、规章及标准、规范进行评价，并对建设项目竣工验收安全评价报告、职业病控制效果评价报告的真实性负责。安全验收评价报告、职业病控制效果评价报告应通过中国石化安全监管局组织的内审和政府主管部门组织的审查。

### 2.1.3 监督检查的方法

（1）在对建设项目劳动保护、职业卫生、抗震减灾全过程监督时，监督部门按国家安监总局36号令和中国石化“三同时”管理规定要求实施监督管理。

（2）中国石化《职业安全卫生“三同时”检查表》是依据国家和中国石化有关职业安全卫生的规范、标准、规定等编制的具有法规性质的技术文件。具体包括：

①《可行性研究报告审查表》;

②《基础设计(初步设计)审查表》;

③《总体试车方案审查表》;

④《投料试车检查表》;

⑤《竣工验收检查表》。

(3) 在建设项目的全过程监督的各个阶段，负责职业安全卫生“三同时”检查监督的部门要按各个阶段的“三同时”检查表逐项检查填写，并认真填写每个阶段的“三同时”检查通知单，送设计单位、施工单位及监理单位等。

(4) 设计单位、施工单位及监理单位应按“三同时”通知单的要求进行整改，并将整改情况报“三同时”监督部门，在下一阶段“三同时”监督检查时，一并复查。

## 2.2 危害辨识与风险控制

危害辨识、风险评价与控制是安全技术管理的重要组成部分，是落实“安全第一，预防为主，综合治理”方针的重要技术保障，是安全生产监督管理的重要手段。实施有效的风险辨识评价与控制，可实现对事故的预防和生产作业的全过程控制。

### 2.2.1 危害分类及识别

危害也可称为危险因素或危害因素。危险因素是指能使人造成伤亡、对物造成突发性损害或影响人的身体健康导致疾病、对物造成慢性损害的因素。通常，为了区别客体对人体不利作用的特点和效果，分为危险因素(强调突发性和瞬间性)和危害因素(强调在一定时间范围内的积累作用)。有时，对两者不加以区分，统称危险因素。

对危险、危害因素进行分类，是为了便于进行危险、危害因素辨识和分析。危险、危害因素的分类方法有许多种，如按导致事故、危害的直接原因分类，参照事故类别及职业病类别分类。这里只介绍第一种分类。

按导致事故、危害的直接原因，根据国标 GB/T 13816—2009《生产过程危险和危害因素分类代码》的规定，将生产过程中各种主要危险和有害因素危险和危害因素共分为四大类，分别是“人的因素”、“物的因素”、“环境因素”和“管理因素”。

危害识别的方法通常有：询问和交流、现场观察、查阅有关记录、获取外部信息以及安全检查表等。

### 2.2.2 安全评价

安全评价也称“风险评价”或“危险评价”，它是以保障系统安全为目的，以国家有关安全生产的方针、政策和法律、法规、标准为依据，按照科学的程序，运用安全系统工程原理和方法，对系统(工程项目或工业生产)中潜在的危险性进行预先的识别、分析和论证，提出预防、控制、治理对策措施，为制定基本防灾措施和管理决策提供依据，从而达到系统安全的过程。

#### 2.2.2.1 安全评价的目的

安全评价的目的是本着预防为主的思想，寻求最低的事故率、最少的损失和最优的安全投资效益。

通过安全评价，可以有效揭示工程项目在选址、施工、运行之前设计和操作中存在的潜在缺陷，系统地从计划(可研)、设计、施工制造(安装)、开工运行等过程中考虑职业安全卫生技术和安全管理问题，依据国家有关规范、标准和规定，找出系统中潜在的危险因素，通过对潜在的事故进行定性、定量分析和预测，提出相应的安全对策措施，使潜在和显在的危险得以控制，以达到规定的可接受危险水平，实现工程项目或工业生产的本质安全。

#### 2.2.2.2 安全评价的作用

安全评价作为安全技术管理的组成部分，发挥着愈来愈重要的作用。主要体现在以下方面：

（1）使系统有效地减少事故和职业危害；

（2）实现系统、科学地安全管理；

（3）达到用最少投入达到最佳安全效果；

（4）促进各项安全标准制定和可靠性数据积累；

（5）迅速提高安全技术人员的业务水平。

#### 2.2.2.3 安全评价的分类

一、根据评价对象的不同阶段分类：

（1）安全预评价

是根据建设项目(包括新、改、扩建项目)可行性研究报告的内容，运用科学的评价方法，分析和预测该建设项目可能存在的危险、有害因素的种类和程度，提出合理可行的安全对策措施及建议。

（2）安全验收评价

在建设项目竣工、试生产运行正常后，通过对建设项目的设施、设备、装置实际运行状况及管理状况的安全评价，查找该建设项目投产后存在的危险、有害因素，确定其程度并提出合理可行的安全对策措施及建议。

（3）安全现状评价

是针对某一个生产经营单位(企业)总体或局部的生产经营活动的安全现状进行的安全评价，查找其存在的危险、有害因素并确定其程度，提出合理可行的安全对策措施及建议。安全现状评价也称为在役装置安全评价。

（4）专项安全评价

是针对某一活动或场所，以及一个特定的行业、产品、生产方式、生产工艺或生产装置等某一专项存在的危险、有害因素进行的安全评价，查找其存在的危险、有害因素，确定其程度并提出合理可行的安全对策措施及建议。

二、根据评价量化程度分类：

（1）定性评价

主要根据人的经验和判断能力对生产系统的工艺、设备、环境、人员、管理等方面的安全状况进行定性的判断。定性评价时不对危险性进行定量化处理，只作定性比较。

（2）定量评价

是用设备、设施或系统的事故发生概率和事故严重程度，在危险性量化基础上进行的评价。定量评价主要依靠历史统计数据，运用数学方法构造数学模型进行评价。定量评价的方法分为概率风险评价法和指数评价法。

三、根据评价内容分类：

(1) 工厂设计的安全性评价

工厂设计和应用新技术、开发新产品，在进行可行性研究的同时进行安全评价，通过评价在规划设计阶段就对危险因素进行控制和消除。

(2) 安全管理的有效性评价

对企业现有的安全管理结构效能、事故伤害率、损失率、投资效益等进行系统的安全评价，找出薄弱环节，从技术措施和安全管理上加以改进。

(3) 人的行为的安全性评价

对人的不安全心理状态和人机工程要点进行行为测定，评定其安全性。

(4) 生产设备的安全可靠性评价

对设备、装置、部件的故障，应用安全系统工程分析方法进行安全可靠性评价。

(5) 作业环境条件评价

评价作业环境和条件对人体健康危害的影响。

(6) 化学物质危险性评价

评价化学物质在生产、使用、储存、运输、经营过程中存在的危险性，以及可能发生的火灾、爆炸、中毒、腐蚀等事故，提出防止事故发生的措施。

四、根据评价性质进行分类：

(1) 系统固有危险性评价

是指由系统的规划、设计、制造、安装等原始因素决定的危险性，即系统投入运行前已经存在的危险性。根据固有危险性评价的结果，可以对系统危险性划分等级，针对不同危险等级考虑应采取的对策措施，以达到可以接受的程度。

(2) 系统现时危险性评价

系统目前仍然实际存在的危险性，通过评价掌握各类危险源的分布情况和安全管理状态，以便重点加以控制。

#### 2.2.2.4 常用安全评价方法简述

安全评价方法是对系统的危险因素、有害因素及其危险、危害程度进行分析、评价的工具。目前，已开发出数十种不同特点、不同适用范围的评价方法。主要有：

(1) 工作危害分析(JHA)

工作危害分析(JHA)，适合于对作业活动中存在的风险进行分析，识别作业活动过程中的危险、有害因素通常要划分作业活动，作业活动的划分可以按生产流程的阶段、地理区域、装置、作业任务、生产阶段、部门划分或者将上述方法结合起来进行划分。进入受限空间，储罐内部清洗作业，带压堵漏，物料搬运，机(泵)械的组装操作、维护、改装、修理，药剂配制，取样分析，承包商现场作业，吊装等皆属作业活动。将作业活动分解为若干个相连的工作步骤，识别每个步骤的潜在危险、有害因素，然后通过风险评价，判定风险等级，制定控制措施。

(2) 安全检查表(SCL)

安全检查表(SCL)是为检查某一系统(工程、装置等)中的不安全因素，把系统加以剖析，查出各层次的不安全因素，依据有关标准、规程、规范及规定、同类企业安全管理经验及国内外事故案例和有关技术资料，事先将要检查的项目以提问方式编制成表，以便进行系统检查，这种表叫做安全检查表。

安全检查表可适用于工程、系统的各个阶段，可用于评价物质、设备和工艺，常用于专门设计的评价，还可用于新工艺(装置)早期开发阶段的判定和估测危险、已经运行多年的在役装置的危险检查等。

(3) 预先危险性分析(PHA)

预先危险性分析也可称为危险性预先分析，是在每项工程、生产活动之前(如设计、施工、生产之前)，特别是在设计的开始阶段，对系统存在的危险因素类型、来源、出现条件、导致事故的后果以及有关防范措施等作概略分析的方法。

通过预先危险性分析，可以大体识别与系统有关的主要危险、危害；鉴别产生危害的原因；假设危害确实出现，估计和鉴别对人体及系统的影响；将已经识别的危险、危害分级，并提出消除或控制危险性的措施。

(4) 危险和可操作性研究(HAZOP)

危险和可操作性研究(HAZOP)主要是对装置的安全性和操作性进行设计审查。HAZOP分析集生产管理、工艺、安全、设备、电气、自控等专业人员和操作人员集体智慧，系统查找化工装置设计阶段、运行过程安全风险的重要技术手段。这种分析方法包括辨识潜在的偏离设计目的的偏差、分析其可能的原因并评估相应的后果。它采用标准引导词，结合相关工艺参数等，按流程进行系统分析，并分析正常/非正常时可能出现的问题、产生的原因、可能导致的后果以及应采取的措施。其基本原理是全面考察分析对象，对每一细节提出问题。例如在工艺过程考察中，是基于工艺状态参数(温度、压力、流量等)一旦与设计要求发生偏离，就会发生问题或出现危险的理论，该方法以 7 个关键词“没有(否)、多(过大)、少(过小)、多余(以及)、部分(局部)、相反(反向)、其他(异常)”为引导，找出系统中工艺过程或状态的变化(即偏差)，然后再进一步分析造成偏差的原因、后果及相应的对策措施。

该方法适用于工艺复杂的化工生产、储存装置初步设计阶段及生产阶段的安全评价。

(5) 事件树分析(ETA)

事件树分析(ETA)是用来分析普通设备故障或过程波动(称为初始事件)导致事故的可能性，每一个事件树的分枝代表一种事故发展过程，它准确地表明初始事件与安全保护功能之间的对应关系，是一种既能定性、又能定量分析的方法。

事件树分析(ETA)主要应用于搞清楚初期事件到事故的过程，系统地图示出种种故障与系统成功、失败的关系；可提供定义故障树顶上事件的手段；还可用于事故分析。

(6) 故障树分析(FTA)

故障树分析(FTA)也叫事故树分析，它是从结果到原因描绘事故发生的有向逻辑树。故障树分析是把可能发生或已发生的事故，与导致其发生的层层原因之间的逻辑关系用树形图表示，然后对这种模型进行定性和定量分析。

故障树的分析步骤一般为：确定分析的系统→熟悉所分析的系统→调查系统发生的事故→确定事故的顶上事件→调查与顶上事件有关的所有原因事件→故障树做图→故障树定性分析→故障树定量分析→安全性评价(风险评价)。

(7) 危险度取值法评价

该方法规定单元危险度由物质、容量、温度、压力和操作 5 个项目来确定，其危险度分别按 A=10 分、B=5 分、C=2 分、D=0 分赋值计分，由各分数之和确定危险等级。≥16 分是具有高度危险(Ⅰ级)的单元，11~15 分为具有中度危险(Ⅱ级)的单元，≤10 分为低危险度(Ⅲ级)的单元。

该法适用于石油化工工艺过程及储存系统的安全评价，在进行危险指数定量评价时，可先进行简单的“危险度取值法”评价，对危险度分值大于14(Ⅱ级)的各单元再进行“火灾、爆炸危险指数评价”或“火灾、爆炸、毒性危险指数评价”。

(8) 道化学公司火灾、爆炸危险指数评价法

美国道化学公司的火灾、爆炸危险指数评价方法(第七版)(简称“道七版”)，是通过计算火灾、爆炸危险指数，划分危险等级，并进行采取安全对策措施加以补偿的最终评价，把单元的危险度转化为最大财产可能损失。

(9) 蒙德火灾、爆炸、毒性危险指数评价法

英国ICI公司蒙德法是以装置内代表重要物质在标准状态下的火灾、爆炸或放出能量的危险性潜能的“物质系数”为基础，同时把引起火灾或爆炸时的特殊物质危险性、取决于装置操作方式的一般工艺过程危险性、取决于操作条件和化学反应的特殊工艺过程危险性以及可燃物总量、布置危险性、毒性危险性等作为追加系数进行修正，计算出初期评价的“火灾、爆炸、毒性总指标”。还要进行采取安全对策措施加以补偿后的最终评价计算，计算出能够接近实际水平的各项危险指数值，划分其危险程度。

#### 2.2.2.5 安全评价方法的确定

(1) 可选择国际、国内通行的安全评价方法。

(2) 对国内首次采用新技术、新工艺的建设项目的工艺安全性分析，除选择其他安全评价方法外，尽可能选择危险和可操作性研究法进行。

### 2.2.3 风险矩阵标准

风险矩阵中后果分为人员伤害、财产损失、环境影响和声誉影响四类，每类后果按照其严重性从低到高依次分为5个等级。事故直接经济损失计算应按照《中国石化安全事故管理规定》的相关规定执行。

风险矩阵后果发生的可能性采用定性和半定量两种分级形式，按照事故发生频率从低到高依次分为6个等级。

风险矩阵见表2.1，其中：

(1) 风险分为严重高风险、高风险、中风险和低风险四个等级；

(2) 当风险处于D4和E3区域时，如果发生人员死亡，则风险等级为高风险；如果发生财产损失、环境污染和声誉影响，则风险等级为中风险；

(3) 各个区域的风险等级见表2.1。

HSE风险矩阵具体见表2.1，后果严重性等级及说明见表2.2，可能性等级及说明见表2.3，风险区域及说明见表2.4。

### 2.2.4 各级风险的安全要求

企业应建立风险分级管理制度，实现风险的登记、跟踪、评估和关闭。

严重高风险的安全要求：

(1) 对建设项目和科研开发的中试及放大装置，应在设计阶段根据ALARP原则将风险降低到可接受风险区域，并在开车前进行确认。

(2) 对在役装置，企业应立即采取措施将风险降低到可接受风险区域。

**表2.1 HSE风险矩阵**

| 风险矩阵 | | | | | 可能性—半定量/(次/年) | | | | | |
|---|---|---|---|---|---|---|---|---|---|---|
| | | | | | $10^{-5}$~$10^{-6}$ | $10^{-4}$~$10^{-5}$ | $10^{-3}$~$10^{-4}$ | $10^{-2}$~$10^{-3}$ | $10^{-1}$~$10^{-2}$ | ≥$10^{-1}$ |
| 严重性 | 后果 | | | | 可能性—定性 | | | | | |
| | | | | | 1 | 2 | 3 | 4 | 5 | 6 |
| | 人员伤害 | 财产损失 | 环境影响 | 声誉影响 | 世界范围内未发生过 | 世界范围内发生过/石油石化行业内未发生过 | 石油石化行业发生过/世界范围内发生过多次 | 系统内发生过/石油石化行业发生过多次 | 本企业发生过/系统内发生过多次 | 作业场所发生过/本企业发生过多次 |
| A | 急救处理；医疗处理，但不需住院；短时间身体不适 | 事故直接经济损失在10万元以下 | 装置内或防护堤内泄漏，造成本装置内污染 | 企业内部关注；形象没有受损 | A1 | A2 | A3 | A4 | A5 | A6 |
| B | 工作受限：1~2人轻伤 | 事故直接经济损失10万元以上，50万元以下；局部停车 | 排放很少量的有毒有害污染废弃物，造成企业界区内污染，没有对企业界区外周边环境造成污染 | 社区、邻居、合作伙伴影响 | B1 | B2 | B3 | B4 | B5 | B6 |
| C | 3人以上轻伤，1~2人重伤(包括急性工业中毒，下同)；职业相关疾病；部分失能 | 事故直接经济损失50万元及以上，200万元以下；1~2套装置停车 | 见表2.2 | 本地区内影响；政府介入，公众关注负面后果 | C1 | C2 | C3 | C4 | C5 | C6 |
| D | 1~2人死亡或丧失劳动能力；3~9人重伤 | 事故直接经济损失200万元以上，1000万元以下；3套及以上装置停车 | 见表2.2 | 国内影响；政府介入，媒体和公众关注负面后果 | D1 | D2 | D3 | D4 | D5 | D6 |
| E | 3人以上死亡；10人以上重伤 | 事故直接经济损失1000万元以上；失控火灾或爆炸 | 见表2.2 | 国际影响 | E1 | E2 | E3 | E4 | E5 | E6 |

高风险的安全要求：

（1）对建设项目和科研开发的中试及放大装置，应执行严重高风险的安全要求；

（2）对在役装置，企业应采取措施将风险降低到可接受风险区域。对不能及时消除的高风险，应提出充分的风险控制措施，并落实相应的责任人和完成时间，并最终根据 ALARP 原则将风险降低到可接受区域。

中风险的安全要求：

（1）企业应按照实际情况，根据 ALARM 原则采取措施尽可能降低风险；

（2）当无法降低风险，企业应制定风险管理措施，防止风险进一步升级。

低风险的安全要求：

（1）应按照中国石化 HSE 管理体系要求，保证其各项安全措施有效运行，防止风险进一步升级；

（2）后果处于 D 级和 E 级时，企业应完善风险管理措施，防止 D 级和 E 级的事故发生。

**表 2.2　后果严重性等级及说明**

| 后果严重性等级 | 说　明 |
| --- | --- |
| A | 人员伤害—急救处理；医疗处理，但不需住院；短时间身体不适<br>财产损失—事故直接经济损失在 10 万元以下<br>环境影响—装置内或防护堤内泄漏，造成本装置内污染<br>声誉影响—企业内部关注；形象没有受损 |
| B | 人员伤害—工作受限；1~2 人轻伤<br>财产损失—直接经济损失 10 万元以上，50 万元以下；局部停车<br>环境影响—排放很少量的有毒有害污染废弃物，造成企业界区内污染，没有对企业界区外周边环境造成污染<br>声誉影响—社区、邻居、合作伙伴影响 |
| C | 人员伤害—3 人以上轻伤，1~2 人重伤(包括急性工业中毒，下同)；职业相关疾病；部分失能<br>财产损失—直接经济损失 50 万元及以上，200 万元以下；1 套装置停车<br>环境影响：<br>—出现一种及以上污染物(不包括剧毒化学品)指标达到或超过排放标准的 10 倍以下，造成企业界区外轻微污染；<br>—发生在江、河、湖、海等水体及环境敏感区的油品泄漏量在 1 吨以下或发生在非环境敏感区的油品泄漏量 10 吨以下；<br>—有毒化学品以污水形式排出厂界，其危险物质相对环境风险数小于或等于 40<br>声誉影响—本地区内影响；政府管制，公众关注负面后果 |
| D | 人员伤害—1~2 人死亡或丧失劳动能力；3~9 人重伤<br>财产损失—直接经济损失 200 万元以上，1000 万元以下；2 套以上装置停车<br>环境影响：<br>—出现一种及以上污染物(不包括剧毒化学品)指标达到或超过排放标准的 10 倍以上 100 倍以下，造成企业界区外中等污染；<br>—发生在江、河、湖、海等水体及环境敏感区的油品泄漏量在 1 吨以上 10 吨以下；或发生在非环境敏感区的油品泄漏量 10 吨以上 100 吨以下；<br>—有毒化学品以污水形式排出厂界，其危险物质相对环境风险数 40~80(不含 40 和 80)；<br>—外排污染物(不包括剧毒化学品)持续 3 个月以上超过排放标准 2 倍以上 5 倍以下<br>声誉影响—国内影响；政府管制，媒体和公众关注负面后果 |

续表

| 后果严重性等级 | 说　明 |
| --- | --- |
| E | 人员伤害—3 人以上死亡；10 人以上重伤<br>财产损失—事故直接经济损失 1000 万元以上；失控火灾或爆炸<br>环境影响：<br>—出现一种及以上污染物(不包括剧毒化学品)指标达到或超过排放标准的 100 倍以上，造成企业界区外严重污染；<br>—发生在江、河、湖、海等水体及环境敏感区的油品泄漏量在 10 吨以上；或发生在非环境敏感区的油品泄漏量 100 吨以上；<br>—有毒化学品以污水形式排出厂界，其危险物质相对环境风险数大于或等于 80；<br>—外排污染物(不包括剧毒化学品)持续 3 个月以上超过排放标准 5 倍以上；<br>—因环境污染造成水源地取水中断；造成区域生态功能丧失；造成国家重点保护的动植物物种受到破坏或大量死亡的；<br>—剧毒化学品在生产和储运过程中发生泄漏，影响企业界区外人民群众生产、生活的事件；<br>—跨国(界)的环境事件<br>声誉影响—国际影响 |

注 1.“以上”包括本数，“以下”不包括本数。

2. 排放标准参见国家标准《污水综合排放标准》(GB 8978)、《大气污染物综合排放标准》(GB 16297)、《火电厂大气污染物排放标准》(GB 13223)、《锅炉大气污染物排放标准》(GB 13271)、《工业炉窑大气污染物排放标准》(GB 9078)、《恶臭污染物排放标准》(GB 14554)、《工业企业厂界环境噪声排放标准》(GB 12348)等，如有地方标准或要求，按地方标准或要求的指标执行。

3.“环境敏感区”参见中华人民共和国环境保护部令 第 2 号《建设项目环境影响评价分类管理名录》第三条，环境敏感区，是指依法设立的各级各类自然、文化保护地，以及对建设项目的某类污染因子或者生态影响因子特别敏感的区域，主要包括：(一)自然保护区、风景名胜区、世界文化和自然遗产地、饮用水水源保护区；(二)基本农田保护区、基本草原、森林公园、地质公园、重要湿地、天然林、珍稀濒危野生动植物天然集中分布区、重要水生生物的自然产卵场及索饵场、越冬场和洄游通道、天然渔场、资源性缺水地区、水土流失重点防治区、沙化土地封禁保护区、封闭及半封闭海域、富营养化水域；(三)以居住、医疗卫生、文化教育、科研、行政办公等为主要功能的区域，文物保护单位，具有特殊历史、文化、科学、民族意义的保护地。

4. 危险物质相对环境风险数的计算见《中国石油化工集团公司水体环境风险防控要点》。

5. 剧毒化学品参见《剧毒化学品目录》。

**表 2.3　可能性等级及说明**

| 可能性等级 | 频率 $F$/(次/年)(半定量) | 定 性 描 述 |
| --- | --- | --- |
| 6 | $F\geqslant10^{-1}$ | 作业场所发生过/本企业发生过多次 |
| 5 | $10^{-1}>F\geqslant10^{-2}$ | 本企业发生过/系统内发生过多次 |
| 4 | $10^{-2}>F\geqslant10^{-3}$ | 系统内发生过/石油石化行业发生过多次 |
| 3 | $10^{-3}>F\geqslant10^{-4}$ | 石油石化行业发生过/世界范围内发生过多次 |
| 2 | $10^{-4}>F\geqslant10^{-5}$ | 世界范围内发生过/石油石化行业内未发生过 |
| 1 | $10^{-5}>F\geqslant10^{-6}$ | 世界范围内未发生过 |

**表 2.4　风险区域及说明**

| 区　域 | 说　明 |
| --- | --- |
| 低风险 | A1、A2、A3、A4、A5、A6、B1、B2、B3、B4、C1、C2、D1 |
| 中风险 | B5、B6、C3、C4、C5、D2、D3、D4(无人员死亡时)、E1、E2、E3(无人员死亡时) |
| 高风险 | C6、D4(有人员死亡时)、D5、E3(有人员死亡时)、E4 |
| 严重高风险 | D6、E5、E6 |

## 2.3 安全技术的应用与开发

### 2.3.1 安全技术的应用

坚持“科技兴安”战略。大力实施安全技术改造，加快推进重点行业(领域)安全关键技术研发，集成转化推广一批先进适用可靠的安全生产技术和装备，支持安全生产重大信息化项目，提高安全生产信息化水平。把安全科技进步纳入结构调整、产业升级的重要内容，做到安全技术与建设项目“三同时”。加快科技示范工程建设，建成一批有示范引领作用的项目。

让先进安全技术得到广泛应用，要从以下三个方面考虑：

(1) 中国石化加大科技投入、制度建设，加强科技成果的推广应用工作，积极遴选有推广意义的项目，使这些项目尽快惠及一线。

(2) 应从立项、研究、到科研成果的评定，从企业实情出发，使得企业能够真正接受推广的相应成果，解决安全生产实际问题。

(3) 在科研项目推广中，应建立示范工程，使科研项目的先进作用能得到直观的体现，从而引导其他企业积极使用该项目成果。

### 2.3.2 安全技术的开发

安全技术科研项目(以下简称“安科项目”)是指直接关系到安全生产和职工人身健康的应用技术、管理技术、劳动保护技术、职业卫生技术以及安全装备的开发和研制。旨在开展安全生产重大科技攻关和技术示范工作，研究安全生产共性、关键性、前瞻性技术，开发安全生产新技术、新工艺、新装备和新材料，推广安全生产先进、实用技术成果。

#### 2.3.2.1 管理机构与职责

安科项目实施中国石化、安全监管局和各企业分别立项管理。

中国石化科技开发部负责重大安科项目的立项管理，组织审核具有重大意义和推广价值的安科项目，负责对使用安保基金的安科项目的管理。

安全监管局负责具有普遍意义的安科项目的立项管理，组织审核各企业申报的安科项目，负责对使用安保基金的安科项目立项管理工作。

各企业负责安科项目的立项管理，负责本企业安科项目的申报、审核并组织实施。

#### 2.3.2.2 安科项目的管理

(1) 各企业拟申请由安全监管局立项管理的安科项目，原则上于每年9月底前报安全监管局。安全监管局审核确认后，于当年11月底以前编制下年度安科项目计划，纳入安保基金科研经费计划。

安科项目的申报内容至少包括：项目名称，研究开发的目标、内容、技术方法和路线、技术经济指标，市场前景分析，开题条件，计划进度和考核目标及相应的经费预算等。申报文本格式按照中国石化科学技术研究开发项目申报书格式填写。

各企业拟申请由中国石化和企业自行立项管理的安科项目，执行中国石化科研项目管理的相关规定。

（2）安科项目确定后，由安全监管局与承担企业就有关科研内容、要求、进度及相关责任等条款磋商，签订项目任务书。

项目任务书的格式及责任条款按照中国石化科学技术研究开发项目任务书的格式填写。项目任务书经安全监管局与承担企业主管负责人审批，加盖双方单位公章后生效。

（3）项目任务书签订后，承担企业应定期检查合同执行情况，及时解决执行过程中的问题，每半年向安全监管局书面报告1次项目进展情况，其内容包括合同完成概况，取得的成果，经费使用情况，合同计划推迟的原因，存在的主要问题及解决办法。

（4）列入中国石化科研开发计划安科项目的管理执行《中国石化研发费用管理暂行规定》和《中国石油化工股份有限公司科研项目及财务管理办法》；列入安全监管局的安科项目由安全监管局从安保基金中列支；列入各企业的安科项目，由企业按国家和中国石化有关规定筹集科研经费。

（5）经费支出只限于该项目直接有关的科研支出，包括原材料费、专用仪器设备购置费、通用设备折旧费、测试外协费、资料费、调研费、人工成本费等项支出。科研经费实行包干使用，专款专用，对擅自挪用者停止拨款，必要时，追回全部拨款，直至撤销合同。

（6）安科项目完成后，应按《中国石化科学技术成果鉴定管理办法》进行鉴定。

（7）安科项目的知识产权管理应执行中国石化相关管理规定。

（8）参加安科项目的企业或个人，以及参加该项目的鉴定或审查人员，应严格遵守中国石化关于保密管理的相关规定，并承担相应的保密责任。

（9）科研成果应在中国石化各企业内推广使用。向中国石化以外单位转让时，需经中国石化有关部门的同意。

（10）根据科研成果的技术水平、技术难度、经济效益和社会效益，由中国石化有关部门组织推荐和申报中国石化或国家安科有关奖项。

## 2.4 事故隐患治理

### 2.4.1 事故隐患项目的界定

（1）生产设施和公共场所存在的不符合国家和中国石化安全生产法规、标准、规范、规定要求的隐患。

（2）存在可能直接导致人身伤亡、火灾爆炸事故或造成事故扩大的生产设施、安全设施等存在的隐患。

（3）可能造成职业病或职业中毒的隐患。

（4）预防可能造成灾害扩大的固定资产投资项目。

（5）中国石化当年确定的隐患治理重点项目。

（6）新投产的项目，从项目验收后3年内发现的问题，原则上不作为隐患项目；通过设备更新、装置正常检维修可以解决的问题，不得列入隐患项目。

### 2.4.2 隐患项目的决策程序

（1）隐患项目决策程序包括隐患评估、项目申报、项目审批和计划下达。

① 隐患评估应由各单位主管领导、职能部门和具有实际工作经验的工程技术人员组成

评估小组，或中国石化认可的评价机构，以国家和行业安全法规、标准、规范以及中国石化安全生产监督管理制度为依据，提出评估整改意见或评价报告。

② 隐患评估内容应包括现状分析、存在的主要问题、风险及危害和结论性意见等。

③ 经评估确认的隐患应编制隐患项目可研报告，主要内容包括：不同治理方案的比较和选择、具体治理工程量、治理方案的安全性和可靠性分析、投资概算、治理进度安排等。

④ 投资概算应按照中国石化有关规定编制。

⑤ 在隐患评估、可研报告的基础上，按照中国石化编制年度固定资产投资项目计划的总体要求，结合本单位的实际情况，提出隐患项目治理计划及投资计划，并列入下一年度固定资产投资项目计划。各单位的隐患项目及投资计划应上报中国石化有关部门和安全监管局，并录入隐患治理管理软件。

⑥ 隐患项目的审批按照中国石化固定资产投资决策程序及管理办法规定的程序执行。

（2）限额以上（总投资 3000 万元及以上）的隐患项目，应按照有关规定报中国石化发展计划部和财务部，按照固定资产投资决策程序批准项目建议书和可研报告。如需安保基金补助的项目，由中国石化发展计划部同安全监管局确定。

（3）限额以下（总投资 1000~3000 万元）的隐患项目，应先报中国石化有关部门审批项目可研报告，如需安保基金补助的项目，由中国石化发展计划部和安全监管局确定。

（4）总投资 1000 万元以下的隐患项目，各单位将可行性研究报告报安全监管局和中国石化有关部门，由安全监管局会同中国石化有关部门审批。

（5）经上述程序确定的隐患项目，由安全监管局提出年度隐患项目资金补助计划，经中国石化有关职能部门会签后，以中国石化文件下达。

### 2.4.3 隐患项目的计划管理

（1）隐患项目都应列入各单位当年固定资产投资项目计划，并报中国石化有关职能部门备案。

（2）各单位计划部门应严格按照中国石化固定资产投资决策程序及管理办法申报隐患项目，不得将隐患项目化整为零，改变审批渠道。隐患项目由各单位安全部门对口管理。

（3）凡中国石化批准列入计划的隐患项目，各单位要认真组织力量抓好实施。对当年第一批隐患治理项目，要做到当年完成不跨年度，确需跨年度实施的项目，应向安全监管局专题报告。

（4）对在应急状态下，必须立即进行整改的隐患项目，各单位可在治理的同时申报隐患项目。对不按照固定资产投资项目决策程序要求，先开工后报批的隐患项目，中国石化不予补批。

（5）凡未列入各单位固定资产投资项目计划，又未经中国石化有关部门审查的隐患项目，中国石化均不予立项。

### 2.4.4 隐患项目的分级监管

（1）根据隐患项目重要程度及投资规模，按照中国石化总部监督、部门监管、各企业负责的三级监管原则，凡列入中国石化年度投资计划的隐患项目，由安全监管局提出中国石化领导重点监管隐患项目、中国石化部门重点监管隐患项目和各单位负责监管隐患项目。

（2）中国石化总部重点监管隐患的项目负责人为中国石化领导，主管部门分别为中国石化相关职能管理部门，监管督查部门为安全环保局。

（3）中国石化部门重点监管隐患项目主管监督部门为中国石化相关职能管理部门，负责人为中国石化相关职能管理部门负责人，负责监督隐患治理项目的实施及完成情况。督查部门为安全环保局。

（4）各单位负责监管隐患项目负责人为各单位主要领导，项目实施由各单位相关部门负责组织实施，监管督查部门为本单位安全主管部门。

（5）企业级隐患项目由各单位自行立项治理。

### 2.4.5 隐患项目的过程管理

（1）隐患治理项目及资金计划下达后，各单位应按照中国石化固定资产投资项目实施管理办法组织实施。

（2）各单位应建立隐患治理工作例会制度，定期召开隐患治理项目专题会，设计、物装及施工部门要按照计划下达的隐患项目时间节点进度组织实施，确保施工进度；财务部门确保资金到位；安全主管部门对隐患项目进行全过程的监督管理，确保按时完成隐患治理年度计划。

（3）各单位对隐患项目的管理，应做到“四定”（定整改方案、定资金来源、定项目负责人、定整改期限），并在计划下达1个月内，以文件形式将“四定”内容上报安全监管局。各单位主要领导对隐患项目的实施负主要责任，各单位分管领导对隐患项目整改方案负责。

（4）对不能及时整改的隐患，各单位应制定事故应急预案，采取切实有效的安全措施加以监护，确保安全生产。

（5）隐患治理项目及资金计划下达后，各单位应按月上报列入中国石化隐患治理计划的隐患项目的实施进度情况。月报表应在当月最后一天前，当年11月最后1天月报作为年度隐患治理完成情况预报表；年报表应于当年12月最后1天报安全监管局，并按月将隐患治理完成情况录入隐患治理管理软件。

（6）中国石化下达隐患项目及资金计划后，各单位不得擅自变更项目、投资、完成期限或将资金挪作他用。

（7）安全环保局负责隐患治理项目实施情况的监督检查。

### 2.4.6 隐患项目的验收考核

（1）中国石化领导重点监管的隐患项目，由各单位组织竣工验收，安全监管局组织后评估。

（2）总投资500万元以上的隐患项目验收后，各单位应将竣工验收报告、竣工验收表及补助项目的财务结算一并上报安全监管局。

（3）项目验收合格后，各单位生产、设备部门应制定相应的规章制度，组织操作人员学习，纳入正常维护管理。

（4）各单位隐患项目完成情况，列入中国石化对各单位年终安全评比、考核兑现内容。对未能按时完成治理业务的单位扣分；因隐患整改不利造成事故的，将追究有关人员责任。

### 2.4.7 隐患项目的后评估

为进一步规范事故隐患治理项目管理，做好隐患项目后期效果跟踪工作，为科学制定隐患治理方案和投资计划提供依据，中国石化要求各企业认真开展隐患项目后评估工作。评估内容：

(1) 项目内容、来源，批准单位(有科研批复的注明批复时间)，批准总投资额(安保基金补助额)，实际投资额。

(2) 项目计划采用的治理方案及实际执行的方案、技术路线及主要设备选型及数量。

(3) 项目效果分析，采用对比分析方法，对隐患治理前后的效果进行分析，明确提出隐患治理工作是否达到预期效果，未达到预期效果的项目，应认真分析原因，提出补救措施。

(4) 项目验收情况，未完原因、资金决算结果。

(5) 遗留及存在问题、建议措施。

(6) 参照中国石化项目验收的有关要求，提供企业完整的验收报告。

### 2.4.8 隐患项目的安保基金补助

(1) 对列入中国石化投资计划及资金计划的隐患项目，按规定给予安保基金补助。

(2) 隐患项目的安保基金补助比例，视年度安保基金收支预算情况，由安全监管局提出具体意见，报中国石化安全生产监督委员会决定。

## 2.5 HSE 管理系统

HSE 管理系统是中国石化生产营运指挥系统的子系统，应用上分为中国石化和企业两个层面。炼化企业 HSE 管理系统，全功能的实现企业 HSE 业务信息化管理，为企业和中国石化动态的掌握基层单位的 HSE 管理情况提供信息支持。

### 2.5.1 系统功能

中国石化 HSE 管理系统是基于风险的 HSE 管理的设计理念进行设计开发的，从事前预防与监督管理业务入手，以风险管理为核心，强化企业事前预防与监督等业务的管理，其业务按照专业分为安全、环境、健康和日常应急四个方面；事中应急突出了应急响应与指挥、应急资源调度、事故动态模拟、工业电视视频及电子地理信息等功能，为事故的应急处置与指挥提供科学的决策依据，减少事故损失，凸显企业事故应急处置与指挥能力；事后处理，强调对事故的调查、分析与处理，总结事故教训，分享事故处理经验，提升企业的 HSE 管理水平，从而推动企业创造卓越的 HSE 业绩。

系统功能涵盖中国石化、直属企业、二级单位和基层单位各级 HSE 业务管理人员。

主要业务模块实现的功能如下：

(1) 应急管理：包括预测预警、接处警、应急响应、预案管理、电子地理信息等。通过分析获取的预警信息，实现突发事件的早期预警、趋势预测和综合研判，预测突发事件的影响范围、影响方式、持续时间及危害程度，确定事件的预警级别；完成警情的接报与处置；发生重特大突发事件时，完成预案启动、事件数据采集、事件分析预测、资源协调等功能，并能对突发事件进行跟踪与反馈，能够将模拟预测结果、专家建议以及查询到的应急资源及时、快速地展示出来，供领导进行决策和指挥。

(2) 隐患管理：主要满足基层单位通过风险识别发现隐患、制定整改措施并上报，经逐级审批对发现的隐患进行分级处理并整改，属于公司级的隐患提交公司安全环保部门汇总后，经公司领导审批后再次分级，确定为上报中国石化的隐患可自动按要求上报安全环保局，并由中国石化进行统一安排资金进行治理。

（3）事故管理：主要满足基层单位事故、事件的上报和调查处理的需求，以及事故快报、事故报告、事故现场信息、事故月报表等信息的上报，实现事故经验教训的共享。事故统计方面，可依据企业上报的事故按照发生起数、重伤人数、死亡人数等进行统计分析，还可以按事故类型、事故发生原因等生成各类统计图表，为中国石化和企业的安全管理提供决策支持。

（4）风险管理：主要包括作业过程中的危害识别、风险评价和风险控制措施的制定。

（5）HSE 检查：主要包括检查问题的登记、制定整改措施及整改情况的跟踪验收，此外还包括检查问题的统计分析、检查表的编制和引用等功能。

（6）承包商 HSE 管理：主要包括承包商的资质预审查、承包商作业人员的入厂教育和现场教育、作业过程监督问题的登记和整改以及承包商 HSE 业绩表现评价等功能。

（7）建设项目“三同时”管理：主要包括建设项目的“三同时”管理，按照可行性研究、基础设计（初步设计）、总体开工方案审查、开工前安全条件确认、竣工验收五个阶段，实现规范的项目 HSE 管理等功能。

（8）关键装置（要害部位）管理：主要包括企业按照中国石化规定的时间提交企业的关键装置（要害部位）安全技术报告，自动汇总生成中国石化的关键装置（要害部位）安全运行报告等功能。

（9）教育培训：主要包括 HSE 教育培训计划的制定，培训结果的登记以及培训效果的评估等功能。

（10）环保管理：包括“三废”资源综合利用、清洁生产、节水管理和环保统计等。

（11）职业卫生管理：主要包括企业按规定的事件（季度、半年和全年）上报各自企业的职业卫生管理情况报表，自动汇总生成各企业的职业卫生报表等功能。

（12）作业许可管理：实现用火作业、进入受限空间作业等作业票的开票（登记）、作业风险评价、落实防范措施等功能。

（13）HSE 绩效管理：实现制定绩效指标、设置安全环保和职业健康三方面的关键绩效指标（KPIs）和量化评估 HSE 绩效等功能。

（14）HSE 基础信息库：实现企业基本信息库、专业技术信息库和运行记录信息库的浏览、查询统计和打印等功能。

（15）日常事务：包括消息系统、工作任务、信息公告和知识园地四个主要功能模块。

### 2.5.2 系统应用成效

为基层班组人员、专业技术管理人员的日常检查的闭环管理提供有效的管理工具，其监督检查模块实现了基层各岗位人员检查问题的登记、下发、落实整改和验证的流程化管理。

在隐患排查与整改、直接作业环节作业许可票证和承包商现场教育与现场监管方面，不仅保证了隐患、作业许可和承包商的规范管理，还为基层员工加强隐患排查与整改、直接作业环节作业许可票证的填写、签发和完工验收以及承包商现场监督提供有效的手段。

通过 HSE 管理系统的实施，企业引进了先进管理理念，规范了 HSE 管理内容，前移了管理关口，筑牢了安全生产防线，提升了管理深度。

在 HSE 职责落实方面，体现了“谁主管、谁负责”的原则，实现了 HSE 业务数据共享、灵活调用，减少了管理人员的工作量，提高了管理效率。

系统集成了计算机辅助调度、短信及无线视频监控、无线浓度监测、大屏显示和模拟辅助决策等技术手段，整合了企业的应急资源，提高了突发事件的应急响应速度。

丰富了信息展示手段和自动生成的数十张基础报表、台账，有助于中国石化安全环保局和企业的各级管理层快速查询、统计分析相关数据信息，为各 HSE 业务决策提供准确的参考数据和信息。

通过中国石化系统的知识园地模块，企业可查阅、下载国内外 HSE 法律法规、标准、《班组安全》及相关技术文献，为企业的 HSE 管理提供了信息工具支持。

## 2.6 典型案例——液化气灶具预危险性分析

### 2.6.1 情景

2011 年 11 月 14 日清晨，位于西安市高新区太白路与科创路十字西南角嘉天国际大厦 1 号楼一层的樊家腊汁肉夹馍店发生爆炸。11 月 17 日，据西安市副市长朱智生介绍，本次事故共造成 10 人死亡，目前仍住院的 32 人中，2 人危重、3 人重伤。爆炸原因初步判定系樊家肉夹馍店液化气泄漏引发，公安部门已排除人为破坏的可能。该店店主和销售液化气的商户因涉嫌违法违规行为，已被警方采取强制措施。

### 2.6.2 问题

你能否运用预危险性分析方法查找身边家用液化气(钢瓶)灶具危险因素并制定控制措施?

### 2.6.3 简析

家用液化气(钢瓶)灶具系统包括液化气瓶、减压阀及连接皮管、灶具三个部分。因为气瓶内充装液化石油气，因此具有压力能；而液化石油气具有易燃特性而存在化学能。根据该系统的使用经验和有关部门的火灾记录，其预危险性分析结果如表 2.5 所示。

表 2.5 家用液化气灶具预危险性分析表

| 危险因素 | 触发事件 | 现象 | 形成事故的原因事件 | 事故情况 | 结果 | 危害等级 | 控制措施 |
|---|---|---|---|---|---|---|---|
| 气瓶超压 | 充装过量<br>接近热源<br>接触火源 | 瓶体过重<br>瓶体过热 | 内压超过钢瓶压力极限 | 爆炸 | 人员伤亡、财产损失 | 3 | ① 灌装时应严格检查<br>② 瓶体远离气灶和热源<br>③ 禁用火烧、水烫 |
| 气瓶不合格 | 制造质量差(非压力容器制造厂生产)<br>运输、使用过程中碰撞变形 | 粗糙变形 | 按合格钢瓶灌装使用 | 爆炸 | 人员伤亡、财产损失 | 3 | ① 禁止生产、使用非标准气瓶<br>② 搬运、使用中应轻拿、轻放 |
| 液化气泄漏 | 气瓶阀门故障<br>输气管老化破裂<br>接口不严<br>沸水扑灭<br>风吹灭<br>先开气后点火<br>灶具转芯阀密封不严 | 有异味 | 室内通风不良、火花 | 火灾爆炸 | 人员伤亡、财产损失 | 3 | ① 经常用肥皂水检查，发现问题及时检修或更换<br>② 使用时应注意观察，最好不用小火，不离现场<br>③ 有异味要打开门窗，绝对禁止动用电器<br>④ 保持良好的通风条件 |

续表

| 危险因素 | 触发事件 | 现象 | 形成事故的原因事件 | 事故情况 | 结果 | 危害等级 | 控制措施 |
|---|---|---|---|---|---|---|---|
| 气瓶残液 | 擅自倾倒瓶内残液 | 有异味 | 火花 | 火灾 | 人员伤亡、财产损失 | 3 | 严禁擅自倾倒残液 |
| 液化气压失控 | 减压阀失效 | 火苗过高 | 火嘴附近有易燃物 | 火灾 | 人员伤亡、财产损失 | 3 | ① 经常检查减压阀呼吸孔<br>② 灶具应与易燃物隔离 |

填表过程中，往往因对栏目的意义不清而造成混乱，因此，有必要对其作进一步说明。

危险因素是指在一定条件下能够导致事故发生的潜在因素。它相当于事故隐患，并不等于事故。一般情况下，它不能单独引起事故发生。

触发事件是危险因素的原因事件。危险因素可以有若干原因事件。它与事故情况没有直接关系。

现象指危害因素的表现现象。主要是为了给人们提供发现危险因素的线索。

形成事故的原因事件是危险因素形成事故的条件。也就是说，在危险因素和形成事故的原因事件都存在的情况下，事故才会发生。

## 2.7 思考题

（1）隐患评估应由哪些人参加？

（2）请编制一个隐患的评估程序。

（3）你单位在安全技术推广做过哪些工作？存在什么问题？

（4）结合企业特点，选出一个主要岗位进行作业危险性评价？

# 第3章　安全检查监督管理

本章主要包括安全检查、管理审核等内容，涵盖了安全设施检查、个体防护检查、专项管理审核等主要的安全检查形式，重点介绍了安全检查表的编制和使用。

## 3.1　安全检查与管理

安全检查是企业根据生产特点和安全生产的需要，对安全管理和生产过程(现场)可能存在的隐患、缺陷、危险及有害因素等进行查证，确定其存在的状态及转化为事故的条件，以便制定整改措施加以消除，确保生产安全而进行的检查活动。

安全检查的主要任务是：进行危害识别，查找不安全因素、不安全行为，提出消除、控制不安全因素、纠正不安全行为、堵塞管理漏洞。

《安全生产法》第四十三条规定：生产经营单位的安全生产管理人员应当根据本单位的生产经营特点，对安全生产状况进行经常性检查；对检查中发现的安全问题，应当立即处理；不能处理的，应当及时报告本单位有关负责人，有关负责人应当及时处理。检查及处理情况应当记录在案。

### 3.1.1　安全检查的对象内容

安全检查的对象主要是人、物、环境、管理四个方面。安全检查的主要内容包括安全管理检查和现场安全检查两部分。

#### 3.1.1.1　安全管理检查主要内容

(1) 各级HSE委员会、领导班子研究安排安全工作的会议记录、纪要；中国石化的七本安全管理台账；机关部门、班组的安全活动记录等。

(2) 企业安全管理制度、规程、预案的修订完善和落实情况。

(3) 三同时管理、隐患治理、应急管理、事故管理、危险品管理、目标管理、安全考核等各项安全基础工作的符合情况。

(4) 各级领导、管理人员、员工及特殊作业人员的安全教育及培训取证情况。

(5) HSE管理体系各要素的规范运行情况，主要包括规章、规程的完整性、有效性；现场设备设施及环境条件的符合性；管理及操作行为的符合性等。

#### 3.1.1.2　现场安全检查主要内容

(1) 按照工艺、设备、储运、电气、仪表、消防、检维修、工业卫生等专业的标准、规范、制度等，检查在生产、施工现场的符合情况及完好情况。

(2) 岗位安全生产责任制及各项安全生产制度、操作规程在生产现场的落实情况。

(3) 直接作业环节各项安全措施的落实情况。

### 3.1.2　安全检查的形式方法

安全检查的形式分为外部检查和内部检查。外部安全检查主要是中国石化或地方政府组织进行的监督检查和安全督查。内部检查是指企业主管部门及各单位自己组织开展的计划性和临时性的自查活动。主要有综合性检查、日常检查和专项检查等形式。

#### 3.1.2.1 综合性检查

综合性安全检查是以落实岗位安全责任制为重点，各专业共同参与的全面检查。中国石化集团公司主管部门对直属企业单位至少每年组织检查或抽查1次；直属企业至少每半年组织1次；直属企业的二级单位至少每季组织1次；基层单位至少每月组织1次。

#### 3.1.2.2 日常检查

日常检查是班组岗位员工对关键装置、要害部位、危险点(源)进行的日常巡回检查，其目的是及时发现和报告问题、隐患。

基层单位领导及工艺、设备、安全等专业技术人员，在各自业务范围内深入现场进行安全检查，并且对关键装置、要害部位的检查要做好记录。

#### 3.1.2.3 专项检查或审核

专项安全检查审核包括季节性检查、节日前检查和专项安全检查审核。

(1) 季节性检查

季节性安全检查是根据各季节特点开展的专项检查。一般包括：

春季安全大检查以防雷、防静电、防解冻跑漏为重点；

夏季安全大检查以防暑降温、防台风、防洪防汛为重点；

秋季安全大检查以防火、防冻保温为重点；

冬季安全大检查以防火、防爆、防中毒、防冻防凝、防滑为重点。

(2) 节日前检查

主要是节前对安全、保卫、消防、生产准备、备用设备等进行的检查。

(3) 专项检查审核

专项检查审核主要是针对某阶段集中反映出的突出问题进行的专项管理审核，以及对锅炉、压力容器、电气设备、机械设备、安全装备、监测仪器、危险物品、运输车辆等分别进行的专业检查，和装置开、停工前、新装置竣工及试运行时期进行的专项安全检查。

专项安全检查审核又可分为专业安全检查和专项管理审核两种。是对某一专业或某一安全生产薄弱环节进行的专门检查或专题调查。专项安全检查或专项管理审核不定期进行，主要是根据上级或政府要求、安全工作安排和生产中暴露出来的问题，本着预测预防的精神而确定的。专项安全检查或专项管理审核要求进行调查分析，找出主要问题，提出对策建议，写出总结报告。其目的都是为了及时查清隐患和问题现状、原因及危险性，提出预防和整改建议，督促消除和解决，保证安全生产。

#### 3.1.2.4 安全检查的组织方式

开展安全检查的组织形式要根据检查的目的和内容而定。应成立由领导负责、有关人员参加的安全检查组织，提出明确的目的和计划。参加检查的人员应有相应的专业知识和经验，熟悉有关标准和规范。

(1) 综合性安全检查由企业及各单位领导组织，各有关专业部门、工会和专业人员参加，根据检查的范围和内容，划分若干检查小组，安全部门负责具体组织工作。

(2) 专项安全检查有专业部门组织，相关专业部门和下属单位专业人员参加。以专业技术人员为主体的安全检查活动，在于发现专业管理问题和潜在事故隐患，研究整改对策。

(3) 车间安全检查由车间主任组织，车间工艺、设备、安全等专业技术人员、工会及员工代表参加。

(4) 岗位安全检查分为班前检查和班中巡回检查，由岗位操作人员进行。

#### 3.1.2.5 安全检查的程序方法

(1) 确定安全检查的对象、目的、范围、任务、时间，制定安全检查计划。

(2) 根据安全检查的规模，成立安全检查组。做好检查前的动员及业务准备工作。

(3) 根据检查内容确定具体检查项目及其子项目，必要时应编制安全检查表。根据各项目的重要性，确定其在安全检查表中的评分标准及评分方法。

(4) 准备必要的监测工具、仪器。

(5) 根据实际生产情况，对照安全检查表，科学、规范地进行安全检查。

(6) 填写安全检查记录，做好安全检查总结，并按要求报主管部门。

(7) 检查组向被检单位提交《安全检查隐患整改通知单》，被检单位领导签字确认被查出的隐患和问题。

(8) 被检单位对查出的问题落实整改，暂时不能整改的项目，除采取有效防范措施外，应纳入计划，落实整改。对确定为隐患管理的项目，应按《事故隐患治理管理规定》执行。

(9) 对隐患和问题的整改情况，进行复查，跟踪督促落实，形成闭环管理。

(10) 除采取现场检查外，可采取召开汇报会、座谈会、调查会以及谈话、抽查、考试等形式。

## 3.2 安全检查表的编制

安全检查表是一种最基本、最简便的危险识别分析方法。目前，安全检查表不仅用于找出系统中的危险和隐患，在经过对检查项目的量化后，还可以用于系统安全性评价。

### 3.2.1 安全检查表的功能

应用安全检查表法，使安全检查更加系统、全面、规范，做到检查既有内容、又有标准、更有深度，克服了检查工作中的随意性和因个人知识、经验问题造成的片面性，提高安全检查的质量和水平，达到促进安全管理目的。

安全检查表的功能主要体现在以下几个方面：

(1) 检查人员能够根据预定目的、要求和要点，按照表中内容实施检查，避免遗漏、疏忽，便于发现和查明各种危险和隐患。

(2) 针对不同的对象和要求编制相应的安全检查表，可以实现安全检查工作的标准化和规范化，使安全检查更具有针对性。

(3) 依据安全检查表检查，是监督各项安全规章制度实施、制止违章指挥和违章作业的有效方式，也是安全教育经常化的一种手段。

(4) 作为安全检查人员日常工作履行职责的凭据，有利于落实安全生产责任制。

### 3.2.2 安全检查表的种类

根据安全检查目的、对象、重点的不同，需要编制不同类型的安全检查表。常用的有以下几种类型：

#### 3.2.2.1 设计审查用安全检查表

主要供设计人员进行安全设计时使用，也可作为设计审查时的依据。其内容主要包括：厂址选择、平面布置、工艺流程的安全性、装置的配置、建筑物、安全装置与设施、操作的安全性、危险物品的储存、运输及消防设施等。

#### 3.2.2.2 厂级安全检查表

供全厂性综合安全检查时使用，也可供安全、消防部门进行日常巡回检查时使用。其内容主要包括：生产工艺及设备、关键生产装置及要害部位、主要安全装置及设施、危险物品储存及使用、消防通道及设施、操作管理及员工遵章守纪情况等。

#### 3.2.2.3 车间安全检查表

供车间进行定期或预防性安全检查时使用。其内容主要包括：工艺、设备、消防、通风、照明、噪声、振动、尘毒、有害气体、安全标志、操作管理等。

#### 3.2.2.4 危险源点巡回检查表

供有关安全技术专业人员监控危险点和岗位人员巡回检查使用。其内容包括厂或车间确定的危险点的安全状况。

#### 3.2.2.5 专业性安全检查表

由专业机构或职能部门编制使用，主要用于定期的专业检查或季节性的检查，如对电气、压力容器、特殊装置与设备的专业检查。

### 3.2.3 安全检查表的编制

#### 3.2.3.1 安全检查表的编制依据

为了使安全检查表能够真正起到识别危险和安全检查的作用，应该依据以下几点进行编制：

（1）有关的安全标准、规范、规程、规定；

（2）国内外同行业、同系统、同装置发生的事故教训；

（3）本单位的管理要求及经验做法；

（4）其他分析方法的结果。

#### 3.2.3.2 安全检查表的编制步骤

（1）成立由各方面专业技术人员、管理人员和实际操作者组成的安全检查表编制小组。

（2）熟悉检查的系统和对象。包括系统的功能、工艺流程、操作条件、设备、结构、消防设施等等。

（3）搜集有关安全法规、标准、规程、制度以及本系统发生的事故资料，作为编制安全检查表的重要依据。

（4）按照功能或结构将大系统划分为子系统或单元，逐个分析潜在的危险因素，列出清单。

（5）确定安全检查的重点和内容，并按照要求列出表格。

（6）针对危险因素清单，对照有关法规、标准等安全技术文件，逐一找出对应的安全要求及应达到的安全指标、应采取的安全措施，形成一一对应的系统安全检查表。

安全检查表的编制是一项比较复杂和繁重的工作，检查表的内容要切合实际，突出重点，简明扼要，符合安全要求。

#### 3.2.3.3 编制安全检查表的注意事项

（1）检查内容繁简适当，既要突出重点、抓住要害，又不要漏掉可能导致事故发生的关键因素，力求做到系统化、完整化。

（2）明确检查内容的定义，避免出现模棱两可、易扯皮的内容。

（3）各类安全检查表由于适用的对象不同，注意检查的内容侧重点不同。

（4）重点要害部位的专业安全检查，应单独编制检查表。

（5）安全检查表在经过一段时间使用后，应该随着工艺改造和设备的更新，不断加以修改、完善，使其标准化、规范化。

（6）使用检查表时，每个检查表均需要注明检查时间。检查完毕，检查人员和直接负责人应在表上签字等，以便确定责任。

（7）安全检查表的格式因目的不同，格式不尽相同。安全检查表主要包括检查项目、检查内容、检查依据和标准、检查问题、检查结论、性质原因、整改建议、整改反馈等栏目。

## 3.3 体系审核

管理体系审核是根据管理体系审核需要，按要素或专业组织的专项审核方法，如针对通用安全、职业健康、环保、消防、工艺安全(包括设备安全)、交通安全等进行的专项管理审核。HSE 管理体系审核的目的是检查评价管理体系运行的符合性、有效性等，并进行问题诊断，以实现持续改进。

### 3.3.1 体系审核方法

体系审核方法主要包括：提问与交谈、行为观察、查阅文件和记录、测量验证等。

（1）提问与交谈：与各级领导和员工交谈，判断对各自职责与文件的要求了解程度和执行情况。

（2）查阅文件和记录：是现场审核必须采用的方法，应选取有代表性的样本进行审核。

（3）行为观察：用于判断是否遵守控制程序文件的要求，有无重要危害和环境因素的遗漏。需要观察一个完整的作业过程，而不是一个片段和环节。

（4）测量验证：如抽测验证环境指标、卫生指标、员工对报警信号的响应等。

### 3.3.2 体系审核方式

体系审核一般有：按部门审核、按要素审核、顺向追踪审核、逆向追踪审核、以危害因素为主线的审核。

#### 3.3.2.1 按部门审核

（1）以部门为中心开展审核；

（2）一个部门涉及多个要素，负责要素必查，配合要素选查；

（3）一个部门如涉及若干职能，主要职能重点审核，不能遗漏，相关职能可以依据其相关程度进行抽样。

#### 3.3.2.2 按要素审核

（1）以要素为中心来开展审核；

（2）一个要素往往涉及多个部门，负责部门必查，配合部门选查。

#### 3.3.2.3 顺向追踪审核

（1）从文件查到实施；

（2）从原料跟踪到成品；

（3）从危害因素的产生查到危害和影响的结果；

（4）从污染源、危险源查到污染物处理和风险控制。

#### 3.3.2.4 逆向追踪审核

（1）从实施查文件；

（2）从成品查到原料的使用；

（3）从监测结果查到危害因素；

（4）从污染物的处理风险控制查到污染源和危险源。

#### 3.3.2.5 以危害因素为主线的审核

（1）以重大风险作为审核线索，贯穿全部要素和管理过程；

（2）审核危害因素的识别和评价；

（3）重大风险的控制情况（目标、指标、方案、运行控制）；

（4）应急准备和响应；

（5）重大危险源的监控。

### 3.3.3 体系审核程序

#### 3.3.3.1 审核准备

包括任命组长，成立审核组；制订审核计划；分配审核任务；编写检查表等。

体系审核的目的性和针对性较强，在制订审核计划时应针对审核部门特点和实际情况，重点突出，明确审核范围及审核内容。

#### 3.3.3.2 审核实施

体系审核实施过程包括：召开首次会议；收集审核证据；确定审核发现；召开末次会议。

#### 3.3.3.3 跟踪验证

主要目的是分析不符合原因；制定纠正和预防措施；实施纠正措施；验证纠正效果，完成封闭管理。

（1）跟踪检验的重要性：彻底解决过去存在的问题；防止不符合滋生蔓延；认真分析原因，防止类似再发生。

（2）跟踪验证的原则：不符合项由受审核方采取纠正措施，审核组进行跟踪验证其效果；根据不符合项的性质和程度，采取不同的验证方法，在现场进行审核或查阅纠正措施实施记录；纠正措施一定要有完成期限。

#### 3.3.3.4 审核后续工作

包括：编写审核报告；分发审核报告；保留审核文件。审核报告的主要编制内容：

（1）审核目的、范围和准则；

（2）审核过程综述；

（3）HSE 管理体系实施的有效性；

（4）存在的主要问题及对策建议。

## 3.4 安全设施监督管理

安全设施是指为保证安全生产、预防事故、防止事故扩大，以及在应急情况下抢险救灾而设置的设备、设施、器材等。安全附件是指为保证设备安全运行所设置的安全装置。

安全设施及附件是保证企业安全生产所必备的，其配置、使用和管理的状况，直接关系到一个企业的安全生产，在一定程度上体现了企业的安全管理水平。加强安全设施管理和监督检查，及时发现和消除隐患，使安全设施及附件在生产运行及抢险救灾中，始终处于正常功能安全状态。

### 3.4.1 安全设施分类

按照国家安监总局《危险化学品建设项目安全设施目录》安监总危化〔2007〕225 号，安全设施 3 大类、13 小类。

#### 3.4.1.1 预防事故设施

（1）检测、报警设施：压力、温度、液位、流量、组份等报警设施，可燃气体、有毒有害气体、氧气等检测和报警设施，用于安全检查和安全数据分析等检验检测设备、仪器。

（2）设备安全防护设施：防护罩、防护屏、负荷限制器、行程限制器，制动、限速、防雷、防潮、防晒、防冻、防腐、防渗漏等设施，传动设备安全锁闭设施，电器过载保护设施，静电接地设施。

（3）防爆设施：各种电气、仪表的防爆设施，抑制助燃物品混入（如氮封）、易燃易爆气体和粉尘形成等设施，阻隔防爆器材，防爆工器具。

（4）作业场所防护设施：作业场所的防辐射、防静电、防噪声、通风（除尘、排毒）、防护栏（网）、防滑、防灼烫等设施。

（5）安全警示标志：包括各种指示、警示作业安全和逃生避难及风向等警示标志。

#### 3.4.1.2 控制事故设施

（1）泄压和止逆设施：用于泄压的阀门、爆破片、放空管等设施，用于止逆的阀门等设施，真空系统的密封设施。

（2）紧急处理设施：紧急备用电源，紧急切断、分流、排放（火炬）、吸收、中和、冷却等设施，通入或者加入惰性气体、反应抑制剂等设施，紧急停车、仪表联锁等设施。

#### 3.4.1.3 减少与消除事故影响设施

（1）防止火灾蔓延设施：阻火器、安全水封、回火防止器、防油（火）堤，防爆墙、防爆门等隔爆设施，防火墙、防火门、蒸汽幕、水幕等设施，防火材料涂层。

（2）灭火设施：水喷淋、惰性气体、蒸汽、泡沫释放等灭火设施，消火栓、高压水枪（炮）、消防车、消防水管网、消防站等。

（3）紧急个体处置设施：洗眼器、喷淋器、逃生器、逃生索、应急照明等设施。

（4）应急救援设施：堵漏、工程抢险装备和现场受伤人员医疗抢救装备。

（5）逃生避难设施：逃生和避难的安全通道（梯）、安全避难所（带空气呼吸系统）、避难信号等。

（6）劳动防护用品和装备：包括头部、面部、视觉、呼吸、听觉器官、四肢、躯干防火、防毒、防灼烫、防腐蚀、防噪声、防光射、防高处坠落、防砸击、防刺伤等免受作业场所物理、化学因素伤害的劳动防护用品和装备。

### 3.4.2 安全设施监管分工

安全设施实行安全监督与专业管理相结合的管理原则，由使用单位全面负责管理，纳入本单位设备的管理范围，进行正常的维护、检修和管理。

中国石化“安全装备和安全附件管理规定”中，明确了设计部门、技术部门、设备（机动）部门、安全监督管理部门、计划供应部门、施工管理部门、消防部门以及使用单位的相应职责。

#### 3.4.2.1 安全监督管理部门职责

（1）建立安全设施台账，监督检查安全设施装备和安全附件的配备、校验与完好情况；

（2）组织或参与对安全设施装备及安全附件的专业性安全检查；

（3）监督检查建设项目中安全设施装备和安全附件“三同时”执行情况，组织或参加安全设施装备和安全附件的设计审查和竣工、投产前的检查、验收工作；组织或参加更新、停用（临时停用）、拆除、报废安全装备和安全附件的技术论证和审查备案；

（4）参加安全设施装备的考察调研，提出建议和意见；

（5）审核基层单位增设安全设施装备的事故隐患治理项目。

#### 3.4.2.2 设备（机动）部门职责

（1）建立完整的安全设施装备和安全附件档案，制定其检修、维护、保养及更新制度。参加安全设施装备和安全附件配置方案的设计审查工作，以及更新、停用（临时停用）、拆除的技术论证和审查工作；

（2）负责组织安全设施装备和安全附件施工及投用前的检查、验收；负责审核、制定年（季）度检修计划；负责运行状况、检维修质量的检查；将安全设施装备和安全附件的完好使用情况列为设备考核评比的内容，确保安装率、使用率、完好率达到百分之百；

（3）组织编制、修订安全设施装备和安全附件的技术操作规程，其工艺指标必须符合安全生产要求；

（4）建立严格的安全联锁系统的管理制度。生产期间安全联锁系统应100%投入使用。严禁擅自摘除安全联锁系统进行生产；确需摘除，应经直属企业主管领导或总工程师负责审查和批准，同时要制定相应的保护措施并指派专人负责落实；

（5）负责报警器校验的单位和人员取得国家和行业规定的相应资质；校验用标准气体，校验仪器、校验方法和校验周期等要符合规范要求。

#### 3.4.2.3 使用单位职责

（1）认真落实安全设施装备和安全附件管理使用的有关规定，执行安全设施装备和安全附件的更新、检修、停用（临时停用）、报废、拆除申报程序，未经主管领导和部门批准，严禁擅自拆除、停用（临时停用）安全设施装备和安全附件；

（2）按照安全设施装备和安全附件的用途及配置数量，安装、放置在规定的使用位置，确定管理人员和维护责任，不允许挪作他用；

（3）定期对安全设施装备和安全附件进行专项检查，确保完好，随时可用；

（4）结合生产实际，组织对操作人员进行正确使用安全设施装备和安全附件的技术培训，经考试合格后持证上岗。定期开展岗位练兵和应急演练，使其做到“四懂”、“三会”，提高员工使用安全装备的能力；

(5) 对竣工资料不全或未达到安全装备和安全附件设计性能的工程项目，在移交时有权拒绝接管。

## 3.4.3 重点安全设施监管要点

### 3.4.3.1 泄压设施

(1) 安全阀设置

安全阀是为了防止高压设备和受压容器内压力超出最高工作压力时的一种安全泄压设施，其安全监管重点：

① 安全阀定压符合设计规范，安全阀的开启压力不得高于压力容器的设计压力；

② 铅封、铭牌完整，标识字迹清晰；

③ 易燃、有毒介质压力容器的安全阀，其排放管采取密闭安全处理；

④ 压力容器与安全阀之间的隔离阀全开并加锁和铅封；

⑤ 安全阀应垂直安装并应装设在压力容器液面上的气相空间部分或装在与压力容器气相空间相连的管道上；

⑥ 运行、检修、定压试验资料齐全。

(2) 爆破片(防爆膜)设置

爆破片是在设备运行不正常时，压力突然升高尚未足以引起设备爆炸的情况下自行破裂，排出设备内的高压气体，从而防止设备容器破裂的一种断裂型安全泄压装置，其安全监管重点：

① 容器内的压力因化学反应或其他原因会迅猛上升时，可设置爆破片。

② 爆破片选择符合设计要求，定期更换，有更换记录；

③ 爆破片的设置高度和方向，远离巡检通道和人员聚集场所。

(3) 防爆门设置

为防止加热炉燃烧室发生爆炸或爆燃时设备遭到破坏，其安全监管重点为：

① 在燃料油、燃气和燃烧煤粉的燃烧室外壁上，可设置防爆门。

② 为防止燃烧气体喷出时将人烧伤，防爆门或窗应设置在无人场所，其高度不低于2m。

### 3.4.3.2 阻火设施

阻火设施可以防止外部火焰有燃烧爆炸危险的设备、管道及容器之中，阻止火焰在设备管道内的蔓延，从而对事故的隐患加以控制。

(1) 安全液封

常用的安全液封有敞开式和封闭式两种，其安全监管重点为：

① 工作压力低于0.0245MPa(表压)的气体管线与生产设备之间，可设置安全液封设施。

② 必须采用非燃烧液体进行阻火隔离。

(2) 水封设施

水封设施可分为水封器及水封井。主要目的是当设备系统内发生着火时，气体管道与设备之间可用水封隔断，阻止火焰蔓延，保证整个管道系统安全。其安全监管重点为：

① 水封井内的水封压力不应小于0.0245MPa。

② 在生产装置的总下水道上，每隔300mm 可设置一个水封井。

③ 每个装置出口应设置一个水封系统出装置隔断阀。

(3) 阻火器

在容易引起燃烧爆炸的高温设备燃烧室、高温氧化炉和高温反应器，输送可燃气体、易燃液体蒸气的管线，以及易燃液体、可燃气体的容器、管道、设备的排气管线上安装阻火器，可防止回火引起的爆炸，其主要类型及监管要求为：

① 外部燃烧阻火器：外部燃烧阻火器一般安装在罐区储罐呼吸阀上或废气焚烧炉废气管上，当外界发生雷击，出现燃烧时，阻火器可以阻止火焰蔓延至储罐及设备，防止灾害性事故。

② 容器内爆燃阻火器：容器内爆燃阻火器一般安装在容器爆破片排放管道上，当容器内介质爆炸时，将爆破片冲破，容器内爆燃介质流可经阻火器达到有效的阻燃，从而防止危及其他相联装置内可燃气体的燃烧及爆炸。该阻火器应能耐压及阻止高速火焰的蔓延。

③ 管内阻火器：管内阻火器应有吸收爆炸冲击的性能，为防止管道内蔓延可设置管道阻火器。

④ 长期燃烧阻火器：长期燃烧阻火器可设置在设备或储罐放空管的末端，当放空气流由于静电或其他原因引燃时，阻火器能长时间燃烧，阻止火焰的回火蔓延，从而保证设备的安全。

⑤ 阻火闸门：为防止火焰沿通风管道蔓延，可设置阻火闸门。自动阻火闸门在正常情况下，闸门受易熔金属元件的控制而处于开启状态；当火灾时温度升高使易熔金属熔化，阻火闸门可自动关闭。手控阻火闸门可设置在操作岗位附近，着火时立即将闸门关闭，以阻止火焰沿着管道蔓延。

⑥ 火星阻火器(防火帽)：火星阻火器常用于易产生火星的设备和车辆的排放系统中，用以防止火星飞出引起环境火灾。火星阻火器种类很多，应根据不同应用场合及其阻火效果进行选用。

⑦ 监管要求：阻火器的耐火性能合格，耐烧，无回火；阻火器半年检查一次，检查阻火层芯子是否堵塞、变形、腐蚀等，失效时应及时更换；阻火器内部堵塞时，应及时清洗干净，确保芯子上的每个孔眼畅通，对于变形和腐蚀的阻火层应更换；重新安装的阻火层芯子和内件，应保证结合面严密不漏气；汽车上使用的阻火器接口应大小吻合，接合严密。

(4)单向阀

单向阀仅允许流体向一定的方向流动，当物料回流时即自动关闭，从而防止高压系统的物料窜入低压系统而引起管道、容器、设备的破裂。在可燃性气体管线上设置单向阀，可防止回火。其主要安全监管要求为：耐压、严密、启闭快速、可靠。

#### 3.4.3.3 安全检测设施

安全检测设施主要包括可燃气体和有毒气体的泄漏安全检测，主要目的是及时发现泄漏，及时发出声光报警，其检查要点为：

(1) 生产或使用可燃气体的工艺装置和储运设施的2区内及附加2区内，应设置可燃气体检测报警仪。

(2) 生产或使用有毒气体的工艺装置和储运设施的区域内，应设置有毒气体检测报警仪。

① 可燃气体或其中含有毒气体，一旦泄漏，可燃气体可能达到25%LEL，但有毒气体不能达到最高容许浓度时，应设置可燃气体检测报警仪；

② 有毒气体或其中含有可燃气体，一旦泄漏，有毒气体可能达到最高容许浓度，但可

燃气体不能达到25%LEL时，应设置有毒气体检测报警仪；

③ 既属可燃气体又属有毒气体，只设有毒气体检测报警仪。

(3) 可燃气体与有毒气体同时存在的场所，应同时设置可燃气体检测报警仪和有毒气体检测报警仪。

(4) 检测器应布置在可燃气体或有毒气体释放源的最小频率风向的上风侧。

(5) 可燃气体检测器的有效覆盖水平平面半径，室内宜为7.5m，室外宜为15m。有毒气体检测器与释放源的距离，室外不宜大于2m，室内不宜大于1m。

(6) 检测比空气重的可燃气体或有毒气体的检测器，其安装高度应距地坪(或楼地板)0.3~0.6m。检测比空气轻的可燃气体或有毒气体的检测器，其安装高度宜高出释放源0.5~2m。

(7) 检测器宜安装在无冲击、无振动、无强电磁场干扰、无较大水汽的场所，且周围留有不小于0.3m的净空。

(8) 室内的声光信号应与工艺操作参数报警信号明显区别。

(9) 布点及安装位置合理，配置数量达到标准要求，满足实际需要。

(10) 报警器安装率、投用率、完好率达到100%。

(11) 手动试验声光报警正常，故障报警完好。

(12) 传感器探头完好，无腐蚀、无灰尘、无堵塞，配件完好。

(13) 定期检验、标志明显，有台账和检验记录。

## 3.5 职业卫生防护设施监督管理

职业卫生防护设施：以消除或者降低工作场所的职业病危害因素浓度或强度，减少职业病危害因素对劳动者健康的损害或影响，达到保护劳动者健康的目的的装置。

### 3.5.1 职业卫生防护设施分类

#### 3.5.1.1 防冻采暖设施

生产装置及车间的采暖设计，应根据不同作业环境及生活环境来选择局部采暖或集中采暖。采暖的方式应考虑生产车间及厂房防火防爆的要求，符合设计规范及标准的规定。

#### 3.5.1.2 防暑降温设施

高温作业的生产装置应按不同作业环境及生活环境考虑降温设施，主要包括自然通风及强制通风、局部降温送风等设施。防暑降温设施应符合设计规范及标准的规定。

生产装置具有烫伤危险的设备管道，应采取保温防护、隔离防护和距离防护的措施。

#### 3.5.1.3 预防噪声设施

工艺过程设计应考虑有效控制主要噪声源的产生和噪声的传播途径。预防噪声的主要措施如下：

(1) 由固体、液体或气体运动形成噪声源时，可通过消除紊流、降低流速、平滑流动以及衰减压力脉冲等措施加以控制。

(2) 对机械性噪声源应采用减少激发力、隔音、设阻尼构件的固有频率以避免共振等措施加以控制。

(3) 应尽量使作业者能远离强噪声源，如采用远距离作业或遥控作业。

（4）采用吸声作业材料、吸声结构、隔声材料、隔声罩、隔声障碍板及隔声作业间，以控制噪声的传播。

（5）采用阻性消声器、抗性消声器或复合型消声器，可以降低气流噪声。

#### 3.5.1.4 预防辐射设施

工业产生的辐射可分为非电离辐射和电离辐射。防止辐射伤害的卫生设计，应考虑的预防措施如下：

（1）对电磁辐射伤害，设计时应考虑利用屏蔽将电磁能量限制在一定的空间里，防止其传播辐射。设计微波屏蔽结构时，应考虑避免电磁波反射的措施。为了防止微波对作业现场和空间环境的污染，在辐射单元或微波设备的周围，应敷设吸收材料，或设计微波暗室，采取波能吸收等措施。

（2）对电离辐射伤害，主要应预防各种放射性射线，设计时应考虑选择适用而放射强度低的放射源，采取合适的防护方法，选择适用的剂量检测手段，使用的放射源有屏蔽防护装置，设有清洗作业人员可能被污染体表的设施，并应考虑外照射的防护，增加作业距离、采取屏蔽、遥控及机械化作业。

#### 3.5.1.5 通风排毒设施

生产装置设计的通风设施应有效地排除作业车间内的余热、余温、有毒气体、蒸汽及粉尘等，使作业者的作业环境保持适宜的温度、湿度，车间内有害物质的含量符合国家工业卫生标准的规定。通风设施的设计应安全可靠，符合现行有关设计标准的要求。

#### 3.5.1.6 采光与照明设施

生产装置的采光与照明设施的设计，应满足安全劳动条件及提高劳动生产率的要求，并符合有关设计标准规范的规定。

（1）天然采光设计，应满足有关设计标准中采光系数最低值的要求。

（2）人工照明设计，应满足工业卫生采光照明新标准的要求。

#### 3.5.1.7 辅助卫生设施

生产装置安全卫生辅助设施的设计，应按工业企业的生产特点、实际需要和使用方便的原则，设置各种辅助设施。辅助设施的设计应符合国家及行政主管部门颁布的有关设计标准规范的要求。

（1）企业应根据生产特点，设置生活卫生用室（浴室、更衣室、盥洗室、洗衣室）、生活用室（休息室、食堂、厕所）、妇女卫生用室。

（2）辅助用室的位置，应能避免有害物质、高温等对辅助用室的安全卫生要求的影响。

（3）浴室、盥洗室、厕所、更衣室的设计应满足作业者的实际需要。对于生产作业中工作服易沾染经人体皮肤吸收的剧毒物质或工作服被严重污染的车间，应设置洗衣室。

（4）对接触极易经皮肤吸收而引起中毒的剧毒物质、恶臭物质、刺激性粉尘的生产车间，或高温作业，应该设置浴室，宜采用淋浴，不得设浴池。

（5）可能发生化学性灼伤及经皮肤吸收而引起急性中毒的工作场所或车间，以及生产作业中易引起酸、碱灼伤的场所，应设置事故淋浴、洗眼睛设施，并设置不断水的供水设施。

（6）职工食堂地点要适中，不得与有毒（尘）车间相邻。应配有洗手设备，并有良好的通风排气设施和防尘、防蝇、防鼠等措施。

（7）女工人数较集中的企业，应设哺乳室、托儿所、女工卫生室等设施。女工卫生室应由等候间和处置间组成，等候间应设洗手设备及洗涤池，处置间内应设温水箱及冲洗器。

（8）应根据职工人数，设计卫生室、急救站、职业病防治所。

### 3.5.2 主要卫生防护设施的监督要点

#### 3.5.2.1 操作室隔音门窗

在噪声作业场所的休息室、操作室应当配有隔音门窗，检查是否完好，是否达到了设计标准。

#### 3.5.2.2 车间通风换气系统

（1）操作室的通风净化系统，检查、测试通风是否运行正常；过滤毛毡、活性炭是否定时更换；风道是否破漏；新风量必须保证每人30m³/小时。

（2）化验室的通风系统是否有效，室内空气是否达标，噪声是否超标。通风橱活动门开度位置是否处于人体呼吸带以下。

（3）有毒有害物品仓库、场所的通风是否按要求设计，通风口位置高度是否符合要求，风机开关是否设置在门口外，风机内外防护罩是否完整。

（4）氯气等高毒气体的排风系统是否采用负压抽吸和吸收处理。

#### 3.5.2.3 应急喷淋洗眼器

应急喷淋洗眼器是否出水；水压是否达标；是否有黄水流出；是否上冻；是否安装在合理位置；距离出事故地点无障碍10秒到达；是否是生活用水。

## 3.6 个体防护用品监督管理

个体防护用品，又称个人职业病防护用品，指劳动者在劳动中为防御物理、化学、生物等外界因素伤害而穿戴、配备以及涂抹、使用的各种物品的总称。个体防护用品可以分为头部防护、眼部防护、面部防护、身体防护、足部防护、皮肤防护、防坠落等七大类。近些年来，随着防护技术的发展，研制出了一些多功能或复合防护用品。

### 3.6.1 个体防护用品监管要点

（1）防护服：防御物理、化学和生物等外界因素伤害人体的工作服。防护服必须考虑工作环境与舒适度、透气性。室外工作最好采用透气并且防水的面料。

（2）眼面部防护用品：防御非电离辐射、化学物质等职业性有害因素伤害眼面部的个人职业病防护用品。眼部防护要考虑戴眼镜的员工，如何选择的问题。

（3）呼吸防护用品：防御缺氧空气和尘毒等有害物质吸入呼吸道的防护用品。呼吸防护在石化企业尤为重要。滤罐的选择必须和现场有害因素配套。粉尘作业场所必须配发防尘口罩，全面罩要做呼吸面罩吻合试验。

① 密合型面罩：能罩住鼻、口与面部密合的面罩，或能罩住眼、鼻和口与头面部密合的面罩。密合型面罩分半面罩和全面罩。

② 开放型面罩：应用于正压式呼吸防护用品的送气导入装置，只罩住眼、鼻和口，与面部形成部分密合。

③ 送气头罩：应用于正压式呼吸防护用品的送气导入装置，能完全罩住头、眼、鼻、口至颈部，也可罩住部分肩或与防护服连用。

④ 过滤式呼吸防护用品：能把吸入的作业环境空气通过净化部件的吸附、吸收、催化

或过滤等作用，除去其中有害物质后作为气源的呼吸防护用品。

⑤ 自吸过滤式呼吸防护用品：靠佩戴者呼吸克服部件阻力的过滤式呼吸防护用品。常见有自吸过滤式防尘口罩和过滤式防毒面具。

⑥ 送风过滤式呼吸防护用品：靠动力(电动风机或手动风机)克服部件阻力的过滤式呼吸防护用品。

⑦ 隔绝式呼吸防护用品：能使佩戴者呼吸器官与作业环境隔绝，靠本身携带的气源或者依靠导气管引入作业环境以外的洁净气源的呼吸防护用品。

⑧ 供气式呼吸防护用品：佩戴者靠呼吸或借助机械力通过导气管引入清洁空气的隔绝式呼吸防护用品。

(4) 听力防护用品：通过工程控制，仍然达不到职业卫生接触限值的情况下，要将工人8小时实际接触水平降到85dB(A)以下，可通过佩戴护耳器实现。听力防护用品主要有：

①耳塞：插入外耳道内或置于外耳道口处的防噪声护品。

②耳罩：由压紧耳廓或围住耳廓的壳体封住耳道，降低噪声刺激的护品。

(5) 防护手套：防御劳动中物理、化学和生物等外界因素伤害劳动者手部的护品。防护手套的配发，不仅要考虑舒适性，可操作性。还要考虑工作过程所接触的腐蚀、酸碱、油化等问题。

(6) 防护鞋：防御劳动中物理、化学和生物等外界因素伤害劳动者的足及胫部的护品。鞋子一定考虑舒适性、透气性、防水性。最好配发 GORE-TEX 面料、天然橡胶底透气性极佳的防护鞋。

(7) 劳动护肤用品：防御物理、化学、生物等有害因素损伤劳动者皮肤或经皮肤引起疾病的用品。酷热的南方，要配发防晒霜。寒冷的北方要配发防冻霜。

## 3.6.2 个体防护用品的使用与保养

### 3.6.2.1 建章立制、规范行为

由于企业管理者和劳动者本身对个人防护重要性的认识不足，企业管理者认为购买个人防护用品加大生产成本而不愿意使用；劳动者佩戴个人防护用品感到不习惯等原因，在不少企业个人防护用品未得到很好应用。因此，应当按照集团公司《个体防护用品配置管理规定》要求进行发放和使用。在作业现场，如有违反规定不佩戴防护用品的应当给予批评教育直至处罚。

### 3.6.2.2 正确选择防护用品

应针对防护范围及等级要求，正确选择性能符合安全卫生要求的用品，绝不能选错或将就使用，特别是不能以过滤式呼吸防护器代替隔离式呼吸防护器，以防止发生事故。

### 3.6.2.3 加强教育和训练

企业应利用各种途径，如培训班、宣传册、车间板报和标语等，对使用个人防护用品者加强教育，使其充分了解使用的目的和意义，反复训练，熟练掌握使用方法。对于结构和使用方法较为复杂的用品，如呼吸防护器，宜反复进行训练，使其能迅速正确地戴上、卸下和使用，并逐渐习惯于呼吸防护器的阻力。用于紧急救灾时的呼吸防护器，要定期严格检查，并妥善地存放在可能发生事故的邻近地点，便于及时取用。

### 3.6.2.4 防护用品的使用和维护

各企业应监督、教育使用者按每种防护用品的使用要求，规范使用。在使用时，必须在

整个作业环境及接触时间内完整充分的佩戴。

车间应有专人负责管理分发、收集和维护保养防护用品。这样不仅可以延长防护用品的使用期限，更重要的是能保证其防护效果。耳罩、口罩、面具等用后应以肥皂水洗净，并以药液消毒、晾干。过滤式呼吸防护器的滤料要按时更换，药罐在不用时应将通路封塞，以防失效。防止皮肤污染的工作服，用后应立即集中处理洗涤。

各企业应当按照集团公司要求，建立职工《个体防护用品领用档案》，档案的领用记录上必须有领用者本人签名。企业应根据本单位实际情况建立、健全个体防护用品的使用与管理制度，保证个体防护用品充分发挥作用。所有个体防护用品在产品包装中都应附有安全使用说明书，用人单位应教育职工正确使用；用人单位应按照产品说明书要求，及时更换、报废过期和失效的个体防护用品。所以在使用个体防护用品前应注意以下几点：

（1）个体防护用品使用前，必须认真检查其防护性能及外观质量；

（2）使用的个体防护用品应与防御的有害因素相匹配；

（3）正确佩戴、使用个体防护用品；

（4）严禁使用过期或失效的个体防护用品。

## 3.7 典型案例——承包商引发的闪爆事故

### 3.7.1 情景

2008 年 4 月 28 日，某公司净水车间污水罐 G601 西侧进行氮气线配管，为 G601 增设氮封线。在作业过程中，施工人员超出“用火作业许可证”规定的用火范围，现场 4 名施工人员不听从监火人员的劝阻，冒险蛮干，使用气焊切割、拆卸罐顶人孔盖的螺栓，引起罐内油气爆燃。罐体西侧与罐底焊缝撕裂，罐体整体移位、倾斜。2 人从罐顶摔下，抢救无效死亡。

### 3.7.2 问题

（1）如何落实直接作业环节的安全管理制度？

（2）如何进一步完善作业票规定？

（3）如何加强职工个人遵章守纪、安全意识和自我保护意识？

### 3.7.3 简析

依据《化学品生产单位动火作业安全规范》AQ 3022—2008 的中规定了动火作业负责人、动火人、监火人、动火部位负责人、动火分析人、动火作业的审批人等的具体应担负的职责，即应具备的素质及责权利几方面进行分析。

监护人的五项素质：

（1）用火监护人经过专业技能培训并具有岗位操作合格证。

（2）了解用火区域或岗位的生产流程，熟悉工艺和设备状况及可能出现的问题。

（3）有较强的责任心，出现问题能正确处理。

（4）会使用消防器材、防毒器材，懂急救知识。

（5）有处理应对突发事故的能力。

监护人的五大职责：

（1）监护人在接到许可证后，应逐项检查落实防火措施。

（2）检查用火现场的情况。

（3）用火过程中发现异常情况应及时采取措施。

（4）监火时应佩戴明显标志。

（5）用火过程中不得离开现场，确需离开时，由监护人收回许可证，暂停用火。

监护人的三大权利：

（1）当发现用火部位与许可证不相符合，或者用火安全措施不落实时，用火监护人有权制止用火。

（2）当用火出现异常情况时有权停止用火。

（3）对用火人不执行“三不动火”又不听劝阻时，有权收回许可证，并向上级报告。

用火人的职责：

（1）应参与风险危害因素辨识和安全措施的制定。

（2）应逐项确认相关安全措施的落实情况。

（3）应确认动火地点和时间。

（4）若发现不具备安全条件时不得进行动火作业。

（5）应随身携带《作业证》。

用火人的三大权利：

（1）知情权，必须向用火人进行动火作业风险的安全技术交底。

（2）检查权，认真核查许可证上各项措施的落实情况。

（3）拒绝权，对不符合三不用火原则的，有权拒绝用火。

## 3.8 思考题

（1）安全检查的原则及检查内容是什么？

（2）如何提高安全检查的质量和效果？

（3）体系审核的方式有哪些？

（4）简述安全设施装备的种类？

（5）阻火器有几种形式？如何根据生产实际选用适当的阻火器？

（6）结合工作实际，举例说明你单位如何检查装置安全设施？

（7）你单位有哪些职业卫生防护设施和个体防护设施？

# 第 4 章　安全教育培训

本章主要介绍国家关于安全教育培训和宣传方面的安全生产法规和制度要求，及制定企业安全教育培训计划，实施安全培训教育宣传活动相关的知识；是使炼油化工企业的安全处(科)长在全面了解我国安全生产法规对企业安全教育培训要求的基础上，明确企业在安全教育培训方面的责任和义务，知道应当做什么和怎样去做，以便为企业不同层面的人员提供相应的安全教育培训机会，从而提高全员的安全生产素质和企业整体安全生产水平。

## 4.1　安全教育培训工作综述

### 4.1.1　安全教育培训的概念

安全生产必须从预防入手，而预防又必须从教育抓起。提高从业人员的安全意识和安全技能，是实现安全生产的前提。在职工中大力开展有针对性和趣味性的安全生产教育活动，是实现从业人员由“要我安全、我要安全”到“我能安全”跨越的根本保证，更是为安全生产提供智力和能力支持的重要手段。因此，开展安全教育培训是保证企业安全生产的重要工作。

#### 4.1.1.1　安全教育

安全教育是指为提高各级领导和广大职工对安全生产方针的认识，增强安全生产的责任感，提高贯彻执行安全法规及各项规章制度的自觉性，使广大职工掌握安全生产的科学知识，提高安全操作技能等方面而进行的教育和训练。包括：面向全体职工开展的安全思想(态度)、安全知识(应知)、安全技能(应会)的宣传、教育和训练。是基础安全知识教育、安全培训教育、安全宣传教育、安全活动等的总和。

#### 4.1.1.2　安全培训

《安全生产培训管理办法》国家安全生产管理总局令第 44 号规定，安全培训是指以提高安全监管监察人员、生产经营单位从业人员和从事安全生产工作的相关人员的安全素质为目的的教育培训活动。它立足技能训练，重视技能培养。目的是使人掌握在某种特定的作业或环境下正确并安全地完成其任务的技能。旨在把一般的人培养训练成为具有一定文化和技术业务素质的合格劳动者，以适应岗位需要，提高人对机器的驾驭和对环境的适应能力，相当于专业安全教育。安全技能包括安全操作技巧，紧急状态的应变能力，以及事故状态的急救、自救和处理能力等。

人们既需要不断解决安全生产中的旧矛盾，也需要发现和解决新出现的问题。尤其是从事高危险性的石油化工企业员工，提高对生产过程中不安全因素的认识，掌握安全生产知识，学会安全操作技能，增强自防、自控、自我保护能力，提升安全技能水平，大量的实践证实，搞好安全教育培训是帮助企业达到上述要求的最佳捷径。

### 4.1.2 安全教育培训的特点

安全教育培训具有政策性 、群众性、知识性、科学性、专业性、实践性、有效性、艰巨性、持久性、时间性、形式多样性、反复性等特点。

#### 4.1.2.1 政策性

政策性表现在，企业对从业人员进行经常性的安全教育培训，是《中华人民共和国安全生产法》《生产经营单位安全培训规定》等的要求，具有强制性的法律意义。安全教育培训必须坚持安全生产的方针政策，贯彻党和国家的各项重大安全生产决策。并以国家有关法规、标准为依据。

#### 4.1.2.2 群众性

群众性表现在，企业安全教育的对象是全体职工，包括各级领导和从事不同工作的每位从业人员，对任何角落的疏忽都可能导致事故。

#### 4.1.2.3 专业性

专业性表现在，安全教育是一门专业性很强的科学，它有自己的基本理论，独特的内容和区别于其他教育的方式方法。

#### 4.1.2.4 持久性

持久性主要表现在，安全教育培训是针对人们安全思想、观念、行为而开展的教育，为了巩固和强化安全教育成果，不断增强员工的安全意识，就必须坚持持久的安全教育。另外，随着安全法规标准及安全技术的不断增多和更新，要求安全教育培训必须深入、持久地开展，警钟长鸣。

#### 4.1.2.5 时间性

时间性主要表现在，什么时候进行安全教育效果最好，有其内在的规律性。实践证明，下述机会进行安全教育，将会收到事半功倍的效果：新工人入厂的时候；从业人员调换岗位的时候；季节变换的时候；节假日前后；职工休假回厂的时候；下岗职工管理机制上岗的时候；职工工伤复工的时候；生产任务下达的时候；重大政策出台的时候；运用新原料、新设备、新工艺、新技术、新产品的时候；作业现场发生险情的时候；职工碰到重大困难的时候；安全发现问题的时候；发生工伤事故的时候；发生事故后；涉及到个人经济利益的时候等。一般是周期要短，见效要快，要结合成年人的实际情况，采取“化整为零，分段解决”的办法。

#### 4.1.2.6 艰巨性

艰巨性表现在，企业员工安全教育培训的对象是企业的在职职工。而在职职工的组成十分复杂。从年龄上讲，有老年、中年和青年；职工的文化水平和技术水平也不尽相同；从职务上，有技能工人、技术人员、管理干部等区别。况且从业人员的层次和素质存在着千差万别，要使从业人员无论从事哪种工作都能保证安全，达到同样的目标，因此在企业中有效开展安全教育培训具有较大的难度。

#### 4.1.2.7 反复性

反复性是要对规章制度、操作要点、事故教训等不厌其烦、耐心细致地、坚持不懈地、反复地、经常地进行安全教育工作。应结合安全生产规律和事故发生特点，将其贯穿于生产的每个环节。绝对不能采取一劳永逸的教育。

#### 4.1.2.8 知识性与科学性

知识性与科学性表现在，安全教育的内容十分广泛，既包含社会科学的有关内容，又包括自然科学的相关内容。如，安全基础知识，职业安全健康学等知识，还包括生产作业时需要的安全技能，如安全操作技能，事故预防、控制和紧急处理、急救和自救等能力。

#### 4.1.2.9 实践性和有效性

实践性和有效性表现在，安全教育的效果必须要通过生产实践来检验，真正达到减少与防止事故的效果要求。

#### 4.1.2.10 形式的多样性

形式的多样性表现在，从业人员层次、岗位等的不同，对安全知识和技能的需要也有较大差别，因此在开展安全教育培训工作时也必须形式多样，不拘一格。枯燥无味，则会产生逆反心理。所谓多样性，就是内容生动丰富，形式灵活新颖。内容的多样性，就是把方针政策教育、法律教育、安全技术和管理知识教育、操作技能教育、事故案例教育和安全态度教育等紧密地结合起来。形式的多样性，就是要采取讲课、讨论、演讲、竞赛、演示、试验、操作、展览、录像、电影、广播、杂志、报纸、板报等多种形式进行安全教育。如倒班职工不便于集中学习，可以开展知识问答、知识竞赛、业余学习、电视循环讲座、网上教学、远程课件学习、自学或业余学习等。安全教育培训应该是内容的多样化与多变的形式相互配合，内容要立足实用性，形式要有“弹性”，因地制宜，以便利职工学习为原则。

### 4.1.3 组织安全教育培训的原则

为了提高安全教育培训的效果，组织安全教育培训应遵循以下几项基本原则：

（1）坚持以宣传贯彻党和国家的安全生产方针，保护劳动者安全健康和国家、人民财产安全为宗旨；

（2）要使安全教育工作经常化、制度化，要根据本地区、本单位的情况和问题，有计划、有步骤、有重点地开展各项教育培训及宣传活动，要常抓不懈，不能时紧时松，时冷时热；

（3）要抓典型事例，大张旗鼓地开展安全教育培训及宣传工作。对先进的经验、典型的事故案例等都要达到举一反三的程度；

（4）要不断改善安全教育的方式和方法，运用各种先进的手段，提高安全教育的质量。从企业的实际出发，积极采用形式新颖，内容适宜，喜闻乐见的教育方法，不搞形式主义，力求不断革新，不断提高，注重实效；

（5）结合本企业生产实际，统一安排，突出重点，因材施教；坚持“四个结合”：坚持普遍培养和重点提高相结合，坚持针对性教育和系统技术理论知识教育相结合；坚持集中办学与灵活多样的培训方法相结合；坚持专职与兼职教师相结合等，突出培训的实用性和实效性。

## 4.2 贯彻落实安全教育培训工作的法规制度要求

为规范企业对从业人员的安全教育培训工作，我国现行大量的法律、法规、标准及中国石化行业制度都对企业的安全教育培训工作提出了明确的要求，成为各企业开展此项工作的依据。尤其是近几年，国家颁布的一些法律、法规对此项工作加大了管理力度，要求企业必须严格遵守和执行。

### 4.2.1 法律、法规的要求

我国安全生产法律体系中《安全生产法》《职业病防治法》《消防法》《劳动合同法》等法律，以及《生产经营单位安全培训规定》《特种作业人员安全技术培训考核管理规定》《安全生产培训管理办法》《社会消防安全教育培训规定》等法规、政策等对企业开展从业人员的安全教育培训工作提出了具体要求。主要包括：

(1) 生产经营单位应当结合企业的实际，按照法律法规要求制定安全培训制度和年度安全培训计划对从业人员进行安全生产教育和培训，保证从业人员具备必要的安全生产和职业卫生、消防等相关的安全知识，熟悉有关的安全生产规章制度和安全操作规程，掌握本岗位的安全操作技能。未经安全生产教育和培训合格的从业人员，不得上岗作业。用人单位的负责人应当接受职业卫生培训，遵守职业病防治法律、法规，依法组织本单位的职业病防治工作。

(2) 用人单位应当对劳动者进行上岗前的职业卫生培训和在岗期间的定期职业卫生培训，普及职业卫生知识，督促劳动者遵守职业病防治法律、法规、规章和操作规程，指导劳动者正确使用职业病防护设备和个人使用的职业病防护用品。

(3) 生产经营单位采用新工艺、新技术、新材料或者使用新设备时，必须了解、掌握其安全技术特性，采取有效的安全防护措施，并对从业人员进行专门的安全生产教育和培训。

(4) 生产经营单位的特种作业人员必须按照国家有关规定经专门的安全作业培训，取得特种作业操作资格证书，方可持证上岗作业。

(5) 生产经营单位应告知从业人员和相关人员当重大危险源发生紧急情况时应采取的应急措施。

(6) 生产经营单位应当教育和督促从业人员严格执行本单位的安全生产规章制度和安全操作规程；并向从业人员如实告知作业场所和工作岗位存在的危险因素、防范措施以及事故应急措施。

(7) 生产经营单位必须为从业人员提供符合国家标准或者行业标准的劳动防护用品，并监督、教育从业人员按照使用规则佩戴、使用。

(8) 生产经营单位的从业人员有权了解其作业场所和工作岗位的危险因素、防范措施及事故应急措施，有权对本单位的安全生产工作提出建议。

(9) 从业人员应当接受安全生产教育和培训，掌握本职工作所需的安全生产知识，提高安全生产技能，增强事故预防和应急处理能力。

(10) 新闻、出版、广播、电影、电视等单位有进行安全生产宣传教育的义务，有对违反安全生产法律、法规的行为进行舆论监督的权利。

(11)《劳动合同法》中规定用人单位在制定、修改或者决定有关劳动报酬、工作时间、休息休假、劳动安全卫生、保险福利、职工培训、劳动纪律以及劳动定额管理等直接涉及劳动者切身利益的规章制度或者重大事项时，应当经职工代表大会或者全体职工讨论，提出方案和意见，与工会或者职工代表平等协商确定。用人单位为劳动者提供专项培训费用，对其进行专业技术培训的，可以与该劳动者订立协议，约定服务期。

(12) 生产经营单位应当按照安全生产法和有关法律、行政法规等，建立健全安全培训工作制度。

(13) 生产经营单位应当进行安全培训的从业人员包括主要负责人、安全生产管理人员、特种作业人员和其他从业人员。未经安全生产培训合格的从业人员，不得上岗作业。

(14) 危险化学品生产经营单位主要负责人和安全生产管理人员，必须接受专门的安全培训，经安全生产监管监察部门对其安全生产知识和管理能力考核合格，取得安全资格证书后，方可任职。

(15) 生产经营单位主要负责人和安全生产管理人员的安全培训必须依照安全生产监管监察部门制定的安全培训大纲实施。危险化学品生产经营单位主要负责人和安全生产管理人员的安全培训大纲及考核标准由国家安全生产监督管理总局统一制定。

(16)《生产经营单位安全培训规定》对生产经营单位主要负责人、生产经营单位安全生产管理人员提出了具体的安全培训内容，同时要求危险化学品经营单位主要负责人、生产经营单位安全生产管理人员资格培训时间不得少于48学时；每年再培训时间不得少于16学时和安全培训的内容；炼油化工企业中的非危险化学品生产经营单位主要负责人和安全生产管理人员初次安全培训时间不得少于32学时，每年再培训时间不得少于12学时。

(17) 危险化学品生产经营单位主要负责人和安全生产管理人员安全资格培训，必须由安全生产监管监察部门认定的具备相应资质的安全培训机构实施。经安全资格培训考核合格，由安全生产监管监察部门发给安全资格证书。其他生产经营单位主要负责人和安全生产管理人员培训合格后，由培训机构发给相应的培训合格证书。

(18) 危险化学品生产经营单位必须对新上岗的临时工、合同工、劳务工、轮换工、协议工等进行强制性安全培训，保证其具备本岗位安全操作、自救互救以及应急处置所需的知识和技能后，方能安排上岗作业。加工、制造业等生产单位的其他从业人员，在上岗前必须经过厂(矿)、车间(工段、区、队)、班组三级安全培训教育，各级的培训内容按照相应法规规定进行。

(19) 从业人员在本生产经营单位内调整工作岗位或离岗一年以上重新上岗时，应当重新接受车间(工段、区、队)和班组级的安全培训。

(20) 生产经营单位除主要负责人、安全生产管理人员、特种作业人员以外的从业人员的安全培训工作，由生产经营单位组织实施。具备安全培训条件的生产经营单位，应当以自主培训为主；可以委托具有相应资质的安全培训机构，对从业人员进行安全培训。不具备安全培训条件的生产经营单位，应当委托具有相应资质的安全培训机构，对从业人员进行安全培训。

(21) 生产经营单位安排从业人员进行安全培训期间，应当支付工资和必要的费用。

(22) 安全生产监管监察部门对危险化学品生产经营单位的主要负责人、安全管理人员应当按照相应的法律法规规定严格考核和颁发安全资格证书。考核不得收费。

(23)《安全生产培训管理办法》国家安全生产管理总局令第44号规定，安全培训工作实行统一规划、归口管理、分级实施、分类指导、教考分离的原则。

下列从业人员应当由取得相应资质的安全培训机构进行培训：依照有关法律、法规应当对生产经营单位主要负责人、安全生产管理人员、特种作业人员实施安全资格证培训。生产经营单位应当建立安全培训管理制度，保障从业人员安全培训所需经费，对从业人员进行与其所从事岗位相对应的安全教育培训。未经安全教育和培训合格的从业人员，不得上岗作业。从业人员安全培训情况，生产经营单位应当建档备查。

另外，本办法还规定中央企业的分公司、子公司及其所属单位和其他生产经营单位，发生造成人员死亡的生产安全事故的，其主要负责人和安全生产管理人员应当重新参加安全培训。特种作业人员对造成人员死亡的生产安全事故负有直接责任的，应当按照《特种作业人员安全技术培训考核管理规定》重新参加安全培训。

国家鼓励生产经营单位实行师傅带徒弟制度。危险物品生产经营单位新招的危险工艺操作岗位人员，除按照规定进行安全培训外，还应当在有经验的职工带领下实习满2个月后，方可独立上岗作业。生产经营单位招录的职业院校毕业生从事与所学专业相关的作业，可以免予参加初次培训，实际操作培训除外。

安全资格证的有效期为3年。有效期届满需要延期的，应当于有效期届满30日前向原发证部门申请办理延期手续。

特种作业操作证和主要负责人、安全生产管理人员的安全资格证，在全国范围内有效。

(24)《工作场所职业卫生监督管理规定》国家安全生产监督管理总局第47号令要求：用人单位的主要负责人和职业卫生管理人员应当具备与本单位所从事的生产经营活动相适应的职业卫生知识和管理能力，并接受职业卫生培训。

用人单位应当对劳动者进行上岗前的职业卫生培训和在岗期间的定期职业卫生培训，普及职业卫生知识，督促劳动者遵守职业病防治的法律、法规、规章、国家职业卫生标准和操作规程。

用人单位应当对职业病危害严重的岗位的劳动者，进行专门的职业卫生培训，经培训合格后方可上岗作业。

因变更工艺、技术、设备、材料，或者岗位调整导致劳动者接触的职业病危害因素发生变化的，用人单位应当重新对劳动者进行上岗前的职业卫生培训。

(25)《社会消防安全教育培训规定》(公安部令第109号)要求：对在岗的职工每年至少进行一次消防安全培训；消防安全重点单位每半年至少组织一次、其他单位每年至少组织一次灭火和应急疏散演练。

(26) 2014年4月8日徐绍川在全国安全培训工作视频会上的讲话提出“安全培训工作坚持五项原则，建成五个体系，完善五项制度”，其中要求企业在安全培训工作方面应该坚持和遵循五项基本原则。

第一，必须坚持为安全生产大局服务、为干部职工成长成才服务的工作方向。要大力弘扬发展绝不能以牺牲人的生命为代价的红线意识，弘扬以人为本、生命至上的安全发展理念，把提高各类人员安全素质作为工作出发点和落脚点，尊重安全生产、教育培训、干部职工成长成才规律，紧紧围绕实施安全发展战略、推动安全生产形势根本好转确定培训目标、安排培训任务、设置培训内容，切实做到安全生产事业需要什么就培训什么、各类人员履行安全生产职责需要什么就培训什么。

第二，必须树立培训不到位是重大安全隐患的理念。抓好安全培训既是企业安全生产工作的法定责任，也是各级安全监管部门重中之重的工作任务。各地要把安全培训作为安全生产治理体系和治理能力现代化的重要内容，作为减少事故的源头性、根本性对策，作为最具潜力、最可依靠、最有效益的安全投入，真正把安全培训不到位作为重大隐患来对待、作为重大隐患去查处追责。要切实做到员工培训不到位企业不能生产，依法追究责任不落实不能放过。

第三，必须坚持依法治训、重典治乱。要运用法治思维和法治方式推动安全培训工作，坚持有法可依、有法必依、执法必严、违法必究，依法从严落实企业安全培训主体责任、政府安全培训监管责任、培训考试机构保障培训质量责任，依法从重查处不培训、假培训、低标准培训行为，切实使安全培训非法违法责任单位和责任者受到震动、付出代价，使持证上岗和先培训后上岗制度成为安全生产工作中不能碰、不敢碰的“高压线”。

第四，必须做到安全培训规模、质量、效益相统一。安全培训要面向全体从业人员，做到企业每发展一步安全培训就跟进一步；要把培训质量作为安全培训的生命线，认真落实以人为本、按需施教、统一标准、分级分类、教考分离原则，把提高从业人员安全能力贯穿安全培训考试全过程。

第五，必须使市场在安全培训资源配置中起决定性作用并更好发挥政府作用。

同时还提出，企业必须要建立 6 项安全培训制度：

一是全员培训制度。规定用人单位应当对所有从业人员进行安全培训，未经培训合格不得上岗作业；各地应当采取措施普及安全生产法律法规和安全常识，推进安全知识进课堂、进党校、进社区。

二是持证上岗制度。规定高危企业主要负责人和安全管理人员应当经安全监管部门培训合格后方可任职；特种作业人员取得特种作业操作资格证书后方可上岗作业。

三是从业人员准入制度。规定企业主要负责人和安全管理人员必须具备相应的安全生产知识和管理能力，具有必要的安全专业知识和安全工作经验，高危行业要实行从业人员资格制度。

四是经费保障制度。规定安全费用可用于安全培训支出；企业必须按比例足额提取教育培训经费，新上项目必须安排员工技术培训经费；工伤保险基金可用于工伤预防的宣传培训。

五是责任追究制度。规定对安全培训违法违规行为，可以给予责令限期整改、罚款、责令停产停业整顿、关闭等处罚；对有关责任人员可以罚款、剥夺终身从事相关职业的权利、依法追究行政或刑事责任。

六是教考分离制度。

要求企业认真落实安全培训主体责任。其中包扎：

一是组织领导责任。要求把安全培训纳入企业发展整体规划，明确责任机构和人员，将安全培训与生产经营活动同部署、同检查、同考核。

二是持续培训责任。要求制定并落实本单位安全培训制度和计划，坚持“三项岗位人员”先持证后上岗，新员工经岗前三级教育和至少 2 个月的师傅带徒弟训练方可独立作业，每年轮训一遍班组长，定期开展新工艺、新技术、新材料、新设备培训，并确保劳务派遣工与本企业职工接受同等安全培训。

三是经费保障责任。要求一般企业要按照职工工资总额的 1.5%提取教育培训经费，技术要求高、培训任务重的企业及高危行业企业应按工资总额 2.5%提取教育培训经费，企业新上项目都要专门安排培训经费；要足额提取并使用安全培训专项经费；足额支付员工参加培训期间的工资和必要的费用。

四是督促检查责任。要求健全安全培训考试档案，加强安全培训检查和考核，自觉接受安全监管和社会监督。

对应持证未持证或者未经培训就上岗的人员，要一律先离岗、培训持证后再上岗，并依法对企业进行上限处罚，直至停产整顿和关闭；对存在不按大纲教学、不按题库考试、教考不分、乱办班等行为的安全培训和考试机构，要一律依法严肃处罚，限制相关从业行为。对因未培训、假培训或者未持证上岗人员的直接责任引发重大以上事故的，所在企业主要负责人依法终身不得担任本行业企业矿长(厂长、经理)。

关于资格考试的要求从 2015 年开始，煤矿、非煤矿山、危险化学品、烟花爆竹等 4 个高危行业企业主要负责人、安全管理人员和51个工种的特种作业人员安全资格考试必须使用国家统一题库考试，从根本上解决各地命题标准不一、难易程度不同、水平参差不齐、证件互不承认的状况。安全资格考试80分合格标准，将安全资格类考试一次通过率由目前的90%以上逐步回归到合理水平(驾驶证考试目前为90分合格，通过率60%左右，发达国家一般为30%~40%)。

除此之外，关于企业开展安全教育培训相关的法律法规要求还有很多。为了提高从业人员安全生产素质和履行企业应尽的法律义务，各企业必须在法律、法规和行业制度的指导下，紧紧结合自己的实际情况开展了各式各样的安全教育培训活动，降低事故发生率。

### 4.2.2　企业规章制度的要求

中国石化结合石油化工企业的特点，按照国家的法律法规要求制定并颁布了一系列关于安全教育培训工作相关的规范和制度，如《安全生产责任制》《安全教育管理规定》等。这些制度不仅明确了各岗位关于安全教育培训工作中应当负的责任和工作范围，而且还对安全教育培训的程序、内容及其他要求进行规范，成为各直属企业开展从业人员安全教育培训工作最直接的指导性文件。

#### 4.2.2.1　安全生产责任制

安全生产责任制是企业从事安全生产最基本的一项安全生产制度，是其他各项安全生产规章制度得以实施的基本保证，更是企业落实安全教育培训制度的基础。安全生产责任制按照中国石化推行的“四全，即全员、全过程、全天候、全方位”管理原则及“安全生产人人有责，一岗一责，有岗必有责，上岗必守责”等管理理念要求，从不同的角度，对各职能部门、岗位及其人员提出了在企业开展安全教育培训工作方面的责任和义务。如规定单位人事、教育部门负责安全教育培训工作的组织实施，安全部门负责对安全教育培训工作实施监督管理和检查考核。安全监督管理部门负责对职工进行安全教育和培训，新入厂职工的厂级安全教育。归口管理特种作业人员的安全技术培训和考核；组织开展各种安全活动；办好安全教育室；制订班组安全活动计划；对领导参加基层安全活动情况进行检查考核。

各单位主要负责人对本单位安全教育工作负责；行政主要负责人认真履行关键装置要害部位安全联系(承包)职责；每季参加1次基层安全活动。接受安全培训考核，并取得有关规定要求的证书；抓好员工的安全教育培训工作。

基层单位行政正职组织对新入厂员工进行安全教育和班组安全教育，对职工进行经常性的安全意识、安全知识和安全技术教育，开展岗位技术练兵，定期组织安全技术考核和应急预案演练，组织并参加班组安全活动。

#### 4.2.2.2　安全教育培训管理制度

中国石化为规范各单位的安全教育培训工作，制定了《安全教育管理规定》，并要求各直属企业建立、健全适合自己企业发展的安全教育培训制度，引导企业开展经常性安全教育培训工作，宣传普及安全知识，提升人员素质，确保企业安全稳定生产。

## 4.3　制订安全教育培训计划

为科学规范地开展安全教育培训工作，中国石化《安全教育管理规定》要求，安全教育工作应纳入各单位教育培训年度计划和中长期计划。为此，各直属企业安全主管部门必须对本企业未来一定时期内的安全教育培训工作的主要任务、内容、实施步骤、措施等做出的具体、科学的安排和规划，通过组织实施帮助企业提高人员安全素质，提升安全操作和管理水平，减少事故发生。

(1) 计划的类型

安全教育培训计划按照时长分为长期、中期和短期教育培训计划。长期教育培训计划一般以1~3年为期，时间过长有些变数无法预测，时间过短则失去了长期计划制订的意义。

(2) 计划制订的原则

尽管不同的安全教育培训计划，表现形式和内容各不相同，但均要遵循下列原则编制：

① 以企业发展目标为依据：必须服务于企业的发展目标，以企业对人才的需求和企业生产的实际现状为目标，确定培训、内容、方式与方法等。

② 以企业的工作计划为依据：安全教育培训计划的制订不能脱离部门的工作计划。例如生产管理部门计划2012年8月份进行装置大检修，因此在制订年度安全教育培训计划时，就应当在8月份之前开展检修施工人员、现场检测人员、监护人员、外来施工人员等相关的安全教育培训计划安排，将检修现场避免不安全行为的措施、安全管理制度的要求、施工现场危害识别方法、事故防范措施等相关的内容通过教育培训的方式得到贯彻和落实。

③ 以培训需求为依据：制订培训计划之前，需要认真搞好需求调查，摸准需求，找出员工的绩效差距，分析差距原因，确定急需解决的问题和教育培训的对象等，以此为依据设定培训目标，编制安全教育培训计划。

(3) 制定方法

安全教育培训计划的制定方法有会议法、座谈法、专家论证法等。会议往往需要由企业安全主管部门主持，参会人员可以是下属企业的安全管理部门领导、人事管理部门领导、一般安全管理人员和其他相关部门的领导等参加，并经过研究讨论确定。安全教育培训计划必须要取得企业主管安全经理的支持。由于企业经营发展的多变性，培训计划制定时不可只有一套方案，应多列几套方案备选。

(4) 计划的内容

一个完整的安全教育培训计划应包括如下内容：

① 目的：主要是回答为什么要进行培训。

② 目标：培训目标主要解决培训要达到什么标准。

③ 对象及类型：教育培训对象及类型即确定谁接受教育培训和进行何种类型的培训。它要根据制定计划前的需求分析进行确定。

④ 内容：教育培训内容要依据培训目的、培训对象确定。

⑤ 规模：培训的规模受很多因素影响，如人数、场所、性质、工具以及费用等。通常，技术要求较为专业的培训，其规模不宜太大；名人讲座，可扩大规模；采用讲授、讨论、研究、角色扮演等方式的培训规模要控制在一个适度的水平上。如果接受培训的学员较多，则需要考虑培训场所、食宿、师资、教材、方法、程序等因素。

⑥ 时间：培训的时间安排受培训内容、费用、生源等因素影响。如专题报告一般安排半天到一天即可；较为复杂的培训内容，一般要集中培训，其时间因培训内容而定，有些可以安排在双休日或分阶段进行等。另外，在选择什么时间开展培训方面，还要根据企业的工作方式、工作重点等具体情况确定。

⑦ 地点：培训地点一般指学员接受培训的所在地和培训场所。可安排在工作现场或车

间，也可以安排在培训机构的实验室、微机房、教室等场所。

⑧ 费用：开展安全教育培训需要必要的资金投入，包括教师酬金、教材、资料、实训仪器设备等。

⑨ 方式、方法：培训方式主要是指集中培训还是分散进行，是在职培训还是脱产培训。方法则是具体实施的措施和手段。采用何种培训方式、方法主要是由培训目的、目标、对象、内容、经费等条件决定。如，安全技术设备操作培训可以采用边实践、边学习的方法。

⑩ 师资：企业开展的安全教育培训可以聘请安全培训机构的专职教师，也可以选用安全生产经验丰富的管理者、安全生产科研人员及相关专家作为师资，具体要依据培训目标和培训内容等要素确定。

⑪ 考评总结与评估：每个安全教育培训项目实施后，均应对其开展效果进行总结和评估，以便能及时发现培训过程中存在的不足，研究改进措施，通过持续改进，实现培训效果不断提升的目标和要求。

## 4.4 组织与实施安全教育培训

### 4.4.1 安全教育培训的对象和范围

石油化工生产的危险性，决定了石油石化企业的安全教育培训工作必须坚持“全员、全面、全过程、全天候”的原则。

#### 4.4.1.1 全员

全员，是指教育对象的广泛性。凡是从业人员不管是体力劳动还是脑力劳动，无论是新职工还是老工人，也不管是管理者还是决策者，都无例外地接受安全教育培训。按照国家的法律法规和中国石化集团公司安全管理制度要求，以下人员必须参加相应的安全教育培训：

(1) 各单位应开展经常性安全教育培训工作，宣传普及安全知识；每年至少组织1次以岗位安全责任制为主要内容的全员安全教育培训考试。

(2) 直属单位领导，必须参加当地政府和中国石化组织的安全生产教育培训，取得《安全资格证书》，并按时参加复审。

(3) 各单位安全负责人和安全技术管理人员，除参加当地政府组织的安全培训，取得《安全资格证书》，并按时参加复审外，还应参加中国石化组织的石油化工安全专业技术培训。

(4) 各单位应根据本单位安全生产特点，组织安全负责人和安全技术管理人员进行安全专业培训。

(5) 其他管理负责人(包括职能部门负责人、基层单位负责人)、专业工程技术人员的安全教育由本单位人事、教育部门会同安全部门，按干部管理权限分层次组织实施，经考核合格后方能任职。

(6) 班组长的安全教育由各单位人事、教育部门会同安全部门组织实施，经考核合格后方能任职。

(7) 所有新员工(包括学徒工、外单位调入员工、合同工、代培人员和大中专院校毕业生、有技术岗位的季节性农民外用工等)上岗前应接受三级安全教育，经考试合格后方可上岗。

（8）员工厂际调动工作后应重新进行入厂三级安全教育。单位内工作调动、转岗、下岗再就业、干部顶岗以及脱离岗位 12 个月以上者，应进行二、三级安全教育，经考试合格后，方可从事新岗位工作。

（9）凡从事特殊工种作业的人员，应按照国家有关要求进行专业性安全技术培训，考试合格、取得特种作业操作证后，方可上岗工作，并定期参加复审，成绩记入个人安全教育卡片。

（10）在新工艺、新技术、新装置、新产品投产前，各单位应组织编制新的安全操作规程，并组织专门培训。相关人员考试合格后，方可上岗操作。

（11）发生事故或未遂事故时，对事故责任者和相关员工进行安全教育，吸取教训，防止发生类似事故。

（12）各单位要组织基层单位开展以部门、班组为单位的安全活动，达到日常安全教育的要求。

（13）临时用工、外来施工和实习人员的厂级安全教育根据各单位情况及各企业相应级别由安全管理部门负责。车间级安全教育由基层车间领导和安全管理人员负责。

（14）外来参观人员的安全教育，由各单位接待部门负责。

（15）已经取得中华人民共和国注册安全工程师执业资格证书(以下简称资格证书)，的注册安全工程师在每个注册周期(有效期 3 年)内应当参加继续教育。

#### 4.4.1.2 全面

全面，一是指教育内容要全面、完整。包括安全法律、法规，安全操作规程，安全知识、技术、技能，安全管理，专业技能等岗位所需的安全操作和安全管理的所有内容。二是指安全教育培训要涉及每一个专业领域，每一个专业领域都有自己的安全特点和安全管理方式及培训需求。

#### 4.4.1.3 全过程

全过程，包括两方面的含义。就一个系统、项目而言，从计划、规划、设计、制造到使用、维护、更新的全过程中的每个环节都要有安全思想指导、安全管理要求，自始至终的开展安全教育；对一个职工来讲，要从入厂到退休，都必须进行终身安全教育。

#### 4.4.1.4 全天候

全天候，即安全教育要根据季节、时间、气候的变化及工作内容，时刻不断地进行。

### 4.4.2 影响安全教育培训方式选择的因素

培训对象和培训目标的差异性、培训内容的多变性等决定企业在选择培训方式时应当考虑以下因素影响:

（1）根据培训对象的来源、工作性质、岗位需求，生产经营环境，设计的培训内容等选择培训方式。

（2）按照培训对象分类教育。按级别分：领导层、执行层、操作层。按照生产经营特点分：危险化学品生产经营类、建筑施工类、其他类等。

（3）所选的方式尽量使用通俗易懂的语言，少用专业术语，特别是对外来人员。要重视安全操作技能的培养。

（4）按国家的法律法规要求选择具有相应安全培训资质的机构或组织合作或送出培训。如，危险化学品、建筑施工企业主要负责人的培训，危险化学品生产企业安全生产管理人员的资质培训；特种作业人员的取证和复审培训；中国石化集团公司统一安排的安全部门负责人和专业技术人员的培训等。

### 4.4.3 安全教育培训的时间

（1）生产经营单位安全负责人和安全生产管理人员初次安全培训时间不得少于32学时，每年再培训时间不得少于12学时。危险化学品生产经营单位主要负责人和安全生产管理人员安全资格培训时间不得少于48学时；每年再培训时间不得少于16学时。

（2）班组长的安全教育时间不应少于24学时。

（3）危险化学品生产经营单位三级安全教育，教育时间不少于72学时；一级（厂级）安全教育时间不少于24学时；二级（车间级）安全教育时间不少于32学时；三级（班组级）安全教育时间不少于16学时。每年接受再培训的时间不得少于20学时。

（4）班组安全活动每月不应少于2次，每次不少于1学时；部门安全活动每月1次，每次不少于2学时。

（5）直属企业的领导每季度参加1次班组安全活动，二级单位领导及管理人员每月参加1次班组安全活动，基层单位领导每月参加2次班组安全活动。

（6）临时用工、外来施工和实习人员厂级安全教育时间不应少于8学时。车间级安全教育不应少于4学时。

（7）在生产经营单位从事安全生产管理、安全技术工作或者在安全生产中介机构从事安全生产专业服务工作的注册安全工程师每个注册周期（有效期3年）内参加继续教育的时间累计不得少于48学时。

### 4.4.4 安全教育培训的内容

安全教育培训的内容，针对不同的企业，不同的岗位，不同的时间等需要有不同的教育培训内容。要涵盖国家有关安全生产的法律、法规和标准；公司安全生产管理制度及职责；安全管理、安全技术、消防、职业卫生、应急等知识和技能培养内容。具体包括：

#### 4.4.4.1 基本安全教育培训内容

一般说来，企业的安全教育培训内容应包括：安全思想教育/态度教育、安全技术知识教育、安全技能教育。

（1）安全思想/态度教育

安全生产思想教育，是安全教育的基础。其教学的目的，是提高职工搞好安全生产的自觉性、责任心、积极性，意在培养职工的安全素质和安全意识，培养从业人员的科学态度，正确地理解安全生产方针、政策、法规，处理安全与生产的辩证统一关系，树立法制观念，严肃认真地执行安全生产法规，了解违章、违纪的危害，提高遵章守纪的自觉性。主要包括：思想教育和态度教育两方面。

思想教育包括意识教育和制度法规教育。意识教育的目的是形成科学的安全观；制度法规（一般包括：安全生产责任制、安全检查制度、安全奖励制度以及安全操作规程等）教育的目的是使职工掌握安全规章制度要求。

态度教育的目的是使职工对安全工作有一个正确的态度。因此，在安全生产方面，不仅要求从业人员掌握相关的安全生产知识，学会安全操作技能，而且还要能始终如一地执行。

(2) 安全知识教育

从业人员只有了解了安全知识，才能掌握操作技能，逐步树立正确的安全思想和安全意识。安全知识教育的目的在于教会从业人员知道怎样做。它包括一般生产技术知识、一般安全技术知识、专业技术知识和安全法规制度知识。也可视为安全管理知识教育和安全技术知识教育。

工业企业一般生产技术知识包括：企业的基本生产概况、生产工艺、设备性能、产品性能、原材料的性质等。

一般安全技术知识包括：企业生产过程中的不安全因素及规律性、可预防性，安全防护基本知识和职业病危害的基础知识、健康教育及防治综合措施；安全防火知识和灭火设备的使用，个人防护用品的正确使用，以及伤亡事故报告程序；发生事故后及异常状态下的紧急救护、紧急自救及互救措施等。

安全生产知识是生产技术的组成部分，安全技术知识寓于生产技术知识之中，因此对职工特别是对新职工进行安全教育时，必须把两者有机地结合起来。

专业安全技术知识则是针对从事某一专业工作内容时，为防范事故所采取的适合本专业安全生产技术知识的总称。例如：锅炉、压力容器、焊接、起重机械等专业安全技术知识。

法规制度知识包括国家及地方政府颁布的劳动保护法规、行政法规及企业根据自身特点制定的各项安全规章制度、操作规程等。

安全管理知识内容包括：基本管理方法、安全心理学、人机工程学、系统安全工程等。通过教育，提高管理水平，使避免事故的管理和技术措施符合人的生理、心理特点，符合企业实际情况。

安全技术知识：包括一般安全技术知识(安全基本常识)和专业安全技术知识(结合工作特点)。

如，对企业管理人员进行的安全知识教育包括对企业法定代表人和厂长经理的安全教育、对技术干部的安全教育、对行政管理干部的教育以及对安全生产管理人员的教育。

对企业法定代表人和厂长经理的安全教育主要是对厂长、经理进行安全生产方针、政策、法规、规章制度、基本安全技术知识、基本安全管理知识的教育。其目的是提高他们对安全生产方针的认识，增强安全生产责任感和自觉性；促使他们关心、重视安全生产，积极做好安全管理工作；以身作则遵章守纪，并能积极支持安技部门的工作，为安全生产提供良好的条件。

对技术干部的安全教育主要包括：安全生产方针、政策和法律、法规；本岗位的安全生产责任制，即在落实“三同时”，实现安全技术措施等方面应当承担的责任；典型事故案例剖析；系统安全工程知识；基本的安全技术知识。对技术干部安全教育重点是在产品设计、研制阶段，新工艺、新技术、新材料研究试用阶段。

对行政管理干部教育的主要内容是安全生产方针政策和法律、法规，安全技术知识以及所在岗位的安全生产责任制。目的是使他们提高责任感和自觉性，主动支持安全生产工作。

对安全生产管理人员的教育主要是围绕国家有关安全生产方针、政策、法规和标准，企业安全生产管理，安全技术，劳动卫生知识，安全文化，工伤保险，职工伤亡事故和职业病统计报告及调查处理程序，有关事故案例及事故应急处理措施等内容，开展形式多样的培训教育。

(3) 安全技能教育

安全技能教育是将安全生产知识付诸于实践的过程。把安全操作培训与生产技能培训紧密地结合起来，根据工人的不同需要，进行不同工种的技能培训。通过培训，使工人真正地掌握本工种安全操作的基本技能，将知识化为行动。安全技能教育包括正常作业的安全技能培训和异常情况的应急处理技能培训等。

#### 4.4.4.2 专项安全教育培训内容及要求

（1）安全负责人和安全技术管理人员的安全专业培训

各单位应根据本单位安全生产特点，由人事、教育部门会同安全部门组织安全负责人和安全技术管理人员进行安全专业培训。主要内容包括：

① 国家安全生产方针、政策、法律、法规、规章及标准。

② 石油化工安全生产管理、安全生产技术、职业卫生等知识。

③ 伤亡事故统计、报告及职业危害调查处理方法。

④ 应急管理、应急预案编制以及应急处置的内容和要求。

⑤ 国内外先进的安全生产管理经验。

⑥ 典型事故和应急救援案例分析。

⑦ 其他需要培训的内容。

（2）生产岗位班组长的安全教育

由各单位人事、教育部门会同安全部门组织实施的班组长安全教育主要内容包括：

① 国家安全生产方针、政策、法律、法规和中国石化及本单位安全生产规章制度。

② 安全技术、职业卫生和安全文化的知识、技能。

③ 本班组和有关岗位的危险有害因素、安全注意事项、本岗位安全生产职责。

④ 典型事故案例及事故抢救与应急处理措施等。

（3）三级安全教育

基本要求：

依据国家安全生产监督管理总局安监管人字〔2002〕123 号《关于生产经营单位主要负责人、安全生产管理人员及其他从业人员安全生产培训考核工作的意见》、安监总局令第 3 号《生产经营单位培训管理规定》、中国石化“安全教育管理规定”要求，生产或生产经营单位必须对新上岗的临时工、合同工、劳务工、轮换工、协议工、学徒工、外单位调入职工、代培人员和院校实习生等进行强制性安全培训，经过厂、车间、班组三级安全教育，保证其具备本岗位安全操作、自救互救以及应急处置所需的知识和技能后，并经考试合格，方能安排进入生产岗位工作和学习。

培训内容：

① 一级（厂级）岗前安全培训内容：

新上岗的从业人员分配到车间和工作地点以前，要由本单位人事、教育部门会同安全部门组织实施初步安全教育，教育内容应为：

a. 国家有关安全生产法令、法规和劳动卫生法律、法规；

b. 本单位安全生产情况、通用安全技术、职业卫生、安全生产基本知识，包括一般机械、电气安全知识、消防知识、安全文化知识和气体防护常识等；

c. 本单位安全生产的一般状况，工厂的性质、安全生产特点、关键生产装置和重点生产部位及特殊危险岗位的介绍；

d. 集团公司及本企业的安全生产规章制度，企业五项纪律（劳动、操作、工艺、施工和工作纪律）；

e. 典型事故案例及教训，预防事故的基本知识；

f. 从业人员安全生产权利和义务等。

危险化学品生产经营单位厂级安全培训除包括上述内容外，应当增加事故应急救援、事故应急预案演练及防范措施等内容。经考试合格后，再分配到车间。

② 二级(车间级)岗前安全培训内容：

在新职工或调动工作的工人在分配到车间后进行的安全教育。由车间主管安全的主任负责，车间安全员进行教育。内容包括：

a. 本车间的生产概况，工作环境及危险因素；

b. 所从事工种可能遭受的职业危害和伤亡事故；

c. 所从事工种的安全职责、操作技能及强制性标准；

d. 自救互救、急救方法、疏散和现场紧急情况的处理；

e. 安全设备设施、工具、个人防护用品、急救器材的性能、使用方法和维护、火警和急救联系方法，预防职业病的主要措施；

f. 本车间安全生产状况及相关的规章制度；

g. 预防事故和职业病危害的措施及应注意的安全事项，车间的危险部位，危险机电设施、尘毒作业情况；

h. 有关事故案例及事故应急处理措施；

i. 本车间的主要危险因素及安全事项，安全技术操作规程；

j. 其他需要培训的内容。

③ 三级(班组级)岗前安全培训内容：

由工段、班组长对新到岗位工作的工人进行的上岗前安全教育。内容包括：

a. 本工段、班组、岗位安全生产概况，工作性质和职责范围，岗位(工种)的生产流程、工作特点和安全注意事项、岗位安全操作规程；

b. 岗位之间工作衔接配合的安全与职业卫生事项；

c. 本岗位(工种)的职责范围，应知、应会知识内容及安全技术操作规程；

d. 本岗位(工种)设备、工具的性能和安全装备、安全设施、监控仪表的作用，防护用品的使用与保管方法；

e. 本岗位(工种)的危险因素及相应的预防措施，工作地点的环境卫生及尘源、毒源、危险机件，危险物的控制方法；

f. 与本岗位(工种)相关的事故案例；

g. 本岗位(工种)的事故应急处理措施，发生事故时的紧急救灾措施和安全撤退路线；

h. 其他需要培训的内容。

工人经考试合格，领到安全操作证后，并达到独立操作技能要求者，方可允许独立进行操作。没有经过三级教育及考试不合格者绝对禁止独立操作。

危险物品生产经营单位新招的危险工艺操作岗位人员，除按照上述规定的三级安全教育内容，还应当在有经验的职工带领下实习满 2 个月后，方可独立上岗作业。

注意事项：

新员工安全教育的目的是使员工具有一定的安全意识和感性认识，了解、掌握基本的规章制度、安全常识和工作经验，养成遵章守纪的良好习惯。在教育中要注意以下几点。

① 系统全面，要求掌握的知识和能力必须全面教育到。

② 结合实际，突出重点。

③ 少用专业术语，以其能理解为标准。

④ 注重车间级和班组级教育。

⑤ 做好记录。

⑥ 资料存档。

⑦ 必须掌握的内容：

a. 个人的责任、义务、权利；

b. 安全生产责任制；

c. 危险、有害因素；

d. 不能做什么；

e. 必须做什么，怎样做；

f. 基本防护措施；

g. 其他需要掌握的内容。

⑧ 危险化学品等生产经营单位必须对新上岗的临时工、合同工、劳务工、轮换工、协议工等进行强制性安全培训，保证其具备本岗位安全操作、自救互救以及应急处置所需的知识和技能后，方能安排上岗作业。

(4)外来人员的安全教育

外来人员系指进行施工、检修、参观、实习等各类临时用工人员、外来施工人员和实习人员。

外来人员身体状况应能适应所从事的工作，实际年龄不得超过60周岁；能按照要求独自完成安全教育答卷、签订《安全承诺书》，并有效识别现场各种警示标识。

对外来人员的安全教育分厂级和车间级。

① 厂级安全教育主要内容：

a. 企业安全生产基本特点。

b. 进入厂区应遵守的安全生产规章制度。

c. 所从事工作的危险有害因素及HSE注意事项，危害告知。

d. 施工检修注意事项。

e. 典型事故案例。

② 车间级安全教育主要内容：

a. 车间危险部位(主要生产系统、关键设备)及安全、环保注意事项。

b. 车间职业危害因素(包括危险化学品和各种伤害能量)的性质及防护处理注意事项。

c. 着火爆炸、泄漏中毒、环境污染事故的应急处理措施。

d. 安全作业许可证办理的程序及注意事项。

e. 生产装置的安全消防、气防、卫生器材及设施的位置、使用程序和使用方法。

f. 作业活动中应遵守的安全规定。

③ 外来人员安全教育的目的是使其了解、掌握施工点所在单位的规章制度，安全常识，注意事项。在教育中要注意以下几点：

a. 系统全面，要求掌握的规章制度必须全面教育到；

b. 分类教育，按人员工作重点，分类教育；

c. 重点突出，结合人员工作内容，突出重点；

d. 教育和考核资料存档。

e. 必须掌握的内容：危险、危害因素、基本防护措施；不能做什么，即各类禁令；必须做什么，怎样做即12个必办；应急措施；其他必须掌握的内容。

④ 外来参观人员的安全教育，由各单位接待部门负责，内容包括本单位有关安全规定及安全注意事项；要安排专人陪同外来参观人员。

(5) 注册安全工程师继续教育

依据《注册安全工程师执业资格制度暂行规定》、《注册安全工程师管理规定》(总局11号令)、《安全生产培训管理办法》(44号令)、《中国石化集团公司注册安全工程师注册管理实施办法》，注册安全工程师继续教育必须到具有相应培训资质培训机构参加培训。培训内容按照国家统一规定的培训大纲进行。

(6) "五新"条件下的安全教育培训

生产经营单位实施新工艺、新技术、新设备、新材料、新产品前，由于"五新"作业未知因素多，人们对"五新"的危险因素了解甚少，缺乏操作知识，容易发生事故，因此，主管部门必须对操作者和有关人员加强有针对性的安全培训和管理。为了搞好"五新"安全教育，专业人员、安全工程技术人员应在"五新"应用前，预先进行危险性评价和安全系统分析。一般可采取如下步骤：

① 确定生产过程中的危害、危险因素，并收集有关资料；

② 确定生产过程中的主要危险、危害单元，并对部分同类单元劳动保护现状进行调查分析；

③ 对生产中火灾、爆炸危险性大的主要单元装置作危险性评价；

④ 对生产过程中毒危害大的主要单元装置作单元毒性评价；

⑤ 提出劳动保护评价结论及对策措施。

通过以上评价，在充分试验研究的基础上制定安全管理制度、安全操作规程和教学内容，再对操作者和有关人员进行专业的教育和训练。经严格考试合格后，才允许上机操作。要考虑到"五新"作业特点，注意训练作业人员应急应变的安全知识和技能，以提高其在紧急危险情况下的防护和自救能力。

(7) 大修或重点项目检修以及重大危险性作业前的安全教育培训

在大修或重点项目检修以及重大危险性作业(含重点施工项目)时，项目负责部门要进行检修(施工)前的安全教育，安全部门监督检查。

(8) 事故及违章后的安全教育

生产经营单位除按照国家规定开展必要的安全培训外，还应当在特殊的环境条件下开展相应的安全教育培训，以提高安全培训的针对性和实效性。

事故发生后，按照事故的"四不放过"原则等有关规定，应对事故责任者和员工进行安全教育，吸取事故教训，落实防范措施，防止类似事故再次发生。

目前除三级安全教育、安全监管监察人员、危险物品的生产、经营、储存单位主要负责人、安全生产管理人员和特种作业人员及从事安全生产工作的相关人员国家有规定的安全培训大纲或培训内容要求外，其他从业人员的安全培训内容各企业还没有统一规定，需要由按照有关文件及企业的现状自行设定并实施。

### 4.4.5 教材要求

为了提高三级安全教育的效果，三级安全教育应当选用或编制培训教材。教材应满足下列要求：

（1）目的明确

明确学习目的，要使学员通过学习后知道掌握什么，熟悉什么，了解什么，应当做什么，必须会做什么等，最终达到的目标。

（2）内容完整

教材的内容要完整、齐全。即教材要覆盖本厂（车间或班组）生产活动中涉及的安全知识和安全技术。

（3）层次分明

三级安全教育的厂级、车间级、班组级安全教育的教材应独立成册，并且要求从不同的角度突出每一级安全教育的重点。如：厂级安全教育应着重进行思想教育和纪律教育，端正对安全生产的态度；车间级教育应着重本车间安全技术知识教育；班组岗位教育应着重进行现场安全操作教育。

（4）重点突出

教材中要突出重点、难点、疑点，要关键工作、运用频率最多的安全知识和技术作为重点，以理解或掌握困难的地方作为疑点，使整个教材的结构合理、实用。

（5）结合实际

结合本厂（车间或班组）的生产实际，介绍厂里的安全生产历史、事故案例和生产工艺、设备、仪表等与装置安全运行相关的知识内容。

（6）案例丰富

尽量多地收录本单位或与本单位相似单位的事故案例，以充实教材内容。

### 4.4.6 考核要求

三级安全教育的每一级均要进行严格考核，考核方式可以采用答卷的形式，也可以采用提问的方式。考试（或提问）的内容，笔试（或口述录音）回答的情况，均要填写在职工 HSE 教育卡片上，建立的 HSE 教育档案与试卷（或录音资料）共同作为存档资料。教育完毕，考试合格，经过安全技术监察部门审核后，发给三级教育合格证，方可准许发放劳保用具、用品。未经三级安全教育或考试不合格者，不得分配工作。

## 4.5 特种作业培训

特种作业是指容易发生人员伤亡事故，对操作者本人、他人的生命健康及周围设施的安全可能造成重大危害的作业。直接从事特种作业的人员称为特种作业人员。

### 4.5.1 基本要求

《中华人民共和国劳动法》和有关安全卫生规程规定：从事特种作业的职工，所在单位必须按照有关规定，对其进行专门的安全技术培训，经过有关机关考试合格并取得操作合格证或者驾驶执照后，才准予独立操作。

特种作业人员必须接受与本工种相适应的、专门的安全技术培训、经过安全技术理论考核和实际操作技能考核合格，取得特种作业操作证后，方可上岗作业；未经培训，或培训考核不合格者，不得上岗作业。

特种作业操作证，由国家安全生产监督管理局统一制作。特种作业操作证在全国通用。特种作业操作证不得伪造、涂改、转借或转让。

### 4.5.2 炼化企业常见的特种作业类别

（1）电工作业；

（2）金属焊接、切割作业。含焊接工、切割工；

（3）起重机械（含电梯）作业；

（4）企业内机动车辆驾驶；

（5）登高架设作业：含 2m 以上登高架设、拆除、维修工、高层建（构）筑物表面清洗工；

（6）锅炉作业：承压锅炉操作工，锅炉水化验工；

（7）压力容器作业，含压力容器罐装工、检验工、运输押运工，大型空气压缩机操作工；

（8）制冷作业，含制冷设备安装工、操作工、维修工；

（9）爆破作业；

（10）危险物品作业：含危险化学品、民用爆炸品、放射性物品的操作工、运输押运工、储存保管员；

（11）经国家相关部门批准的其他作业：按照 2010 年 7 月 1 日起施行的国家安全生产监督管理总局第 30 号令《特种作业人员安全技术培训考核管理规定》下列作业也被定义为特种作业：

高压电工作业、低压电工作业、防爆电气作业、熔化焊接与热切割作业、压力焊作业、钎焊作业、登高架设作业、高处安装、维护、拆除作业、制冷与空调设备运行操作作业、制冷与空调设备安装修理作业及从事光气及光气化工艺作业 、氯碱电解工艺作业 、氯化工艺作业 、硝化工艺作业、合成氨工艺作业 、裂解（裂化）工艺作业、氟化工艺作业、加氢工艺作业 、重氮化工艺作业、氧化工艺作业、过氧化工艺作业、胺基化工艺作业、磺化工艺作业、聚合工艺作业、烷基化工艺作业、化工自动化控制仪表作业，国家安全生产监督管理总局认定的其他作业等。

### 4.5.3 特种作业人员的取证要求

凡从事特种作业的人员必须到指定的具备相应安全生产培训资质的培训机构接受专门培训，并经过严格的考试，合格后，发给安全操作证书，方准持证作业。证书全国范围内有效。未按期复审或复审不合格者（第一次复审不合格者，可在接到通知之日起 30 日内向原复审单位申请再次复审，仍不合格者），其操作证自行失效。

特种作业人员应当符合下列条件：

（1）年满 18 周岁，且不超过国家法定退休年龄；

（2）经社区或者县级以上医疗机构体检，健康合格，并无妨碍从事相应特种作业的器质性心脏病、癫痫病、美尼尔氏症、眩晕症、癔病、震颤麻痹症、精神病、痴呆症以及其他疾病和生理缺陷；

（3）具有初中及以上文化程度；

（4）具备必要的安全技术知识与技能；

（5）相应特种作业规定的其他条件。

危险化学品特种作业人员除符合前款第（1）项、第（2）项、第（4）项和第（5）项规定的条件外，应当具备高中或者相当于高中及以上文化程度。

### 4.5.4 特种作业人员复审要求

特种作业操作资格证的有效期为6年，每3年复审一次。对特种作业人员，主管部门应按规定年限进行培训复审，以专业安全技术和灾害事故案例为主要内容进行教育。特种作业人员在特种作业操作证有效期内，连续从事本工种10年以上，严格遵守有关安全生产法律法规的，经原考核发证机关或者从业所在地考核发证机关同意，特种作业操作证的复审时间可以延长至每6年1次。

特种作业人员安全培训工作，按照《特种作业人员安全技术培训考核管理规定》国家安全生产监督管理总局令第30号执行。

### 4.5.5 特种作业人员监督管理

有下列情形之一的，考核发证机关要撤销特种作业操作证：

（1）超过特种作业操作证有效期未延期复审的；

（2）特种作业人员的身体条件已不适合继续从事特种作业的；

（3）对发生生产安全事故负有责任的；

（4）特种作业操作证记载虚假信息的；

（5）以欺骗、贿赂等不正当手段取得特种作业操作证的。

特种作业人员违反前款第（4）项、第（5）项规定的，3年内不得再次申请特种作业操作证。

## 4.6 安全教育培训的机构与部门

按照国家安全生产监督管理总局2006年第3号令要求，国家安全生产监督管理总局组织、指导和监督中央管理的生产经营单位的总公司（集团公司、总厂）的主要负责人和安全生产管理人员的安全培训工作。

省级安全生产监督管理部门组织、指导和监督省属生产经营单位及所辖区域内中央管理的工矿商贸生产经营单位的分公司、子公司主要负责人和安全生产管理人员的培训工作；组织、指导和监督特种作业人员的培训工作。

市级、县级安全生产监督管理部门组织、指导和监督本行政区域内除中央企业、省属生产经营单位以外的其他生产经营单位的主要负责人和安全生产管理人员的安全培训工作。

生产经营单位除主要负责人、安全生产管理人员、特种作业人员以外的从业人员的安全培训工作，由生产经营单位组织实施。

具备安全培训条件的生产经营单位，应当以自主培训为主；可以委托具有相应资质的安全培训机构，对从业人员进行安全培训。

不具备安全培训条件的生产经营单位，应当委托具有相应资质的安全培训机构，对从业人员进行安全培训。

## 4.7 安全活动

按照中国石化《安全教育管理规定》要求，每年各企业都应组织一些安全活动作为安全教育培训的必要补充。其形式一般有定期的班组安全学习，安全活动日，交接班制度及班前班后会，不定期的事故分析会，事故现场教育，以及其他安全活动。

为了掌握各单位活动的情况和效果，公司安全处(科)长要亲自或指派有关人员到二级单位对活动开展情况进行全面了解和检查。一方面，为评比积累第一手材料；另一方面，通过深入检查，总结一些好的经验，发现活动中的不足，为今后改进工作提供依据。

中国石化《安全教育管理规定》对班组安全活动提出了特殊的要求，明确指出班组安全活动必须保证出勤率，不得无故缺席；车间领导和管理人员必须参加班组安全活动，对安全活动进行指导；直属企业的领导每季度参加1次班组安全活动，二级单位领导及管理人员每月参加1次班组安全活动，基层单位领导每月参加2次班组安全活动。对没有按时参加班组安全活动的人员，必须另找适当的时间完成此次班组安全活动学习的全部内容，完成后签字，其内容至少包含：

① 学习国家有关安全生产的法令和法规。

② 学习有关安全生产文件、安全通报、安全技术规程、安全管理制度和安全技术知识。

③ 结合事故通报和《班组安全》等安全学习材料，讨论分析典型事故，总结和吸取事故教训。

④ 防火、防爆、防中毒和自我保护能力训练，以及异常情况紧急处理和应急演练。

⑤ 开展岗位安全技术练兵，组织安全技术表演。

⑥ 检查安全规章制度执行情况，查找并组织消除事故隐患。

⑦ 开展安全文化活动，进行安全技术座谈，观看安全教育电影和录相。

⑧ 其他安全活动。

安全活动的形式可灵活多样，生动形象。

常用的活动方式方法有：黑板报、标语、宣传画、安全简报、班前班后会、个别谈话、安全竞赛评比、观看安全影像、参观展览、事故现场分析会以及开展安全活动日、周、月等等。

结合事故案例开展安全活动，使人触目惊心，印象深刻，给人以启示警戒，久久难忘。

模拟性的安全训练能使人迅速牢固地掌握安全操作的技能，是值得推广的安全活动方式。如人为地制造一些事故，要求工人迅速地排除险情，使职工得到技能的锻炼，能收到很好的效果。

竞赛性质的安全活动能激励人进取，生动有趣。如举行今天我是安全员演讲、征文、辩论；班组隐患排查；事故事件预想；职工安全代表督查；班组成员轮流主持授课等活动。每个班组参赛的人选要通过最后抽签确定，由于每个人都可能被选为代表，参加演讲或辩论比赛，撰写安全征文，上台讲课，主持安全活动，操作安全设施等。集体的荣誉感驱使每个人都要认真地准备，比赛时人人都关心本组的胜负，都认真参加，从而学到了安全知识和安全技能，提升了安全理念。

总之，要根据各个单位的实际情况，在安全活动方式上有所发展，有所创新，才能取得好的活动效果。

结合事故的预测预防规律及企业存在的安全隐患开展安全活动。如节假日前后的隐患排查、事故预测等活动。结合季节特点开展的夏季“防雷电、防洪、防中暑”、冬季“防冻、防凝、防静电”等相关的活动。

为使安全活动真正落到实处，还必须建立相应的约束机制，如：

① 要建立健全安全活动制度。从制度上保证安全活动的普遍化、规范化，制度中应该纳入考核验收和奖惩的内容，把活动工作的好坏、成绩的优劣与晋职晋级和资金结合起来，让参与者能够得到满意的回报，提高大家认真参与的热情。安全活动情况还要与经济责任制挂钩，企业安全监察、人教、劳资部门要进行考核，对活动有成效的单位或班组应予以表彰和奖励，对未达到要求的要进行必要的处罚。

② 车间要对安全活动和记录进行监督检查，写出评语并签字，厂领导、安全技术监督部门要定期进行抽查，以提高安全活动的质量。

③ 要做到警钟常鸣，防患未然。要有计划地把集中性安全活动和经常性的安全教育有机地结合起来。

## 4.8 建立和完善安全教育培训档案

（1）安全教育档案的作用

各类档案、台账均是平时工作的记录，在事故情况下，它又是向政府部门提供的重要性证明文件。因此，做好记录，意义重大。

（2）安全教育培训档案的组成

目前中国石化一般安全教育培训档案包括：中国石化安全教育台账；企业职工个人HSE档案；班组安全活动记录本；各类试卷、告知单、HSE管理系统中安全教育培训电子档案等。

（3）安全教育台账的记录和要求

“安全教育台账”具有总目录的作用，只须记录教育时间、内容、对象、人数即可。具体情况需支持性文件说明。

常见的支持文件包括：各类试卷、HSE档案、班组活动记录等。

“安全教育台账”记录方法要按照不同的分类方法进行记录。例如，按外来人员、内部人员分类记录；按内部教育、外部教育分类记录；按教育的类别分类记录等均可。

“HSE档案”是安全教育最重要的台账、记录，记录内容为按照法律法规、规章制度要求必须教育、告知的内容。如法律、法规、规章制度、预案培训等。

“告知”是按照安全生产法律、法规要求单位负有告知义务，不告知即可能导致事故发生的内容。对受教育者实施告知后，必须要求由受教育者本人签字。

“班组安全活动记录”主要是记录班组安全活动情况，作为一般性支持文件。每次参加活动的人员均需签字。

“各类试卷”也是安全教育工作的重要支持文件，对外来施工人员教育，试卷要求保留一年(跨年度除外)。内部人员安全教育试卷，需长期保存。

## 4.9 典型案例——某企业制定的《2011 年安全教育培训计划》

### 4.9.1 情景

厂属各单位：

为强化全员安全思想和安全意识教育，提高员工的安全技术和安全知识水平，进一步贯彻执行集团公司“安全教育管理制度”和“安全生产责任制”精神，今年全厂安全教育工作的重点是：落实和强化领导干部的安全法制教育；采取多样的形式提高安全活动的质量，确保总厂领导和机关处、室领导参加班组安全活动到位；加强生产一线操作人员安全知识和安全技能的教育；认真开展关键生产装置和重点生产部位预案的演练；分工种、分专业地对安全管理人员进行专业技术知识的培训。为确保全年安全方针目标的实现，特制定全年安全教育实施细则，见表 4.1，望遵照执行。

表 4.1 办班计划

| 序号 | 办班名称 | 时 间 | 人数 | 备 注 |
|---|---|---|---|---|
| 1 | 领导干部安全管理学习班 | 4 月、10 月 | 200 | 总厂安环处、组织部、职教中心组织学习 8 天 |
| 2 | 用火审批人学习班 | 3 月、9 月 | 40 | 总厂安环处组织、学习 1 天 |
| 3 | 外来施工单位领导安全学习班 | 5 月 | 100 | 总厂安环处组织、学习 1 天 |
| 4 | 气体防护知识学习班 | 5 月 | 100 | 总厂安环处、职教中心、职防科组织、学习 3 天 |
| 5 | 青工消防知识学习班 | 9 月 | 200 | 总厂安环处、消防大队、职教中心组织、学习 3 天 |
| 6 | 电工取证、复审学习班 | 8 月 | 120 | 总厂安环处、职教中心、维修公司组织 |
| 7 | 司炉工取证学习班 | 7 月 | 51 | 总厂安环处、职教中心组织 |
| 8 | 起重机械维修复审学习班 | 11 月 | 77 | 总厂安环处、职教中心组织 |
| 9 | 起重工复审学习班 | 8 月 | 58 | 总厂安环处、职教中心、建安公司组织 |
| 10 | 司炉工复审学习班 | 6 月 | 99 | 总厂安环处、职教中心组织 |
| 11 | 焊工取证、复审学习班 | 8 月 | 50 | 总厂安环处、建安公司、职教中心组织 |
| 12 | 压力容器取证、复审学习班 | 4 月 | 300 | 总厂安环处、职教中心组织 |

除此之外，对下列人员安排下列的安全学习计划：

(1) 安全员学习计划

认真组织每周三下午的安全业务学习，聘请有关专业人员就炼油化工、油品储运、公用系统等内容分别讲课。确保讲课质量，严肃课堂纪律，年底组织考试，尽快提高安全员的业务素质。

加强对安全员考核，建立安全员竞争上岗体制。

(2) 全员安全教育

① 总厂、二级厂、车间要编制新工人三级安全教育教材，并编辑印刷成册，把新工人的安全教育落实到实处。

② 组织好每年一次的全员安全持证上岗考试，严格把关，考试不及格的不准上岗。

③ 认真开展关键生产装置和重点生产部位预案的演练，每季度进行一次。

④ 安全活动要做到有计划、有内容、有考核，认真落实厂和机关处室领导下班组参加安全活动，开展形式多样如各类安全竞赛、事故预想活动、安全技能交流、安全演讲会等活动，激发全员参加安全活动的积极性，保证安全活动的质量，使之收到实效。

⑤ 认真抓好"安全生产月"及其他有益的安全活动，大造声势，做到行动及时，效果明显。

⑥ 发动全员抓好"安全生产责任制"的修订工作，使之上升到企业标准。

⑦ 做好特殊工种作业人员的取证、复查工作。

（3）外来施工人员、临时工的安全教育

① 严格遵守《外来人员安全教育规定》，外来施工人员必须先教育合格签字认可，然后办理出入证、才能进入施工现场施工。

② 要重点抓好民工、临时工的安全教育，做到灌输制度，讲清问题，养成外来施工人员遵章守纪的好习惯。

（4）安全宣传

① 每周一期的安全信息在厂电视台"安全与文化"节目中播出。

② 每月的安全工作总结及下月的主要工作以稿件的形式广播播出，做到家喻户晓。

③ 生产现场和特定的安全日活动，要悬挂警示牌、标语、横幅等，形成浓厚的安全气氛。

④ 各单位要利用各种会议、广播、电视、简报、标语、漫画、安全讲话、事故现场会等形式大力表扬安全工作中的好人好事，鞭挞后进，促进安全生产。

全年各单位要逐步完善安全教育档案，健全各类教育台账，按照总厂的安全教育计划认真布置落实本单位的安全教育计划，加强安全教育的检查工作，每季度按总厂的要求严格检查一次，以努力提高全员安全技术素质和安全技能为目的，不断增强职工发现和预防事故、判断事故、处理事故以及自我保护的能力。

总厂安全环保处

2010 年 12 月 20 日

### 4.9.2 问题

（1）年度教育计划如何编写？

（2）本年度教育计划有何不足？

### 4.9.3 简析

（1）必须以本年度企业的培训需求分析、本年度的企业发展规划和重点工作任务、存在的问题分析为依据制定培训目标、确定重点培训对象、达到本培训目标所需要的培训方案和培训实施措施等。

（2）本年度教育计划的不足：在第一段明确了"今年全厂安全教育工作的重点是：落实和强化领导干部的安全法制教育；采取多样的形式提高安全活动的质量，确保总厂领导和机关处、室领导参加班组安全活动到位；加强生产一线操作人员安全知识和安全技能的教育；认真开展关键生产装置和重点生产部位预案的演练；分工种、分专业地对安全管理人员进行专业技术知识的培训"，而实际开展的各类培训或活动与上述要完成的重点任务脱节，如缺少生产一线操作人员的安全知识和安全技能教育等。

另外，各类培训教育及活动缺乏具体目标、方案和措施，实施性差。

## 4.10 思考题

（1）依据法规制度要求，石油化工企业必须开展哪些类型的安全教育培训？

（2）结合自己单位的经验，谈一谈如何做好特种作业人员的安全监督管理工作？

（3）结合自己单位的实际，谈三级安全教育存在哪些问题，您认为应如何改进？

# 第 5 章　直接作业环节安全监督管理

本章主要包括直接作业环节中的用火、受限空间、起重、临时用电、高处、破土、放射、盲板加拆等高危作业的安全管理和装置停工检修开工等综合性的作业安全管理，涵盖了作业活动的性质、范围、分级、事故类型、监管原则、监管要点等安全科处长应重点掌握的内容。

## 5.1　用火作业安全监督管理

### 5.1.1　用火作业监管范围

用火作业系指炼化企业所属厂区内、外各种炼油化工设备、管道及具有或可能具有火灾、爆炸危险场所内进行的施工用火过程。

按照中国石化《用火作业安全管理规定》，在石油化工企业所属范围内，采用以下作业方式进行的作业，均纳入用火作业范畴并按照用火作业安全管理规定执行。

(1) 各种气焊、电焊、铅焊、锡焊、塑料焊等各种焊接作业及气割、等离子切割机、砂轮机、磨光机等各种金属切割作业。

(2) 使用喷灯、液化气炉、火炉、电炉等明火作业。

(3) 烧(烤、煨)管线、熬沥青、炒砂子、铁锤击(产生火花)物件，喷砂和产生火花的其他作业。

(4) 生产装置和罐区内连接临时电源并使用非防爆电器设备和电动工具。

(5) 使用雷管、炸药等进行的爆破作业。

另外，机动车辆进入工艺装置区和罐区的活动应纳入用火作业管理范畴。

### 5.1.2　用火作业监管原则

(1) 三不用火的原则，即没有签批完整和有效的用火作业许可证不动火；没有检查、落实和确认现场安全措施不动火；没有监护人或监护人不在现场或应急措施不落实不动火。

(2) 危害识别与控制的原则，即在项目开工前及每天作业前，要对作业环境、作业对象、作业过程的危险危害因素和环境影响因素进行识别，确认危险程度，制定和落实控制措施。

(3) 措施确认和评估的原则，即对于每项作业活动所采取措施，特别是能量释放的控制措施、个体防护措施和应急处置措施，要进行完整性、安全性、可靠性的确认评估，保证措施的有效性。

(4) 能量隔离与防护的原则，在生产装置、罐区进行的用火作业，必须进行彻底的生产处理，并采取可靠的盲板隔离措施。对于作业人员，必须在危害识别的基础上，采取安全、可靠的防护、逃生措施，保护作业人员在作业过程及能量隔离措施失效情况下的安全。

（5）禁止禁忌交叉作业的原则，即禁止在安全防护距离或相互影响范围内，同时进行清理、排放、挥发易燃爆炸物质的作业活动和易产生明火的用火作业。

（6）夜间及节假日作业升级的原则，即在每天 20 时至次日 8 时、国家规定节日、假日内进行的用火作业，按规定进行升级管理。

### 5.1.3 作业许可分级管理

按照中国石化《用火作业安全管理规定》，炼化企业用火作业分为三级。即一级用火作业、二级用火作业、三级用火作业，除正常的三级用火外另加特级用火作业和固定用火区。

#### 5.1.3.1 作业许可签批要求

（1）炼化企业特级、一级用火作业由用火单位填写许可证，报各二级单位安全监督管理部门、生产部门审查合格后，由主管安全生产领导签发。

（2）炼化企业二级、三级以及销售企业三级用火作业由用火单位填写许可证，报基层单位负责人签发。

（3）固定用火作业区的设定由用火单位提出申请，报各二级单位安全监督管理部门会同消防部门进行审查批准。

#### 5.1.3.2 作业许可办理要求

（1）用火作业应按用火级别办理相应级别的用火作业许可证。

（2）用火作业许可证上的所列项目必须逐项填写，不得漏项、随意涂改。

（3）用火作业许可证上的“用火装置、设施部位及内容”栏的填写应具体，用火范围应明确。一张用火作业许可证只限一处用火。

（4）用火主要安全措施，包括补充的其他安全措施的确认人应逐项检查逐条签字认可。

（5）用火审批人应亲临现场检查防火措施的落实情况，安全防火措施未完全落实不得签发。

（6）会签栏中用火所涉及的相关单位均应会签。

（7）用火作业涉及进入受限空间、临时用电、高处等作业时，应办理相应的作业许可证。

### 5.1.4 安全监管程序及要求

（1）提出用火申请

用火申请单位根据生产或工程需要，向相关的生产车间或项目部门提出用火申请。申请内容应包括动火原因、动火部位、工艺介质、工艺条件、存在的危险、采取的安全措施、技术要求等。

（2）确定用火级别

生产区域所属单位根据用火作业环境的实际情况，对照《用火作业安全管理规定》，确定计划用火部位的用火级别。

（3）拟定安全方案

用火部位所属单位领导，会同施工单位现场负责人与有关工程技术人员，根据用火部位的危险程度拟定动火作业安全施工方案、生产处理与安全隔离方案。特级用火必须制定书面方案，方案中应包括对用火部位及系统的工艺处理，具体的用火作业方法等内容。

生产处理与安全隔离方案由生产车间制定，动火作业安全施工方案由施工单位在现场勘察和危害分析的基础上制定。

(4)报批安全方案

用火施工单位的动火作业安全施工方案，用火申请单位的生产处理和安全隔离方案，一同报企业二级相应管理部门和领导审查批准。

(5)填写作业许可证

用火申请单位依照用火分级要求，填写相应级别的“用火作业许可证”，包括用火装置、设施部位及作业内容。安排监火人(高处用火应安排2人上下监火)。安排用火作业时间段。确定采样时间及采样点并及时通知采样分析部门。

(6)检查落实安全措施

用火申请单位安排工艺人员按照批准的生产处理及安全隔离方案，逐项落实工艺交出的安全措施并确认签字。

检查确认用火点周围蒸汽、氮气、水和工业风等公用介质服务点的完好情况。

检查确认消防系统、消防设施、消防器材、消防道路完好情况，配备适用的防火、灭火及救护器材。

检查确认用火点周围15m范围内的设备管线检测是否有泄漏现象，发现泄漏应进行消漏处理，没有消漏前，禁止动火作业。

检查落实施工机具、器材及个体安全防护的配备情况和完好情况。

(7)用火安全分析

用火分析部门接到用火分析任务后，安排专人到取样现场了解情况，按照确定的采样时间及采样点检测或取样。

首次进行设备内部可燃气体及氧含量分析，应由化验室进行分析采用色谱分析。

采样人员不得将头部伸入或探入设备容器内，必须将头部伸入或探入设备容器内采样时，应佩戴隔离式呼吸防护器具，并采取一人操作一人监护的方式。

采样管应深入设备内部，避免在设备容器的进出口附近采样。采样点应设置在上、中、下不同位置，分布应有代表性。

用火分析单上逐项填写采样时间、采样点、分析数据，分析结果和分析人。重要样品应按规定留存。

(8)会签作业许可证

根据用火作业安全管理规定，用火作业所涉及的主管部门、施工项目管理单位，应在用火作业许可证进行会签确认。会签部门、单位应到现场检查确认安全措施落实情况，并将该项目告知具体班组岗位人员，做好安全监控及交接安排。

用火施工主管部门：安排施工单位配合用火申请单位进行交出前的工艺处理，如安装盲板、拆卸人孔等工作。明确用火作业内容和安全措施，并向承包商进行技术交底。安排专业管理人员到用火作业现场检查承包商承担的安全措施落实情况，确认后在用火作业许可证会签栏签署意见。

用火作业施工单位：接受用火申请单位对用火作业内容及安全防范措施的技术交底。落实用火作业施工安全措施，安排本施工监火人员，对用火作业现场安全措施的落实情况进行联合检查，确认后在用火作业许可证会签栏签署意见。

作业项目延伸管理单位：根据项目延伸区域的安全特点，提出安全措施会签意见，安排落实自己负责的安全措施。

消防部门：接到申请用火单位需要消防部门会签的用火作业许可证后，安排专人到用火作业现场对消防给水系统、消防设施、消防器材、消防道路完好情况进行检查确认，需要现场消防车监护的用火作业，安排消防车。确认后在用火作业许可证会签栏签署意见。

(9)审批作业许可证

特级、一级用火由企业或二级单位安全监督管理部门、生产部门审查合格后，由主管安全生产领导审批。二、三级用火由用火部位所属单位基层单位负责人审批。

审批人应到现场对动火部位及周边情况、用火安全防范措施检查确认后，方可签发。

禁止审批人不到现场就在用火作业许可证上签字或代其他人签发。

(10)作业过程监管

用火作业是一个动态的过程，因此，在作业前的安全措施落实以后，还要安排项目负责人员、安全管理人员、安全监护人员，对作业过程的异常紧急情况、违章作业情况、安全措施的有效性等情况，进行动态的检查和纠正。其主要检查内容有：

作业对象的变化情况：如机泵、管线是否泄压完全，是否有残存物料泄漏等。

作业环境的变化情况：如在动火过程中，周围是否有易燃气体或液体排放、挥发或扩散等。

作业范围的变化情况：作业人员是否有意或无意的超出了动火作业的区域范围或项目范围。

作业人员的变化情况：作业人员是否有变更，有无资质，是否经过安全教育等。

(11)作业收尾监管

作业活动结束后，项目负责人员、安全管理人员、安全监护人，应对每天收工后的临时工程处置措施、用电措施、余火隐患等进行检查和处置。工程收尾后，应督促施工单位做到工完料净场地清，生产单位恢复正常的现场设置和生产秩序。

### 5.1.5 安全监护人

#### 5.1.5.1 安全监护人的资格要求

用火监护人应有岗位操作合格证。应了解用火区域或岗位的生产过程，熟悉工艺操作和设备状况。应有较强的责任心，出现问题能正确处理。应有处理应对突发事故的能力。

应参加由安全监督管理部门组织的用火监护人培训班，考核合格后由安全监督管理部门发放用火监护人资格证书，做到持证上岗。

#### 5.1.5.2 安全监护人的职责要求

(1) 安全监护人在接到“中国石化用火作业许可证”后，应在安全技术人员和单位领导的指导下，逐项检查落实防火措施。检查用火现场的情况。

(2) 安全监护人应随身携带用火作业许可证，佩戴明显标志(如监火袖标、监火小旗等)，到用火点周围适当位置实施监护。

(3) 安全监护人在动火期间不得离开现场，应密切注视用火部位及周边情况，发现异常应立即制止用火作业，收回用火人手中的火票，及时采取措施进行处理并向有关人员汇报情况。

(4) 当发现用火部位与“中国石化用火作业许可证”不相符合，或者用火安全措施不落实时，用火监护人有权制止用火。当用火出现异常情况时有权停止用火。对用火人不执行“三不动火”又不听劝阻时，有权收回“中国石化用火作业许可证”，并报告有关领导。

（5）用火人或监护人因故确需离开用火现场暂时停止用火时，监火人应暂时收回用火人的用火作业许可证，检查现场确认没有留有余火后方可离开现场。恢复用火前双方应对现场的安全防范措施检查确认，监火人将用火作业许可证交还用火人后方可继续用火。

（6）安全监护人应每天检查用火作业许可证的有效期限，不得超时使用。需要继续用火的，需重新办理用火作业许可证(包括用火分析)。

（7）作业结束，安全监护人对现场进行全面检查清理，在确认已消除各种不安全因素的情况下，监火人应在双方持有的用火作业许可证完工验收栏签署用火结束具体时间及签名后，方可离开现场。

## 5.2 进入受限空间作业安全监督管理

### 5.2.1 受限空间作业监管范围

受限作业系指炼化企业所属厂区内、外各种炼油化工设备、管道、场地等应有足够空间满足职工进入。但是若进入或撤离受到限制，不能自由出入，工作场所并非设计用来给员工长时间在内工作的空间的作业，同时作业空间具备下列危险特征之一的作业。

（1）存在或可能产生有毒有害气体。

（2）存在或可能产生掩埋作业人员的物料。

（3）内部结构可能将作业人员困在其中(如内有固定设备或四壁向内倾斜收拢)。

中国石化《进入受限空间作业安全管理规定》，对"受限空间"进行了界定："受限空间"是指生产区域内炉、塔、釜、罐、仓、槽车、管道、烟道、隧道、下水道、沟、坑、井、池、涵洞、裙座等进出口受限，通风不良，存在有毒有害风险，可能对进入人员的身体健康和生命安全构成危害的封闭、半封闭的设施及场所。凡进入或探入炼化企业生产区域内的上述受限空间，即为进入受限空间作业。

### 5.2.2 受限空间作业监管原则

（1）三不进入的原则，即指未持有经批准的"中国石化进入受限空间作业许可证"不进入，安全措施不落实不进入，监护人不在场不进入。

（2）危害识别与控制的原则，即在项目开工前、每天作业前、以及施工过程中，要对作业环境、作业对象、作业过程的危险危害因素和环境影响因素进行识别，确认危险程度，制定和落实控制措施。交叉作业时，要分别对作业项目进行危害识别和控制，受限空间内的用火、用电、土石方等作业必须遵守其相应的作业监管原则。

（3）措施确认和评估的原则，即对于每项作业活动所采取措施，特别是能量释放的控制措施、个体防护措施和应急处置措施，要进行完整性、安全性、可靠性的确认评估，保证措施的有效性。

（4）能量隔离与防护的原则，在生产装置、罐区进行的受限空间作业，必须进行彻底的生产处理，并采取可靠的盲板隔离措施。对于作业人员，必须在危害识别的基础上，采取安全、可靠的防护、逃生措施，保护作业人员在作业过程及能量隔离措施失效情况下的安全。

（5）禁止禁忌交叉作业的原则，即禁止在同一受限空间内，同时进行清理、排放、挥发易燃爆炸物质和易产生明火的作业，以及其他相互禁忌，引发事故的作业活动同时进行。

### 5.2.3 作业许可管理

《中国石化进入受限空间作业安全管理规定》，实施“中国石化进入受限空间作业许可证”。在炼化企业所属范围内，进入受限空间作业前，应办理“中国石化进入受限空间作业许可证”。

“中国石化进入受限空间作业许可证”是进入受限空间作业安全监管的主要内容之一。一是涉及会签、审核、签发人员权利与责任的落实问题。二是涉及相应安全管理措施和技术措施的确认和落实问题。三是涉及现场监管力量和监护力量的落实问题。相应的作业活动必须办理“中国石化进入受限空间作业许可证”。

#### 5.2.3.1 作业许可签批要求

（1）炼化企业“进入受限空间作业许可证”是进入受限空间作业的依据，不得涂改。如确需修改时，应经签发人在修改内容处签字确认。如果“中国石化进入受限空间作业许可证”中安全措施、气体检测、评估等栏目不够时，应另加附页。“进入受限空间作业许可证”保存期为一年。

（2）进入受限空间作业许可证一式四联，第一联由直属企业二级单位或基层单位安全技术人员留存备查，第二联由作业负责人持有，第三联由监护人持有，第四联存放在作业点所在的操作控制室或岗位。

#### 5.2.3.2 作业许可办理要求

（1）进入受限空间作业许可证中各栏目，应由相应责任人填写，其他人不应代签，不得漏项、随意涂改，作业人员、监护人姓名应与“进入受限空间作业许可证”上的相符。

（2）进入受限空间作业许可证的有效期为作业项目一个周期。当作业中断4小时以上时，再次作业前，应重新对环境条件和安全措施予以确认。当作业内容和环境条件变更时，需要重新办理“进入受限空间作业许可证”。

（3）进入受限空间涉及用火、临时用电、放射作业、起重吊装、高处作业等作业时，应办理相应的作业许可证。

（4）进入受限空间主要安全措施，包括补充的其他安全措施的确认人应逐项检查逐条签字认可。

（5）进入受限空间审批人应亲临现场检查进入受限空间措施的落实情况，进入受限空间安全措施未完全落实不得签发。

（6）会签栏中进入受限空间所涉及的相关单位均应会签。

### 5.2.4 安全监管程序及要求

（1）提出作业申请

进入受限空间作业申请单位根据生产或工程需要，向相关的生产车间或项目部门提出申请。申请内容应包括进入受限空间作业原因、进入受限空间作业部位、工艺介质、工艺条件、存在的危险、采取的安全措施、技术要求等。

（2）下达施工任务单

有关主管部门按照规定安排施工单位（承包商），下达施工任务单。（需要提醒的是：进入受限空间作业单位一般是指承担进入受限空间进行检维修作业的承包商，但往往也有本单位人员需要进入受限空间进行检查的情况发生，此种情况虽属单位内部工作，仍按进入受限空间作业单位的要求执行本程序)。

(3) 拟定安全方案

进入受限空间作业部位所属单位领导，会同施工单位现场负责人与有关工程技术人员，根据受限空间的危险程度拟定进入受限空间作业安全施工方案、生产处理与安全隔离方案。

设备交出单位：对所进入的受限空间，根据其使用性质、结构、工艺流程、介质的火灾危险性和毒性等因素，一般使用安全检查分析(SCL)记录表，列出检查项目、标准要求、产生偏差的主要后果、发生危害的可能性和严重性进行分析、识别和评价。针对危害和重大风险提出相应的安全防范措施。

作业单位：对所进入的受限空间，根据其结构、作业内容、环境条件，一般使用工作危害分析(JHA)记录表，列出作业步骤、可能存在的危险或潜在事件、产生偏差的主要后果、发生危害的可能性和严重性进行分析、识别和评价。针对危害和重大风险，制定相应的作业程序及安全措施。

制定设备交出工艺处理方案：受限空间设备所在单位(设备交出单位)根据危害分析和风险评价结果，制定降低风险的工艺处理方案，主要包括：设备倒空、置换、吹扫、蒸煮方法。与受限空间有联系的阀门、管线隔离方法及盲板加装清单。受限空间通风换气降温措施等。

制定作业安全施工方案：作业单位根据危害分析和风险评价结果，按照作业程序，制定降低风险所要采取的安全措施，主要包括：用火、用电、高处作业、吊装作业、脚手架搭设作业等直接作业环节的安全措施。设备内外作业人员与监护人员联络方法、紧急情况下的逃生路线和救护方法等。

(4) 报批安全方案

由受限空间设备所在单位(设备交出单位)编制的设备交出工艺处理方案由技术管理部门或本单位技术负责人审查批准。由作业单位(承包商)编制的作业安全施工方案，应先经过作业单位包括安全管理部门等有关部门审核，安全生产技术负责人审批。然后交设备所在单位的施工主管部门会同安全管理部门审批。

(5) 填写作业许可证

进入受限空间作业单位负责人，应持有施工任务单，到直属企业二级单位或基层单位的安全管理部门或安全管理人员处办理“进入受限空间作业许可证”。具体要求如下：

① “进入受限空间作业许可证”一般由工艺技术人员或安全技术人员填写，许可证上所列项目必须逐项填写，不得漏项。设施名称栏既要填写名称又要填写位号。

② 存有有毒有害介质的受限空间所作的分析结果填写在采样分析数据的空白栏内。取样分析结果单应粘贴在第四联的背面备查(存放在作业点所在的操作控制室或岗位)。

③ 开工时间是指作业人员进入受限空间的起始时间，完工验收时间是指作业项目的一个周期即连续进入受限空间作业结束时间。当作业中断 4 小时以上时，再次作业前应重新对环境条件和安全措施予以确认(包括再次取样分析)，无变化时许可证继续有效。

④ 当作业内容和环境条件变更时，需要重新办理“进入受限空间作业许可证”。

⑤ 根据受限空间使用性质、结构、工艺流程、介质的火灾危险性和毒性等因素，选择主要安全措施，需要补充的安全措施逐条填写在“其他补充措施”栏内。

⑥ 确认人应为监护人，监护人按照许可证上选定的主要安全措施及补充安全措施逐条检查确认并签字。发现安全措施不落实或安全措施不完善时，有权拒绝作业。

⑦ 施工作业负责人、基层单位现场负责人经现场检查确认后进行会签，根据危险程度基层单位领导或二级单位主管安全的领导经现场检查确认后进行审批，至此该“进入受限空间作业许可证”生效。

⑧ 生效后的“进入受限空间作业许可证”应尽快发至作业负责人、监护人及作业点所在的操作控制室或岗位，开始实施进入受限空间作业。

⑨ “进入受限空间作业许可证”中各栏目，应由相应责任人填写，其他人不得代签，作业人员、监护人姓名应与“进入受限空间作业许可证”上的相符。生效后的“进入受限空间作业许可证”任何人都不得涂改，如确需修改时，应经签发人在修改内容处签字确认。

(6) 检查落实安全措施

进入受限空间申请单位安排工艺人员按照批准的生产处理及安全隔离方案，逐项落实工艺交出的安全措施并确认签字。

设备所在单位按照经批准的设备交出工艺处理方案逐项落实，主要包括：带有搅拌器等转动部件的设备向电气管理部门办理断电手续。对设备进行倒空、置换、吹扫、蒸煮。与受限空间有联系的阀门加装盲板。打开通风孔进行自然通风，必要时安装临时风机、风筒进行强制通风。将消防器材设置就位等。同时安排具有资格的监护人，作业监护人应熟悉作业区域的环境和工艺情况，有判断和处理异常情况的能力，懂急救知识。

进入受限空间作业单位的负责人向施工作业人员进行交底和教育，包括作业内容、作业程序、危害因素、安全措施等。按照经批准的安全施工方案逐项落实安全防范措施，主要包括：救生绳、梯、气防装备、灭火器材等。检查施工设备及工器具的本质安全性。涉及接触酸碱作业配备耐酸碱个人防护用品。涉及高处作业配备安全带、工具袋。涉及高噪声作业配备防噪声耳塞或耳罩。涉及用火、用电、高处作业、吊装作业、脚手架搭设作业等直接作业环节已办理相应的作业许可证。同时安排本单位的作业监护人。

(7) 取样分析

设备交出工艺处理完成后，设备所在单位应联系分析单位按照取样分析技术要求进行取样分析，分析样品要有代表性，可燃气体含量、氧含量、有毒有害气体应符合标准要求。分析单位在分析完成后应尽快将分析数据报告设备所在单位。特别强调在下列受限空间内气体条件不达标时：

① 当可燃气体含量超标时绝对不得进行用火作业，包括明火作业和可能产生火花的非明火作业。

② 当氧含量未在标准之内而必须进入受限空间进行作业时，作业人员必须佩戴空气呼吸器或长管面具而不允许佩戴防毒面具。

③ 当氧含量达标而有毒有害气体超标，但工艺处理又特别困难，而必须进入受限空间进行作业时，作业人员必须佩戴长管式面具或空气呼吸器或防毒面具，防毒面具的滤毒罐应根据毒物性质选用。

④ 上述情况均要采取强制通风措施改善受限空间内的空气质量，但缺氧时严禁通氧气补氧。

(8) 会签作业许可证

根据进入受限空间作业安全管理规定，进入受限空间作业所涉及的主管部门、施工项目管理单位，应在进入受限空间作业许可证进行会签确认。会签部门、单位应到现场检查确认安全措施落实情况，并将该项目告知具体班组岗位人员，做好安全监控及交接安排。

进入受限空间施工主管部门：安排施工单位配合进入受限空间申请单位进行交出前的工艺处理，如安装盲板、拆卸人孔等工作。明确进入受限空间作业内容和安全措施，并向承包商进行技术交底。安排专业管理人员到进入受限空间作业现场检查承包商承担的安全措施落实情况，确认后在进入受限空间作业许可证会签栏签署意见。

进入受限空间作业施工单位：接受进入受限空间作业申请单位对进入受限空间作业内容及安全防范措施的技术交底。落实进入受限空间作业施工安全措施，安排本施工监护人员，对进入受限空间作业现场安全措施的落实情况进行联合检查，确认后在进入受限空间作业许可证会签栏签署意见。

作业项目延伸管理单位：根据项目延伸区域的安全特点，提出安全措施会签意见，安排落实自己负责的安全措施。

（9）审批作业许可证

进入受限空间作业由进入受限空间作业部位所属单位基层单位负责人审批。

审批人应到现场对进入受限空间作业部位及周边情况、安全防范措施检查确认后，方可签发。

禁止审批人不到现场就在进入受限空间作业许可证上签字或代其他人签发。

（10）作业过程监管

进入受限空间作业是一个动态的过程，因此，在作业前的安全措施落实以后，还要安排项目负责人员、安全管理人员、安全监护人员，对作业过程的异常紧急情况、违章作业情况、安全措施的有效性等情况，进行动态的检查和纠正。同时在施工过程中，确定受限空间内外的联络信号，在出入口处保持与作业人员的联系，其主要检查内容有：

作业对象的变化情况：如机泵、管线是否泄压完全，是否有残存物料泄漏等。

作业环境的变化情况：如在施工过程中，周围是否有易燃气体或液体排放、挥发或扩散等。

作业范围的变化情况：作业人员是否有意或无意的超出了进入受限空间作业的区域范围或项目范围。

作业人员的变化情况：作业人员是否有变更，有无资质，是否经过安全教育等。

（11）作业暂停

在受限空间内有些作业周期较长，往往需要几天甚至更长时间才能完成，再加上作业期间的休息、吃饭等都需要暂停作业。每次作业暂停前，作业人员和监护人都应对受限空间内、外进行全面检查清理，如受限空间内无余火、电源已切断、氧气瓶及乙炔瓶阀门已关闭等，在确认已消除各种不安全因素的情况下方可离开现场。

（12）作业收尾监管

作业活动结束后，项目负责人员、安全管理人员、安全监护人，应对每天收工后的临时工程处置措施、用电措施、余火隐患等进行检查和处置。工程收尾后，应督促施工单位做到工完料净场地清，生产单位恢复正常的现场设置和生产秩序。

## 5.2.5 安全监护人

### 5.2.5.1 安全监护人的资格要求

进入受限空间作业监护人应有岗位操作合格证。应了解进入受限空间作业区域或岗位的生产过程，熟悉工艺操作和设备状况。应有较强的责任心，出现问题能正确处理。应有处理应对突发事故的能力。

应参加由安全监督管理部门组织的直接作业环节监护人培训班，考核合格后由安全监督管理部门发放进入受限空间作业监护人资格证书，做到持证上岗。

#### 5.2.5.2 安全监护人的职责要求

(1) 安全监护人在接到“中国石化进入受限空间作业许可证”后，应在安全技术人员和单位领导的指导下，逐项检查落实进入受限空间作业措施。检查进入受限空间作业现场的情况。

(2) 安全监护人应随身携带进入受限空间作业许可证，佩戴明显标志(如监护袖标、监护小旗等)，到施工点周围适当位置实施监护。

(3) 安全监护人在施工期间不得离开现场，应密切注视进入受限空间作业部位及周边情况，发现异常应立即制止作业，收回作业人手中的进入受限空间作业票，及时采取措施进行处理并向有关人员汇报情况。

(4) 当发现进入受限空间作业部位与“中国石化进入受限空间作业许可证”不相符合，或者进入受限空间作业安全措施不落实时，监护人有权制止作业。当作业过程中出现异常情况时有权停止作业。对施工人员不执行“三不进入”又不听劝阻时，有权收回“中国石化进入受限空间作业许可证”，并报告有关领导。

(5) 进入受限空间作业人员或监护人因故确需离开进入受限空间作业现场暂时停止作业时，监护人应暂时收回施工人员的进入受限空间作业许可证，检查现场确认没有留有安全隐患后方可离开现场。再次作业前，应重新对环境条件和安全措施予以确认。当作业中断4小时以上或作业内容和环境条件变更时，需要重新办理“进入受限空间作业许可证”。

(6) 安全监护人应检查进入受限空间作业许可证的有效期限，不得超时使用。

(7) 作业结束，安全监护人对现场进行全面检查清理，在确认已消除各种不安全因素的情况下，监护人应在双方持有的进入受限空间作业许可证完工验收栏签署作业结束具体时间及签名后，方可离开现场。

## 5.3 起重作业安全监督管理

### 5.3.1 起重作业监管范围

炼化企业所属厂区内凡是利用起重机械、起重机具提升或搬运物体到指定地点的作业均为起重作业。

按照《中国石化起重作业安全管理规定》：在炼化企业内，凡使用桥式起重机、门式起重机、装卸桥、缆索起重机、汽车起重机、轮胎起重机、履带起重机、铁路起重机、塔式起重机、门座起重机、桅杆起重机、升降机、电葫芦及简易起重设备和辅助用具(如吊篮)等各类型起重机械(不包括浮式起重机、矿山井下提升设备、载人起重设备和石油钻井提升设备)，吊装输送物体均属起重作业，均纳入《起重作业安全管理规定》执行。

### 5.3.2 起重作业监管原则

(1) “十不吊”原则：

① 指挥信号不明或违章指挥不吊；

② 工件紧固不牢不吊；

③ 起重超负荷不吊；

④ 吊物正面有人不吊；

⑤ 安全装置不灵活不吊；

⑥ 工件埋在地下不吊；

⑦ 光线阴暗，视线不清不吊；

⑧ 斜拉工件不吊；

⑨ 棱角物体没有防护措施不吊；

⑩ 容器液体盛装量过满不吊；

（2）危害识别与控制的原则，即在项目开工前，每次作业前，及每次作业中要对作业环境及作业周边环境、作业对象、作业过程的危险危害因素和环境影响因素进行识别，确认危险程度，制定和落实控制措施。

（3）措施确认和评估的原则，即对于每项作业活动所采取措施，特别是作业现场警戒的控制措施、个体防护措施和应急处置措施，要进行完整性、安全性、可靠性的确认评估，保证措施的有效性。

（4）区域隔离与防护的原则，在生产装置、罐区进行的起重作业，必须进行彻底的生产处理，并采取可靠的隔离措施。对吊装区域内存在不可隔离的运行中的设备、管线、阀门、电器仪表等，必须在危害识别的基础上，采取安全、可靠的防护、逃生措施，保护作业人员在作业过程及风险控制失效情况下的安全。

（5）禁止禁忌交叉作业的原则，即尽量避免在安全防护距离或相互影响范围内，在起重作业同时进行用火、受限等作业。

### 5.3.3 起重许可分级管理

起重作业按起吊工件质量划分为三个等级，即起重施工作业工件质量大于 100t 或工件安装高度大于 60m 的塔类设备和塔式构架为大型设备吊装；起重施工作业工件质量 40~100t 为中型设备吊装；起重施工作业工件质量小于 40t 为小型设备吊装。

起重作业级别的选择是起重作业安全监管的主要内容之一。一是涉及会签、审核、签发人员权利与责任的落实问题。二是涉及相应安全管理措施和技术措施的确认和落实问题。三是涉及现场监管力量和监护力量的落实问题。相应风险等级的作业活动必须确定相应的起重作业管理级别。

在进行大型起重作业前，各单位安全部门应会同有关技术部门对作业方案、作业安全措施和应急预案进行风险评估和审查。

#### 5.3.3.1 起重机械基本要求

（1）新购置的起重机械必须具有产品合格证和安全使用、维护、保养说明书。其生产厂家必须具有政府相应部门颁发的相关资质，其安全、防护装置必须齐全完备。

（2）设计、制造、改制、维修、安装、拆除起重机械（包括临时、小型起重机械），需由取得当地政府相应部门或其授权机构颁发许可证的单位进行。改造、安装后的起重设备，应取得当地政府相关部门颁发的使用许可证后，方可投用。

（3）自制、改造和修复的吊具、索具等简易起重设备，必须有设计资料（包括图纸、计算书等），并应有存档资料。自制、改造和修复建议起重设备必须严格按照图纸进行，并经具有检验资质的机构检验合格后方可使用。

#### 5.3.3.2 起重作业人员基本要求

（1）特种作业人员：按照《特种作业人员安全技术培训考核管理办法》，起重机械作业中的特种作业人员是指起重机械操作和起重作业挂勾、指挥人员。

（2）特种作业人员在独立上岗作业前，必须进行与本工种相适应的、专门的安全技术理论学习和实际操作训练。经考核合格的，发给相应的特种作业操作证。

（3）特种作业人员必须持证上岗。用人单位应当加强特种作业人员的管理，做好申报、培训、考核、复审的组织工作和日常的检查工作，用人单位应当建立特种作业人员档案。

### 5.3.4 安全监管程序及要求

（1）提出起重作业申请

起重作业申请单位根据生产或工程需要，向相关的生产车间或项目部门提出起重作业申请。申请内容应包括起重作业原因、起重作业部位、工艺介质、工艺条件、存在的危险、采取的安全措施、技术要求等。

（2）确定起重作业级别

生产区域所属单位根据起重作业环境的实际情况，对照《中国起重作业安全管理规定》，确定计划起重作业部位的级别。

（3）拟定安全方案

起重作业部位所属单位领导，会同施工单位现场负责人与有关工程技术人员，根据起重作业部位的危险程度拟定起重作业安全施工方案、生产处理与安全隔离方案。在进行大型起重作业前，各单位安全部门应会同有关技术部门对作业方案、作业安全措施和应急预案进行风险评估和审查。

（4）报批安全方案

起重作业施工单位的起重作业安全施工方案，起重作业申请单位的生产处理和安全隔离方案，一同报企业二级相应管理部门和领导审查批准。

（5）安全检查

起重作业前应对以下项目进行安全检查：

① 对从事指挥、司索和操作人员进行资格确认；

② 对起重机械和吊具保护装置进行安全检查确认，确保出于完好状态；

③ 对安全措施落实情况进行确认；

④ 对吊装区域内的安全状况进行检查（包括吊装区域的划定、标识、障碍）；

⑤ 核实天气情况；

（6）安全措施落实

① 起重作业时，必须明确指挥人员，指挥人员应佩戴明显的标志。

② 起重指挥人员必须按规定的指挥信号进行指挥，其他操作人员应清楚吊装方案和指挥信号。

③ 起重指挥人员应严格执行吊装方案，发现问题要及时与方案编制人协商解决。

④ 正式起吊前应进行试吊，检查全部机具、地锚受力情况。发现问题，应先将工件放回地面，待故障排除后重新试吊，确认一切正常后，方可正式吊装。

⑤ 吊装过程中出现故障，起重操作人员应立即向指挥人员报告。没有指挥令，任何人不得擅自离开岗位。

⑥ 起吊重物就位前，不得解开吊装索具。

(7) 作业过程监管

起重作业是一个动态的过程，因此，在作业前的安全措施落实以后，还要安排项目负责人员、安全管理人员、安全监护人员，对作业过程的异常紧急情况、违章作业情况、安全措施的有效性等情况，进行动态的检查和纠正。其主要监管内容有：

① 当起重臂、吊钩或吊物下面有人，或吊物上有人、浮置物时不得进行起重操作。

② 按指挥人员的指挥信号进行操作，对紧急停车信号，无论任何人发出，均应立即执行。

③ 严禁使用起重机或其他起重机械起吊超载、重量不清的物品和埋置物体。

④ 在制动器、安全装置失灵、吊钩放松装置损坏、钢丝绳损伤达到报废标准等起重设备、设施处于非完好状态时，禁止起重操作。

⑤ 吊物捆绑、吊挂不牢或不平衡造成滑动，吊物棱角处与钢丝绳、吊索或吊带质检未加衬垫时，不得进行起重操作。

⑥ 无法看清场地、吊物情况和指挥信号时，不得进行起重操作。

⑦ 起重机械及臂架、吊具、辅具、钢丝绳、缆风绳和吊物不得靠近高低压输电线路。确需在输电线路近旁作业时，必须按规定保持足够的安全距离，否则，应停电进行起重作业。

⑧ 停工或休息时，不得将吊物、吊笼、吊具和吊索悬吊在空中。

⑨ 起重机械工作时，不得对其进行检查和维修。不得在有负载的情况下调整起升、变幅机构的制动器。

⑩ 下方吊物时，严禁自由下落(溜)。不得利用极限位置限制器停车。

⑪ 用2台或多台起重机械吊运同一重物时，升降、运行应保持同步。各台起重机械所承受的载荷不得超过各自额定起重能力的80%。

⑫ 遇6级以上大风或大雪、大雨、大雾等恶劣天气，不得从事露天起重作业。

⑬ 根据重物具体情况选择合适的吊具和吊索。不准用吊钩直接缠绕重物，不得将不同种类或不同规格的吊索、吊具混合使用。吊具承载不得超过额定起重量，吊索不得超过安全负荷。起升吊物时应检查其连接点是否牢固、可靠。

⑭ 吊物捆绑应牢靠，吊点与吊物的重心应在同一垂直线。

⑮ 禁止人员随吊物起吊或在吊钩、吊物下停留。因特殊情况需进入悬吊物下方时，应事先与指挥人员和起重操作人员联系，并设置支撑装置。任何人不准停留在起重机运行轨道上。

⑯ 吊挂重物时，起吊绳、链所经过的棱角处应加衬垫。吊运零散物件时，应使用专门的吊篮、吊斗等器具。

⑰ 不得绑挂、起吊不明重量、与其他重物相连、埋在地下或与地面及其他物体连接在一起的重物。

⑱ 人员与吊物应保持一定的安全距离。放置吊物就位时，应用拉绳或撑竿、钩子辅助就位。

⑲ 作业人员的变化情况。作业人员是否有变更，有无资质，是否经过安全教育等。

(8) 作业收尾监管

作业活动结束后，将吊钩和起重臂放到规定的稳妥位置，所有控制手柄均应放到零位，切断总电源，对在轨道上工作的起重机，应将起重机有效锚定，并对吊索、吊具进行检查、维护、保养。工程收尾后，应督促施工单位做到工完料净场地清，生产单位恢复正常的现场设置和生产秩序。

### 5.3.5 安全监护人

#### 5.3.5.1 安全监护人的资格要求

（1）起重作业监护人应有岗位操作合格证。应了解起重作业区域或岗位的生产过程，熟悉工艺操作和设备状况。应有较强的责任心，出现问题能正确处理。应有处理应对突发事故的能力。

（2）应参加由安全监督管理部门组织的直接作业环节监护人培训班，考核合格后由安全监督管理部门认可其监护资质。

#### 5.3.5.2 安全监护人的职责要求

（1）安全监护人在接到监护任务后，应在安全技术人员和单位领导的指导下，逐项检查落实防护措施。检查起重作业现场的情况。

（2）安全监护人应随身携带吊装作业许可证，佩戴明显标志（如监护袖标等），到起重作业点周围适当位置实施监护。

（3）安全监护人在起重作业期间不得离开现场，应密切注视起重作业部位及周边情况，发现异常应立即制止起重作业，及时采取措施进行处理并向有关人员汇报情况。

（4）当发现起重部位与施工方案不相符合，或者安全措施不落实时，监护人有权制止起重作业。当起重作业出现异常情况时有权停止起重作业。对起重作业人员不听劝阻时，立即报告有关领导。

（5）起重作业人员或监护人因故确需离开起重作业现场暂时停止作业时，监护人应监督起重作业人员将吊钩和起重臂放到规定的稳妥位置，所有控制手柄均应放到零位。

（6）作业结束，安全监护人对现场进行全面检查清理，在确认已消除各种不安全因素的情况下，方可离开现场。

## 5.4 临时用电作业安全监督管理

### 5.4.1 临时用电作业监管范围

按照中国石油化工集团公司《临时用电安全管理规定》，临时用电指从正式运行电源上所接出的一切临时用电。包括用电设备、用电线路、手持电动工具及临时照明、移动照明等。

### 5.4.2 临时用电作业监管原则

（1）危害识别与控制的原则，即在项目开工前，每次作业前，及每次作业中要对作业环境及作业周边环境、作业对象、作业过程的危险危害因素和环境影响因素进行识别，确认危险程度，制定和落实控制措施。

（2）措施确认和评估的原则，即对于每项作业活动所采取措施，特别是作业现场警戒的控制措施、个体防护措施和应急处置措施，要进行完整性、安全性、可靠性的确认评估，保证措施的有效性。

(3) 能量隔离与锁闭防护的原则，即在设备和开关柜停电后，要采取锁闭开关并加挂警示标志的措施，防止非经许可的意外送电。

(4) 用火票换电票的原则，即在易燃易爆生产区域，先办理用火作业许可证，再用用火作业许可证到电气车间办理临时用电许可证。

## 5.4.3 临时用电许可管理

在临时用电票签发前，配送点单位应针对作业内容进行危害识别，制定相应的作业程序及安全措施．并将每次作业执行的安全措施填入许可证。

### 5.4.3.1 作业许可签批程序

(1) 施工单位负责人持《电工作业操作证》、施工作业单等资料到配送电单位办理许可证。

(2) 配送电单位负责人应对作业程序和安全措施进行确认后，签发许可证。

(3) 施工单位负责人应向施工作业人员进行作业程序和安全措施交底。

(4) 作业完工，施工单位应及时通知配送电单位停电，并作相应确认后，拆除临时用电线路。

### 5.4.3.2 作业许可办理要求

(1) "临时用电作业许可证"一式三联，第一联由签发人留存，第二联交配送电执行人，施工单位持第三联。

(2) 临时用电作业许可证上的所列项目必须逐项填写，不得漏项、随意涂改。

(3) "临时用电作业许可证"有效期限为一个作业周期。

(4) 临时用电主要安全措施，包括补充的其他安全措施的确认人应逐项检查逐条签字认可。

(5) 临时用电审批人应亲临现场检查防护措施的落实情况，安全防护措施未完全落实不得签发。

(6) 会签栏中临时用电所涉及到的相关单位均应会签。

(7) 临时用电作业涉及进入受限空间、临时用电、高处等作业时，应办理相应的作业许可证。

(8) 用电结束后，"临时用电作业许可证"第三联交由配送电执行人注销。

(9) "临时用电作业许可证"保存期为一年。

## 5.4.4 安全监管程序及要求

### 5.4.4.1 提出临时用电申请

用电施工单位根据承担检维修、施工任务工作量的大小，当用电负荷大、作业周期长，装置内固定检修电源满足不了施工要求时，应向配送电主管部门提出用电申请，从企业变配电室单接施工电源，与企业电气管理部门签订用电合同，按照合同规定实施用电。用电负荷小、作业周期短的临时用电，施工单位负责人持作业电工的《电工作业操作证》、施工作业单等资料到配送电单位办理"临时用电作业许可证"。

### 5.4.4.2 管理职责

(1) 各单位电气管理部门负责临时用电归口管理。

(2) 安全监督管理部门负责本单位临时用电的安全监督。

(3) 配送电单位负责其管辖范围内临时用电审批。

(4) 施工单位负责所接临时用电的现场运行、设备维护、安全监护和管理。

**5.4.4.3　拟定临时用电方案**

临时用电部位所属单位领导，会同施工单位现场负责人与有关工程技术人员，根据临时用电部位的危险程度拟定临时用电作业安全施工方案、生产处理与安全隔离方案。

**5.4.4.4　报批安全方案**

临时用电施工单位的临时用电作业安全施工方案，临时用电申请单位的生产处理和安全隔离方案，一同报企业二级相应管理部门和领导审查批准。

**5.4.4.5　填写作业许可证**

临时用电申请单位依照《中国石化临时用电安全管理规定》认真填写临时用电许可证。

**5.4.4.6　检查落实安全措施**

(1) 检修和施工队伍的自备电源不能接入公用电网。

(2) 安装临时用电线路的电气作业人员，应持有电工作业证。

(3) 临时用电设备和线路应按供电电压等级和容量正确使用，所用电器元件应符合国家规范标准要求。临时用电电源施工、安装应严格执行电气施工安装规范，并接地良好。

(4) 在防爆场所使用的临时电源、电器元件和线路应达到相应防爆等级要求，并采取相应的防爆安全措施。

(5) 临时用电线路及设备的绝缘应良好。

(6) 临时用电架空线应采用绝缘铜芯线。架空线最大弧垂与地面距离，在施工现场不小于2.5m，穿越机动车道不小于5m。架空线应架设在专用电杆上，严禁架设在树木和脚手架上。

(7) 对需埋地敷设的电缆线路应设置“走向标志”和“安全标志”。电缆埋地深度不小于0.7m，穿越公路应加设防护管套。

(8) 现场临时用电配电管、箱有编号，有防雨措施，盘、箱、门牢靠关闭。

(9) 行灯电压不应超过36V，在特别潮湿的场所或塔、釜、槽、罐等金属设备作业装设的临时照明行灯电压不应超过12V。

(10) 对临时用电设施做到一机一闸一保护，对移动工具、手持电动工具安装符合规范要求的漏电保护器。

(11) 配送电单位应将临时用电设施纳入正常电器运行巡回检查范围，确保每天不少于2次巡回检查，并建立检查记录和隐患问题处理通知单，确保临时供电设施完好，对存在重大隐患和发生威胁安全的紧急情况，配送电单位有权紧急停电处理。

(12) 临时用电单位应严格遵守临时用电规定，不得变更地点和作业内容，禁止任意增加用电负荷或私自向其他单位转供电。

(13) 在临时用电有效期内，如遇施工过程中停工，人员离开时，临时用电单位应从受电端向供电端逐次切断用电开关。待重新施工时，对线路、设备进行检查确认后，方可送点。

**5.4.4.7　会签作业许可证**

根据中国石化临时用电安全管理规定，施工单位负责人持《电工作业操作证》、施工作业单等资料到配送电单位办理许可证，配送电单位负责人应对作业程序和安全措施进行确认后，签发许可证，同时施工单位负责人应向施工作业人员进行作业程序和安全措施交底。

#### 5.4.4.8 审批作业许可证

临时用电许可证由配送电单位安全监督管理部门、生产部门审查合格后，由所属单位基层单位负责人审批。

（1）审批人应到现场对临时用电部位及周边情况、临时用电安全防范措施检查确认后，方可签发。

（2）禁止审批人不到现场就在临时用电许可证上签字或代其他人签发。

#### 5.4.4.9 作业过程监管

临时用电作业是一个动态的过程，因此，在作业前的安全措施落实以后，还要安排项目负责人员、安全管理人员、安全监护人员，对作业过程的异常紧急情况、违章作业情况、安全措施的有效性等情况，进行动态的检查和纠正。其主要检查内容有：

（1）检查变电器、二级、三级配电箱等临时用电变、配电设施的设置位置应与易燃易爆场所保持一定安全距离，其附近不得堆放杂物。

（2）检查在消防道路上空架设的供电电缆高度应不小于 6m。与建筑物凸出部分的最小水平距离不应小于 1m。供电电缆不得直接捆绑尤其是用铁丝捆绑在电杆、树木、脚手架上。

（3）检查沿地面敷设的供电电缆不得直接拖拉在地面上。直埋时其埋深不应小于 0.2m，转弯处和直线段每隔 20m 处应设电缆走向标志。供电电缆穿越厂区道路敷设时必须穿管，其管口应密封。

（4）检查电气设备的金属外壳及该电气设备连接的金属构架是否采取可靠的接地保护措施。低压用电设备的保护地线是否利用输送可燃液体、可燃气体或爆炸性气体的金属管道作为保护地线。

（5）检查配电箱、开关箱是否有编号，是否有加锁保护，是否有防雨措施，盘、箱、门是否能牢靠关闭。在明显部位是否设有“严禁靠近，以防触电”等警示标志。

（6）检查用电设备的插销和插座是否配套使用，严禁将裸线直接插入插座。

（7）检查移动式电动工具和手持式电动工具是否装设有高灵敏动作的漏电保护器，即是否实施了一机一闸一保护。

（8）检查移动式电动工具和手持式电动工具的电源线是否拖拉在地上，当作业时拖拉在地上不能避免时是否采取了防止重物压坏电缆的措施。

（9）检查布置在室外的电焊机是否与易燃易爆环境保持有一定的安全防火距离，电焊机是否设有防雨措施。检查设置在机房内的电焊机周围是否堆有可燃物。

（10）检查电焊机的外壳是否可靠接地。电焊机的裸露导电部分和转动部分是否装有安全保护罩。

（11）检查电焊机一次侧的电源线长度是否过长，是否有破损现象。

（12）安装在露天场所的照明灯具是否为防水型灯头。照明灯具与易燃物的安全距离是否符合规范要求。在易燃、易爆环境内照明灯具是否为防爆型。

（13）检查行灯电压不得超过 36V。在金属容器和金属管道内使用的行灯，其电压不得超过 12V。检查行灯是否有保护罩。

（14）检查行灯变压器一、二次侧是否装设有熔断器。严禁将行灯变压器带进金属容器或金属管道内使用。

（15）作业环境的变化情况。如在临时用电过程中，周围是否有易燃气体或液体排放、挥发或扩散等。

（16）作业范围的变化情况。作业人员是否有意或无意的超出了临时用电作业的区域范围或项目范围。

（17）作业人员的变化情况。作业人员是否有变更，有无资质，是否经过安全教育等。

#### 5.4.4.10 作业收尾监管

作业活动结束后，检查施工单位是否及时通知配送电单位停电，并将临时用电线路拆除。工程收尾后，应督促施工单位做到工完料净场地清，生产单位恢复正常的现场设置和生产秩序。

### 5.4.5 安全监护人

#### 5.4.5.1 安全监护人的资格要求

（1）临时用电监护人应有岗位操作合格证。应了解临时用电区域或岗位的生产过程，熟悉工艺操作和设备状况。应有较强的责任心，出现问题能正确处理。应有处理应对突发事故的能力。

（2）应参加由安全监督管理部门组织的直接作业环节监护人培训班，考核合格后由安全监督管理部门认可监护资格。

#### 5.4.5.2 安全监护人的职责要求

（1）安全监护人在接到"中国石化临时用电作业许可证"后，应在安全技术人员和单位领导的指导下，逐项检查落实防护措施。检查临时用电现场的情况。

（2）安全监护人应随身携带临时用电作业许可证，佩戴明显标志（如监护袖标、监护小旗等），到临时用电点周围适当位置实施监护。

（3）安全监护人在作业期间不得离开现场，应密切注视临时用电部位及周边情况，发现异常应立即制止临时用电作业，收回临时用电人手中的作业票，及时采取措施进行处理并向有关人员汇报情况。

（4）当发现临时用电部位与"中国石化临时用电作业许可证"不相符合，或者临时用电安全措施不落实时，临时用电监护人有权制止临时用电。当临时用电出现异常情况时有权停止临时用电，并报告有关领导。

（5）临时用电人或监护人因故确需离开临时用电现场暂时停止临时用电时，监护人应暂时收回临时用电人的临时用电作业许可证，检查现场确认没有留有隐患后方可离开现场。恢复临时用电前双方应对现场的安全防范措施检查确认，监护人将临时用电作业许可证交还临时用电人后方可继续临时用电。

（6）安全监护人应每天检查临时用电作业许可证的有效期限，不得超时使用。需要继续临时用电的，需重新办理临时用电作业许可证。

（7）作业结束，安全监护人对现场进行全面检查清理，在确认已消除各种不安全因素的情况下，监护人应在双方持有的临时用电作业许可证完工验收栏签署临时用电结束具体时间及签名后，方可离开现场。

## 5.5 脚手架作业安全监督管理

### 5.5.1 脚手架作业监管范围

脚手架是为建筑、检维修施工而搭设的上料、堆料与施工作业用的临时结构架。脚手架作业包括脚手架的搭设、使用和拆除。脚手架作业属于高处作业。

### 5.5.2 脚手架作业监管原则

（1）危害识别与控制的原则，即在项目开工前，要对作业环境、作业对象、作业过程的危险危害因素和环境影响因素进行识别，确认危险程度，制定和落实控制措施。

（2）状态标识及验收确认原则，即对于正在搭设的脚手架和已经搭设完成并经验收合格的脚手架，要对其安全状态进行标识，以对使用人员做出安全提示。

（3）满足标准和实际需求的原则，即脚手架的搭设应按标准要求，满足临时作业人员高处防护、防止落物及应急逃生的要求。

（4）合理选择支撑点的原则，即脚手架的搭设应选择坚固的设备框架作为支撑连接，禁止使用管线作为支撑连接。

### 5.5.3 安全监管程序及要求

#### 5.5.3.1 提出脚手架搭设申请

脚手架搭设申请单位根据生产或工程需要，向相关的生产车间或项目部门提出脚手架搭设申请。申请内容应包括脚手架搭设原因、脚手架搭设部位、周边设施工艺介质、工艺条件、存在的危险、采取的安全措施、技术要求等。脚手架作业属于高处作业，进行脚手架作业必须执行中国石化《高处作业安全管理规定》，按照规定办理“中国石化高处作业许可证”。脚手架作业人员必须持有架子工作业许可证。

#### 5.5.3.2 安全交底

施工负责人应将脚手架施工方案中有关安全技术要求，向架设人员进行交底。

#### 5.5.3.3 拟定安全方案

脚手架作业部位所属单位领导，会同施工单位现场负责人与有关工程技术人员，根据作业部位的危险程度拟定安全施工方案、生产处理与安全隔离方案。

#### 5.5.3.4 配件检查验收

对脚手架构配件进行检查验收，包括钢管、扣件、脚手板、连墙件等，不合格产品不得使用。其中：

（1）钢管不得有严重腐蚀、鳞皮锈、弯曲、压扁和裂缝等现象，钢管上严禁有孔洞。

（2）扣件和连接件不得有脆裂、变形和滑扣等缺陷。

（3）冲压钢脚手板不得有严重变形扭曲、锈蚀、油污和裂纹。

（4）木脚手板厚度不应小于50mm，两端应各设直径为4mm的镀锌钢丝箍两道。

（5）新购进的构配件应有产品质量合格证及质量检验报告。

#### 5.5.3.5 施工现场检查验收

经检验合格的构配件应按品种、规格分类，堆放整齐、平稳，堆放场地不得有积水。

#### 5.5.3.6 脚手架检查验收

脚手架地基与基础的施工，必须根据脚手架搭设高度、搭设场地土质情况与现行国家标准《地基与基础工程施工及验收规范》的有关规定进行，同时脚手架的搭设过程也要服从企业和行业对于脚手架的搭设标准。

#### 5.5.3.7 脚手架作业过程监管

（1）脚手架经验收后方可准许使用。

（2）使用过程中，施工人员应从斜道或脚手架上设置专用梯子到达作业层，不得沿脚手架攀爬。

（3）当脚手架基础下有设备基础、管沟时，在脚手架使用过程中不应开挖，否则必须采取加固措施。

（4）验收后的脚手架不得擅自拆改，更不得局部切割和损坏构件，特殊情况下需做局部修改时，须经施工负责人同意方可实施。

（5）在脚手架上进行电、气焊作业时，必须有防火措施和专人看守。

（6）脚手架使用中，应定期检查下列项目：

① 杆件的设置和连接，连墙件、支撑、门洞桁架等的构造是否符合要求。

② 地基是否积水，底座是否松动，立杆是否悬空。

③ 扣件螺栓是否松动。

④ 高度在 24m 以上的脚手架，其立杆的沉降与垂直度的偏差是否符合规范规定。

⑤ 安全防护措施是否符合要求。

⑥ 是否超载。

（7）脚手架在下列情况下应进行复查：

① 遇有六级大风与大雨后。

② 寒冷地区开冻后。

③ 停用超过一个月。

#### 5.5.3.8 脚手架拆除监管

（1）拆除脚手架前应全面检查脚手架的扣件连接、连墙件、支撑体系等是否符合构造要求，根据检查结果补充完善施工组织设计中的拆除顺序和措施，经主管部门批准后方可实施。

（2）应由单位工程负责人进行拆除安全技术交底。

（3）应清除脚手架上杂物及地面障碍物。

（4）拆除作业必须由上而下逐层进行，严禁上下同时作业，应遵循先搭后拆后搭先拆的原则。

（5）连墙件必须随脚手架逐层拆除，严禁先将连墙件整层或数层拆除后再拆脚手架。分段拆除高差不应大于 2 步，如高差大于 2 步，应增设连墙件加固。

（6）当脚手架拆至下部最后一根长立杆的高度（约 6.5m）时，应先在适当位置搭设临时抛撑加固后，再拆除连墙件。

（7）当脚手架采取分段、分立面拆除时，对不拆除的脚手架两端，应设置连墙件和横向斜撑加固。

（8）严禁整排拉倒脚手架。

（9）卸料时各构配件严禁抛掷至地面。运至地面的构配件应及时检查、整修与保养，并按品种、规格随时码堆存放。

（10）拆除脚手架时，地面应设围栏和警戒标志，并派专人看守，严禁非操作人员入内。

（11）工程收尾后，应督促施工单位做到工完料净场地清，生产单位恢复正常的现场设置和生产秩序。

### 5.5.4 安全监护人

#### 5.5.4.1 安全监护人的资格要求

（1）监护人应有岗位操作合格证；应了解脚手架作业区域或岗位的生产过程，熟悉工艺操作和设备状况；应有较强的责任心，出现问题能正确处理；应有处理应对突发事故的能力。

（2）应参加由安全监督管理部门组织的直接作业环节监护人培训班，考核合格后由安全监督管理部门认可其监护资格。

#### 5.5.4.2 安全监护人的职责要求

（1）安全监护人在接到脚手架作业监护命令后，逐项检查落实防护措施。检查脚手架现场的情况。

（2）安全监护人应随身携佩戴明显标志（如监护袖标等），到脚手架点周围适当位置实施监护。

（3）安全监护人在作业期间不得离开现场，应密切注视脚手架部位及周边情况，发现异常应立即制止脚手架作业，及时采取措施进行处理并向有关人员汇报情况。

（4）当发现脚手架部位与施工方案不相符合，或者脚手架安全措施不落实时，脚手架作业监护人有权制止使用脚手架。当脚手架出现异常情况时有权停止使用脚手架，并报告有关领导。

（5）脚手架作业人员或监护人因故确需离开脚手架现场，暂时停止脚手架时，应检查现场确认没有留有隐患后方可离开现场。恢复脚手架前双方应对现场的安全防范措施检查确认。

（6）作业结束，安全监护人对现场进行全面检查清理，在确认已消除各种不安全因素的情况下，方可离开现场。

## 5.6 高处作业安全监督管理

### 5.6.1 高处作业监管范围

高处作业是指在坠落高度基准面2m以上（含2m），有坠落可能的位置进行作业。按国家高处作业安全规程要求，高处作业实施分级管理和作业许可。2m至5m为一级高处作业，5m以上至15m为二级高处作业，15m以上至30m为三级高处作业，30m以上为特级高处作业。

### 5.6.2 高处作业监管原则

（1）危害识别与控制的原则，即在项目开工前，每天作业前，要对作业环境、作业对象、作业过程的危险危害因素和环境影响因素进行识别，确认危险程度，制定和落实控制措施。

（2）措施确认和评估的原则，即对于每项作业活动所采取措施，特别是能量释放的控制措施、个体防护措施和应急处置措施，要进行完整性、安全性、可靠性的确认评估，保证措施的有效性。

（3）能量隔离与防护的原则，在生产装置、罐区进行的高处作业，必须进行彻底的隔离措施。对于作业人员，必须在危害识别的基础上，采取安全、可靠的防护、逃生措施，保护作业人员在作业过程及能量隔离措施失效情况下的安全。

（4）禁止禁忌交叉作业的原则，即尽量避免在安全防护距离或相互影响范围内，同时进行用火、用电及拆卸、清洗等作业活动。

（5）错时错位硬隔离的原则，即在作业活动的安排上，避免在时间、空间上的交叉，如果因特殊原因不可避免交叉作业时，要对高处作业的隔离措施进行严格审查，中间设置防护层，其中对于坠落高度超过 24m 的交叉作业，应设双层安全防护，同时对下方作业进行有效防护。

## 5.6.3 高处作业许可管理

### 5.6.3.1 作业许可签批要求

炼化企业由施工单位负责人填写许可证，基层单位负责人签发许可证。

### 5.6.3.2 作业许可办理要求

（1）施工单位负责人持施工任务单，到各生产单位的基层车间办理许可证。

（2）高处作业许可证上的所列项目必须逐项填写，不得漏项、随意涂改。

（3）高处作业许可证上的"高处作业装置、设施部位及内容"栏的填写应具体，作业范围应明确。一张高处作业许可证只限一处作业。

（4）高处作业主要安全措施，包括补充的其他安全措施的确认人应逐项检查逐条签字认可。

（5）高处作业审批人应亲临现场检查防护措施的落实情况，安全防护措施未完全落实不得签发。

（6）会签栏中高处作业所涉及的相关单位均应会签。

（7）许可证一式两联，各单位基层单位留存第一联，施工单位作业现场负责人持有第二联。

（8）许可证的有效期为作业项目一个周期，当作业中断，再次作业前，应重新对环境条件和安全措施予以确认。当作业内容和环境条件变更时，需要重新办理许可证。

（9）高处作业涉及进入受限空间、临时用电、用火等作业时，应办理相应的作业许可证。

## 5.6.4 安全监管程序及要求

### 5.6.4.1 提出高处作业申请

高处作业申请单位根据生产或工程需要，向相关的生产车间或项目部门提出高处作业申请。申请内容应包括高处作业原因、高处作业部位、附近设备设施工艺介质、工艺条件、存在的危险、采取的安全措施、技术要求等。

### 5.6.4.2 危害识别

进行高处作业前，应针对作业内容进行危害识别，制定相应的作业程序及安全措施，并将安全措施填入许可证内。

### 5.6.4.3 作业人员检查

凡患高血压、心脏病、贫血病、癫痫病、精神病以及其他不适合高处作业疾患的人员，不得从事高处作业。作业人员应该熟悉高处作业有关安全知识，掌握操作技能。

### 5.6.4.4 报批安全方案

高处作业施工单位的作业安全施工方案，高处作业申请单位的生产处理和安全隔离方案，一同报企业二级相应管理部门和领导审查批准。

#### 5.6.4.5 填写作业许可证

高处作业申请单位填写的“高处作业许可证”，包括高处作业装置、设施部位及作业内容。安排监护人(高处用火应安排2人上下监火)，安排高处作业时间段，各基层单位负责人应对作业程序和安全措施进行确认后，签发许可证。

#### 5.6.4.6 检查落实安全措施

施工单位负责人应向施工作业人员进行作业程序和安全措施的交底，各基层单位与施工单位现场负责人对高处作业的全过程实施监督检查。

(1) 各单位基层单位与施工单位现场负责人应对施工作业人员进行必要的安全教育，其内容包括所从事作业的安全知识、作业中可能遇到意外时的处理和救护办法等。

(2) 应急预案的制定，其内容应包括作业人员紧急状态下的逃生路线和救护方法，现场应配备的灭火器材和救生设施等，现场人员应熟知应急预案内容。

(3) 高处作业人员应使用与作业内容相适应的安全带。安全带应系挂在施工作业处上方的牢固构件上，不得系挂在有尖锐棱角的部位。安全带系挂点下方应有足够的净空，安全带应高挂低用，在进行高处作业移动时，应设置便于移动作业人员系挂安全带的安全绳。

(4) 劳动保护服装应符合高处作业的要求，对于需要戴安全帽进行的高处作业，作业人员应系好安全帽带，禁止穿硬底和带钉易滑的鞋进行高处作业。

(5) 高处作业严禁上下投掷工具、材料和杂物等，所用材料应堆放平稳，必要时应设置警戒区，并派专人监护。工具在使用时系有安全绳，不用时应放入工具袋内，在同一坠落方向上，一般不得进行交叉作业。

(6) 高处作业人员不得站在不牢固的结构物上进行作业，不得在高处休息。在石棉板、瓦棱片等轻型材料上方作业时，必须铺设牢固的脚手板，并加以固定。

(7) 高处作业搭建的脚手架应符合安全要求、并经有关部门验收合格。夜间高处作业应有足够的照明。

(8) 供高处作业人员上下用的楼梯、电梯、吊笼等应完好，高处作业人员上下时手中不得持物。

(9) 在邻近地区设有排放有毒、有害气体及粉尘超过允许浓度的烟囱、设备的场合，严禁进行高处作业。如果在允许浓度范围内，也应采取有效的防护措施。

(10) 遇有不适宜高处作业的恶劣气象条件(如6级风以上、雷电、暴雨、大雾等)时，严禁露天高处作业。

#### 5.6.4.7 作业人员职责

(1) 持有经审批同意、有效的许可证方可进行15m以上(含15m)高处作业。

(2) 在作业前充分了解作业的内容、地点(位号)、时间和作业要求，熟知作业中的危害因素和许可证中的安全措施。

(3) 对许可证上的安全防护措施确认后，方可进行高处作业。

(4) 对违反本规定强令作业、安全措施不落实的，作业人员有权拒绝作业，并向上级报告。

(5) 在作业中发现情况异常或感到不适等情况，应发出信号，并迅速撤离现场。

#### 5.6.4.8 作业过程监管

高处作业是一个动态的过程，因此，在作业前的安全措施落实以后，还要安排项目负责人员、安全管理人员、安全监护人员，对作业过程的异常紧急情况、违章作业情况、安全措施的有效性等情况，进行动态的检查和纠正。其主要检查内容有：

（1）作业对象的变化情况：如机泵、管线是否有残存物料泄漏等。

（2）作业环境的变化情况：如在高处作业过程中，周围是否有易燃气体或液体排放、挥发或扩散等，脚手架牢靠性是否稳定。

（3）作业范围的变化情况：作业人员是否有意或无意的超出了高处作业的区域范围或项目范围。

（4）作业人员的变化情况：作业人员是否有变更，有无资质，是否经过安全教育等。

#### 5.6.4.9 作业收尾监管

作业活动结束后，项目负责人员、安全管理人员、安全监护人，应对每天收工后的临时工程处置措施、用电措施、余火隐患等进行检查和处置。工程收尾后，应督促施工单位做到工完料净场地清，生产单位恢复正常的现场设置和生产秩序。

### 5.6.5 安全监护人

#### 5.6.5.1 安全监护人的资格要求

（1）高处作业监护人应有岗位操作合格证。应了解高处作业区域或岗位的生产过程，熟悉工艺操作和设备状况。应有较强的责任心，出现问题能正确处理。应有处理应对突发事故的能力。

（2）应参加由安全监督管理部门组织的直接作业环节监护人培训班，考核合格后由安全监督管理部门认可其资格。

#### 5.6.5.2 安全监护人的职责要求

（1）安全监护人在接到“中国石化高处作业许可证”后，应在安全技术人员和单位领导的指导下，逐项检查落实防护措施。检查高处作业现场的情况。

（2）安全监护人应随身携带高处作业许可证，佩戴明显标志（如监护袖标等），到高处作业点周围适当位置实施监护。

（3）安全监护人在作业期间不得离开现场，应密切注视高处作业部位及周边情况，发现异常应立即制止高处作业，收回高处作业人手中的许可证，及时采取措施进行处理并向有关人员汇报情况。

（4）当发现高处作业部位与“中国石化高处作业许可证”不相符合，或者高处作业安全措施不落实时，高处作业监护人有权制止高处作业。当高处作业出现异常情况时有权停止高处作业，并报告有关领导。

（5）高处作业人或监护人因故确需离开高处作业现场暂时停止高处作业时，监护人应暂时收回高处作业人的高处作业许可证，检查现场确认没有留有隐患后方可离开现场。恢复高处作业前双方应对现场的安全防范措施检查确认，监护人将高处作业许可证交还高处作业人后方可继续高处作业。

（6）安全监护人应每天检查高处作业许可证的有效期限，不得超时使用。需要继续高处作业的，需重新办理高处作业许可证。

（7）作业结束，安全监护人对现场进行全面检查清理，在确认已消除各种不安全因素的情况下，监护人应在双方持有的高处作业许可证完工验收栏签署高处作业结束具体时间及签名后，方可离开现场。

## 5.7 破土作业安全监督管理

### 5.7.1 破土作业监管范围

破土作业系指在炼化企业生产厂区、油田企业油气集输站(天然气净化站、油库、液化气充装站、爆炸物品库)和销售企业油库(加油加气站)内部地面、埋地电缆、电信及地下管道区域范围内，以及交通道路、消防通道上开挖、掘进、钻孔、打桩、爆破等各种破土作业。

### 5.7.2 破土作业监管原则

(1) 危害识别与控制的原则，即在项目开工前，每天作业前，要对作业环境、作业对象、作业过程的危险危害因素，特别是地下管线、电线等情况，要进行充分识别，确认地点方位，制定和落实防护措施。

(2) 措施确认和评估的原则，即对于每项作业活动所采取措施，特别是能量释放的控制措施、个体防护措施和应急处置措施，要进行完整性、安全性、可靠性的确认评估，保证措施的有效性。

(3) 防止次生灾害的原则，即在破土破路作业时，对地下情况进行详细了解，确认地下管线、电线的方位，防止挖断引发生产事故及次生灾害事故。

(4) 满足消防救援的原则，即在破路作业时，必须向消防队报告，并确认备用消防道路的畅通。

### 5.7.3 破土作业许可管理

按照中国石化《破土作业安全管理规定》，破土作业必须办理“中国石化破土作业许可证”。

#### 5.7.3.1 作业许可签批要求

(1) 施工单位根据作业内容填写《破土作业许可证》，到工程主管部门办理《破土作业许可证》会签手续。

(2) 工程主管部门根据作业内容及破土区域的具体情况，组织电力、电信、生产、机动、公安、消防、安全等有关部门、破土施工区域所属单位和地下设施的主管单位联合进行现场地下情况交底，根据施工区域地质、水文、地下供排水管线、埋地燃气(含液化气)管道、埋地电缆、埋地电信、测量用的永久性标桩、地质和地震部门设置的长期观测孔、不明物、沙巷等情况向施工单位提出具体要求。

#### 5.7.3.2 破土作业许可办理要求

(1) 破土作业许可证上的所列项目必须逐项填写，不得漏项、随意涂改。

(2) 破土作业许可证上的“破土装置及内容”栏的填写应具体，破土范围应明确。一张破土作业许可证只限一处作业。

(3) 破土作业主要安全措施，包括补充的其他安全措施的确认人应逐项检查逐条签字认可。

(4) 破土作业审批人应亲临现场检查防护措施的落实情况，安全防护措施未完全落实不得签发。

（5）会签栏中破土作业所涉及的相关单位均应会签。

（6）破土作业涉及进入受限空间、临时用电、用火等作业时，应办理相应的作业许可证。

### 5.7.4 安全监管程序及要求

#### 5.7.4.1 提出破土作业申请

破土申请单位根据生产或工程需要，向相关的生产车间或项目部门提出破土作业申请。申请内容应包括破土作业原因、破土作业部位、工艺条件、存在的危险、采取的安全措施、技术要求等。

#### 5.7.4.2 危害识别

破土作业前，应针对作业内容，进行危害识别，制定相应的作业程序及安全措施。

#### 5.7.4.3 拟定安全方案

施工单位根据工作任务、交底情况及施工要求，制定施工方案，落实安全施工措施。

#### 5.7.4.4 报批安全方案

施工方案经施工主管部门现场负责人和建设基层单位现场负责人签署意见，有关部门和工程总图管理负责人签字后，由施工区域所属单位的工程管理部门负责人审批。

#### 5.7.4.5 填写作业许可证

破土作业申请单位依照要求，填写“破土作业许可证”，包括破土作业装置、设施部位及作业内容，安排监护人，安排破土作业时间段，确定采样时间及采样点并及时通知采样分析部门。

#### 5.7.4.6 检查落实安全措施

破土作业申请单位安排工艺人员按照批准的生产处理及安全隔离方案，逐条落实安全措施，并对所有作业人员进行安全教育和安全技术交底。主要检查内容有：

（1）破土作业涉及电力、电信、地下供排水管线、生产工艺埋地管道等地下设施时，施工单位应安排专人进行施工安全监督。

（2）施工单位应做好地面和地下排水工作，严防地面水渗入作业层面造成塌方。破土开挖时，应防止邻近建筑物、道路、管道下沉或变形，必要时采取防护措施，加强观测，防止位移和沉降，要自上至下逐层挖掘，严禁采用挖空底脚和挖洞的方法，在破土开挖过程中应采取防止滑坡和塌方措施。

（3）作业人员在作业中应按规定着装和佩戴劳动保护用品。

（4）对施工过程中，出现下列情形，应及时报告建设单位，采取有效措施后方可继续作业：

① 需要占用规划批准范围以外的场地。

② 可能损坏道路、管线、电力、邮电通信等公共设施。

③ 需要临时停水、停电、中断道路交通。

④ 需要进行爆破的。

（5）在道路上（含居民区）及危险区域内施工，应在施工现场设围栏和警告牌，夜间应设警示灯。在地下通道施工或进行顶管作业影响地上安全，或地面活动影响地下施工安全时，应设围栏、警示牌、警示灯。

(6) 在施工过程中，如发现不能辨认物体，不得敲击、移动，应立即停止作业，并报建设单位，待查清情况、采取有效措施后，方可继续施工。

(7) 在雨期和解冻期进行土方工程作业时，应及时检查土方边坡，当发现边坡有裂纹或不断落土及支撑松动、变形、折断等情况立即停止作业，经采取可靠措施并检查无问题后方可继续施工。

(8) 在破土开挖过程中，出现滑坡、塌方或其他险情时，要做到：

① 立即停止作业。

② 先撤出作业人员及设备。

③ 挂出明显标志的警告牌，夜间设警示灯。

④ 划出警戒区，设置警戒人员，日夜执勤。

⑤ 通知设计、工程建设和安全等相关部门，共同对险情进行调查处理。

#### 5.7.4.7 作业过程监管

破土作业是一个动态的过程，因此，在作业前的安全措施落实以后，还要安排项目负责人员、安全管理人员、安全监护人员，对作业过程的异常紧急情况、违章作业情况、安全措施的有效性等情况，进行动态的检查和纠正。其主要检查内容有：

(1) 作业对象的变化情况：如埋地管线、设备是否有损坏，是否有不明物体等。

(2) 作业环境的变化情况：如在土石方作业过程中，天气、气温等变化。

(3) 作业范围的变化情况：作业人员是否有意或无意的超出了破土作业的区域范围或项目范围。

(4) 作业人员的变化情况：作业人员是否有变更，有无资质，是否经过安全教育等。

#### 5.7.4.8 作业收尾监管

作业活动结束后，项目负责人员、安全管理人员、安全监护人，应对每天收工后的临时工程处置措施、用电措施、余火隐患等进行检查和处置。工程收尾后，应督促施工单位做到工完料净场地清，生产单位恢复正常的现场设置和生产秩序。

### 5.7.5 安全监护人

#### 5.7.5.1 安全监护人的资格要求

(1) 破土作业监护人应有岗位操作合格证。应了解破土区域或岗位的生产过程，熟悉工艺操作和设备状况。应有较强的责任心，出现问题能正确处理。应有处理应对突发事故的能力。

(2) 应参加由安全监督管理部门培训组织的直接作业环节监护人培训班，考核合格后由安全监督管理部门认可监护资格。

#### 5.7.5.2 安全监护人的职责要求

(1) 安全监护人在接到“中国石化破土作业许可证”后，应在安全技术人员和单位领导的指导下，逐项检查落实防护措施。检查破土作业现场的情况。

(2) 安全监护人应随身携带破土作业许可证，佩戴明显标志(如监护袖标等)，到破土作业点周围适当位置实施监护。

(3) 安全监护人在作业期间不得离开现场，应密切注视破土部位及周边情况，发现异常应立即制止破土作业，收回破土人手中的作业票，及时采取措施进行处理并向有关人员汇报情况。

（4）当发现破土部位与“中国石化破土作业许可证”不相符合，或者破土作业安全措施不落实时，破土作业监护人有权制止破土作业。当破土作业出现异常情况时有权停止破土作业，并报告有关领导。

（5）破土作业人员或监护人因故确需离开破土作业现场暂时停止作业时，监护人应暂时收回破土作业人的破土作业许可证，检查现场确认没有留有其他隐患后方可离开现场。恢复破土作业前双方应对现场的安全防范措施检查确认，监护人将破土作业许可证交还破土作业人后方可继续作业。

（6）安全监护人应每天检查破土作业许可证的有效期限，不得超时使用。需要继续破土的，需重新办理破土作业许可证。

（7）作业结束，安全监护人对现场进行全面检查清理，在确认已消除各种不安全因素的情况下，监护人应在双方持有的破土作业许可证完工验收栏签署破土结束具体时间及签名后，方可离开现场。

## 5.8 放射作业安全监督管理

### 5.8.1 放射作业监管范围

（1）放射作业是指移动式探伤作业和含密封源仪表的开源、关源、拆源、装源及调校作业。

（2）放射装置是指X线机、加速器、中子发生器。

（3）放射性同位素是指不包括作为核燃料、核原料、核材料的其他放射性物质。

（4）放射源管理指在建设、购置、使用、维护、移动、储存和运输过程中的管理作业。

### 5.8.2 放射作业监管原则

（1）危害识别与控制的原则，即在项目开工前，每天作业前，要对作业环境、作业对象、作业过程的危险危害因素和环境影响因素进行识别，确认危险程度，制定和落实控制措施。

（2）能量隔离与防护的原则，在生产装置、罐区进行的放射作业，必须确定其作业的地点、时间、影响范围，并采取可靠的隔离措施。对于作业人员，必须在危害识别的基础上，采取安全、可靠的防护。

（3）禁止交叉作业的原则，即禁止在射线辐射范围内，同时进行各种作业。

（4）充分告知和现场警戒的原则，即在作业前，通知可能进入射线作业区域的人员，特别是承包商、供应商等临时入厂人员。作业时，必须设立明显的警戒区和标识，并在经常出入的位置设专人警戒。

（5）规避作业高峰和人群的原则，即射线作业应选择在夜间、假日等人流较少的时间段进行。

### 5.8.3 放射作业许可管理

当进行移动式探伤作业和含密封源仪表的开源、关源、拆源、装源及调校作业前，应针对作业内容进行危害识别，制定相应的作业程序及安全措施，并应办理《中国石化射线作业许可证》。

#### 5.8.3.1 作业许可签批要求

《放射作业许可证》由放射作业点所在基层单位(作业部、车间)安全技术人员填写。

#### 5.8.3.2 作业许可办理要求

(1)《放射作业许可证》是进行放射作业的依据，不得涂改、代签，留存联要妥善保管，保存期限为一年。

(2)《放射作业许可证》一式三联，第一联由现场作业负责人持有，第二联由现场监护人持有，第三联由放射作业点所在基层单位留存。

(3)《放射作业许可证》中各栏目，应由相应责任人填写，作业人、监护人姓名必须与《放射作业许可证》相符合。

(4) 放射作业主要安全措施，包括补充的其他安全措施的确认人应逐项检查逐条签字认可。

(5) 放射作业审批人应亲临现场检查防护及警戒措施的落实情况，安全防护及警戒措施未完全落实不得签发。

(6) 会签栏中放射作业所涉及的相关单位均应会签。

(7)《放射作业许可证》的有效期为 24 小时。

### 5.8.4 安全监管程序及要求

#### 5.8.4.1 提出作业申请

放射作业申请单位根据生产或工程需要，向相关的生产车间或项目部门提出放射作业申请。申请内容应包括放射作业原因、放射作业部位、工艺介质、工艺条件、存在的危险、采取的安全措施、技术要求等。

#### 5.8.4.2 拟定安全方案

放射作业部位所属单位领导，会同施工单位现场负责人与有关工程技术人员，根据放射作业部位的危险程度拟定放射作业安全施工方案、生产处理与安全隔离方案。

生产处理与安全隔离方案由生产车间制定，放射作业安全施工方案由施工单位在现场勘察和危害分析的基础上制定。

#### 5.8.4.3 报批安全方案

放射作业施工单位的放射作业安全施工方案，放射作业申请单位的生产处理和安全隔离方案，一同报企业二级相应管理部门和领导审查批准。

#### 5.8.4.4 填写作业许可证

放射作业点所在基层单位安全技术人员确认放射作业地点、作业时间和各项安全措施落实、并告知放射作业影响范围内的相关单位后，基层单位主管安全生产的领导在《放射作业许可证》上签字。

#### 5.8.4.5 检查落实安全措施

放射作业申请单位安排工艺人员按照批准的生产处理及安全隔离方案，逐项落实工艺交出的安全措施并确认签字。

(1) 监督检查涉源单位放射作业防护管理组织机构及职责是否建立健全，是否建有本单位放射性同位素与射线装置安全管理实施细则、安全操作规程、档案与台账。每季度是否对本单位放射工作进行了专业专项检查。

(2) 检查确认从事放射性同位素与射线装置的工作人员是否取得《放射工作人员证》，做到持证上岗。

(3) 检查确认涉源单位使用的放射性同位素是否办理了《放射工作卫生许可证》、《放射性同位素工作登记证》，是否定期进行了审核。

(4) 检查确认放射性同位素与射线装置的固定使用场所是否按规定配备了相应的防护设施及个人防护用品，如入口处设置的放射性标志、报警装置、工作信号灯等。

(5) 监督检查放射性同位素源库是否符合放射防护要求，是否安装有报警装置。源库(室)是否实行双人双锁制，有无完善的存入、领取、归还登记和检查制度，帐物是否相符。源库内是否存有外单位的放射性同位素，若存有是否签订了委托协议或合同。

(6) 检查确认进行放射作业时是否针对作业内容进行了危害识别，制定有相应的作业程序及安全措施，按规定办理《放射作业许可证》。

(7) 监督检查《放射作业许可证》办理的规范性，包括作业区域及位置、放射源的种类及活度值、放射作业时间、作业人及监护人的资质、安全措施的落实与确认以及会签及签发情况。是否有涂改、代签现象。

(8) 检查确认放射作业影响范围内的相关单位是否得到进行放射作业的通知，射线作业现场是否标出了适合的放射防护区域，是否设置了警示标志(警戒绳、警戒旗、夜间警戒灯)。

(9) 特殊情况下需要在现场过夜的放射性同位素，是否经过相关部门的批准，是否设有临时储存场所及相应的放射性警示标志，是否有专人进行安全保卫。

(10) 检查确认当放射作业涉及临时用电、高处、进入受限空间等作业时，监督检查是否办理了相应的作业许可证。

#### 5.8.4.6 签发作业许可证

放射作业点所在单位安全监督管理部门确认放射作业单位和作业人员资质、确认放射作业各项安全措施落实和责任人签字后，签发《放射作业许可证》。

#### 5.8.4.7 作业过程监管

放射作业是一个动态的过程，因此，在作业前的安全措施落实以后，还要安排项目负责人员、安全管理人员、安全监护人员，对作业过程的异常紧急情况、违章作业情况、安全措施的有效性等情况，进行动态的检查和纠正。其主要检查内容有：

(1) 作业对象的变化情况：如机泵、管线是否有残存物料泄漏等。

(2) 作业环境的变化情况：如在放射作业过程中，周围是否有不适宜放射作业人员现场作业的状况出现等。

(3) 作业范围的变化情况：作业人员是否有意或无意的超出了放射作业的区域范围或项目范围。

(4) 作业人员的变化情况：作业人员是否有变更，有无资质，是否经过安全教育等。

#### 5.8.4.8 作业收尾监管

作业活动结束后，项目负责人员、安全管理人员、安全监护人，应对每天收工后确认放射源未遗失或散落并在放射作业点。工程收尾后，应督促施工单位做到工完料净场地清，生产单位恢复正常的现场设置和生产秩序。

### 5.8.5 安全监护人

#### 5.8.5.1 安全监护人的资格要求

（1）放射作业监护人应有岗位操作合格证。应了解放射作业区域或岗位的生产过程，熟悉工艺操作和设备状况。应有较强的责任心，出现问题能正确处理。应有处理应对突发事故的能力。

（2）应参加由安全监督管理部门组织的直接作业环节监护人培训班，考核合格后由安全监督管理部门认可监护资格证。

#### 5.8.5.2 安全监护人的职责要求

（1）安全监护人在接到“中国石化放射作业许可证”后，应在安全技术人员和单位领导的指导下，逐项检查落实防护措施。检查放射作业现场的情况。

（2）安全监护人应佩戴明显标志（如监护袖标等），到放射作业地点安全距离以外适当位置实施监护。

（3）检查承包商放射作业人员是否接受过企业（或直属二级单位）安全管理部门的入厂安全教育。

（4）监督检查承包商进行放射作业时是否针对作业内容进行了危害识别，按规定办理了《放射作业许可证》，对于没有办理《放射作业许可证》而进行放射作业的行为，命令其立即停止作业，并报告有关领导。

（5）检查《放射作业许可证》办理的规范性，包括作业区域及位置、放射源的种类及活度值、放射作业时间、作业人及监护人的资格证号、安全措施的落实与确认以及会签及签发情况。是否有涂改、代签现象。

（6）查问放射作业影响范围内的相关单位是否得到进行放射作业的通知，检查射线作业现场是否依据放射源的活度，确定安全距离及安全区域，设置了警示标志（警戒绳、警戒旗、夜间警戒灯）。现场检查放射作业监护人是否擅离岗位，检查作业负责人和监护人是否持有有效的《放射作业许可证》。

（7）放射作业后，监督检查现场作业负责人是否确认放射源未遗失或散落并在放射作业点所在基层单位留存的《放射作业许可证》联上签字认可。

（8）作业结束，安全监护人对现场进行全面检查清理，在确认已消除各种不安全因素的情况下，方可离开现场。

## 5.9 盲板抽堵作业的安全监管

盲板抽堵作业是一项彻底隔断待检维修作业单元、设备、仪表与外部系统联系的安全措施。所有在生产运行装置、管线上进行的检维修作业均应按要求办理《盲板抽堵安全作业证》，实施安全可靠隔离。

### 5.9.1 盲板及垫片技术要求

（1）盲板应按管道内介质的性质、压力、温度选用适合的材料。高压盲板应按设计规范设计、制造并经超声波探伤合格。

（2）盲板的直径应依据管道法兰密封面直径制作，厚度应经强度计算。

（3）一般盲板应有一个或两个手柄，便于辨识、抽堵，8 字盲板可不设手柄。

（4）应按管道内介质性质、压力、温度选用合适的材料做盲板垫片。

### 5.9.2 危险因素识别控制要求

盲板抽堵作业前，应针对生产处理程序、方案，结合实际作业现场所涉及到的内容，识别分析可能发生的事故类型及伤害形式。针对已识别出的危险危害因素、事故类型和伤害形式，逐一回答其预防和控制事故伤害的措施的法规符合性、可行有效性和安全可靠性。如果安全措施失效，如何进行紧急生产处理、人员疏散撤离、灾害扑救控制等方面的应急处理措施，并评估其可行性和有效性。

（1）周围环境中存在的危险危害因素、可能的事故类型及伤害形式。如高处作业紧邻排放口等。

（2）盲板抽堵作业条件存在的危险危害因素、可能的事故类型及伤害形式(包括作业平台、现场照明、疏散撤离、个体防护等)。

（3）作业过程中存在的变动性、异常性的危险危害因素、可能的事故类型及伤害形式。

（4）作业对象(设备、管线内部条件、介质的变化)中存在的危险危害因素、可能的事故类型及伤害形式。

（5）实施方法中存在的危险危害因素、可能的事故类型及伤害形式。

### 5.9.3 盲板抽堵作业安全监管要求

（1）盲板抽堵作业应实施作业许可管理，作业前应办理《盲板抽堵安全作业证》。

（2）基层生产单位应预先绘制盲板位置图，对盲板进行统一编号，并设专人负责。盲板抽堵作业单位应按图作业，设专人统一指挥作业，逐一确认并做好记录。

（3）作业人员应对现场作业环境进行危险危害因素的辨识并制定相应的安全措施。

（4）在作业复杂、危险性较大的场所进行盲板抽堵作业时，应制定应急预案。

（5）每个盲板应设标牌进行标识，标牌编号应与盲板位置图上的盲板编号一致。

（6）不得在同一管道上同时进行两处及两处以上的盲板抽堵作业。

（7）在易燃有毒介质的管道、设备上进行盲板抽堵作业时，系统压力应降到尽可能低的程度。

（8）在易燃易爆场所进行盲板抽堵作业时，距作业地点 30m 内不得有动火作业；工作照明应使用防爆灯具；作业时应使用防爆工具，禁止用铁器敲打管线、法兰等。

（9）盲板抽堵作业时，应设专人监护并备好救护器材，监护人不得离开作业现场。

（10）在高处进行盲板抽堵作业时，应同时执行高处作业安全管理规定的相关要求。

（11）作业结束后，由盲板抽堵作业单位、基层生产单位进行共同确认。

### 5.9.4 作业人员安全防护要求

（1）盲板抽堵作业人员应经过安全教育和专门的安全培训，并经考核合格。

（2）在有毒介质的管道、设备上进行盲板抽堵作业时，作业人员应穿戴适用的呼吸防护器材。

（3）在易燃易爆场所进行盲板抽堵作业时，作业人员应穿防静电工作服、工作鞋。

（4）在强腐蚀性介质的管道、设备上进行抽堵盲板作业时，作业人员应采取防止酸碱灼伤的个体防护措施。

（5）在介质温度较高、可能对作业人员造成烫伤的情况下，作业人员应采取防烫措施和个体防护。

## 5.10　一般作业的安全监管

一般作业活动是指在运行生产装置、储存罐区、系统管廊、公用工程、装卸台站、危险化学品仓库等区域进行的除特殊作业以外的施工、维修作业。一般作业活动同样具有发生着火、爆炸、中毒及人身伤害的危险，亦应纳入安全监管的范围。

### 5.10.1　一般作业类别及安全特点

一般作业活动，按照不同的作业安全风险，主要分为三个层次、六个类别。

（1）第一个层次

即在生产装置区域或设备、管线外部进行的一般作业，如果装置内设备管线发生泄漏、异常排放或作业失控，具有一定的装置危险能量伤害风险，但主要的伤害形式是其作业过程的事故类型，如：坠落、击伤等。

① 建筑施工、设备管线测厚、搭拆脚手架、场地清理、设备清洗、绿化保洁等作业；

② 设备、管线的外防腐、保温等作业。

（2）第二个层次

即在经过隔离处理的设备、管线上进行拆修、安装作业或在用管线上进行的泄漏处理作业，如发生违章作业、安全防护不全或质量问题等易引发事故，具有较高的事故风险。

① 拆装人孔、阀门、垫片、螺栓、换热器等设备维修作业；

② 在线注胶、打卡等堵漏作业。

（3）第三个层次

即在装置运行过程中，经常进行的设备、仪表维修维护活动，如果隔离处理和泄放彻底，事故风险较小。如果处理、泄放不彻底、或违章作业或站位不安全，极易导致事故发生，依然具有较高的事故风险。

① 仪表仪器电器等在现场进行的拆装、维修作业；

② 机泵机组等在现场进行的拆装、维修作业。

### 5.10.2　机泵仪表维修作业的安全监管

机泵、仪表维修主要包括对机组、机泵等动设备和高风险在线仪表、控制阀门、安全阀等静设备进行的拆装、更换等检维修作业，是炼化企业比较频繁的一般作业活动。

机泵、仪表检维修作业，涉及硫化氢、氯气、氢气、液化气、瓦斯等危险介质和高温高压等危险状态，具有中毒、火灾、爆炸、灼伤及其他人身伤害事故的风险，应采取作业许可管理，见表5.1。

**表 5.1　机泵仪表检维修作业安全许可证**

**生产/检维修单位：**　　　　　　　　　　　　　　　　　　　　　　　　**No：**

<table>
<tr><td>检维修地点<br>（生产装置）</td><td></td><td>检维修设备<br>工艺编号</td><td></td></tr>
<tr><td>设备型号</td><td></td><td>检维修类别</td><td></td></tr>
<tr><td>检维修时间</td><td colspan="3">年　月　日至　年　月　日</td></tr>
<tr><td>检维修单位<br>作业班长</td><td></td><td>生产车间<br>工艺班长</td><td></td></tr>
<tr><td>检维修内容</td><td colspan="3"></td></tr>
<tr><td colspan="3">作业安全措施</td><td>确认人或监护人</td></tr>
<tr><td colspan="3">1. 设备撤压放空，介质吹扫处理干净</td><td></td></tr>
<tr><td colspan="3">2. 高温设备内部已冷却至正常温度</td><td></td></tr>
<tr><td colspan="3">3. 设备出入口阀已关闭，法兰已用盲板隔断。</td><td></td></tr>
<tr><td colspan="3">4. 设备电源已切断，并挂上“有人工作，禁止合闸”的警示牌</td><td></td></tr>
<tr><td colspan="3">5. 检维修作业人员劳保穿戴符合要求，高处作业必须使用安全带</td><td></td></tr>
<tr><td colspan="3">6. 拆卸解体设备前，放空、排空线处于开启畅通状态</td><td></td></tr>
<tr><td colspan="3">7. 松开设备或法兰一侧螺丝，并采取背向作业。作业时，站在上风向</td><td></td></tr>
<tr><td colspan="3">8. 在拆卸有毒物料，配戴空气呼吸器；拆卸酸碱物料设备时，佩戴酸碱防护屏眼镜服装。监护人及配备同步到位</td><td></td></tr>
<tr><td colspan="3">9. 不用黑色金属或易产生火花的工具进行敲打、撞击作业</td><td></td></tr>
<tr><td colspan="3">10. 不用汽油易挥发溶剂擦洗设备、衣物、工具、地面，及时回收残存内漏易燃液体。</td><td></td></tr>
<tr><td colspan="3">11. 高风险设备维修作业处理（施工）安全方案、标准作业卡和安全措施的落实及执行到位情况</td><td></td></tr>
<tr><td colspan="3">12. 其他补充措施</td><td></td></tr>
<tr><td>检维修单位技术员</td><td></td><td>生产单位技术员</td><td></td></tr>
<tr><td>检维修单位安全员</td><td></td><td>生产单位安全员</td><td></td></tr>
<tr><td>检维修单位领导</td><td></td><td>生产单位领导</td><td></td></tr>
<tr><td>实际作业完成时间</td><td colspan="3">年　月　日　时　分</td></tr>
</table>

机泵仪表维修安全监管要点如下：

（1）隔离、隔断

机泵仪表检维修作业前，基层生产单位应切断一切物料来源，经冲洗、吹扫、置换合格后，用盲板彻底隔断。

电气车间应按要求切断待检维修设备的动力电源，上锁并在开关设备上挂上"有人工作，禁止合闸"的安全警示牌。

（2）检查、确认

在拆卸、解体和更换机泵仪表之前，应做最后一次设备的放空检查和低点排空检查；并确保设备的放空线和低点排空线始终处于开启畅通状态；确保现场电气开关处于关闭状态。

（3）安全分析

涉及易积存易挥发易自燃等可燃有毒介质的机泵仪表，作业前应作好特殊安全处理并取样分析合格。

（4）拆卸、站位

在拆卸、解体、更换机泵仪表或进行放空、排空检查时，应站在上风口；在拆卸机泵、仪表或法兰螺丝时，应首先松开设备、仪表、管线、阀门外侧法兰的螺丝，待设备余压全部放尽后，再卸开其他螺丝和内侧法兰；作业时，要采用身体背向设备或法兰开启方向的作业方式，以免受到残存带压介质的冲击喷溅伤害。

（5）特殊设备拆卸

① 在拆卸、解体和维修高温机泵仪表时，必须待设备内部温度冷却至正常温度时，再进行拆卸、解体和检维修作业。

② 在拆卸、解体和更换含有硫化氢、氯气等有毒物料的机泵、仪表或阀门时，必须全程佩戴好空气呼吸器。基层生产单位现场监护人必须佩戴空气呼吸器在同一作业区域进行近距离指导和监护。监护人员应配备便携式硫化氢检测报警仪器，以便确认现场的安全卫生状况。

③ 在拆卸、解体和更换酸碱机泵、仪表和阀门时，必须戴好防酸碱眼镜或保护头盔，穿好防酸碱服装。同时，还应准备好酸碱中和液、水冲洗设施，作好回收处理。

④ 在2m以上高处且易发生坠落事故的地点进行机泵、仪表的检维修作业时，要系好安全带，并将其高挂在牢固的承重体上。

（6）作业安全禁忌

① 严禁用汽油、易挥发溶剂擦洗机泵仪表、衣物、工具及地面。

② 严禁在液化烃和轻质油装置、罐区，用黑色金属和易产生火花的工具进行敲打、撞击作业。

③ 在机泵仪表的拆卸、解体和更换作业时，要及时回收设备内残存或阀门内漏产生的易燃液体。严禁就地排放易燃易爆物料及化学危险品。

④ 检维修作业人员作业前，必须按规定着装，戴好安全帽，穿戴好专用的劳动保护用品。严禁穿易产生静电的服装、服饰和带铁钉的鞋进入生产装置。

## 5.11　装置停开工过程的安全监管

### 5.11.1　装置停开工过程的安全特点

生产装置的停、开工过程是一种非正常工况，是一个能量状态发生巨大变化的时期，主要有以下安全特点：

（1）工期短、任务集中，易出现加班赶进度和违反安全程序的现象。

（2）场地狭小、人员集中、立体交叉作业，易引发人身事故。

（3）工艺过程处理不彻底，易残存多种易燃易爆有毒有害物质，易发生火灾、爆炸、中毒、灼伤等事故。

（4）停、开工大量使用蒸汽、水、惰性气体及置换油品等，易发生能量外泄转移伤害事故。

### 5.11.2　停开工过程的潜在事故致因

#### 5.11.2.1　物料跑冒串事故致因

（1）开错阀门、改错流程。

（2）退料/进料速度太快。

（3）退料/进料温度和压力太高。

（4）脱水、排凝、放料、放空时脱岗，造成人为泄漏。

#### 5.11.2.2　物料泄漏着火事故致因

（1）开错阀门、改错流程。

（2）设备腐蚀泄漏着火。

（3）压力温度波动，密封破坏泄漏着火。

（4）违章动火、机动车、加热炉明火引发泄漏物料着火。

#### 5.11.2.3　化学爆炸事故致因

（1）改错流程、进错物料，发生化学反应。

（2）设备安全泄压设施失灵。

（3）现场安全检测设施失灵。

（4）加热炉明火、动火、机动车、静电引发泄漏的爆炸气体。

#### 5.11.2.4　物理爆炸事故致因

（1）锅炉干锅、爆管爆炸。

（2）高压系统串入低压系统。

（3）设备安全泄压设施失灵。

（4）设备液位检测设施失灵。

（5）岗位巡检监控不到位。

#### 5.11.2.5　环境污染事故致因

（1）违章排放有毒有害气体。

（2）违章排放易燃液体。

（3）阻液排放设施失灵。

（4）污水废气处理装置异常波动、发生事故和生产设备故障。

### 5.11.3　停工过程的安全监督要点

#### 5.11.3.1　停工前的安全组织和准备

（1）公司(厂)车间设立安全管理小组，明确人员职责和分工。

（2）制订停工程序方案和特殊作业安全措施。

（3）进行方案学习、技术交底和安全教育。

（4）制定现场管理看板，落实执行复查确认制度。

（5）做好安全消防设施、劳动保护用品等准备。

#### 5.11.3.2　停工环节安全控制要求

（1）降温降压：按程序科学进行，满足工艺和设备保护的要求。

（2）物料外甩：应控制速度、温度和流量，防止接受系统发生冒罐泄漏事故。

（3）停炉熄火：检查火嘴熄灭和阀门泄漏情况，防止气体泄漏爆炸。

（4）蒸气吹扫：遵循节约、全面、彻底、回收的原则，科学安排吹扫流程，防止噪声和有毒气体污染环境。

（5）火源控制：装置停工阶段，封闭进出装置道路、严格控制火源，限制动火作业和机动车辆，防止引起着火爆炸事故。

（6）氮气置换、空气吹赶：氮气置换结束后应彻底隔断与作业设备的连接，然后再用空气置换，达到进入作业的安全卫生条件。

（7）低点死角放空：应根据内部介质情况，做好排空、排凝和确认，做好必要的安全防护，防止发生意外。

（8）盲板隔离：应事先制定的盲板加拆执行确认表，实行执行、复查确认签字制度；材质规格要符合安全要求，法兰螺栓一定要上紧固实；加拆盲板要做好高处作业和防毒防爆防酸碱等安全防护工作；拆卸法兰要缓慢，防止喷溅。

（9）钝化中和及特殊处理：

① 对容易发生自燃、自聚反应的容器，应进行必要的钝化或特殊处理后，再开启塔器。

② 对于酸碱介质应采取先中和，后蒸煮水洗的方法进行。

③ 对于有毒气体，应采取先吸附，后蒸煮水洗的方法进行。

（10）开启塔器：注意塔器内汽水的温度，按规定的温度和顺序开启人孔。

（11）采样分析：进入作业的塔器必须进行可燃气、有毒气、氧含量的三气分析。分析应注意采样的代表性和仪器的响应时间。

（12）封闭地漏地井，隔断装置污水系统。

（13）标识检修设备管线和在用设备管线。

（14）验收交接及安全卫生指标：

① 爆炸下限小于4%的可燃气体体积含量小于0.2%为合格；爆炸下限大于4%的可燃气体体积含量小于0.5%为合格；氧气含量19%~21%，有毒物质浓度低于国家规定最高容许浓度。

② 检修场地敞开式、半敞开式地下水(污)井、沟、槽、池清理干净，无法清理应加盖防火布或用其他方法封堵严密。

③ 设备、管道内应无余压、无灼烫物、无沉淀物。

#### 5.11.3.3 开工环节安全控制要求

(1) 安全设施、安装投用：做好安全、消防、卫生设施的配备、调试，投入正常使用。

(2) 拆除盲板、引进介质：暂停一切作业、撤出作业人员、检测泄漏情况、作好介质分析，进行作业升级、加强作业监管。

(3) 吹扫清洗、试压试漏(爆破吹扫)：制定执行吹扫流程，作好必要防护，避免交叉作业，防止介质伤人。

(4) 单机试车、点炉烘炉：做好系统隔离和安全防护，防止泄漏着火；蒸汽吹扫炉膛，作好介质和炉膛分析，防止回火爆炸。

(5) 系统气密、真空试验：检查系统密封点的严密性，按压力等级分段隔离进行，投用安全阀和安全保护系统，进行紧急泄压实验，防止气体外泄和真空破坏引起的爆炸。

(6) 系统干燥、系统置换：清除系统内的水分，置换系统内的空气、可燃气和有毒气体，防止进料出现问题。

(7) 三剂装填、作好防护：做好通风和无氧作业的安全防护工作，保护好催化剂，防止受潮和氧化。

(8) 进料开车、循序进行：升温升压缓慢进行，作好热紧，防止超温超压造成各类事故。

#### 5.11.3.4 投料开车前安全检查

(1) 装置内主要交通干道应畅通无阻，临时设施及供电与施工机具、工棚全部拆除，装置内外地面平整、清洁。

(2) 消除缺陷完毕，影响投料试车设计修改项目已经完成。

(3) 所有设备、管道、容器均进行过严格试压、试漏。

(4) 设备封闭前，经专人严格检查确认。设备位号、管道介质、名称、流向标志齐全。

(5) 锅炉、压力容器和放射线源已根据国家规定取得使用许可证。

(6) 所有安全卫生环保设施必须安全、灵敏、可靠，并经校验合格、记录齐全。

(7) 防雷、防静电系统完好，接地测试符合要求。

(8) 消防设备和器材配备到位，配置数量符合设计规定，道路畅通、水量充足、水压正常、满足灭火要求。

(9) 厂内通信系统投入使用，生产指挥系统，消防系统和安全防护系统畅通。

(10) 仪表联锁、火灾自动报警系统、可燃气体检测仪表和其他各种检测仪表已联校，调试完毕并已投入使用。

(11) 关键设备保护措施，易燃、易爆、有毒物品的保管、使用及气体防护措施均已落实。

(12) 有毒有害岗位防护用品和急救器材配备齐全，并随时可投入使用。现场人员防护用品穿戴符合要求。

(13) 职工入厂必须进行身体健康普查，建立健康档案，对职业禁忌的人员要安排到合适的岗位。

(14) 岗位工人已进行安全技术规程及岗位操作的培训，考试合格。特殊工种经考试合格，持证作业。有毒有害岗位，经过防毒防害及救护等专业培训，经考试合格后，方能上岗操作。

(15) 安全生产制度健全并已公布执行，安全管理形成网络。

## 5.12 装置检修过程的安全监管

### 5.12.1 装置检修过程安全特点

生产装置的检修过程是一个劳动密集、作业繁杂的过程，有以下特点：

(1) 全厂所有装置全面停工检修：全厂的易燃易爆物质、公用危险介质、危险伤害能量基本消除，比较安全。

(2) 个别装置全面停工检修：装置内的易燃易爆物质、公用危险介质、危险伤害能量基本消除，相对安全。

(3) 个别装置短时局部停工消缺：装置存在易燃易爆物质、公用危险介质、危险伤害能量并处于保温保压状态，比较危险。

(4) 个别装置应事故或隐患问题紧急停工抢修：装置存在易燃易爆物质、公用危险介质、危险伤害能量并难于隔离处理，非常危险。

### 5.12.2 装置检修过程的潜在事故致因

#### 5.12.2.1 着火爆炸事故致因

(1) 吹扫处理不彻底，分析不合格，动火引起设备内残存物质着火、爆炸。

(2) 系统隔离不彻底，动火引爆系统外串入的气体。

(3) 违章使用电气设备，引起电器设备过载短路着火。

(4) 在没有确认许可和处理的易燃易爆设备管线上动火。

(5) 设备罐区内部聚合物、硫化亚铁等自燃起火。

#### 5.12.2.2 中毒窒息事故致因

(1) 吹扫处理不彻底，分析不合格，设备残存或挥发的有毒气体，造成中毒窒息。

(2) 系统隔离不彻底，分析不及时，系统外有毒惰性气体串入，造成中毒窒息。

(3) 违反安全规定，没有进行安全防护。

#### 5.12.2.3 触电电伤事故致因

(1) 电气设备绝缘保护损坏。

(2) 没有漏电保护器或失灵。

(3) 没有使用安全电压。

(4) 超负荷使用大功率发热电器。

(5) 违章操作，造成短路或弧光烧伤。

#### 5.12.2.4 高处伤害事故致因

(1) 高处作业没有正确使用安全带安全网。

(2) 高处平台栏杆失效有缺陷或临时割除没及时恢复。

(3) 高处平台腐蚀孔洞或防护不当。

(4) 地面基坑没有警戒、防护栏和夜间指示。

#### 5.12.2.5 起重吊装事故致因

(1) 没有警戒或无关人员进入起重作业范围。

（2）起吊力矩、起吊重量超过设计数据。

（3）吊物拴挂不符合安全要求。

（4）起吊锚点违反安全规定。

（5）起吊设备索具存在隐患缺陷。

#### 5.12.2.6 机械伤害事故致因

（1）没有正确使用安全防护用品。

（2）违反安全操作规程。

（3）作业环境不良。

（4）配合失调。

#### 5.12.2.7 酸碱灼伤事故致因

（1）设备处理不彻底，有残存腐蚀物料。

（2）作业前没有采取泄压、放空、排凝等检查确认措施。

（3）作业前没有采取安全有效的防护措施。

#### 5.12.2.8 热烫伤事故致因

（1）系统隔离不彻底，外部热介质串入作业场所。

（2）作业周围的热源没有采取隔热防护措施。

（3）系统内部介质聚合反应发热。

### 5.12.3 检修关键环节安全控制要求

#### 5.12.3.1 检修准备及重点组织工作

（1）成立检修组织指挥机构，建立现场安全管理网络。

（2）对重点工程项目、重大危险作业进行危害辨识，制定安全施工方案或 HSE 作业指导书。

（3）对检修项目和方案进行技术交底，对参检人员进行安全教育。

（4）准备停工检修的物资、设备、器材、工具。

（5）建立现场定期安全例会制度，定期组织安全检查。

（6）建立安全信息通报制度，定期进行奖惩考核。

（7）建立承包商违章及事故处理制度，加强沟通交流和教育监管。

#### 5.12.3.2 检修关键环节的安全控制要求

（1）机具设置确定：监督施工机具摆放位置和间距，使其符合安全要求，不占堵消防通道。

（2）作业平台搭设：监督脚手架塔设稳固、翘板固定牢固，符合安全作业要求。

（3）临时用电接用：监督电压等级、绝缘防护、电缆敷设、防雨防护、插头插座、漏电保护情况，确保符合安全要求。

（4）拆开法兰头盖：检查停工处理的质量，进行泄压放空排残液，为安全检修创造条件。

（5）处理残存物料：回收处理残存的物料，避免施工动火发生着火爆炸等事故。

（6）检修确认标识：对检修设备、不检修设备、生产运行设备进行安全标识，与施工单位进行现场对接，下达书面拆除或作业指令，防止割错管线，引发着火爆炸和检修事故。

（7）动火作业、受限空间作业、挖掘破土拆除作业、高处作业、起重吊装作业、爆破作业、射线探伤作业按相关的安全作业规定执行。

(8) 立体交叉作业与文明施工：监督检修单位做好作业层次安排、作业时间安排，避免禁忌交叉作业，落实错时错位硬隔离措施。监督物品摆放、垃圾清理、道路占用、环境保护等文明施工。

(9) 封闭塔器：塔器封闭前，对进入人员和机具、材料核对检查。

(10) 冲洗试压：选择合适的时间进行，避免交叉作业、防止对人员的伤害。

(11) 验收交接：机具、工棚、电源撤离，工完、料净、场地清的标准进行验收。

## 5.13 厂内交通安全监督管理

### 5.13.1 厂内交通监管范围

在炼化企业生产装置厂区内为生产过程运输，运转及设备安装维修使用等企业活动而在作业现场行驶的车辆，其范围覆盖企业厂区范围内行驶及作业的所有交通车辆、厂内机动车辆和机动车辆驾驶员，包括固定资产属集团公司直属企业所有，为本企业管理、使用和维护的专用铁道。

### 5.13.2 厂内交通监管原则

(1) 各单位应开展经常性的机动车辆交通安全专项检查工作：

① 各单位每半年组织一次，二级单位每季度组织一次，基层单位每月组织一次。

② 各单位应按照国家和中国石化有关规定建立机动车辆 GPS 监控管理系统，加强对车辆运行监控管理。

③ 各单位交通安全管理部门应积极协调当地公安交通管理部门，经常开展路检夜查和宣传教育活动。

(2) 各单位应建立并实行以下制度：

① 内部机动车准驾证制度，包括准驾证申领范围、申领种类、审验或换证办法、对违反准驾证管理规定的处理方法等内容。

② 车辆调度管理制度和长途汽车审批制度。

③ 日常车辆运行“三交一定”(驾驶员应将准驾证、车辆行车证件和钥匙上交基层车辆单位统一保管，将车辆停放在指定车位)和法定节假日期间无工作任务车辆的“三交一封”(驾驶员将准驾证、车辆行车证件和钥匙上交单位统一封存，将车辆固定停放)制度。

④ 车辆进出(停车)场、车库安全管理制度。

⑤ 恶劣天气和特殊任务车辆安全行驶规定。

⑥ 长期在外值班车辆交通安全管理制度。

⑦ 机动车辆服务商交通安全监督管理制度。

⑧ 机动车辆维修保养和检查整改制度。

⑨ 汽车修理安全管理规定。

⑩ 厂内机动车交通安全管理制度。

⑪ 水陆联运、大型搬迁、吊装等联合作业的单位应根据作业特点，制定联合作业机动

车辆交通安全管理规定。

⑫ 交通安全培训教育制度。

⑬ 机动车辆驾驶员交通安全奖惩制度。

### 5.13.3 厂内交通管理组织机构和职责

各单位应设置机动车辆交通安全管理机构（岗）。其二级单位应根据实际情况设置机动车辆交通安全专职岗或兼职人员。基层单位应设置专职或兼职安全员。

#### 5.13.3.1 机动车辆交通安全管理机构（岗）职责

（1）贯彻国家有关机动车辆交通安全管理的法律、法规、标准及中国石化有关机动车辆交通安全管理的各项规章制度。

（2）制定、修改、完善本单位机动车辆交通安全管理有关规定并贯彻、落实。

（3）参加本单位车辆安全技术状况检查。

（4）组织或会同有关部门开展各项交通安全活动。

（5）负责本单位所属车辆、机动车驾驶员牌证和单位内部准驾证管理。

（6）制定本单位内部机动车辆保险方案。

（7）参加本单位机动车辆驾驶员的技能考核。

（8）建立健全机动车辆交通安全各项档案资料。

（9）协助公安交通管理部门对本单位所属车辆发生的道路交通事故进行调查、处理，分析事故原因，提出事故预防措施和建议，负责事故的统计和上报。

（10）建立机动车辆驾驶员交通安全奖惩制度。

（11）及时总结、发现、推广本单位机动车辆交通安全管理先进经验做法，不断提高交通安全管理水平。

#### 5.13.3.2 专（兼）职安全员交通安全职责

（1）在本单位负责人的领导下，负责本单位交通安全工作，贯彻落实国家有关交通安全法律、法规、标准和上级交通安全各项规章制度。

（2）遵守各项规章制度和劳动纪律，坚持原则，制止违章行为。

（3）负责或参与制定、修订本单位交通安全管理制度和车辆驾驶员安全操作技术规程，并检查执行情况。

（4）负责安排并指导班组交通安全活动。

（5）做好驾驶员和员工交通安全宣传和教育培训工作。

（6）组织开展本单位车辆进出场安全检查等日常安全检查工作，发现隐患及时消除，对不能立即消除的应采取防范措施，并向领导汇报。

（7）督促、检查驾驶员对机动车辆进行日常维护维修。

（8）组织本单位机动车辆、驾驶证、准驾证的检审或换证。

（9）参与本单位交通事故调查、处理，并统计分析，及时上报情况。

（10）建立健全交通安全日常管理基础资料。

#### 5.13.3.3 炼化企业其他部门职责

生产、企管、设备、资产、劳资、组织和宣传教育等相关部门，要严格遵守国家交通安全相关法律法规和本规定，按照“谁主管，谁负责”的原则，认真履行好本部门以下安全责任：

（1）生产管理部门应制定并组织实施车辆调度管理制度。

（2）企业管理部门应协助安全部门做好交通安全考核和机动车辆服务商、外雇及租赁车辆的安全资格审查工作。

（3）设备管理部门应建立机动车辆维护维修和检查整改制度，配合安全部门做好车辆档案管理工作。

（4）资产管理部门应协助安全部门做好机动车辆及专职驾驶员的保险工作，审核保险方案，并配合安全部门做好车辆档案管理工作。

（5）劳资部门应制定机动车驾驶员评聘管理和技能考核办法，负责本单位驾驶员的交通安全培训教育工作。

（6）组织、教育部门负责本单位相关人员的交通安全培训教育工作。

（7）宣传部门和新闻媒体机构应协助安全部门做好交通安全宣传引导工作。

## 5.13.4 安全监管内容及要求

### 5.13.4.1 驾驶员管理

（1）机动车辆驾驶人员应具备良好的职业道德和身体条件，作风正派、遵纪守法，并取得国家颁发的机动车辆驾驶证。经各炼化企业或所属二级单位安全部门考核其驾驶技能、交通安全法规知识等科目合格，取得单位内部机动车辆准驾证后，方可驾驶单位内部机动车辆。

（2）驾驶大型、重型、危险货物及特种专用工程车辆的驾驶员应具备五年或150000km以上的安全驾驶经历，对所驾车辆的基本性能以及装载的特种设备性能、施工工艺流程有一定的了解。驾驶运输危险货物车辆的驾驶员应经过相关安全知识培训，掌握危险货物性质、一般的安全规程和应急处置技能，取得合法有效的资格证后方可上岗。

### 5.13.4.2 机动车辆管理

（1）机动车辆应经当地公安机关交通管理部门登记后，方准上路行驶。尚未登记的机动车在临时上道路行驶时，应申领临时通行证，按规定行驶。

（2）机动车辆安全技术状况、安全装置和车辆标识应符合《机动车运行安全技术条件》(GB 7258)规定要求，日常重点检查制动、转向、灯光等关键要害部位，严禁车辆带病上路行驶。

（3）应按规定配备机动车辆随车工具、灭火器、警告标志牌、大中型客车逃生安全措施等，对在山区、冰雪、泥泞道路上行驶的车辆，应配备防滑链和防溜掩木。

（4）严谨机动车辆客货混装。

（5）汽车吊车、轮式专用机械车不得牵引车辆，严谨特种专用工程车用于运输车或交通(通勤)车使用。

（6）3台车以上共同执行同一任务时，应制定负责人并编队行驶。

（7）在施工过程中，特种专用工程车辆应严格按照保证安全、利于健康、保护环境的原则进行，不应妨碍其他车辆通行。

（8）对机动车辆应按照国家的相关法律、法规的规定进行检验，未按规定检验、检验不合格或达到报废标准的机动车辆，不得继续行驶。

（9）机动车辆变更、转移或报废时，应及时到公安车辆管理部门办理登记手续，并到单位安全部门备案。

（10）机动车辆应投保机动车交通强制险和第三者责任险，并以规避风险为原则，根据不同车辆风险大小确定投保金额。

**5.13.4.3　乘员安全管理**

（1）乘员乘坐机动车辆时应自觉遵守《道路交通安全法》等相关法律法规和中国石化及本单位相关规定，按规定系好安全带，不得将身体任何部位伸出车外。

（2）带车人应为义务安全员，负有监督驾驶员安全驾驶、纠正驾驶员违章行为、协助驾驶员处理行车中的紧急事态、约束其他乘员配合驾驶员安全驾驶的责任。

（3）乘员不得携带易燃易爆等危险物品上车，不得向车外抛洒物品。

（4）所有成员均有协助驾驶员观察瞭望的义务，不得妨碍或干预驾驶员正常驾驶，不得强迫或诱导驾驶员违章驾驶。

（5）货运机动车和吊车、罐车、酸化压裂车等特种工程专用车辆，除驾驶室外，一律不准坐人。

**5.13.4.4　车辆维护维修**

（1）各单位和基层单位应按照企业机动车辆保养和检查整改制度的规定，对车辆进行维修保养和检查整改。

（2）车辆二级维护和修理后，经检验合格后方可投入运行。

（3）车辆驾驶员应参与机动车辆的维护维修工作。

**5.13.4.5　危险货物运输管理**

（1）危险货物运输车辆应持有国家颁发的危险货物道路运输许可证，并按规定要求对罐式车辆的罐体进行定期检查。

（2）危险货物运输车辆应符合《危险货物运输车辆结构要求》(GB 21668)。

（3）危险货物运输车辆应按照《道路运输车辆标志》(GB 13392)和有关标准要求，安装标志牌、标志灯和粘贴、喷涂反光带和安全标志牌。

（4）危险货物运输车辆应按照《汽车运输危险货物规定》(JT 617)和《道路运输爆炸品和剧毒化学品车辆安全技术条件》(GB 20300)规定，安装符合《危险化学品汽车运输安全监控车载终端》(AQ 3004)规定的GPS监控车载终端盒配备必要的通信工具。

（5）危险货物运输车辆的电路系统应有切断总电源和隔离火花装置，排气管应装有隔热和火星熄灭装置，车辆应安装符合《汽车导静电橡胶托地带》(JT 230)规定的导静电托地带。

（6）危险货物运输罐车以及其他容器应符合国家相关法律、法规和标准的规定。

（7）装运危险货物的车辆应保持清洁干燥，车上残留物不应随意排弃，被污染过的车辆应洗刷消毒，未经彻底消毒，严禁装运食品、药品、饲料和动物。

（8）移动罐体车、全挂汽车列车、三轮机动车、拖拉机、人力三轮车、自行车、摩托车和报废、擅自改装、检测不合格的车辆不准运输危险货物。自卸汽车除二级固体外，不准运输其他危险货物。

（9）除特别规定外，应根据运输货物的性质，在车辆每侧各配备1个重2kg以上的干粉灭火器。

（10）危险货物运输应配备押运员。

（11）驾驶员、押运员、装卸管理人员应进行相关的安全知识培训，取得国家颁发的相应资格证件。应了解所运载危险化学品的性质、危害特性、包装容器使用特性和发生意外时的应急措施。车上配备必要的应急处理器材和防护用品。

(12) 严谨危险货物运输车辆搭乘无关人员。途中应经常进行检查，发现问题及时采取措施。车辆中途临时停靠、过夜，应安排专人看管。

(13) 装有危险货物的车辆不得进入危险化学品运输车辆禁止通行的区域，确需进入禁止通行区域时，应向当地公安部门报告，按照公安部门制定的行车时间和线路行驶。

(14) 运输途中车辆发生故障时，应选择安全地点进行修理。

(15) 危险货物运输车辆上严禁吸烟。运输禁火危险货物的车辆不得接近明火和高温场所。

(16) 装卸作业应严格遵守操作规程，轻装、轻卸，严禁摔碰、撞击、重压、倒置。使用工具时不得损伤货物，不准粘有与所装货物性质相抵触的物品。货物应堆放整齐、捆扎牢固、防止失落，操作过程中，有关人员不得擅离岗位。

(17) 易燃易爆危险货物装卸时，应连接好导静电接地线，雷雨天气无避雷措施时，禁止装卸作业。

(18) 根据运输货物的性质，采取相应的遮阳、控温、防爆、防火、防震、防水、防冻、防粉尘飞扬、防泄漏等措施。

(19) 石油测井专用放射源的运输应遵守《放射性物质安全运输规程》(GB 11806)和《石油放射性测井辐射防护安全规程》(SY 5131)。

(20) 石油工业专用爆破器材的运输应遵守《道路运输爆炸品和剧毒化学品车辆安全技术条例》(GB 20300)和《石油射孔和井壁取芯用爆炸物品的储存、运输和使用的安全规定》(SY 5436)、《地震勘探爆炸物品安全管理规定》(SY 5857)。

(21) 液化石油气的公路运输应遵守《液化石油气储运》(SY/T 6356)的规定。

(22)运输散装危险货物(如液化石油气瓶等)和其他危险货物(如油泥沙、医疗废物等)，应根据危险物品的性质和《汽车运输危险货物规则》(JT 617)、《汽车运输、装卸危险货物作业规程》(JT 618)要求，对车辆进行必要的改装或采取必要的安全防护措施，保证运输安全。

#### 5.13.4.6 特种专用工程车辆管理

特种专用工程车辆是指国家法律、法规规定的特种车辆设备，或者安装固定有特种施工作业设备、仪器，且设备、仪器运行使用具有一定危险性、涉及人身安全的专用工程车辆。具体包括起重机、修井作业车、酸化车、压裂车、锅炉车、管汇车、钻井车、绞车、发电车、压风机车、测井仪器车、现场照明车、震源车等。

(1) 应根据不同特种专业工程车辆的安全运行技术要求，制定完善安全操作规程，建立健全车辆和车载设备安全技术档案。

(2) 组织车辆安全检查时，应对车载设备的安全附件、仪表、承压和受力部件以及各种控制阀门、安全装置等进行检查，及时排查和消除安全隐患，严禁车辆、设备带病施工作业。

(3) 国家法律法规和标准对设备、装置、附件等有检验要求的，应按照相关规定进行检验。

(4) 特种车辆的设备操作人员应熟知设备的性能、安全技术要求和施工作业工艺流程，国家法律、法规和标准对操作人员有培训取证要求的，操作人员应按照相关规定进行培训取证，持证上岗。

（5）施工作业前，设备操作人员应对设备的关键安全部位进行检查，严格按照安全操作规程进行施工作业，严禁违章操作。

（6）施工作业过程中，若发现设备出现异常情况，应及时通知相关人员，并立即采取措施。

**5.13.4.7 车辆行驶安全保障**

（1）生产管理部门和基层单位安排车辆任务时，应对车辆、驾驶员、天气、道路和任务等进行 HSE 风险识别分析，合理调派车辆和驾驶员，不得因工作任务造成驾驶员疲劳开车、超速行驶。

（2）驾驶员在出车前应了解出车任务，选择最佳行车路线，预测分析途中风险因素，提前采取预防措施，并认真做好安全检查工作，确保车辆安全技术状况良好，行车证件齐全有效。

（3）驾驶员在出车前应对自己的身体状况和精神状态进行确认，确保行车过程中精神饱满、精力充沛，身体和精神状态不会对安全行车造成影响。

（4）驾驶员驾驶车辆应严格遵守《道路安全交通法》等法律法规，杜绝酒后开车、疲劳开车、超速行驶、强行超车等严重交通违法法规行为。

（5）对本书中未列出的特殊道路环境，必须在确保安全的情况下通行。

**5.13.4.8 事故管理**

发生事故时，应按照《道路交通安全法》、《生产安全事故报告和调查处理条例》等相关法律法规和中国石化安全事故管理相关规章制度进行事故报告、调查和处理。

## 5.14 现场的 HSE 观察与管理

HSE 观察是员工在日常工作中有意识地关注人员行为、作业环境及设施，对安全的行为进行鼓励，对发现可能导致事故的不安全状态和不安全行为进行阻止或处理，并找出人员的行为原因，采取纠正和预防措施的管理方式，达到预防或消除伤害的目的。

HSE 观察是员工关注团队安全和他人安全的主动表现，是一种主动互助的安全管理行为，可通过报告、统计分析观察结果的方式，发现管理问题，促进管理进步。

HSE 观察倡导人人参与、领导带头；善意提示、重在沟通；相互关爱、四不伤害。

### 5.14.1 HSE 观察计划

（1）企业各级 HSE 管理部门负责制订 HSE 观察计划。各级领导 HSE 观察的实施可结合关键装置/要害部位领导干部定点联系活动共同开展。

（2）各企业可根据实际情况适当增加 HSE 观察的频次，但不应低于以下要求：

① 企业级领导和管理人员，每季度不少于 1 次。

② 二级单位领导和管理人员，每月不少于 1 次。

③ 基层单位领导、管理人员、基层班(队)长每月不少于 1 次。

④ 岗位员工可结合作业活动和安全监护工作，开展作业前、中、后的作业观察。

### 5.14.2 HSE 观察范围

HSE 观察的区域范围包括生产区域、生产辅助区域及办公区域。生产区域是 HSE 观察的重点区域，实施 HSE 观察时，重点关注生产区域内的以下各种作业活动：

（1）生产装置（设备设施）的日常操作。

（2）油品接卸、发油或加油作业。

（3）危险化学品的装卸、使用及处置。

（4）现场施工作业或检维修作业。如用火作业、进入受限空间作业、临时用电作业、高处作业、破土作业、放射作业和起重作业。

### 5.14.3 HSE 观察程序和内容

HSE 观察共分六个步骤，简称 HSE 观察六步法，包括决定、停止、观察、沟通、报告及改进。

（1）决定

HSE 观察人员有针对性地进行 HSE 观察，重点确定观察的区域，了解所观察区域内的环境和作业活动，熟悉观察提示卡的内容。

（2）停止

在观察区域中，选择要观察的作业和活动，首先选择安全合适的位置上，利用较短的时间观察作业环境。

（3）观察

① 全面观察方法：通过看、听、闻、感，感觉周围发生的事。看——环顾四周、兼顾内外；听——有无异常声音；闻——有无异常气味；感——有无异常温度和振动。

② 观察项目内容

人员反应：特别关注以下行为：如突然调整或穿戴个人防护装备、突然改变工作位置、重新安排工作、停止或离开作业位置、装上接地线、进行上锁等。

个人防护用品：个人防护用品是主要的观察内容，主要包括头部、眼部及面部、耳部、呼吸系统、上肢及手、躯干、下肢及脚。

人员工作位置：安全的站位，可有效规避事故伤害。应重点观察：人碰撞到物体，被物体砸到，处于物体之内，之上或之间，跌倒，坠落，接触极高，低温度，接触电流，吸入，吸收，吞食有毒有害物质，过度荷重，重复性的动作，不良的位置/固定的姿势。

环境与工具设备：不良的工作环境，不安全的工具设备易导致事故发生。应关注：作业环境不良、使用不正确的工具或设备、不正确使用工具或设备、工具或设备状况不良等情况。

程序与秩序：缺少程序和许可、程序不适合、程序不被知道/了解、程序未被遵守、现场摆放缺乏秩序、交叉作业缺乏秩序等也是导致事故的主要管理因素。

（4）沟通

有效沟通包括五个步骤：

① 以安全、友善的方式终止危险作业；

② 选择安全的场所进行交流和沟通；

③ 肯定作业方法和行为的安全部分；

④ 以询问引导方式讨论不安全行为；

使用“如果——会——”讨论不安全行为的后果？

探询不安全行为的原因？

询问有无其他更安全的方法？

⑤提出安全建议，取得对方认可和承诺。

（5）报告

观察人员应记录、报告HSE观察情况，填写观察卡，形成HSE观察报告。填写观察卡的基本要求：

① 避免当面记录；

② 文字描述准确、无歧义，字迹清晰，原则上不使用问句；

③ 不涉及被观察人员姓名。

④ HSE观察卡完成后交至本单位的指定人员或卡片箱。

（6）改进

基层单位负责人或授权人，组织进行问题的管理原因分析、记录，管理原因分析主要从技术和设计、教育培训、劳动组织、检查或指导、事故隐患和事故防范措施、其他等六个方面进行分析。能够整改的问题应立即整改，不能整改的问题及时转送相应主管部门。相应主管部门采取纠正预防措施。

## 5.14.4 HSE观察月报

企业各级HSE管理部门，应做好HSE观察情况的分析、报告，为改进管理提供依据。HSE观察月报包括HSE观察实施情况综述、观察项目内容及问题的趋势分析和处理情况、改进建议和措施及HSE观察卡统计表，见表5.2和表5.3及表5.4。

**表5.2 HSE观察卡(正面)**

HSE观察卡

鼓励安全行为、提高HSE意识、创造HSE氛围

被观察的作业：　　　　日期：

区域/设施：　　　　被观察的单位/部门：

是否本班组/部门责任区域：□是□否

不安全行为[ ] 不安全状态[ ] 未遂事件[ ] 推荐安全行为[ ]

情况描述：

措施及改进建议：

被观察人数：　不安全行为人数：　不安全问题数：

报告人：　　　　单位/部门：

表 5.3　HSE 观察卡(反面 1)

<table>
<tr><td colspan="2">HSE 观察提示</td></tr>
<tr><td colspan="2">鼓励安全行为、提高 HSE 意识、创造 HSE 氛围</td></tr>
<tr><td colspan="2">实施 HSE 观察时，可从下面几个方面展开，并将观察情况填入观察卡的正面。</td></tr>
<tr><td>人员的位置</td><td>个人防护装备</td></tr>
<tr><td>□高处或临边<br>□运转设备旁<br>□起吊物下<br>□物料易喷出、挥发处<br>□易触电处<br>□作业空间狭窄或受限<br>□警戒区内<br>□其他________</td><td>□安全帽<br>□护目镜及面罩<br>□听力护具<br>□呼吸护具<br>□防护手套<br>□防护服<br>□安全带<br>□防护鞋<br>□其他防护器具________</td></tr>
<tr><td>作业行为</td><td>工具及设备</td></tr>
<tr><td rowspan="3">□未经作业许可<br>□没有气体检测<br>□没有使用安全电压<br>□没有监护人或监护人不在指定区域<br>□受限空间动火作业没有通风<br>□未经许可开动、关停开关或阀门<br>□开动、关停设备时未给信号<br>□未锁定设备或盲板隔离、吹扫<br>□用手代替工具操作<br>□不安全装束<br>□违章驾驶机动车<br>□其他________</td><td>□使用不合适的工具和设备<br>□使用方法不正确<br>□工具及设备不完好<br>□其他________</td></tr>
<tr><td>工作场所环境</td></tr>
<tr><td>□泄漏<br>□作业场地不良或堆放杂乱<br>□光线不良<br>□通风不良<br>□作业现场乱排放<br>□交叉作业<br>□其他________</td></tr>
</table>

**表 5.4　HSE 观察卡(反面 2)**

<table>
<tr><td colspan="2">HSE 观察提示</td></tr>
<tr><td colspan="2">鼓励安全行为、提高 HSE 意识、创造 HSE 氛围</td></tr>
<tr><td colspan="2">实施 HSE 观察时，可从下面几个方面展开，并将观察情况填入观察卡的正面。</td></tr>
<tr><td>劳动防护用品</td><td>作业人员缺少：护目镜或眼罩□安全帽□安全鞋/靴□安全带□防护手套□耳塞□呼吸保护设备□</td></tr>
<tr><td>能量隔离</td><td>未使用盲板隔离□未切断电源□现场未挂牌或上锁□其他□</td></tr>
<tr><td>工具设备</td><td>转动部位无防护罩□易燃易爆场所使用非防爆工具□未接地□电器设备存在缺陷□手动工具不合适□</td></tr>
<tr><td rowspan="2">人员资质</td><td>特殊工种无资质：电工作业□焊接和切割作业□起重机械作业□机动车辆驾驶□登高架设作业□锅炉作业□压力容器作业□爆破作业□危险物品作业(含放射)□</td></tr>
<tr><td>作业票确认、签发签字不全□监护人没资质□</td></tr>
<tr><td>高处作业</td><td>安全带没有合适的挂点□安全带没有高挂低用□使用的脚手架没有挂验收牌□吊篮作业没有生命绳□</td></tr>
<tr><td>起重作业</td><td>在起吊物下作业或停留□吊物捆绑吊挂不牢或不平衡□起重机械及其臂架靠近高低压输电线路□没有起重指挥(或起重工)或没有持证上岗□吊车支腿无垫木或未锁定□吊装作业前没有对使用的吊装设备及工具进行检查□没有设置区域警戒或警示标志□</td></tr>
<tr><td rowspan="2">动火作业</td><td>没有办理动火票□没有气体检测□没有监护人□动火点与作业票不符□在未隔离的容器上动火□站在水中焊接□动火作业周围 15m 内没有覆盖地沟、阴井□作业区域没有做警戒或警示标志□</td></tr>
<tr><td>气瓶使用时没有固定□乙炔瓶没有竖直放置□氧气瓶、乙炔气瓶与火源间距少于 10m，氧、乙炔瓶间距少于 6m□气瓶没有质量合格证，钢印标记不齐全，瓶阀没有防护装置(如不使用的气瓶配带瓶帽，瓶帽必须有泄气孔)，乙炔、氧气瓶表具损坏，瓶阀出口接软管没有用专用夹具，乙炔瓶没有配置回火装置□</td></tr>
<tr><td>受限空间</td><td>没有办作业票□没有气体检测□没有使用安全电压□没有监护人或监护人不在外面□受限空间动火作业没有通风□</td></tr>
<tr><td rowspan="2">临时用电</td><td>没有办理临时用电许可证□没有对电气定期进行检查□临时配电箱不符合要求，接线不符合要求□</td></tr>
<tr><td>电焊机把线接头裸露，或依靠钢结构或设备作为导体，电焊机没有接地□</td></tr>
<tr><td rowspan="2">挖掘作业证</td><td>没有相关部门会签开挖申请表□开挖深度 1.2m 以下的没有办理受限空间许可□没有支撑或放坡不合适□</td></tr>
<tr><td>作业区域没有做警戒或警示标志□没有设置通道□</td></tr>
<tr><td rowspan="2">作业环境</td><td>存在交叉作业□原材料、工具没有摆放整齐□检修完毕没有做到工完、料净、场地清□</td></tr>
<tr><td>存在跑冒滴漏□粉尘飞扬□照明光线不良□通风不良□</td></tr>
</table>

## 5.15 典型案例

### 5.15.1 违章动火引发油罐着火爆炸事故

#### 5.15.1.1 情景

2000 年 7 月 2 日，某石化助剂厂进行柴油脱色改造施工。16 时 45 分，在焊接同 204# 罐相接的管道时发生爆炸。204 #罐罐体炸飞，南移 3.5m 落下，罐内柴油飞溅着火。同时 204# 罐罐体飞起时，又将该罐同 307# 罐之间的管道从 307#罐根部阀前撕断。307# 罐中 400 余吨柴油从管口喷出着火。现场施工的 10 人，突然被柴油烈火掩盖，瞬间即被烧死。307# 罐在 204# 罐爆炸起火后 45 分钟，再次发生爆炸，罐底焊缝撕开 12m 左右，罐内剩余柴油急速涌出，着火的柴油顺混凝土地面，流至附近的 10 间操作室，操作室被烧毁。流至装置管排底部，管排管架被烧塌。流至厂区大门以外，将部分大树烧死。大火于 20 时 45 分被扑灭。

#### 5.15.1.2 简析

（1）事故是在焊接同 204# 罐底部 *DN*80 闸板阀对接的管道时发生的。而 204# 罐盛过柴油，但已长时间没用了，只偶尔当作生产中吹扫管道时的储气罐用。但在阀门以下，有 24mm 深，约 15m$^2$放不出来的柴油，而阀门以上无油，从而成为罐内柴油轻质馏分挥发的空间。挥发后的柴油轻组分，与罐内的空气混合，形成爆炸性混合气体。经察看，204# 柴油罐底部 *DN*80 闸板阀阀瓣靠近罐体一侧有明显的暗红色铁锈，仅在底部有一弦高 100mm 左右的弯月形面，呈现高温后的蓝灰色，而阀瓣面向焊接的一侧，明显活动但留有间隙。因此，调查组认为，7 月 2 日 16 时 45 分，焊工在电焊焊接时，204# 罐内的爆炸性混合气体，泄漏入正在焊接的管道内，电焊明火引起了管内气体的爆炸，从而通过 *DN*80 闸板阀阀瓣底部的缝隙，引起了 204# 罐内混合气体的爆炸，这是事故发生的直接原因。

（2）按制度规定，成品油罐区为一类禁火区。要动火，必须经安全生产厂长、总工程师批准，安全处室专职安全人员、施工人员签字，办理一级动火证。制定严密的防范措施，有消防、安全、专职人员现场监督，确保不出事故方能动火作业。但该厂生产副厂长直接安排生产设备部和机动车间维修班施工，没有办理一级动火证，也没有通知总工程师、安保部、消防队审查施工方案及进行监督检查，失去了制止违章作业及采取防范措施防止事故发生的机会。另外，制度规定，动火作业必须同生产系统有效隔绝，而且专门制定了抽堵盲板的制度，但施工人员虽然制作了盲板，带到了现场，但没有使用，仅以关闭阀门代替插入盲板同油罐隔绝。阀门关闭以后，虽然不漏油，但在使用过程中，或因关闭不严，在阀体与阀瓣之间，会有一定间隙，特别是在有一定压力或温度差别时，因阀门间隙漏气引起油罐内混合气体的爆炸着火。违章作业是事故发生的根本原因。

（3）对柴油性质认识不足。柴油虽然不是易挥发的一级易燃易爆品，但是，柴油是混合物，其中所含的介于汽油、柴油之间的轻沸点馏分，在夏季高温情况下，挥发积聚于油罐相对密封的上部空间，形成了爆炸性混合气体，遇明火造成了爆炸。

（4）307# 罐、204# 罐原设计为消防用清水罐，位于成品罐区西防火堤外侧，当改为柴油储罐后，两罐周围没有再加防火堤，也没有设立明显的禁火标志，这也是造成施工人员未办理一级动火证违章施工的原因之一。

（5）专职安全管理人员安全技术素质低，也是事故发生原因之一。该厂安全保卫部负责安全生产的副部长在巡回检查中，已发现了施工人员在一类禁火区动火作业，但他没有按规章制度制止他们的违章作业，只是在施工人员从车间办的二级动火证上签上自己的名字，代替厂一级动火证，使他们的违章作业合法化，但又没有按一级动火证要求提出防止事故的措施，导致了事故的发生。该副部长作为这次重大伤亡事故的主要责任人被逮捕追究刑事责任。

#### 5.15.1.3 问题

（1）你单位是如何签发特级用火作业许可证的，是否做到了用火审批人应亲临用火现场，检查并确认安全防范措施完全落实后方可签发的规定要求？

（2）你单位是如何理解并落实用火作业许可证上的会签栏中"生产等相关单位意见的"？

（3）你单位是如何理解并实施用火作业许可证只限一处用火(一个用火地点)的？

（4）在开工装置、停工检修装置、基建施工现场等不同用火条件下，如何确定用火监护人的资格？

### 5.15.2 高处作业安全措施缺失，高空坠落身亡事故

#### 5.15.2.1 情景

1998年10月2日17时40分，中石化某炼化企业所属的施工单位1名气焊工在XX装置框架拆除旧工艺管线(直径325mm)时，一只脚踩在距地面3.5m高的平台栏杆上，另一只脚踩在直径200mm的管线上，一只手扶在上层框架的水泥梁上，另一只手持割枪切割直径325mm总长约4.7m的管线吊钩，当吊钩割断时管线发生摆动，将该气焊工从3.5m处推下。

事故发生后立即送医院抢救，经诊断为脑内有出血，造成颅骨、左肋骨3、4、5根及左锁骨多处骨折，于1998年10月21日9时40分因抢救无效死亡。

#### 5.15.2.2 简析

（1）被拆除的管线处于悬空状态距地面约5m的距离，拆除前没有制定拆除方案，没有进行危害分析，如当管线吊钩切割后一端会失稳摆动，有可能打击到作业人员。

（2）气焊工在3.5m的高度进行作业属于高处作业，施工负责人没有为作业人员搭设必要的作业平台，一只脚踩在距地面3.5m高的平台栏杆上，另一只脚踩在直径200mm的管线上，下部存在高度达3.5m的坠落空间，一旦遇到特殊情况就有发生坠落的可能。

（3）该气焊工当时虽然身上背着安全带，但没有悬挂和索定，当吊钩割断时管线发生摆动，撞击到气焊工，将其从3.5m高处推下坠落。

（4）该气焊工头上虽戴着安全帽，但没有系好帽带，致使坠落时安全帽与头分开，头部着地造成脑内出血、颅骨骨折，抢救无效死亡。

#### 5.15.2.3 事故教训

（1）钢格板的安装是一项高风险的高处作业，容易发生坠落事故，包括人身坠落和钢格板坠落，因此，对于钢格板的安装作业，施工单位必须制订安装方案。

（2）安装前，应对作业人员进行高处作业的安全教育，搬运时要协调一致、同起同放、相互关照。钢格板在横梁上挪动时，作业人员要选择有利的安全位置，系挂好安全带。钢格板就位后要立即固定(卡扣卡紧或电焊)，严禁钢格板松动和不稳。未安装好的钢格板，非作业人员严禁踏入。安装好的钢格板，其预留洞口和临边必须设置防护措施。

（3）安装钢格板时，施工单位必须为作业人员提供完善的防坠落安全措施，如安装安全

平网、设置防护栏杆或水平溜绳，使作业人员的安全带有可靠的系挂处。

（4）加强钢格板安装作业的安全监督，及时发现问题及违章行为。

#### 5.15.2.4 问题

（1）你单位是如何签发高处作业许可证的，是否做到了审批人应亲临高处作业现场，检查并确认安全防范措施完全落实后方可签发的规定要求？

（2）何种情况下的高处作业必须制定安全施工方案？

（3）安全管理部门在高处作业过程中的监督管理工作应如何开展，你单位对于高处作业安全管理的职责是如何规定的？

## 5.16 思考题

（1）用火作业监管的原则有哪些？

（2）进入受限空间作业的安全监督管理的重点有哪些？

（3）起重作业常发生的事故类型和防范措施？

（4）盲板及垫片的技术要求是什么？

（5）机泵仪表维修有哪些安全监管要点？

（6）装置停开工过程有哪些危险特性？例举你单位在停开工过程发生的事故、事件？

（7）装置检修过程有哪些危险特性？例举你单位在检修过程发生的事故、事件？

（8）HSE 观察程序和观察项目内容？

# 第6章　石油化工设施安全监督管理

本章主要介绍石油化工企业关键装置要害(重点)部位的安全监督管理、储运系统的特点常见事故类型及其危险性；介绍了供水系统、供电系统、空分装置、供风系统、供氧系统、污水处理系统、气轮机组的安全监督管理要点，及安全检查中需要注意的问题。

## 6.1　关键装置要害(重点)部位安全监督管理

### 6.1.1　关键装置要害(重点)部位的界定

#### 6.1.1.1　界定关键装置要害(重点)部位的目的

关键装置系指以下设施或装置：工艺操作是在易燃、易爆、有毒、有害、易腐蚀、高温、高压、真空、深冷、临氢、烃氧化等条件下进行的生产装置。划分参考表6.1。

要害(重点)部位系指以下场所或区域：

(1) 多工种联合作业、频繁拆卸、搬迁、安装的部位，生产过程中不安全因素多的野外施工现场；

(2) 制造、储存、运输和销售易燃易爆、剧毒等危险化学品场所，以及可能形成爆炸、火灾场所的罐区、装卸台(站)、码头、油库、仓库等；

(3) 对关键装置安、稳、长、满、优生产起关键作用的公用工程系统等；

(4) 运送危险品的专业运输车(船)队等。

可见关键装置和要害部位都是潜在危险较大的生产装置或部位。所以界定关键装置要害(重点)部位的目的就是为了规范、加强关键装置要害(重点)部位的安全管理，避免重大、特大事故的发生，保障生产和职工生命安全。

#### 6.1.1.2　关键装置要害(重点)部位的界定方法

(1) 在危险分析、安全评价基础上分清主次，科学界定。

(2) 各直属企业应根据本企业的实际情况，按生产装置、部位的危险程度、影响范围合理界定。

(3) 在主管经理(厂长)的领导下，组织生产、技术、设备、仪表、电气、安全等有关部门组成领导小组。在条件允许的情况下，由二级单位对生产、运输、储存等生产系统各个环节，采用适当的安全评价方法逐一进行安全评价。在安全评价的基础上，结合本单位的生产实际情况、各装置安全装备的配备情况、生产效益等参考集团公司关键装置要害(重点)部位的划分参考表进行界定，并根据危险程度进行分级。

关键装置要害(重点)部位由二级单位界定后，报直属企业(局、总厂、厂)审批。一般分为两级。发生火灾时，影响全企业的生产或容易造成重大人员伤亡的关键生产装置及部位可定为一级，并报集团公司安全监管局备案。

关键装置要害(重点)部位界定后，还应在主管经理(厂长)的领导下，组织生产、技术、设备、仪表、电气、安全等有关部门，制定各种安全管理监控措施和应急处理预案等。

#### 6.1.1.3 关键装置划分

关键装置要害(重点)部位划分参见表6.1。

表6.1 关键装置要害(重点)部位划分表

| 一、炼油装置 | |
|---|---|
| 加氢裂化装置 | 热裂化装置 |
| 加氢精制装置 | 常减压蒸馏装置 |
| 制氢装置 | 汽油再蒸馏装置 |
| 催化重整装置 | 汽油电化学精制装置 |
| 催化裂化装置 | 溶剂脱蜡脱油装置 |
| 气体分馏装置 | 汽油脱硫醇装置 |
| 溶剂脱沥青装置 | 减黏裂化装置 |
| 气体脱硫装置 | 硫磺回收装置 |
| 气体脱硫醇装置 | 烷基化装置 |
| 液化石油气化学精制装置 | 润滑油加氢装置 |
| 延迟焦化装置 | MTBE 装置 |
| 二、有机化工装置 | |
| 蒸汽裂解乙烯、丙烯装置 | 丁烯氧化脱氢制丁二烯装置 |
| 裂解汽油加氢装置 | 乙烯直接法制氯乙醛装置 |
| 芳烃抽提装置 | 合成甲醛装置 |
| 对二甲苯装置 | 乙醛氧化制乙酸(醋酸)装置 |
| 对二甲苯二甲酯装置 | 环氧氯丙烷装置 |
| 对苯二甲酸装置 | 羰基合成制丁醇装置 |
| 环氧乙烷装置 | 间甲酚装置 |
| 环乙烷装置 | 碳四抽提丁二烯装置 |
| 丙烯腈装置 | 乙烯氧氯化法制氯乙烯装置 |
| 三、合成橡胶装置 | |
| 丁苯橡胶装置 | 顺丁橡胶装置 |
| 丁腈橡胶装置 | |
| 四、合成树脂及塑料装置 | |
| 尼龙6(己内酰胺)装置 | 聚乙烯醇装置 |
| 高压聚乙烯装置 | 聚酯装置 |
| 低压聚乙烯装置 | 聚苯乙烯装置 |
| 聚丙烯装置 | ABS 塑料装置 |
| 五、合成氨装置 | |
| 合成氨装置 | 尿素装置 |
| 六、石油化纤装置 | |
| 涤纶装置 | 腈纶装置 |
| 锦纶装置 | 维尼纶装置 |
| 尼纶装置 | |
| 七、要害(重点)部位 | |
| 放射性同位素库 | 炸药库 |
| 甲类(A级)仓库 | 专业运输车(船)队 |
| 输油站库 | 铁路装卸油栈桥 |

续表

| 七、要害(重点)部位 | |
|---|---|
| 输气站场 | 油品装卸码头 |
| 自备电厂(站) | 乙炔气厂 |
| 脱水站 | 35kV 以上变电站 |
| 污水处理站 | $1000m^3$ 以上空分装置 |
| 油(气)储罐区(站、库)：总容量 $5\times10^4m^3$ 及以上，或储量在 $0.5\times10^4m^3$ 的液化石油气及闪点<28℃的液体、爆炸下限<10%的气体灌区 | 供应户数 500 户及以上的民用液化气站、库 |

## 6.1.2 关键装置要害(重点)部位安全管理监控要求

关键装置要害(重点)部位实行分级管理和分级监控。即直属企业、二级单位、基层单位和班组分级管理与分级监控。

### 6.1.2.1 关键装置要害(重点)部位的管理要求

(1) 直属企业管理要求

直属企业负责对一级关键装置和一级要害(重点)部位实施管理。

应编制下发关键装置要害(重点)部位管理规定实施细则，应制定“机、电、仪、操、管”人员和有关管理部门对关键装置、要害(重点)部位的管理职责，明确各级领导、各职能部门和各级管理人员、操作人员、检维修人员的职责，安全监督管理部门应定期对职责落实情况进行检查、监督和考核；建立关键装置、要害(重点)部位档案和登记台账；对一级关键装置、要害(重点)部位，每半年至少进行一次全面安全监督检查或抽查，并形成安全检查技术报告；对二级关键装置、要害(重点)部位，每年至少进行一次全面检查或抽查。

关键装置、要害(重点)部位档案包括综合档案和每一套一级关键装置要害(重点)部位的装置档案。

综合档案包含以下内容：关键装置要害部位目录；相关管理制度；工艺、技术、机动、安全、仪表、电气等有关部门职责；年度管理登记台账；工程师配备情况；管理概况等。

装置档案包含以下内容：安全检查技术报告；领导干部定点联系汇总表；应急预案演练计划和演练考核表等。

(2) 二级单位管理要求

二级单位负责对关键装置和要害(重点)部位实施管理。

应制定“机、电、仪、操、管”人员和有关管理部门对关键装置、要害(重点)部位的管理职责，明确各级领导、各职能部门和各级管理人员、操作人员、检维修人员的职责，安全监督管理部门应定期对职责落实情况进行检查、监督和考核；应建立关键装置、要害(重点)部位安全检查书面报告制度；建立关键装置、要害(重点)部位档案和登记台账，安全监督管理部门要定期对落实情况进行检查监督并进行考核。

关键装置、要害(重点)部位档案包括综合档案和每一套一级、二级关键装置要害(重点)部位的装置档案。

综合档案包含以下内容：关键装置要害部位目录；相关管理制度；工艺、技术、机动、安全、仪表、电气等有关部门职责；年度管理登记台账；工程师配备情况；管理概况等。

装置档案包含以下内容：安全检查技术报告；领导干部定点联系登记表和汇总表；应急预案演练计划、演练方案和演练考核表；危险点分布图和检查表等。

(3) 基层单位管理要求

基层单位应确定关键装置要害(重点)部位的安全监控危险点，绘制出危险点分布，每月进行一次安全检查、监督，对查出的隐患和问题及时整改或采取有效防范措施。

基层单位应为关键装置要害(重点)部位设置专职安全工程师。必须制定和完善关键装置要害(重点)部位各种应急处理预案，每季度要进行一次实际演练并严格考核。

基层单位负责本单位关键装置或要害(重点)部位实施管理。

应建立关键装置、要害(重点)部位档案，管理档案一般包含以下内容：

① 关键装置要害(重点)部位安全监控管理制度；

② 关键装置要害(重点)部位安全监控管理网络及职责；

③ 关键装置要害(重点)部位安全监控突发事件应急预案；

④ 关键装置要害(重点)部位季度监管检查表(情况汇总)；

⑤ 关键装置要害(重点)部位安全检查技术报告；

⑥ 关键装置要害(重点)部位应急预案演练计划和演练方案；

⑦ 关键装置要害(重点)部位应急预案考核表(总结)；

⑧ 领导干部定点联系登记表和汇总表；

⑨ 关键装置要害(重点)部位危险点分布图；

⑩ 关键装置要害(重点)部位危险点检查表；

⑪ 关键装置要害(重点)部位安全评价相关情况、带病监护运行登记表和事故登记表等。

#### 6.1.2.2 二级单位监控要求

二级单位、相关职能处(科室)监控要求：工艺、技术、机动、安全、仪表、电气等有关部门按照职责分工对关键装置、要害(重点)部位的安全进行监控管理。具体是：

(1) 各项工艺操作指标符合操作规程、工艺卡片要求；

(2) 各种动、静设备、设施、附件达到完好标准，静密封点泄漏率小于0.5‰，压力容器、压力管道符合《压力容器安全技术监察规程》和《压力管道安全管理与监察规定》，其安全附件应齐全好用，关键机组实行特护管理；

(3) 仪表管理符合制度要求，仪表完好率和使用率达95%以上，自控率达90%以上，严格执行仪表联锁管理规定；

(4) 各类安全设施、消防设施齐全、灵敏、完好，符合有关规程和规定的要求，消防道路畅通；

(5) 每季度组织一次安全检查，并建立健全完整的二级关键装置、重点部位安全检查档案。

#### 6.1.2.3 基层单位监控要求

(1) 确认关键装置、要害(重点)部位的安全监控危险点，绘制出危险点分布图，明确安全责任人；

(2) 每月进行一次安全检查，对查出的隐患和问题及时整改或采取有效防范措施；

(3) 关键装置、要害(重点)部位设置专职安全工程师；

(4) 操作人员应经培训合格并持证上岗。

#### 6.1.2.4 班组监控要求

（1）严格执行巡回检查制度；

（2）严格遵守工艺、操作、劳动纪律和操作规程；

（3）按巡回检查制度定期对安全设施、危险点进行安全检查；

（4）及时报告险情和处理存在的问题。

#### 6.1.2.5 安全检查报告编制要点

每半年组织一次全面安全检查，形成书面检查报告。检查报告编制要点如下：

（1）前言；

（2）检查小组组成情况；

（3）检查过程；

（4）检查情况，从以下各方面反映；

① 安全生产责任制的落实情况；

② 安全监控制度；

③ 安全监控管理；

④ 工艺安全管理；

⑤ 设备安全管理；

⑥ 电气安全管理；

⑦ 仪表管理；

⑧ 消防设施；

⑨ 罐区的标准化管理；

⑩ 危险点部位抽查；

⑪ 存在问题及整改办法；

⑫ 附件。

### 6.1.3 领导干部定点联系（承包）关键装置要害（重点）部位

#### 6.1.3.1 实行领导干部分级定点联系（承包）关键装置、要害（重点）部位安全管理制度

（1）一级关键装置、要害（重点）部位由直属企业现职处级及其以上领导干部进行联系（承包）。直属企业的领导或部门领导对一级关键装置要害（重点）部位实行领导干部定点承包安全管理，二级单位的领导或部门领导对关键装置要害（重点）部位实行领导干部定点承包安全管理。

（2）联系（承包）点应设置“领导干部安全联系（承包）责任牌”。

#### 6.1.3.2 联系（承包）人对所负责的关键装置、要害（重点）部位负有安全监督与指导责任

（1）指导帮助安全承包点实现安全生产；

（2）监督安全生产方针、政策、法规制度的执行和落实；

（3）定期检查安全生产中存在的问题与隐患；

（4）帮助并督促隐患整改；

（5）监督事故“四不放过”原则的实施；

（6）帮助解决影响安全生产的突出问题。

#### 6.1.3.3 实行工作联系及反馈制度

局级领导至少每季、处级干部至少每月到联系（承包）点进行一次安全活动，联系点所

在单位应及时将参加活动情况反馈到安全监督管理部门。其活动形式包括参加基层班组安全活动、安全检查、督促整改事故隐患、安全工作指示等。

#### 6.1.3.4 领导干部联系(承包)到位情况考核

企业安全监督管理部门每季度对领导干部联系(承包)到位情况进行一次考核，并进行公布。考核情况应纳入领导干部年度经济责任制考核中。

### 6.1.4 关键装置要害(重点)部位应急预案演练

《中国石油化工集团公司关键装置要害(重点)部位安全管理规定》要求直属企业或二级单位应组织制定、完善关键装置、要害(重点)部位应急预案，至少每半年进行一次演练，确保关键装置、要害(重点)部位的操作、检修、仪表、电气等工作人员会识别和及时处理各种不正常现象及事故。

### 6.1.5 关键装置要害(重点)部位管理概况

直属企业一级关键装置要害(重点)部位管理概况，于每年的7月15日和1月15日前用传真或电子文档上报中国石化。

关键装置要害(重点)部位管理概况的主要内容包括：

(1) 关键生产装置安全检查起止时间；

(2) 关键装置要害部位变化情况和检查情况；

(3) 检查中发现的问题及对策。

## 6.2 储运系统安全监督管理

石油化工企业的储运系统主要包括各种气体、液体原料、中间产品、产品以及辅助生产用料的储存和运输设施。具体包括：

(1)储运系统罐区，包括原油罐区、各工艺装置原料罐区、产品罐区、中间成品及调合罐区、自用燃料油罐区、化学药剂罐区、不合格油及污油罐区等；

(2)储运系统泵房(含露天泵站)，包括原油泵房、原料转输泵房、产品调合及灌装泵房、化学药剂泵房、自用燃料油泵房、不合格油及污油泵房等；

(3)装卸设施，包括水运装卸设施、铁路罐车装卸及清洗设施、汽车罐车装卸设施及油品灌装设施等；

(4)工艺及热力系统管网，指石油化工企业中各工艺装置之间以及系统各设施之间的系统管道，包括厂际管道；

(5)其他设施，包括污水处理设施、安全设施、化学药剂设施、液化石油气灌瓶站、石化储运站、汽车加油站、火炬设施等。

### 6.2.1 储运系统设备设施

#### 6.2.1.1 储罐的分类

在石油化工企业中，广泛地使用着各种类型的储罐，用于储存不同性质的液态和气态石油化工产品。地上储罐一般采用钢板焊接而成，具有投资少、建设周期短、日常维护管理方便的优点，因而石油化工企业中的储罐大多数为地上金属储罐。表6.2为金属储罐分类表。

表 6.2　金属储罐分类表

<table>
<tr><td rowspan="11">金属储罐</td><td rowspan="7">立式圆筒形储罐</td><td rowspan="3">固定顶罐</td><td colspan="2">拱顶罐</td></tr>
<tr><td colspan="2">桁架顶罐</td></tr>
<tr><td colspan="2">无力矩顶罐</td></tr>
<tr><td rowspan="4">活动顶罐</td><td rowspan="2">浮顶罐</td><td>内浮顶罐</td></tr>
<tr><td>外浮顶罐</td></tr>
<tr><td colspan="2">套桶顶罐</td></tr>
<tr><td colspan="2">气囊顶罐</td></tr>
<tr><td colspan="4">卧式圆筒形储罐</td></tr>
<tr><td rowspan="3">特殊形状储罐</td><td colspan="3">球形储罐</td></tr>
<tr><td colspan="3">滴状储罐</td></tr>
<tr><td colspan="3">球形底罐</td></tr>
</table>

#### 6.2.1.2　储罐附件

（1）固定顶储罐应设置走梯、平台、呼吸阀、液压安全阀、量油孔、人孔、透光孔、阻火器、清扫孔（排污孔）、放水管及仪表系统（液面计、温度计、高低液位报警器）、如需要设加热器；

（2）浮顶储罐应设置走梯、平台、量油孔、人孔、透光孔、清扫孔（排污孔）、放水管、外浮顶罐的中央排水管、内浮顶罐的罐壁透气孔及仪表系统（液面计、温度计、高低液位报警器）、部分还需要设加热器；

（3）压力储罐应设置走梯、平台、人孔、透光孔、安全阀、放水管、注水线、紧急切断阀及仪表系统（液面计、温度计、压力表、高低液位报警器）。

#### 6.2.1.3　安全监管要求

（1）罐区布置

① 布置在山区丘陵地区，地势高于工艺装置的罐区，要采取有效的防范措施，修筑可靠的，或利用地形设事故存液池，要保证防火堤或存液池严密不漏、坚固可靠。其容积符合规范要求；

② 布置在平地的罐区，罐区的分组、储罐间距及储罐与建筑物之间的距离应分别满足《石油化工企业设计防火规范》（GB 50160—2008）和《石油库设计规范》（GB 50074—2002）的有关规定。

（2）防火堤

① 用毛石或砖砌的防火堤要用混凝土覆盖内表面和堤顶，应能承受液体静压且不渗漏；

② 管道穿过防火堤时，必须采用非燃烧材料严密封堵；

③ 罐区地面雨水排放口应在防火堤外设置切断阀，此阀平时处于关闭状态，下雨时及时打开。罐区一旦发生漏油事故，通过关闭此阀可防止油品大量泄漏；

④ 含油污水排水管应在防火堤外设置水封井和切断阀，防止油品大面积泄漏造成事故。

（3）消防系统

①石油企业储量≥100000m$^3$的油罐区、有单罐≥100000m$^3$的油罐区应建立临时高压消防水；炼化企业工艺装置区和罐区应建立稳高压消防水系统，稳高压消防水系统压力长期保持高压（0.7~1.2MPa），压力低于设定值时消防水泵立即自动投用；石油炼化企业罐区的高

压消防水流量应不低于各规范规定的流量；

②半固定灭火设施的泡沫管线接口要引到防火堤外，油罐的固定、半固定泡沫灭火系统和冷却水竖管下端应设排渣口；

③ 炼化企业一级关键装置要害部位、单罐容积大于 1000 $m^3$液化烃罐区应设固定消防水炮，其数量和位置应保证事故状态下设备得到有效保护；

④ 单罐 5000 $m^3$ 以上的轻质油罐和 100 $m^3$以上的液化烃罐应安装水喷淋系统，水喷淋的控制阀应设在防火堤外；

⑤ 单罐容量≥100000$m^3$的浮顶罐须采用火灾自动报警系统控制，泡沫灭火系统采用手动或遥控控制；

⑥ 集中控制室设置稳高压给水泵启动信号，无专人 24 小时值守的消防水泵房应在集中控制室设置消防给水泵启动信号和手动控制系统，消防给水泵的进出水阀门应采用遥控自动阀；

⑦ 罐区应设环形消防道路，路面宽度不小于 6m，消防道路的转弯半径不小于 12m，净空高度不低于 5m；

（4）储罐及储罐附件

① 储存甲$_B$、乙$_A$ 类油品应选用浮顶或浮舱式内浮顶罐，以减少油品蒸发损耗；

② 储存可燃液体的固定顶罐应设有呼吸阀和阻火器，以确保罐内压力平衡和安全；

③ 外浮顶罐的中央排水管出口必须安装手动闸阀，中央排水管一旦漏油，可迅速关闭此阀切断漏油；

④ 罐前支管道与主管道的连接，一般应采用挠性或弹性连接，以防储罐基础下沉造成管道断裂漏油；

⑤ 储罐脱水要采用可靠的安全切水设施；

⑥ 球罐底部接管的第一道阀门、法兰、垫片的压力等级应比球罐提高一个压力等级，垫片应选用金属缠绕垫片，法兰应选用堆焊法兰；

⑦ 为应急处理球罐事故，宜在球罐底部管线增加注水线，该线平时与系统分开（阀门和盲板）；

⑧ 球罐底部入口管线应设紧急切断阀，入口紧急切断阀应与球罐高高液位报警联锁；

⑨ 球罐应设两个安全阀，每个都能满足事故状态下最大释放量的要求；安全阀前后必须安装手动闸阀，正常运行时闸阀必须保持全开并加铅封。

（5）罐区仪表

① 可燃液体储罐应设液位计和高液位报警，装置原料罐还须设低液位报警；

② 液态烃储罐应设液位计、压力表和安全阀，以及高液位报警及联锁；

③ 球罐及单罐容积≥10000$m^3$的储罐应设现场和远传（带高低液位报警）的液位计，应单独设高液位报警和带联锁的高高液位报警；

④ 可燃气体、液化烃、可燃液体的罐组应按规范要求设置可燃其他检测报警器；

⑤ 有毒介质罐区应按规范要求设置有毒气体检测报警器。

（6）罐区的防雷和防静电

①可燃气体、液化烃、可燃液体的钢制储罐必须设防雷接地。

储罐防雷接地点不少于 2 点，接地点沿储罐周长的间距不宜大于 30m，接地电阻应小于 10Ω。为便于正确检测接地电阻，接地线应作可拆装连接。

当固定顶钢罐顶板厚度大于 4mm 时，可不装设避雷针(线)；浮顶罐可不设避雷针(线)，但应将浮顶与罐体用两根不小于 $25mm^2$ 的软铜线作可靠的电气连接。

②压力储罐不设避雷针(线)，但应作接地。可燃气体、液化烃、可燃液体的钢制储罐和管线均应作防静电接地；

③需对进入轻油泵房、轻油罐顶上、轻油作业区的操作平台，以及爆炸危险区域等处的扶梯上或入口处设置消除人体静电的装置。此消除静电装置是指用金属管做成的扶手，在进入这些场所之前人体应抚摸此扶手以消除人体静电。

**6.2.1.4 储运系统装卸设施**

(1)铁路装卸油设施设备

包括铁路专用线、油品装卸栈台、铁路油罐车、鹤管及卸油臂、栈桥、机泵、集油管、零位油罐、真空管和抽底油管、洗罐站等。

(2)公路装卸油设施设备

包括汽车油罐车、汽车装卸油鹤管、集油管和输油管、装卸油站台、机泵、灌油栓(用于向油桶灌油)、灌桶间等。

(3) 水运装卸油设施设备

包括油船、装卸油码头、装卸油泵房、装卸油导管、输油臂、放空罐、沉淀罐和缓冲罐等。

**6.2.1.5 安全监督要点**

铁路装卸设施应符合下列安全规定：

(1) 铁路装卸栈台两端和沿栈台每隔 60m 左右，应设安全梯；

(2)甲$_B$、乙、丙$_A$类的液体，严禁采用沟槽卸车系统；

(3)顶部敞口装车的甲$_B$类、乙类、丙$_A$类的液体，应采用液下装车鹤管；丙$_B$液体装卸栈台宜单独设置；

(4)装卸泵房至罐车装卸线的距离，不应小于 8m；

(5)在距装车栈台边缘 10m 以外的可燃液体输入管道上，应设便于操作的紧急切断阀；

(6) 零位罐至罐车装卸线不应小于 6m；

(7) 液化烃的铁路装卸栈台，宜单独设置；当不同时作业时，也可与可燃液体装卸共台设置；

(8) 装卸液化烃过程中，严禁将液化烃就地排放；

(9) 必须对铁路槽罐车有关资料进行检查(主要有：货物运单、罐车使用证、装车前检查合格证、合格的分析化验单)检查必须携带的所有证件，如驾驶证、押运证、消防培训合格证、危险品准运证、槽车检验合格证等；

(10)洗罐站的安全管理，可按同类可燃液体装卸设施的有关规定执行。

汽车装卸设施应符合下列安全规定：

(1) 装卸站的进、出口，宜分开设置；当进、出口合用时，站内应设回车场；

(2) 装卸车鹤位之间的距离，不应小于 4m；装卸车鹤位与缓冲罐之间的距离，不应小于 5m；

(3) 甲$_B$、乙$_A$类液体装卸车鹤位与泵的距离，不应小于 8m；

(4) 站内无缓冲罐时，在距装卸车鹤位 10m 以外的装卸管道上，应设便于操作的紧急切断阀；

(5) 甲$_B$、乙$_A$类液体的装卸车，应采用液下装卸车鹤管；

(6) 当采用上装鹤管向汽车油罐车灌装甲、乙、丙$_A$类油品时，应采用能插到油罐车底部的装油鹤管；

(7) 必须检查罐车的安全阀及罐体检测情况；

(8) 槽车的静电接地线应设报警，当接地不符合要求时，会报警或装车阀门打不开，以保证安全装车；

(9) 在完成装车之后，与装车设施断开连接之前必须让金属连接保留一段时间，以消除积聚的静电荷；

(10) 在任何雷电暴风雨期间都必须中止装车操作；

(11) 液化烃汽车装卸车鹤位之间的距离，不应小于4m；

(12) 装卸液化烃过程中，严禁将液化烃就地排放。

水运装卸油设施应符合下列安全规定：

(1) 平台和引桥：不论固定式平台或引桥、升降式平台或引桥，都要定期对坚固情况和升降情况及其结构、装置进行检查，发现支撑结构有破损、断裂和倾斜时，必须及时修复加固，防止塌落、倾倒，升降装置损坏失去作用。经常检查防撞、防风和防浪等设施设备是否齐备完好；

(2) 趸船：要经常检查船体变形和腐蚀情况、栓系锚固情况；

(3) 装卸设备：海运和江运装卸码头的设备配置各地各不相同，主要有油泵、管组、阀门、电气设备、输油臂、量测仪器仪表、吊升装置和金属或橡胶软管及其接口等，其中任何一种设备工作失控，发生泄漏、撞击打火、误动、短路等，都会导致跑油和火灾；

(4) 绝缘连接和静电接地：为了防止杂散电流窜入油船，在重要码头的输油干管上要安装绝缘法兰或橡胶软管，油船厂和码头分别接地，绝缘管路进行屏蔽，每次停靠油船和作业之前，都要严格检查；

(5) 码头相邻泊位的船舶间的最小距离，应根据设计船型按表6.3的规定执行：

**表6.3 码头相邻泊位的船舶间的最小距离**

| 油船长度/m | 279~236 | 235~183 | 182~151 | 150~110 | <110 |
|---|---|---|---|---|---|
| 最小距离/m | 55 | 50 | 40 | 35 | 25 |

注：船舶在泊位内外档停靠时，不受此限。

(6) 油品装卸码头与相邻货运码头、与相邻客运站码头、与公路桥梁、铁路桥梁等建筑物、构筑物的安全距离应符合《石油库设计规范》(GB 50074-2002)；

(7) 停靠需要排放压舱水或洗舱水油船的码头，应设置接受压舱水或洗舱水的设施；

(8) 在距泊位20m以外或岸边处的装卸船管道上，应设便于操作的紧急切断阀；

(9) 油品装卸码头的建造材料，应采用非燃烧材料(护舷设施除外)；

(10) 液化烃泊位宜单独设置，当与其他可燃液体不同时作业时，可共用一个泊位；

(11) 液化烃的装卸管道，应采用装油臂或金属软管，并应采取安全放空措施。

油(气)输送设备安全监督要点：

(1) 泵房：是机电设备集中、操作频繁、最容易泄漏和散发油气的场所，是着火、中毒、触电和机械性损伤最容易发生的地点。因电气设备不符合要求，油气形成爆炸性混合气体、油气窜入配电间等原因，火灾爆炸事故常有发生；

(2) 各种油泵：油泵超温超压运转，泵体、轴封泄漏严重，噪声过大，防爆等级不够，操作失误等原因引起着火燃烧、跑油、机泵损坏、甚至机毁人亡事故 。寒冷地区不采暖泵房的油泵，运转后不排空，泵壳内积水而发生冻裂的事故也经常发生；

油库用泵主要有离心泵、齿轮泵、螺杆泵三种，构造上各有特点。静态监督，按设备的完好标准进行检查；动态安全监督，主要对运行状态和技术参数进行检查；

(3) 压缩机房：室内安装各种压缩机时，除进行一般安全监督外，还应按其压缩介质种类，如空气、石油气体、氨、氢等，监督某些特定参数。压缩机房是压缩机的工作间，因介质泄漏、超温、超压、噪音超过规定、防爆电气的配置不符合要求等原因，会发生着火爆炸、机毁人亡、急慢性中毒等事故；

(4) 各种压缩机：超压运行设备破裂、撞机，超温运行使机体转动件烧坏，以及设备泄漏，会发生着火爆炸和中毒甚至窒息。操作失误，将致使机毁人亡。因此要对空气压缩机、液化石油气压缩机、氨压缩机、氢压缩机以及不同介质的其他压缩机，进行静态和动态监督，以确保安全；

(5) 管道铺设和连接：铺设方式不正确，挠度与坡度不符合要求，温度补偿不足等都是不安全因素，会导致灾情扩大。不能排空而混油，甚至积水冻裂，连接不严密而渗漏，缺少保护设施，发生突发性开焊或胀坏管件与垫片而跑油等；

(6) 管道的保温、防腐及接地：保温层脱落损坏或保温材料风化不起保温作用，造成能源浪费，甚至冻塞影响运行。防腐层损坏，电化学保护受到破坏或效果降低，致使管道局部或全部腐蚀加重，甚至蚀穿漏油。接地不良或接地断开，静电不能排除，使进入容器油品的静电位增高，遇有各种条件同时具备时而产生静电放电，引起着火爆炸；

(7) 阀门：阀门是管道的重要附件。渗漏几乎是阀门的通病。胀裂和冷脆性冻裂，闸板脱落、丝杠变形、填料垫片老化破损，关闭件和阀座腐蚀严重维修时不分场地和用途随意选用等，造成漏油、跑油、混油，污染环境，酿成火灾。因此，阀门是管道监督的重点。

## 6.2.2 火炬系统安全监督管理

火炬设施是石油化工企业内可燃气体排放系统中一个主要的事故处理措施。企业中可以设一个排放系统和一个火炬，也可以两个排放系统合用一个火炬，或分设两个火炬。这主要取决于需要排放装置的数量，以及这些装置的排放量和排放压力的差异。

火炬系统的安全监督管理主要有以下几个方面：

(1) 必须保证火焰完全燃烧：为了减少对大气的污染，应力求使火炬的排放气能完全燃烧，必须采用强制的方法补充供氧，一般采用的是注入蒸汽的方法以保证完全燃烧；

(2) 防止火炬头烧坏：在火炬操作中规定最小蒸汽量的目的是对火炬头起冷却保护作用和防止火焰返烧，因此即使无排放气体情况下也不允许停止蒸汽供给，并及时根据排放量大小调整蒸汽量；

(3) 防止下火雨：火炬下火雨是排放气体中带液燃烧所造成的，这种情况极易造成安全事故。防止下火雨的最根本的办法是严格控制装置的排放，可燃液体必须经蒸发器蒸发后，才允许排入火炬系统；

(4) 防止回火：火炬火焰发生回火会引起火炬系统的爆炸，通过保持火炬系统正压和设置分子封是防止回火的主要安全措施；

(5) 长明灯应处于点燃状态：要经常检查长明灯点燃情况和长明灯气源的供应情况，以防止长明灯熄灭时火炬排放气排空而发生事故；

(6) 排放低温系统物料时速度不能过快：排放速度过快容易造成火炬管线冷淬，特别当火炬罐和管线有水时，可造成冻堵；

(7) 绝对禁止将工艺空气等排入火炬系统。

## 6.3 供水系统安全监督管理

工业企业供水系统是通过提高水质、调整水压，为工业生产和锅炉提供用水。提高水质主要通过混凝、沉淀、过滤、消毒、软化、除氧等水处理过程实现。调整水压是靠动力设备(泵、压缩机等)完成。

### 6.3.1 加氯消毒安全监督要点

给水处理中加氯消毒是利用氯与水发生化学反应，形成次氯酸，次氯酸是很小的中性分子能扩散到带负电的细菌表面，通过细菌的细胞壁穿透到细菌内部，氧化破坏细菌的酶系统(酶是促进葡萄糖吸收和新陈代谢的催化剂)，达到杀灭细菌的目的。

#### 6.3.1.1 氯气的预防泄漏和抢救措施

(1) 严格执行氯气安全操作规程，及时排除泄漏和设备隐患。

(2) 大量氯气泄漏时(空气中含有 40 ~ 60mL/m$^3$，会危害人的机体；在含有 100 ~ 200mL/m$^3$ 人就有死亡危险。)，现场负责人应当立即组织检修，撤离无关人员，抢救中毒者。抢修、救护人员必须佩带有效防护面具，如救护过程遇到有防护面具或防护面具失效时，应用至少三层的湿毛巾捂住鼻嘴，快速把中毒人员转移到上风地带，进行现场急救，并及时送医院抢救。

(3) 抢修中应利用现场机械通风设施和尾气处理装置等，降低氯气污染程度。

(4) 遇液氯钢瓶泄漏时，应转动钢瓶，使泄漏部位位于氯的气态空间，在易熔塞处泄漏时应有竹签、木塞做堵漏处理；瓶阀泄漏时，打紧六角螺母；瓶体焊泄漏时，应用内衬橡胶垫片的铁箍。凡泄漏钢瓶应尽快使用完毕，返回生产厂。

(5) 严禁在泄漏的钢瓶上喷水。

#### 6.3.1.2 氯气岗位防护用品的使用：

(1) 防护用品应定期检查，定期更换。

(2) 生产、使用、储存氯气岗位必须配备足够的防毒面具，并定期检查。

(3) 生产、使用、储存氯气现场应配备一定数量药品，吸氯者应迅速撤离现场，严重时及时送医院治疗。

#### 6.3.1.3 氯气钢瓶使用注意事项：

(1) 严禁使用蒸汽、明火直接加热钢瓶。可采用不超过 45℃的温水加热。

(2) 严禁将油类、棉纱等易燃物和与氯气发生反应的物品放在钢瓶附近。

(3) 不得将钢瓶设置在楼梯、人行道口和通风系统吸气口等场所。

(4) 应有专用钢瓶开启扳手，不得挪作它用。

(5) 开启瓶阀要缓慢操作，关闭时亦不能用力过猛或强力关闭。

(6) 瓶内液氯不能用尽，必须留有余压(重量法：瓶内残氯不少于额定装载量的 2% ~

5%；压力法：瓶内压力≥0.3MPa）。充装量为1000kg的钢瓶应留5kg以上的余氯。

（7）液氯钢瓶严禁超装，最大充装量不超过每升容积1.2kg。

（8）氯气钢瓶严禁在阳光下曝晒，满瓶与空瓶分开堆放，并设有明显标志。

### 6.3.2 臭氧消毒安全监督内容

臭氧本身就是一种无毒的气体，但人员在臭氧浓度较高的环境中，会遇到呼吸困难的现象；同时臭氧对呼吸道具有比较强的刺激性，能引起咳嗽症状。

臭氧生产的工作原理很简单。表述如下：

放电　$3O_2 = 2O_3$

臭氧分子（$O_3$）极不稳定，极容易分解为$O_2$和[O]，由于氧原子[O]具有极强的氧化能力，与水中的污染物作用不会生成二次污染物质，因此，臭氧消毒方式具有很广阔的发展前途。

生产臭氧时运行电压达1万多伏，具有很高的危险性，故在臭氧发生器室内，必须设有安全防护栏、安全警戒线，不得有易燃易爆物存在，通风机械设备可靠。

进入含有臭氧的容器或设施（如活性炭罐、臭氧接触池、活性炭滤池）作业时，必须小心谨慎，要待其中的臭氧气体的浓度降到符合国家规范标准时，才能进行作业。

## 6.4 供电系统安全监督管理

### 6.4.1 电气安全管理的核心

用系统的观点看待影响安全生产、构成事故的诸种因素，在人、机器设备、具体环境以及管理四种对象中，人是最为能动和丰富的。所以，人是电气安全生产管理的核心，必须以人为本。

### 6.4.2 电气工作人员必须具备的条件

经医师鉴定，无妨碍工作的病症。（体格检查每两年至少一次）。具备必要的电气知识和业务知识，主要包括规程制度、电气基本理论知识和专业技能。（特种作业应持证上岗）。具备必要的安全生产知识，学会紧急救护法，特别要学会触电急救，并能正确执行。

### 6.4.3 保证电气安全的组织措施

在电气设备上工作，必须坚持工作票制度；工作许可制度；工作监护制度；工作间断、转移和终结制度。

#### 6.4.3.1 工作票制度

所谓工作票，顾名思义就是批准在电气设备上进行工作的凭证和依据，是不同于口头命令或电话命令的书面命令形式。

办理工作票，实质上是要进行目的性的安全作业。因此，必须依据工作票面上所填内容核实保安措施。工作票负责人、工作票许可人及工作票签发人明确安全职责，同样，工作票也是工作间断、转移和办理终结手续的依据。

在电气设备上工作，应填用工作票或按命令执行，其方式有下列二种：填用第一种工作票；填用第二种工作票。

填用第一种工作票的工作为：

(1) 高压设备上工作需要全部停电或部分停电者；

(2) 高压室内的二次接线和照明等回路上的工作，需要将高压设备停电者或做安全措施者。

填用第二种工作票的工作为：

(1) 在带电设备外壳上及带电线路杆塔上的工作；

(2) 控制盘和低压配电盘、配电箱、低压干线以及运行中的变压器室内的工作；

(3) 二次接线回路上的工作，无需将高压设备停电者；

(4) 转动中的发电机、电动机、同期调相机的励磁回路或高压电动机转子电阻回路上的工作；

(5) 核相、非当值值班人员测量电流、电压工作。

#### 6.4.3.2 工作许可制度

是指工作许可人在检查完成施工现场的安全措施后，会同工作负责人到工作现场所作的一系列证明、交待、提醒和签字而准许工作开始的过程。

#### 6.4.3.3 工作监护制度

(1) 完成工作许可手续后，工作负责人(监护人)应向工作班人员交待现场安全措施、带电部位和其他注意事项。工作负责人(监护人)必须始终在工作现场，对工作班人员的安全认真监护，及时纠正威胁安全的行为。

(2) 所有工作人员(包括工作负责人)，不许单独留在高压室内和室外变电所高压设备区内。

(3) 若工作需要(如测量极性、回路导通试验等)，且现场设备具体情况允许时，可以准许工作班中有实际经验的一人或几人同时进行工作，但负责人应在事前将有关安全注意事项予以详尽的指示。

(4) 工作负责人(监护人)在全部停电时，可以参加工作班工作。在部分停电时，只有在安全措施可靠，人员集中在一个工作地点，不致误碰导电部分的情况下，方能参加工作。

(5) 工作票签发人或工作负责人，应根据现场的安全条件、施工范围、工作需要等具体情况，增设专人监护和批准被监护的人数。

(6) 专责监护人不得兼做其他工作。

(7) 工作期间，工作负责人若因故必须离开工作地点时，应指定能胜任的人员临时代替，离开前应将工作现场交待清楚，并告知工作班人员。原工作负责人返回工作地点时，也应履行同样的交待手续。

(8) 若工作负责人需要长时间离开现场，应由原工作票签发人变更新工作负责人，两工作负责人应做好必要的交待。

(9) 值班员如发现工作人员违反安全规程或任何危及工作人员安全的情况，应向工作负责人提出改正意见，必要时暂时停止工作，并立即报告上级。

#### 6.4.3.4 工作间断、转移和终结制度

工作间断是指工作过程中，因需要补充营养、需要进行休息或其他原因，工作人员从工作现场撤出而停止一段时间工作的情况。根据实际情况，工作间断主要有两种：当天短时间之内的工作间断。这种工作间断，工作票不交回值班许可人，所以，工作间断后开工也无需

通过许可人，也就是说，工作间断时间中工作现场的安全措施全部原封不动，可称之为当日间断。隔日工作间断。虽然是执行中的工作票，但因为工作间断的时间较长，现场布置的设施可能对正常运行产生妨碍，生产过程中也可能出现一些意想不到的实际情况，造成运行中接线方式发生改变，使执行中的工作票的安全措施形成了更动。因此，凡工作间断后次日再进行的工作，每日收工应清扫现场，开放已封闭通路，将工作票回交值班员收执。这就意味着工作已经停止。次日复工时需取得值班员许可并取回工作票，工作负责人仍应按照办理许可手续时那样，重新认真检查现场的安全措施与工作票相符，并做好其他措施，然后才能带领工作班人员进入工作地点恢复工作。

同一电气连接部分中的工作安全措施，反映在一张工作票上是作为一个措施整体一次布置完毕的。对于现场设备带电部位和补充安全事项等，工作许可人向工作负责人在履行许可手续时都已交待清楚。转移到不同的工作地点时，特别应该注意的是新工作地点的环境条件对工作将产生的影响。工作负责人在每转移到一个新工作地点时，都要向工作人员详细交待带电范围、安全措施和应予注意的其他问题，这是工作转移制度的主要内容。

工作完毕后应进行自查整理。其内容包括清扫工作现场、检查有无遗漏物件、设备是否清擦干净等，对所做工作的全过程进行周密检查之后，工作班全体成员撤离工作地点。做出工作结论和设备现状交接。工作负责人向值班负责人讲清所修项目、发现的问题以及还未处理的仍然存在的问题，提交试验报告或结论。其后双方共同对设备状况进行全面检查，工作许可人按现场运行规程规定进行必要的仪器测试和操动试验，所查结果应确与所交待结论相符。履行工作终结手续，由工作许可人在工作票上填写工作结束时间，双方在工作票的相应位置上签名，检修工作至此全部完结。

### 6.4.4 保证电气安全的技术措施

在全部停电或部分停电的电气设备上工作，必须完成下列措施：停电；验电；装设接地线；悬挂标示牌和装设遮栏。

电气作业应使用电工安全用具，电工安全用具一般包括：绝缘安全用具、登高安全用具，携带式电压和电流指示器、验电器、临时接地线等。

为保证电气作业安全进行，安全用具应按有关规定，定期进行检查、试验合格。高低压变电所、配电间均应备有适量的易损备件，如熔断器、指示灯泡、绝缘带等。高低压变电所、配电间均应备有适宜的灭火器材。对带电设备应使用干粉灭火器、二氧化碳灭火器等灭火，不得使用泡沫灭火器灭火。对注油设备断电后应使用泡沫灭火器或干燥的砂子等灭火。

## 6.5 空气分离装置安全监督管理

空气分离即利用空气中氧气、氮气的沸点不同，用深度冷冻方法将其分离为氧气和氮气。由于空气的液化和精馏是在很低的温度(−170℃)以下进行的，所以叫深度冷冻法。

空气分离装置中关键部位(设备)主要有空压机、氧压机、液氧循环系统和主冷凝蒸发器。

### 6.5.1 空气分离装置安全监督要点

(1) 对于新建的空分装置，厂址应选择在空气清洁的地区，布置在化工生产装置区主导风向的上方。

（2）为防止空分装置爆炸事故的发生，必须对空分装置吸入空气的条件严格控制，尤其是碳氢化合物含量。

（3）新建空分装置的吸气的位置应与乙炔、碳氢化合物等有害气体发生源之间的安全间距要符合规定。

（4）碳氢化合物含量的分析，对于主冷液氧要每 24 小时分析一次。

（5）所有转动机械的转动部分必需安装防护罩。

（6）空分装置中的仪表风必须是无油、无尘、无水份，露点在-40℃以下。

（7）空分装置界区内要严格禁止烟火。如有检修必须动火时，必须办理火票。

（8）氧压机系统应配防爆电机和其他防爆电器。

（9）空分装置与氧气接触部位一定要严格禁油。设备、管道要严格脱脂处理，分析合格后方可使用。

（10）氧压机的活塞杆每季要进行一次脱脂性的擦洗。并且要每天测试一次压塞杆的温度，如果有条件最好用远红外线监测。

（11）空分装置要配备有足够的消防器材。

（12）进入氧压机厂房，禁止穿带钉子的鞋，以防止火灾的发生。

（13）氧系统禁止用铁制品敲击管道和设备。

（14）每月对氧气管线的含油量要分析一次。超标时要进行脱脂处理。处理标准规定为 $<125mg/m^3$。

（15）空分装置应设有避雷设施。

### 6.5.2 空分装置安全检查内容

检查集团公司安全生产监督管理制度（中国石化集团公司安〔2010〕）《空分装置安全运行规定》的落实情况；逐条检查防止碳氢化合物进入液氧系统和积聚的要求执行情况；排放液氧的安全要求执行情况。在噪声超过 80dB（A）的岗位需设立警示标志、职工需配备有效的护耳器，并记录存档，定期检查使用情况。

## 6.6 供氧系统安全监督管理

氧气供给由空分装置送出的氧气经常压球罐、不锈钢过滤网至三台活塞式压缩机压至用户所需压力，然后经过缓冲罐稳压后，经氧气管道送至用户。常温下氧气比空气略重。在氧气大量放散时，高浓度的氧气会“下沉”，使周围空气中的氧含量上升。当空气中氧浓度达到 25%时，已能激起活泼的燃烧；达到 27%时，火星将发展成为火焰，易与常温下活泼的非金属物质起氧化反应，同时放出大量的热能。各种油质与压缩氧接触，温度超过燃点可发生自燃，被氧气饱和的衣服及其他纺织品与火种接触时立即着火。

### 6.6.1 氧压机及氧气管道安全监督要点

（1）氧气机压缩介质为氧气，若有泄漏，极易引起着火爆炸，要加强巡检。

（2）送出压力要求平稳，波动小。

（3）在氧压机入口处、氧气管中加过滤网，并定期吹扫，防止铁锈入机，发生燃爆。

(4) 每次检修凡与压缩空气接触的零部件，装入前必须严格脱脂脱油，回装时用干净无油手套，不得裸手干活。

(5) 阀门操作宜缓慢，以免造成氧流速过快引起着火爆炸。

(6) 检修完后，气罐内不得有任何杂物。

(7) 转动设备运转时严禁擦拭转动部位。

(8) 严禁超温。

(9) 氧气系统操作必须使用有色金属工具，且动作不易过大，防止着火爆炸。

(10) 氧气管道要有良好的防静电接地措施。

(11) 在含氧气多的地方工作或停留时间过久，衣服易被氧饱和，必须经通风除吹5min以上，方能接近火源。

(12) 定时分析氧含量，严禁碳氧化合物超标，尤其是乙炔($C_2H_2$)含量。

(13) 严格贯彻执行氧气管理制度“特种设备安全技术规范”(TSG D0001—2009)。

(14) 严禁用普通压力表代替氧气压力表。

(15) 进入氧气设备内检修用的安全灯一律不超过12V安全电压。不得用一般灯泡代替。

## 6.6.2 氧气充瓶安全监督要点

(1) 充填工必须熟悉氧、氮气的性质及操作充填的技术，填充前必须按“钢瓶检查条例”对钢瓶进行检查，不合格者不予充填。

(2) 氧气充瓶站周围禁止堆放易燃易爆物品，如工作需要动火者，需办理动火手续。

(3) 禁止在室内排放大量氧气。

(4) 进入工作室，禁止穿戴有油衣服、油手套和穿有钉的鞋。非充填工不得进入充瓶台操作间。

(5) 凡属运转设备必须有牢固的安全罩，工作通道应保持畅通无阻。

(6) 凡与氧气接触的管道、阀门、瓶身、瓶嘴应脱脂合格，方能使用。

(7) 禁止用普通压力表代替氧压表。

(8) 禁止在充氧间内用铁器敲打东西，禁止钢瓶互相撞击。

(9) 充氧阀开启时应缓慢，以免氧气流速太快，产生静电；在倒排时，开关阀门要配合得当，防止压缩机超压和气体倒流。

(10) 不许随时插瓶充氧，特别是在充氧压力已高时，一律不准中途插进空瓶进行灌充。

(11) 在充填过程中，如发现泄漏，应停止充填，对泄漏部分应泄压后进行修理。

(12) 不同压力的气瓶、空瓶与重瓶应分开存放，不得混在一起，气瓶库温度不得超过35℃，否则应采取措施降温。

(13) 重瓶应存放在室内，如果露天放置，应有特制的小棚，避免太阳曝晒。

(14) 充填厂房内的电器应有良好的绝缘，照明灯应有完好的安全罩。

(15) 对无余压或颜色字体不清楚等可疑气瓶在充填前应测定瓶内是否有可燃性气体，凡发现有装其他气体的气瓶一律不予充填。

(16) 发现瓶箍脱落、底座严重不平或有其他严重缺陷者不予充填。

(17) 检查气瓶内外部，发现有腐蚀洞口、裂缝、伤痕、重皮、结疤或其他变形现象，经鉴定后方可决定使用与否。

（18）检查合格的气瓶应紧好盖，整齐放好，以备依次充填。

（19）凡报废或水压试验不合格的气瓶一律不予充填。

（20）检查最后一次水压试验的年、月、日，发现过期或无水压试验日期者不予充填。

（21）检查瓶嘴发现有胶皮垫或麻绳、瓶子发生变形或各零部件不合格等其中任何一项者，不予充填。

（22）钢瓶充填需符合操作程序。

## 6.7 供风系统安全监督管理

空气经空气过滤器除去灰尘杂质，经过三级空气压缩机压缩，经冷却降至一定温度后，进入气液分离器、干燥器除水，去除尘器进一步除尘，最后去各系统作净化风或非净化风用。

供风系统中根据风的用途不同，分为仪表风和杂用风。

仪表风要求空气干净、无水，无油、无杂质、压力保持稳定。

杂用风一般用于反应器裂解、催化裂化等作为烧焦用；另一作用为加压吹扫管线、设备、容器等，使其净化。净化质量的好坏，以空气的露点温度为准（设备使用地点最低温度下5~10℃）。

供风系统安全监督要点：

（1）空气压缩机要经常检查油槽油位保持在2/3以上。

（2）空气压缩机要控制油压，空气系统压力要在指标之内。

（3）空气压缩机要经常检查油温、水温，出口温度，保证在指标之内。

（4）空气压缩机要经常检查压缩机及电机工作情况是否正常。

（5）空气压缩机所用润滑油要坚持三级过滤，保证机器的运转安全。

（6）受压容器必须安装压力表和安全阀，严防超压操作。

（7）不准用汽油洗衣服和擦洗设备。

（8）装置停工检查要认真处理设备，做到“四净”，即“容器净、管线净、地面净、地沟净”。

（9）用火设备、容器、管线、下水系统必须彻底吹扫，将所连通的管线设备加上盲板，不许带油，带可燃气，带压用火。

（10）冬季，空气压缩机出口放空控制阀必须稍开，以便使水排出。

（11）冬季，净化风、非净化风压力控制阀排凝必须稍开，以便随时排液。

（12）冬季，后冷器电磁阀要灵活好用，否则每小时手动排凝一次。

（13）冬季空气储罐底部排凝两小时必须切水一次。

## 6.8 污水处理系统安全监督管理

根据石油炼制和石油化工生产排出的工业废水中所含污染物的性质和程度的不同，一般常用的处理方法有：物理、化学、生物化学处理法和焚烧法等。

主要设施有：格栅、隔油池、中和池、均质池、调节池、浮选池、曝气池、二沉池、油罐、溶气罐、酸罐、碱罐等。

主要设备有：机械格栅、刮油刮渣机、空压机、鼓风机、离心脱水机、带式过滤机、焚烧炉等。

主要原材料有：酸、碱、无机絮凝剂、高分子絮凝剂、燃料油、氮肥、磷肥等。

### 6.8.1 污水储运系统安全监督要点

（1）可燃浓缩废液的储池基础、隔堤、管架和管墩等，均应采用非燃材料。

（2）燃料油和易燃气体（丙烷）等的储罐隔热层，须用非燃材料，防止引燃。

（3）在易燃气体和可燃废液体的罐组内，布置热力管道应加保温层。

（4）设蒸汽加热器的储罐，应有防可燃性液体超温的措施。

（5）电机和储槽的接地设施要完好和挂有警示牌，不能随意拆除。

（6）储罐的进料管，应从罐体下部接入；若必须从上部接入时，应延伸至距罐底200mm处，以防引发伤害。储罐应装有液位超高报警系统。

（7）在储浓缩废液池的周围10m内不得动火，并设警示标志，如若必须动火，须采取防护措施，并有监护人监护方可动火，以防引发伤害事故。

（8）储槽顶部的呼吸阀要保证畅通好用，防止引发伤害。

（9）在清理储池沉积物时，戴好防护眼镜，穿好耐酸护具，要一人作业，一人监护，防止伤害。

（10）储池顶上要有警示信号，一般不得在池顶上作业或随意行走和坐卧。如确系在储池顶上作业时，须经负责人同意并采取相应安全措施方可作业，防止伤害事故发生。

### 6.8.2 污水预处理与中和处理系统安全监督要点

（1）在硫酸和烧碱储罐上设置信号牌，禁止硫酸罐内进水和烧碱、储碱罐内进硫酸，造成酸碱混装，以致引发伤害事故。

（2）在污水池上作业时，不得用铁制工具或易产生火花的用具。

（3）非必须在池上及附近动火或下池内作业时，事前必须在池内取样做空气分析，且确认各项指标均合格；并设有安全防护措施，方可进行作业，以防燃爆事故发生。

（4）各污水池宜设液位超高报警和自控安全装置，在突然停电时，可将污水自动引入事故池里，防止污水外溢引发事故。

（5）为防止各池新进污水酸、碱和甲醇等各种物质成份含量突加，应设pH计、COD在线监测仪以及$H_2S$可燃气体报警仪等自动监测仪表报警装置，并能自动切换控制装置，将严重超污染指标的污水引入事故池（事故池采用密闭结构，顶部设放空管）。

（6）为使集油池中浮油层厚度不超标高（油层厚20mm），宜设报警和自动操作控制装置，将浮油及时撇出送入储油罐里，以防因此而引发伤害事故。

（7）在对各污水池、储罐等进行现场巡检时，应由两人结伴检查，并不得在池沿顶上或危险地方行走。

（8）生产用的转动机械要配备安全防护罩，不得对正在运行的转机等进行紧固螺丝或擦拭设备等。

（9）在试剂计量泵与泵的出口处，设联锁安全保护装置。

（10）对使用中的硫酸泵、烧碱泵要设置隔防设施，防止因泄漏而喷射伤害在场工作人员。

（11）为防止意外试剂冒罐，应在其附近建有冲洗水设施，以及能及时对冒罐外溢的罐表面与地面的试剂进行彻底的冲洗后，流入专用下水道。

（12）在试剂储罐和卸料泵之间，宜设超液位报警和泵的自动控制安全联锁装置，防止试剂超液位冒罐外喷导致人身伤害。

### 6.8.3 曝气与污泥处理系统安全监督要点

（1）为防止本岗位粉石灰和三氯化铁（酸性物）刺激人呼吸道和灼伤皮肤，上岗前要配戴好防护眼镜、口罩等劳动防护用具，方可作业。

（2）在曝气池沿上设置警示标识，防止人在池上行走。

（3）为了防止不开启空气出口阀门，先开启风机造成超压运行的误操作发生，设置风机与阀门的自动联锁装置。

（4）为了防止不开试剂出口阀，而先启动试剂泵，在阀与泵之间设自动联锁装置。

（5）在检查带滤机运行状况时，不得把手伸入挤压带区域。

### 6.8.4 焚烧处理系统安全监督要点

（1）在使用蒸汽输入废液浓缩器内加热含盐和不含盐废液时，蒸汽管和管接头以及管件等，要经检验合格后方可使用。

（2）用碱性废水冲洗管道时，要戴好面罩、手套等护具，并有净水冲洗设施。

（3）为使脱氧器头放空阀保持常开状态，防止人的误操作而排空阀关闭，宜设制动和报警联锁装置，以防引发人身伤害。

（4）锅炉焚烧人员应尽可能避免靠近和长时间停留在可能到受到烫伤的地方，如：汽、水、燃油管道的法兰盘、阀门、防爆门、安全阀、热交换器、汽包、水位计等处。如因工作需要，必须在上述地点停留时，应做好安全措施，以防伤害事故发生。

（5）观察锅炉燃烧情况时，要戴防护眼镜或用有色玻璃片遮挡眼睛。在锅炉升火期间或燃烧不稳定时，人不可站在看火门、检查门或喷燃器检查孔的正对面。

（6）当锅炉运行突然失火时，禁止用关小风门、继续给燃料油和使用爆燃方法重新点火等。此时，必须立即停止供油和供气，只有经过充分通风后，方可重新点火以防伤害事故发生。

（7）排污管道易被人碰触部分，应加保温层，防止人员烫伤。

（8）汽包液位计应保持畅通和清洁，应设报警装置，防止出现假液位。

（9）汽包上的压力表要保持灵敏和准确，并设有防止失灵后出现超压运行的报警装置。

（10）为防止锅炉“满水”、“缺水”和“汽水共沸”以及安全阀失灵等事故的发生，应设相应自动报警装置，以防引发重大事故发生。

### 6.8.5 操作控制系统安全监督要点

（1）对转动机械在运行突停，应设有报警装置，并且不要在突停原因没查清的情况下又立即启动。

（2）选用精度高、灵敏度好、刻度（标志）清晰、造型美观、结构合理等性能良好和科学的各种仪器仪表，提高整体控制质量。

(3) 保证控制室内有较好的照明和足够的亮度，尤其是装有各种记录仪表等的仪表盘、楼梯、通道和有障碍等的狭窄地方照明要好，要保证光亮充足，以及宜人的室温和新鲜的空气，以方便工作，防止疲劳，避免操作失误而诱发人身伤害和设备损坏事故发生。

(4) 如需对室内外设备进行巡检时，必须两人结伴进行，而且着装要规范。

(5) 在操作盘、重要仪表、主要楼梯、通道等地点，还须设置事故照明。此外，还应备有一定数量的完好手电筒，以备必要时使用。

(6) 在工作场所门口、通道、楼梯和平台等处，不得放置杂物，以防伤害事故发生。

(7) 在进行污水泵等转机开停时，必须一人唱票(工作票)监护，一人按程序和指令操作，以防人的不安全行为引发事故发生。

### 6.8.6 防止$H_2S$中毒措施

(1) 保持良好通风，定时检测$H_2S$浓度。

(2) 配戴适用的符合国家职业卫生标准要求的个人防护用品。

(3) 设置现场监护人员和现场救援设备。

(4) 对存在可能造成$H_2S$中毒场所应设置符合国家职业卫生要求的防护设施。

## 6.9 汽轮机组的安全监督管理

汽轮机是将蒸汽的热能转变为转子旋转的机械能的动力机械。其主要用途是在热力发电厂中做驱动发电机的原动机。按热力过程特性分类，主要为凝气式汽轮机、背压式汽轮机、调节抽气式汽轮机及中间再热式汽轮机。

汽轮机操作和检修中，经常采用一些安全技术措施和安全组织措施。确保不发生事故。安全技术措施如：采用警示、屏护、间隔、保温、护具、监护、认证、安全着装，工作票制，配备必要防护用具等。安全组织措施包括：建立和健全合理的规程制度；建立安全生产责任制；制定安全技术措施计划；安全教育措施；进行周期性的安全生产检查和不定期组织安全生产检查。

汽轮机组的安全监督管理要点：

(1) 电站汽轮机组的安装及验收应按照《中国石化设备管理办法(以下简称《设备管理办法》)规定进行，参照执行《电力建设施工及验收技术规范》(汽轮机机组篇)、《火电施工质量检验标准及评定标准(汽轮机篇)。

(2) 逐台建立健全电站汽轮机组技术档案。技术档案的主要内容包括：制造、安装、试运的整套技术文件、记录；运行和检修规程；检修、改造的技术资料、记录；故障(缺陷)及事故记录；运行记录；其他须归档保存的资料。

(3) 严格执行润滑管理制度，实施“五定”“三级过滤”管理，定期分析润滑油质量。

(4) 制定电站汽轮机组事故处理规程(事故应急预案，并定期组织操作人员进行预案演练，不断提高处理突发事故的能力，避免重大事故的发生。

(5) 定期对设备进行切换与试验。

(6) 操作人员必须认真学习并熟练掌握电站汽轮机组操作规程，经系统培训并考取相应岗位资格证后方能上岗。

(7) 制定电站汽轮机组事故处理规程(事故应急预案)，并定期组织操作人员进行预案演练，不断提高处理突发事故的能力，避免重大事故的发生。

（8）在日常运行管理中，必须对电站汽轮机组凝汽器真空度、端差及高压加热器投入率等经济指标进行检查分析，切实提高电站汽轮机运行效率。

（9）运行中应监视汽轮机组通流部分结垢情况，定期进行监视压力比较核对。

（10）正常工况下，回热系统要投入运行，加热器出口水温应符合设计值，运行中应注意各加热器的出口温度和下一加热器的入口温度，严防加热器旁路门不严使两者产生温度差。

（11）冷却塔滤网堵塞时要及时清理。

（12）润滑油中含水量增大时，要加强滤油，同时应停止排油烟机运行。

## 6.10 思考题

（1）关键装置要害(重点)部位的界定标准和依据是什么？

（2）你所在单位是否编制了关键装置要害(重点)部位应急处理预案？是否保证定期进行演练？

（3）关于《领导干部定点联系(承包)关键装置要害(重点)部位安全管理规定》你有什么看法？你所在单位是怎样实施的？

# 第7章　危险化学品安全监督管理

本章介绍了危险化学品相关知识、鉴管要点及危险化学品生产、经营使用，储存等要求。

## 7.1　危险化学品基础知识

### 7.1.1　基本概念

化学品，是指各种化学元素、由元素组成的化合物及其混合物，包括天然的或者人造的。

危险化学品，是指具有毒害、腐蚀、爆炸、燃烧、助燃等性质，对人体、设施、环境具有危害的剧毒化学品和其他化学品。列入《危险化学品名录》的化学品就属于危险化学品。危险化学品目录，由国务院安全生产监督管理部门会同国务院工业和信息化、公安、环境保护、卫生、质量监督检验检疫、交通运输、铁路、民用航空、农业等主管部门，根据化学品危险特性的鉴别和分类标准确定、公布，并适时调整。

民用爆炸品、放射性物品、核能物质和城镇燃气不属于危险化学品。

化学品分类及标记全球协调制度（Global Harmonization of Hazard Classification and Labeling Systems，缩写 GHS）是1992年由联合国正式提出，建议各国应展开国际间化学品分类与标记协调工作，以减少化学品对人类和环境造成的危险，以及减少化学品跨国贸易必须符合各国不同分类与标记的成本。旨在对世界各国不同的危险化学品分类方法进行统一，最大限度地减少危险化学品对人类健康和环境造成的危害。

我国作为一个化学品生产、消费和使用大国，执行 GHS 对我国化学品的正确分类和在生产、运输、使用各环节中准确应用化学标记具有重要作用，也将进一步促进我国化学品进出口贸易发展和对外交往，防止和减少化学品对人类的伤害和对环境的破坏。

危险化学品生产、经营、储存、运输、使用或者废弃处置的企业，是指依法设立且取得企业法人营业执照的从事危险化学品生产、经营、储存、运输、使用或者废弃处置等业务，包括最终产品、中间产品或所涉及的危险物品列入《危险化学品名录》的危险化学品的企业。

危险化学品生产单位，是指危险化学品生产企业或者其分公司、子公司所属的独立核算生产成本的单位。

危险化学品生产企业作业场所，是指可能使从业人员接触危险化学品的任何作业活动场所，包括从事危险化学品的生产、操作、处置、储存、搬运、运输、废弃危险化学品的处置或者处理等场所。

生产、经营、储存、运输、使用危险化学品和处置废弃及采购危险化学品等业务的单位（以下统称危险化学品单位），其主要负责人必须保证本单位危险化学品的安全管理符合有关法律、法规、规章的规定和国家标准的要求，并对本单位危险化学品的安全负责。

危险化学品单位从事生产、经营、储存、运输、使用危险化学品或者处置废弃危险化学品活动的人员，必须接受有关法律、法规、规章和安全知识、专业技术、职业卫生防护和应急救援知识的培训，并经考核合格，方可上岗作业。

### 7.1.2 危险化学品的分类

危险化学品目前常见并用途较广的约有数千种，其性质各不相同，每一种危险化学品往往具有多种危险性，但是在多种危险性中，必有一种主要的即对人类危害最大的危险性。因此在对危险化学品分类时，掌握“择重归类”的原则，即根据该化学品的主要危险性来进行分类。

《化学品分类和危险性公示　通则》（GB 13690—2009）代替 GB 13690—1992《常用危险化学品的分类及标志》，将化学品分为 27 类、98 小类：

#### 7.1.2.1 物理化学危害（共 16 类）：

（1）爆炸物；

（2）易燃气体；

（3）易燃气溶胶；

（4）氧化性气体；

（5）压力下气体；

（6）易燃液体；

（7）易燃固体；

（8）自反应物质；

（9）自燃液体；

（10）自燃固体；

（11）自热物质；

（12）遇水放出易燃气体的物质；

（13）氧化性液体；

（14）氧化性固体；

（15）有机过氧化物；

（16）金属腐蚀物。

#### 7.1.2.2 健康危害（共 10 类）：

（1）急性毒性；

（2）皮肤腐蚀/刺激；

（3）严重眼睛损伤/眼睛刺激性；

（4）呼吸或皮肤过敏；

（5）生殖细胞突变性；

（6）致癌性；

（7）生殖毒性；

(8) 特异性靶器官系统毒性一次接触;

(9) 特异性靶器官系统毒性反复接触;

(10) 吸入危险。

#### 7.1.2.3 环境危害(共1类):

对水环境的危害:适用于纯化学品、某种化学品的稀释溶液、化学品混合物。不适用于物品。

## 7.2 监控化学品监督管理

### 7.2.1 定义

#### 7.2.1.1 "化学武器"

是指:

(1) 有毒化学品及其前体,但预定用于本公约不加禁止的目的者除外,只要种类和数量符合此种目的;

(2) 经专门设计通过使用后而释放出的(1)项所指有毒化学品的毒性造成死亡或其他伤害的弹药和装置;

(3) 经专门设计其用途与本款(2)项所指弹药和装置的使用直接有关的任何设备。

#### 7.2.1.2 "前体"

是指:在以无论何种方法生产一有毒化学品的任何阶段参与此一生产过程的任何化学反应物。其中包括二元或多元化学系统的任何关键组分。

#### 7.2.1.3 监控化学品类别

第一类:可作为化学武器的化学品;

第二类:可作为生产化学武器前体的化学品;

第三类:可作为生产化学武器主要原料的化学品;

第四类:除炸药和纯碳氢化合物外的特定有机化学品。"特定有机化学品"是指可由其化学名称、结构式(如果已知的话)和化学文摘社登记号(如果已给定此一号码)辨明的属于除碳的氧化物、硫化物和金属碳酸盐以外的所有碳化合物所组成的化合物族类的任何化学品。)

前款各类监控化学品的名录由国务院主管部门提出,报国务院批准后公布。

### 7.2.2 《禁止化学武器公约》简介

1993年1月13日,《禁止化学武器公约》在巴黎诞生。截至1995年,已有包括中国在内的160多个国家在公约上签字。

《禁止化学武器公约》包括24个条款和3个附件。主要内容是签约国将禁止使用、生产、购买、储存和转移各类化学武器;将所有化学武器生产设施拆除或转作他用;提供关于各自化学武器库、武器装备及销毁计划的详细信息;保证不把除莠剂、防暴剂等化学物质用于战争目的等。条约中还规定由设在海牙的一个机构经常进行核实。这一机构包括一个由所有成员国组成的会议、一个由41名成员组成的执行委员会和一个技术秘书处。

“本公约不加禁止的目的”：

（1）工业、农业、研究、医疗、药物或其他和平目的；

（2）防护性目的，即与有毒化学品防护和化学武器防护直接有关的目的；

（3）与化学武器的使用无关而且不依赖化学品毒性的使用作为一种作战方法的军事目的；

（4）执法目的，包括国内控暴。

### 7.2.3 监控化学品管理

生产、经营或者使用监控化学品的，应当依照本条例和国家有关规定向国务院化学工业主管部门或者省、自治区、直辖市人民政府化学工业主管部门申报生产、经营或者使用监控化学品的有关资料、数据和使用目的，接受化学工业主管部门的检查监督。

新建、扩建或者改建用于生产第四类监控化学品中不含磷、硫、氟的特定有机化学品的设施，应当在开工生产前向所在地省、自治区、直辖市人民政府化学工业主管部门备案。

监控化学品应当在专用的化工仓库中储存，并设专人管理。监控化学品的储存条件应当符合国家有关规定。

储存监控化学品的单位，应当建立严格的出库、入库检查制度和登记制度；发现丢失、被盗时，应当立即报告当地公安机关和所在地省、自治区、直辖市人民政府化学工业主管部门；省、自治区、直辖市人民政府化学工业主管部门应当积极配合公安机关进行查处。

对变质或者过期失效的监控化学品，应当及时处理。处理方案报所在地省、自治区、直辖市人民政府化学工业主管部门批准后实施。

#### 7.2.3.1 数据宣布

根据《公约》规定，每年要进行数据宣布，负责编制、统计上报涉及公约范围内企业生产等方面数据。

#### 7.2.3.2 现场核查

根据《公约》规定的核查制度，国际禁止化武组织要派出视察组，对缔约国所宣布的《公约》附表1、附表2化学品的生产、加工、消耗设施以及附表3化学品、特定有机化学品的生产设施进行现场核查。

国际禁化武核查的目的是核实：除已宣布的化学品外，未使用该设施生产任何附表1化学品；所宣布的化学品数量属实并与宣布的目的需要相符；该化学品未被转用于《公约》禁止的活动。

国际核查具有随机性、突发性、时限性强等特点，并且程序与内容规范。严格按《公约》要求接受核查是缔约国必须履行的义务，而拥有被核查设施的企业是接受核查的直接对象。

# 7.3 易制毒、易制爆化学品监督管理

## 7.3.1 易制毒化学品

《易制毒化学品管理条例》于2005年8月17日国务院第102次常务会议通过，自2005年11月1日起施行。

国家对易制毒化学品的生产、经营、购买、运输和进口、出口实行分类管理和许可制度。

### 7.3.1.1 分类

易制毒化学品分为三类。第一类是可以用于制毒的主要原料。第二类、第三类是可以用于制毒的化学配剂。第三类是甲苯、丙酮、甲基乙基酮、高锰酸钾、硫酸、盐酸等。易制毒化学品的具体分类和品种，由易制毒化学品的分类和品种目录列示。

### 7.3.1.2 管理

易制毒化学品的生产、经营、购买、运输和进口、出口，除应当遵守本条例的规定外，属于药品和危险化学品的，还应当遵守法律、其他行政法规对药品和危险化学品的有关规定。

禁止走私或者非法生产、经营、购买、转让、运输易制毒化学品。

禁止使用现金或者实物进行易制毒化学品交易。但是，个人合法购买第一类中的药品类易制毒化学品药品制剂和第三类易制毒化学品的除外。

生产、经营、购买、运输和进口、出口易制毒化学品的单位，应当建立单位内部易制毒化学品管理制度。

### 7.3.1.3 备案

生产第二类、第三类易制毒化学品的，应当自生产之日起30日内，将生产的品种、数量等情况，向所在地的设区的市级人民政府安全生产监督管理部门备案。

经营第二类易制毒化学品的，应当自经营之日起30日内，将经营的品种、数量、主要流向等情况，向所在地的设区的市级人民政府安全生产监督管理部门备案；经营第三类易制毒化学品的，应当自经营之日起30日内，将经营的品种、数量、主要流向等情况，向所在地的县级人民政府安全生产监督管理部门备案。

购买第二类、第三类易制毒化学品的，应当在购买前将所需购买的品种、数量，向所在地的县级人民政府公安机关备案。

经营单位应当建立易制毒化学品销售台账，如实记录销售的品种、数量、日期、购买方等情况。销售台账和证明材料复印件应当保存2年备查。

第二类、第三类易制毒化学品的销售情况，应当自销售之日起30日内报当地公安机关备案。

运输第三类易制毒化学品的，应当在运输前向运出地的县级人民政府公安机关备案。公安机关应当于收到备案材料的当日发给备案证明。

易制毒化学品丢失、被盗、被抢的，发案单位应当立即向当地公安机关报告，并同时报告当地的县级人民政府食品药品监督管理部门、安全生产监督管理部门、商务主管部门或者

卫生主管部门。

生产、经营、购买、运输或者进口、出口易制毒化学品的单位，应当于每年 3 月 31 日前向许可或者备案的行政主管部门和公安机关报告本单位上年度易制毒化学品的生产、经营、购买、运输或者进口、出口情况；有条件的生产、经营、购买、运输或者进口、出口单位，可以与有关行政主管部门建立计算机联网，及时通报有关经营情况。

### 7.3.2 易制爆化学品

#### 7.3.2.1 定义

“易制爆”化学品是指其本身不属于爆炸品但是可以作为原料或辅料而制成爆炸品的化学品。易制爆化学品名单：硝酸、硫酸、过氧化氢(又称双氧水)、汞(又称水银)、乙醇(又称酒精)、丙三醇(又称甘油)、苯酚、甲基苯(又称甲苯)、季戊四醇、六亚甲基四胺(又称乌洛托品)、硫化钠(又称硫化碱)、氮化钠、硝酸铅、醋酸铅(又称乙酸铅)。

#### 7.3.2.2 管理

恐怖分子可以利用“易制爆”化学品制造爆炸品并实施恐怖活动，因此，必须加强监管、监控。

(1)“易制爆”化学品安全监管

作为日常安全监管工作的一项重要内容。要落实基础管理工作，建立管理档案和台账，加强对“易制爆”化学品生产和经营单位的安全检查。要对企业负责人进行培训，使其掌握“易制爆”化学品的知识，增强安全意识，落实安全责任。“易制爆”化学品销售环节安全监管：危险化学品生产和经营单位不得向个人销售“易制爆”化学品。单位购买时，须凭本单位开具的介绍信。销售单位需要存留购买人的身份证复印件，并记录购买日期、数量、用途和联系方式等。

(2)“易制爆”化学品的安全监控

“易制爆”化学品的生产、经营、储存场所，必须按照规定安装图像信息监控设备。

## 7.4 高毒、剧毒品监督管理

### 7.4.1 定义

高毒物品是指《卫生部关于印发<高毒物品目录>的通知》(卫法监发〔2003〕142 号)附件中所列物品。

剧毒化学品定义为具有非常剧烈毒性危害的化学品，包括人工合成的化学品及其混合物(含农药)和天然毒素。

剧毒化学品毒性判定界限为大鼠试验，经口 $LD_{50} \leqslant 50$mg/kg，经皮 $LD_{50} \leqslant 200$mg/kg，吸入 $LC_{50} \leqslant 500$ppm(气体)或 2. 0mg/L(蒸气)或 0. 5mg/L(尘、雾)，经皮 $LD_{50}$ 的试验数据，可参考兔试验数据。

毒物具有以下基本特征：①对机体不同水平的有害性，但具备有害性特征的物质并不是毒物，如单纯性粉尘。②经过毒理学研究之后确定的。③必须能够进入机体，与机体发生有害的相互作用。具备上述三点才能称之为毒物。而毒物造成机体损害的能力称为毒性。

按 WHO 急性毒性分级标准，将毒物分为剧毒、高毒、中等毒、低毒、微毒五级：

（1）剧毒：毒性分级 5 级；成人致死量，小于 0.05g/kg 体重；60kg 成人致死总量，0.1g。

（2）高毒：毒性分级 4 级；成人致死量，0.05~0.5g/kg 体重；60kg 成人致死总量，3g。

（3）中等毒：毒性分级 3 级；成人致死量，0.5~5g/kg 体重；60kg 成人致死总量，30g。

（4）低毒：毒性分级 2 级；成人致死量，5~15g/kg 体重；60kg 成人致死总量，250g。

（5）微毒：毒性分级 1 级；成人致死量，大于 15g/kg 体重；60kg 成人致死总量，大于 1000g。

中华人民共和国职业危害程度分级以毒性、扩散性、蓄积性、致癌性、生殖毒性、致命性、刺激与腐蚀性、实际危害后果进行分级，中华人民共和国职业卫生标准 GBZ 230-2010 将毒物分极度危害、高度危害、中毒危害、轻度危害和轻微危害，见表 7.1。

**表 7.1　极度危害、高度危害、中毒危害、轻度危害和轻微危害分类**

| 分项指标 | | 极度危害 | 高度危害 | 中度危害 | 轻度危害 | 轻微危害 | 权重系数 |
|---|---|---|---|---|---|---|---|
| 积分值 | | 4 | 3 | 2 | 1 | 0 | |
| 急性吸入 $LC_{50}$ | 气体（$cm^3/m^3$） | <100 | ≥100~<500 | ≥500~<2500 | ≥2500~<20000 | ≥20000 | |
| | 蒸气（$mg/m^3$） | <500 | ≥500~<21000 | ≥21000~<101000 | ≥101000~<201000 | ≥201000 | 5 |
| | 粉尘和烟雾（$mg/m^3$） | <50 | ≥50~<500 | ≥500~<11000 | ≥11000~<51000 | ≥51000 | |
| 急性累口 $LD_{50}$（mg/kg） | | <5 | ≥5~<50 | ≥50~<300 | ≥300~<21000 | ≥21000 | |
| 急性经皮 $LD_{50}$（mg/kg） | | <50 | ≥50~<200 | ≥200~<11000 | ≥11000~<21000 | ≥21000 | |
| 刺激与腐蚀性 | | pH≤2 或 pH≥11.5；腐蚀作用或不可逆损伤作用 | 强刺激作用 | 中等刺激作用 | 轻刺激作用 | 无刺激作用 | 2 |
| 致敏性 | | 有证据表明该物质能引起人类特定的呼吸系统致敏或重要脏器的变态反应性损伤 | 有证据表明该物质能导致人类皮肤过敏 | 动物试验证据充分，但无人类相关证据 | 现有动物试验证据不能对该物质的致敏性做出结论 | 无致敏性 | 2 |

## 7.4.2 判别标准

### 7.4.2.1 《高毒物品目录》(2003年版)

高毒物品目录，见表7.2。

表7.2 高毒物品目录(2003年版)

| 序号 | 毒物名称 CAS No. | 别　名 | 英文名称 | MAC/ (mg/m³) | PC-TWA/ (mg/m³) | PC-STEL/ (mg/m³) |
|---|---|---|---|---|---|---|
| 1 | N-甲基苯胺 100-61-8 | | N-Methyl aniline | — | 2 | 5 |
| 2 | N-异丙基苯胺 768-52-5 | | N-Isopropylaniline | — | 10 | 25 |
| 3 | 氨 7664-41-7 | 阿摩尼亚 | Ammonia | — | 20 | 30 |
| 4 | 苯 71-43-2 | | Benzene | — | 6 | 10 |
| 5 | 苯胺 62-53-3 | | Aniline | — | 3 | 7.5 |
| 6 | 丙烯酰胺 79-06-1 | | Acrylamide | — | 0.3 | 0.9 |
| 7 | 丙烯腈 107-13-1 | | Acrylonitrile | — | 1 | 2 |
| 8 | 对硝基苯胺 100-01-6 | | p-Nitroaniline | — | 3 | 7.5 |
| 9 | 对硝基氯苯/二硝基氯苯 100-00-5/25567-67-3 | | p-Nitrochlorobenzene/ Dinitrochlorobenzene | — | 0.6 | 1.8 |
| 10 | 二苯胺 122-39-4 | | Diphenylamine | — | 10 | 25 |
| 11 | 二甲基苯胺 121-69-7 | | Dimethylanilne | — | 5 | 10 |
| 12 | 二硫化碳 75-15-0 | | Carbon disulfide | — | 5 | 10 |
| 13 | 二氯代乙炔 7572-29-4 | | Dichloroacetylene | 0.4 | — | — |
| 14 | 二硝基苯(全部异构体) 582-29-0/ 99-65-0/100-25-4 | | Dinitrobenzene(all isomers) | — | 1 | 2.5 |
| 15 | 二硝基(甲)苯 25321-14-6 | | Dinitrotoluene | — | 0.2 | 0.6 |
| 16 | 二氧化(一)氮 10102-44-0 | | Nitrogen dioxide | — | 5 | 10 |
| 17 | 甲苯-2，4-二异氰酸酯(TDI) 584-84-9 | | Toluene-2，4-diisocyanate(TDI) | — | 0.1 | 0.2 |
| 18 | 氟化氢 7664-39-3 | 氢氟酸 | Hydrogen fluoride | 2 | — | — |

续表

| 序号 | 毒物名称 CAS No. | 别　名 | 英文名称 | MAC/ (mg/m$^3$) | PC-TWA/ (mg/m$^3$) | PC-STEL/ (mg/m$^3$) |
|---|---|---|---|---|---|---|
| 19 | 氟及其化合物(不含氟化氢) | | Fluorides(except HF), as F | — | 2 | 5 |
| 20 | 镉及其化合物 7440-43-9 | | Cadmium and compounds | — | 0.01 | 0.02 |
| 21 | 铬及其化合物 305-03-3 | | Chromic and compounds | 0.05 | 0.15 | — |
| 22 | 汞 7439-97-6 | 水银 | Mercury | — | 0.02 | 0.04 |
| 23 | 碳酰氯 75-44-5 | 光气 | Phosgene | 0.5 | — | — |
| 24 | 黄磷 7723-14-0 | | Yellow phosphorus | — | 0.05 | 0.1 |
| 25 | 甲(基)肼 60-34-4 | | Methyl hydrazine | 0.08 | — | — |
| 26 | 甲醛 50-00-0 | 福尔马林 | Formaldehyde | 0.5 | — | — |
| 27 | 焦炉逸散物 | | Coke oven emissions | — | 0.1 | 0.3 |
| 28 | 肼；联氨 302-01-2 | | Hydrazine | — | 0.06 | 0.13 |
| 29 | 可溶性镍化物 7440-02-0 | | Nickel soluble compounds | — | 0.5 | 1.5 |
| 30 | 磷化氢；膦 7803-51-2 | | Phosphine | 0.3 | — | — |
| 31 | 硫化氢 7783-06-4 | | Hydrogen sulfide | 10 | — | — |
| 32 | 硫酸二甲酯 77-78-1 | | Dimethyl sulfate | — | 0.5 | 1.5 |
| 33 | 氯化汞 7487-94-7 | 升汞 | Mercuric chloride | — | 0.025 | 0.025 |
| 34 | 氯化萘 90-13-1 | | Chlorinated naphthalene | — | 0.5 | 1.5 |
| 35 | 氯甲基醚 107-30-2 | | Chloromethyl methyl ether | 0.005 | — | — |
| 36 | 氯；氯气 7782-50-5 | | Chlorine | 1 | — | — |
| 37 | 氯乙烯；乙烯基氯 75-01-4 | | Vinyl chloride | | 10 | 25 |
| 38 | 锰化合物(锰尘、锰烟) 7439-96-5 | | Manganese and compounds | — | 0.15 | 0.45 |

续表

| 序号 | 毒物名称 CAS No. | 别　名 | 英文名称 | MAC/ (mg/m$^3$) | PC-TWA/ (mg/m$^3$) | PC-STEL/ (mg/m$^3$) |
|---|---|---|---|---|---|---|
| 39 | 镍与难溶性镍化物 7440-02-0 | | Nichel and insoluble compounds | — | 1 | 2.5 |
| 40 | 铍及其化合物 7440-41-7 | | Beryllium and compounds | — | 0.0005 | 0.001 |
| 41 | 偏二甲基肼 57-14-7 | | Unsymmetric dimethylhydrazine | — | 0.5 | 1.5 |
| 42 | 铅：尘／烟 7439-92-1/7439-92-1 | | Lead dust | 0.05 | — | — |
| | | | Lead fume | 0.03 | — | — |
| 43 | 氰化氢(按 CN 计) 460-19-5 | | Hydrogen cyanide, as CN | 1 | — | — |
| 44 | 氰化物(按 CN 计) 143-33-9 | | Cyanides, as CN | 1 | — | — |
| 45 | 三硝基甲苯 118-96-7 | TNT | Trinitrotoluene | — | 0.2 | 0.5 |
| 46 | 砷化(三)氢；胂 7784-42-1 | | Arsine | 0.03 | — | — |
| 47 | 砷及其无机化合物 7440-38-2 | | Arenic and inorganic compounds | — | 0.01 | 0.02 |
| 48 | 石棉总尘/纤维 1332-21-4 | | Asbestos | — | 0.8<br>0.8f/ml | 1.5<br>1.5f/ml |
| 49 | 铊及其可溶化合物 7440-28-0 | | Thallium and soluble compounds | — | 0.05 | 0.1 |
| 50 | (四)羰基镍 13463-39-3 | | Nickel carbonyl | 0.002 | — | — |
| 51 | 锑及其化合物 7440-36-0 | | Antimony and compounds | — | 0.5 | 1.5 |
| 52 | 五氧化二钒烟尘 7440-62-6 | | Vanadium pentoside fume and dust | — | 0.05 | 0.15 |
| 53 | 硝基苯 98-95-3 | | Nitrobenzene (skin) | — | 2 | 5 |
| 54 | 一氧化碳(非高原)L630-08-0 | | Carbon monoxide not in high altitude area | — | 20 | 30 |

备注：

CAS 为化学文摘号。

*MAC* 为工作场所空气中有毒物质最高容许浓度。

*PC-TWA* 为工作场所空气中有毒物质时间加权平均容许浓度。

*PC-STEL* 为工作场所空气中有毒物质短时间接触容许浓度。

#### 7.4.2.2 《剧毒化学品目录》(2012 版)

剧毒化学品是众多化学品、危险化学品中的对人(动物)危害最大，能扰乱或破坏肌体的正常生理功能，引起病理改变，甚至危及生命的一类物品。我们国家编制目录的剧毒化学品有 335 种，比较典型和常见的有 54 种。

2001 年 5 月 22 日，斯德哥尔摩举行的联合国环境会议上通过了《关于持久性有机污染物的斯德哥尔摩公约》，决定在全世界范围内禁用或严格限用 12 种高毒有机污染物。

这 12 种持久性有机污染物是：艾氏剂、氯丹、狄氏剂、异狄氏剂、七氯、灭蚁灵、毒杀芬、滴滴涕、六氯代苯、多氯联苯、二噁英和呋喃。其中，艾氏剂、氯丹、狄氏剂、异狄氏剂、七氯、灭蚁灵和毒杀芬等 7 种杀虫剂将被禁止生产和使用；滴滴涕由于仍是一些国家目前所使用的惟一有效杀虫剂，将被严格限制使用并将尽快被其他杀虫剂所取代；多氯联苯因目前仍需要用于变压器、电容器等工业设备上，将在 2025 年之前被禁用；六氯代苯、二恶英和呋喃等 3 种工业有机污染物是在燃烧和工业生产过程中产生的副产品，各国需要采取措施将其数量尽可能限制在最低范围之内。

### 7.4.3 管理

#### 7.4.3.1 高毒物品管理

(1) 原材料采购与运输

采购高毒物品，供应商应具备以下条件：

① 取得国家颁发的相应许可和经营许可证；

② 必须有与供应物品相一致的《安全技术说明书》和《安全标签》，进口物品说明书和标签必须有中文说明和标志。

装载高毒物品车辆的停放，要有专人监护，严格禁止在生活区、办公区、厂内道路及其他人流集聚的场所停放。

(2) 作业场所管理

各单位各级管理人员应熟悉管理范围内主要高毒物品的分布及其防范措施，员工应熟悉本岗位主要高毒物品的危害特征及其防范措施。

涉及高毒物品的作业场所，应按照《工作场所职业病危害警示标识》(GBZ 158—2003)要求，设置警示线、警示牌。根据危害特点，设置固定式报警仪、风向标(袋)、喷淋洗眼等设施。

严禁高毒物品直接排放，对涉及高毒物品的设备进行重点管理，组织做好设备检查和消缺，确保高毒物品不泄漏。

对存在高毒物品的生产装置进行维护、检修时，在制定的维护、检修方案中必须明确职业中毒危害防护措施，作业现场应有专人监护，并设置警示标志。

承包商要制定高毒物品防护措施，由各单位项目主管部门督促落实，职业卫生管理部门进行监督检查。风险较大的作业，防中毒措施要提交职业卫生管理部门审核。

(3) 作业人员管理

涉及高毒物品的作业岗位，应按集团公司个体防护用品配备管理要求，配备适合的个体防护用品。制定防护用品日常维护、检查制度，确保防护用品完好无损。

进入高风险区域巡检、排凝、仪表调校、采样等作业时，作业人员应佩戴相应的防护用品，携带便携式报警仪，两人同行，一人作业、一人监护。

各单位对进入涉及高毒物品作业场所的外来人员，要进行作业前安全教育，并由单位安全人员陪同。

#### 7.4.3.2 剧毒物品管理

生产、储存剧毒化学品的单位，应当如实记录其生产、储存的剧毒化学品的数量、流向，并采取必要的安全防范措施，防止剧毒化学品丢失或者被盗；发现剧毒化学品丢失或者被盗的，应当立即向当地公安机关报告。

生产、储存剧毒化学品的单位，应当设置治安保卫机构，配备专职治安保卫人员。
对剧毒化学品以及储存数量构成重大危险源的其他危险化学品，储存单位应当将其储存数量、储存地点以及管理人员的情况，报所在地县级人民政府安全生产监督管理部门(在港区内储存的，报港口行政管理部门)和公安机关备案。

危险化学品专用仓库应当符合国家标准、行业标准的要求，并设置明显的标志。储存剧毒化学品的专用仓库，应当按照国家有关规定设置相应的技术防范设施。

储存危险化学品的单位应当对其危险化学品专用仓库的安全设施、设备定期进行检测、检验。

依法取得危险化学品安全生产许可证、危险化学品安全使用许可证、危险化学品经营许可证的企业，凭相应的许可证件购买剧毒化学品。无许可证的单位购买剧毒化学品的，应当向所在地县级人民政府公安机关申请取得剧毒化学品购买许可证。

个人不得购买剧毒化学品(属于剧毒化学品的农药除外)。

申请取得剧毒化学品购买许可证，申请人应当向所在地县级人民政府公安机关提交下列材料：

(1) 营业执照或者法人证书(登记证书)的复印件；

(2) 拟购买的剧毒化学品品种、数量的说明；

(3) 购买剧毒化学品用途的说明；

(4) 经办人的身份证明。

危险化学品生产企业、经营企业销售剧毒化学品，应当查验相关许可证件或者证明文件，不得向不具有相关许可证件或者证明文件的单位销售剧毒化学品。对持剧毒化学品购买许可证购买剧毒化学品的，应当按照许可证载明的品种、数量销售。

禁止向个人销售剧毒化学品(属于剧毒化学品的农药除外)。

危险化学品生产企业、经营企业销售剧毒化学品，应当如实记录购买单位的名称、地址、经办人的姓名、身份证号码以及所购买的剧毒化学品的品种、数量、用途。销售记录以及经办人的身份证明复印件、相关许可证件复印件或者证明文件的保存期限不得少于1年。

剧毒化学品的销售企业、购买单位应当在销售、购买后5日内，将所销售、购买的剧毒化学品、易制爆危险化学品的品种、数量以及流向信息报所在地县级人民政府公安机关备案，并输入计算机系统。

使用剧毒化学品的单位不得出借、转让其购买的剧毒化学品；因转产、停产、搬迁、关闭等确需转让的，应当向具有相关许可证件或者证明文件的单位转让，并在转让后将有关情况及时向所在地县级人民政府公安机关报告。

## 7.5 重点监管危险化学品、重点监管危险工艺监督管理

### 7.5.1 重点监管的危险化学品

#### 7.5.1.1 首批重点监管的危险化学品

首批重点监管的危险化学品共60种。见表7.3。

表7.3 首批重点监管的危险化学品名录

| 序号 | 化学品名称 | 别　名 | CAS号 |
|---|---|---|---|
| 1 | 氯 | 液氯、氯气 | 7782-50-5 |
| 2 | 氨 | 液氨、氨气 | 7664-41-7 |
| 3 | 液化石油气 | | 68476-85-7 |
| 4 | 硫化氢 | | 7783-06-4 |
| 5 | 甲烷、天然气 | | 74-82-8(甲烷) |
| 6 | 原油 | | |
| 7 | 汽油(含甲醇汽油、乙醇汽油)、石脑油 | | 8006-61-9(汽油) |
| 8 | 氢 | 氢气 | 1333-74-0 |
| 9 | 苯(含粗苯) | | 71-43-2 |
| 10 | 碳酰氯 | 光气 | 75-44-5 |
| 11 | 二氧化硫 | | 7446-09-5 |
| 12 | 一氧化碳 | | 630-08-0 |
| 13 | 甲醇 | 木醇、木精 | 67-56-1 |
| 14 | 丙烯腈 | 氰基乙烯、乙烯基氰 | 107-13-1 |
| 15 | 环氧乙烷 | 氧化乙烯 | 75-21-8 |
| 16 | 乙炔 | 电石气 | 74-86-2 |
| 17 | 氟化氢、氢氟酸 | | 7664-39-3 |
| 18 | 氯乙烯 | | 75-01-4 |
| 19 | 甲苯 | 甲基苯、苯基甲烷 | 108-88-3 |
| 20 | 氰化氢、氢氰酸 | | 74-90-8 |
| 21 | 乙烯 | | 74-85-1 |
| 22 | 三氯化磷 | | 7719-12-2 |
| 23 | 硝基苯 | | 98-95-3 |
| 24 | 苯乙烯 | | 100-42-5 |
| 25 | 环氧丙烷 | | 75-56-9 |
| 26 | 一氯甲烷 | | 74-87-3 |
| 27 | 1，3-丁二烯 | | 106-99-0 |
| 28 | 硫酸二甲酯 | | 77-78-1 |

续表

| 序号 | 化学品名称 | 别　　名 | CAS 号 |
| --- | --- | --- | --- |
| 29 | 氰化钠 | | 143-33-9 |
| 30 | 1-丙烯、丙烯 | | 115-07-1 |
| 31 | 苯胺 | | 62-53-3 |
| 32 | 甲醚 | | 115-10-6 |
| 33 | 丙烯醛、2-丙烯醛 | | 107-02-8 |
| 34 | 氯苯 | | 108-90-7 |
| 35 | 乙酸乙烯酯 | | 108-05-4 |
| 36 | 二甲胺 | | 124-40-3 |
| 37 | 苯酚 | 石碳酸 | 108-95-2 |
| 38 | 四氯化钛 | | 7550-45-0 |
| 39 | 甲苯二异氰酸酯 | TDI | 584-84-9 |
| 40 | 过氧乙酸 | 过乙酸、过醋酸 | 79-21-0 |
| 41 | 六氯环戊二烯 | | 77-47-4 |
| 42 | 二硫化碳 | | 75-15-0 |
| 43 | 乙烷 | | 74-84-0 |
| 44 | 环氧氯丙烷 | 3-氯-1，2-环氧丙烷 | 106-89-8 |
| 45 | 丙酮氰醇 | 2-甲基-2-羟基丙腈 | 75-86-5 |
| 46 | 磷化氢 | 膦 | 7803-51-2 |
| 47 | 氯甲基甲醚 | | 107-30-2 |
| 48 | 三氟化硼 | | 7637-07-2 |
| 49 | 烯丙胺 | 3-氨基丙烯 | 107-11-9 |
| 50 | 异氰酸甲酯 | 甲基异氰酸酯 | 624-83-9 |
| 51 | 甲基叔丁基醚 | | 1634-04-4 |
| 52 | 乙酸乙酯 | | 141-78-6 |
| 53 | 丙烯酸 | | 79-10-7 |
| 54 | 硝酸铵 | | 6484-52-2 |
| 55 | 三氧化硫 | 硫酸酐 | 7446-11-9 |
| 56 | 三氯甲烷 | 氯仿 | 67-66-3 |
| 57 | 甲基肼 | | 60-34-4 |
| 58 | 一甲胺 | | 74-89-5 |
| 59 | 乙醛 | | 75-07-0 |
| 60 | 氯甲酸三氯甲酯 | 双光气 | 503-38-8 |

#### 7.5.1.2　第二批重点监管危险化学品

第二批重点、监管的危险化学品共 14 种，见表 7.4。

**表 7.4 第二批重点监管危险化学品**

| 序号 | 化学品品名 | CAS 号 |
|---|---|---|
| 1 | 氯酸钠 | 7775-9-9 |
| 2 | 氯酸钾 | 3811-4-9 |
| 3 | 过氧化甲乙酮 | 1338-23-4 |
| 4 | 过氧化(二)苯甲酰 | 94-36-0 |
| 5 | 硝化纤维素 | 9004-70-0 |
| 6 | 硝酸胍 | 506-93-4 |
| 7 | 过氧乙酸 | 79-21-0 |
| 8 | 高氯酸铵 | 7790-98-9 |
| 9 | 过氧化苯甲酸叔丁酯 | 614-45-9 |
| 10 | *N*，*N*′-二亚硝基五亚甲基四胺 | 101-25-7 |
| 11 | 硝基胍 | 556-88-7 |
| 12 | 2，2′-偶氮二异丁腈 | 78-67-1 |
| 13 | 2，2′-偶氮-二-(2，4-二甲基戊腈)(偶氮二异庚腈) | 4419-11-8 |
| 14 | 硝化甘油 | 55-63-0 |

## 7.5.2 重点监管的危险化学品安全措施和应急处置原则

2011 年 7 月，国家下发了《国家安全监管总局办公厅关于印发首批重点监管的危险化学品安全措施和应急处置原则的通知》(安监总厅管三〔2011〕142 号)，从特别警示、理化特性、危害信息、安全措施、应急处置原则等五个方面，对《首批重点监管的危险化学品名录》中的危险化学品逐一提出了安全措施和应急处置原则。

生产、储存、使用、经营、运输重点监管危险化学品的企业，要针对本企业安全生产特点和产品特性，从完善安全监控措施、健全安全生产规章制度和各项操作规程、采用先进技术、加强培训教育、加强个体防护等方面，细化并落实《措施和原则》提出的各项安全措施，提高防范危险化学品事故的能力。要按照《措施和原则》提出的应急处置原则，完善本企业危险化学品事故应急预案，配备必要的应急器材，开展应急处置演练和伤员急救培训，提升危险化学品应急处置能力。

## 7.5.3 重点监管的危险化工工艺

### 7.5.3.1 首批重点监管的危险化工工艺

2009 年 6 月，国家公布了首批重点监管的危险化工工艺目录：

(1) 光气及光气化工艺；

(2) 电解工艺(氯碱)；

(3) 氯化工艺；

(4) 硝化工艺；

(5) 合成氨工艺；

（6）裂解（裂化）工艺；

（7）氟化工艺；

（8）加氢工艺；

（9）重氮化工艺；

（10）氧化工艺；

（11）过氧化工艺；

（12）胺基化工艺；

（13）磺化工艺；

（14）聚合工艺；

（15）烷基化工艺。

其后，国家安全监管总局对首批重点监管的危险化工工艺中典型工艺进行了部分调整，具体为：

（1）将“异氰酸甲酯的制备”列入“光气及光气化工艺”的“典型工艺”中。

（2）将“次氯酸、次氯酸钠或N-氯代丁二酰亚胺与胺反应制备N-氯化物”列入“氯化工艺”的“典型工艺”中。

（3）将“硝酸胍的制备”、“氨和硝酸制备硝酸铵”列入“硝化工艺”的“典型工艺”中。

（4）将“三氟化硼的制备”列入“氟化工艺”的“典型工艺”中。

（5）将“克劳斯法气体脱硫”列入“氧化工艺”的“典型工艺”中。

（6）将“以双氧水或有机过氧化物为氧化剂生产环氧丙烷、环氧氯丙烷”的生产工艺列入“氧化工艺”的“典型工艺”中。

（7）将“一氧化氮、氧气和甲（乙）醇制备亚硝酸甲（乙）酯”列入“氧化工艺”的“典型工艺”中；将“浓硝酸、亚硝酸钠和甲醇制备亚硝酸甲酯”列入“硝化工艺”的“典型工艺”中。

（8）将“叔丁醇与双氧水制备叔丁基过氧化氢”列入“过氧化工艺”的“典型工艺”中。

（9）将“氯氨法生产甲基肼”列入“胺基化工艺”的“典型工艺”中。

（10）涉及涂料、黏合剂、油漆等产品的生产工艺不再列入“聚合工艺”的“典型工艺”中。

#### 7.5.3.2 第二批重点监管的危险化工工艺

国家安监总局公布了第二批重点监管的危险化工工艺目录：

（1）煤气化及煤化工新工艺；

（2）电石生产工艺；

（3）偶氮化工艺。

### 7.5.4 重点监管的危险化工工艺安全控制要求、重点监控参数及推荐的控制方案

依据国家安全监管总局公布的《首批重点监管的危险化工工艺安全控制要求、重点监控参数及推荐的控制方案》的规定，采用危险化工工艺的新建生产装置原则上要由甲级资质化工设计单位进行设计。

化工企业要按照《首批重点监管的危险化工工艺目录》、《首批重点监管的危险化工工艺安全控制要求、重点监控参数及推荐的控制方案》要求，对照本企业采用的危险化工工艺及其特点，确定重点监控的工艺参数、装备和完善自动控制系统，大型和高度危险化工装置要按照推荐的控制方案装备紧急停车系统。

## 7.6 危险化学品重大危险源

### 7.6.1 危险化学品重大危险源的辨识方法

危险化学品重大危险源是指长期或临时生产、加工、搬运、使用或储存危险物质，且危险物质的数量等于或超过临界量的单元(包括场所和设施)。危险化学品重大危险源的判别以列入《危险化学品重大危险源辨识》(GB 18218)且单元内达到临界量的化学品为准。

危险源的辨识和分析方法主要有经验法和系统安全分析法。

经验法有对照法和类比法。对照法：即对照有关标准、法规、检查表或依靠分析人员的观察分析能力，借助于经验和判断能力直观对评价对象的危险因素进行分析。类比法：即利用相同或相似工程系统或作业条件的经验和劳动安全卫生的统计资料来类推、分析评价对象的危险、危害因素。

系统安全分析方法是指，应用某些系统安全工程评价方法进行危险、危害因素辨识。系统安全分析方法常用于复杂、没有事故经历的新开发系统。常用的系统安全分析方法有事件树、事故树等。

《危险化学品重大危险源辨识》(GB 18218—2009)2009 年 3 月 31 日发布，2009 年 12 月 1 日起实施。

(1) 确定划分的单元，摸清单元中的危险化学品的品种、储存数量；

(2) 对照《危险化学品重大危险源辨识》(GB 18218—2009)附表 1，一一查找单元中的危险化学品：如有，摘出其临界量；如附表 1 种没有该危险化学品，则查找危险化学品名录，查出其类别号和小类号，再从《危险化学品重大危险源辨识》(GB 18218—2009)附表 2 中查出其临界量。

(3) 对照标准进行计算：

危险化学品重大危险源的辨识依据是危险化学品的危险特性及其数量。

依据 GB 18218—2009 标准中临界量和企业实际储存量进行计算。

计算公式：
$$\frac{q_1}{Q_1}+\frac{q_2}{Q_2}+\cdots+\frac{q_n}{Q_n}\geqslant 1$$

式中 $q_1$，$q_2 \cdots q_n$——每一种危险物品的实际储存量；

$Q_1$，$Q_2 \cdots Q_n$——对应危险物品的临界量。

(4) 判别：

单元内存在的危险化学品为单一品种，则该危险化学品的数量即为单元内危险化学品的总量，若等于或超过相应的临界量，则定为重大危险源。

单元内存在的危险化学品为多品种时，则按上式计算，若上式值即大于等于 1，则定为重大危险源。

### 7.6.2 重大危险源分级

重大危险源分级的目的在于按其危险性进行初步排序，便于对重大危险源的安全评估、监测监控、应急演练周期等安全管理工作提出不同的要求，也便于各级安全监管部门根据重大危险源级别进行重点监管。

《危险化学品重大危险源监督管理暂行规定》根据危险程度将重大危险源由高到低划分为一级、二级、三级、四级四个级别。同时，考虑到重大危险源分级方法属于具体的技术性和专业性内容，《危险化学品重大危险源监督管理暂行规定》虽在条文中未直接明确分级方法，但以附件的形式给出了重大危险源分级方法，确定了分级指标及其计算方法，以及分级标准。

（1）重大危险源分级的原则

采用单元内各种危险化学品实际存在（在线）量与其在《危险化学品重大危险源辨识》（GB 18218—2009）中规定的临界量比值，经校正系数校正后的比值之和 $R$ 作为分级指标。

（2）$R$ 的计算方法

$$R = \alpha\left(\beta_1 \frac{q_1}{Q_1} + \beta_2 \frac{q_2}{Q_2} + \cdots + \beta_n \frac{q_n}{Q_n}\right)$$

式中 $q_1, q_2, \cdots, q_n$——每种危险化学品实际存在（在线）量，t；

$Q_1, Q_2, \cdots, Q_n$——与各危险化学品相对应的临界量，t；

$\beta_1, \beta_2 \cdots, \beta_n$——与各危险化学品相对应的校正系数；

$\alpha$——该危险化学品重大危险源厂区外暴露人员的校正系数。

（3）校正系数 $\beta$ 及 $R$ 值分级区间的确定

根据单元内危险化学品的类别不同，设定校正系数（$\beta$）值，见表 7.5 和表 7.6。

**表 7.5　校正系数 $\beta$ 取值表**

| 危险化学品类别 | 毒性气体 | 爆炸品 | 易燃气体 | 其他类危险化学品 |
|---|---|---|---|---|
| $\beta$ | 见表 7.6 | 2 | 1.5 | 1 |

注：危险化学品类别依据《危险货物品名表》中分类标准确定。

**表 7.6　常见毒性气体校正系数 $\beta$ 值取值表**

| 毒性气体名称 | 一氧化碳 | 二氧化硫 | 氨 | 环氧乙烷 | 氯化氢 | 溴甲烷 | 氯 |
|---|---|---|---|---|---|---|---|
| $\beta$ | 2 | 2 | 2 | 2 | 3 | 3 | 4 |
| 毒性气体名称 | 硫化氢 | 氟化氢 | 二氧化氮 | 氰化氢 | 碳酰氯 | 磷化氢 | 异氰酸甲酯 |
| $\beta$ | 5 | 5 | 10 | 10 | 20 | 20 | 20 |

注：表中未列出的有毒气体可按 $\beta=2$ 取值，剧毒气体可按 $\beta=4$ 取值。

（4）校正系数 $\alpha$ 的取值

根据重大危险源的厂区边界向外扩展 500m 范围内常住人口数量，设定厂外暴露人员校正系数 $\alpha$ 值，见表 7.7。

**表 7.7　校正系数 $\alpha$ 取值表**

| 厂外可能暴露人员数量/人 | $\alpha$ | 厂外可能暴露人员数量 | $\alpha$ |
|---|---|---|---|
| 100 以上 | 2.0 | 50~99 | 1.5 |
| 30~49 | 1.2 | 1~29 | 1.0 |
| 0 | 0.5 | | |

(5) 分级标准

根据计算出来的 $R$ 值，按表 7.8 确定危险化学品重大危险源的级别。

**表 7.8　危险化学品重大危险源级别和 $R$ 值的对应关系**

| 危险化学品重大危险源级别 | $R$ 值 | 危险化学品重大危险源级别 | $R$ 值 |
| --- | --- | --- | --- |
| 一级 | $R \geq 100$ | 二级 | $100>R \geq 50$ |
| 三级 | $50>R \geq 10$ | 四级 | $R<10$ |

## 7.6.3　重大危险源管理

重大危险源企业要全面落实监控管理的主体责任，企业是安全生产的主体，也是重大危险源管理监督控制的主体，在重大危险源管理与控制中负有重要责任。

应绘制本单位重大危险源分布图，要在重大危险源现场设置明显的安全警示标志，标志中应简单列出相关的基本安全资料和防护措施并加强管理。

编制重大危险源专项预案，做到重大危险源“一源一案”，并纳入各自的应急预案体系中进行管理。

应建立重大危险源档案，至少应包括的相关内容为：

(1) 向安全监督部门申报重大危险源相关内容(基本情况)；

(2) 重大危险源分布图；

(3) 本单位重大危险源安全管理规章制度(必须在专用仓库内单独存放，实行双人收发、双人保管的制度)；

(4) 重大危险源相关的基本安全资料(理化性质等)；

(5) 重大危险源所在设施的集散型控制系统(如 DCS 等)、故障诊断系统(如 FSC、ESD 等)、报警系统(如可燃气体报警器)及监控摄像头等监控系统的型号、厂家等相关参数；

(6) 重大危险源所在设施的主要工艺参数，危险物质定期检测、检验纪录；

(7) 重大危险源所在单位从业人员安全教育和技术培训档案；

(8) 重大危险源的定期安全状况检查档案；

(9) 重大危险源存在隐患和缺陷及整改情况；

(10) 重大危险源安全评价报告；

(11) 重大危险源专项预案。

## 7.6.4　重大危险源监控

危险化学品重大危险源安全监控通用技术规范 AQ 3035—2010 规定了危险化学品重大危险源安全监控预警系统的监控项目、组成和功能设计等技术要求。

### 7.6.4.1　一般要求

重大危险源(储罐区、库区和生产场所)应设有相对独立的安全监控预警系统，相关现场探测仪器的数据宜直接接入到系统控制设备中，系统应符合本标准的规定；

系统中的设备应符合有关国家法规或标准的规定，按照经规定程序批准的图样及文件制造和成套，并经国家权威部门检测检验认证合格；

系统所用设备应符合现场和环境的具体要求，具有相应的功能和使用寿命。在火灾和爆炸危险场所设置的设备，应符合国家有关防爆、防雷、防静电等标准和规范的要求；

控制设备应设置在有人值班的房间或安全场所；

系统报警等级的设置应同事故应急处置与救援相协调，不同级别的事故分别启动相对应的应急预案；

对于容易发生燃烧、爆炸和毒物泄漏等事故的高度危险场所、远距离传输、移动监测、无人值守或其他不宜于采用有线数据传输的应用环境，应选用无线传输技术与装备。

#### 7.6.4.2 监控项目

对于储罐区(储罐)、库区(库)、生产场所三类重大危险源，因监控对象不同，所需要的安全监控预警参数有所不同。主要可分为：

① 储罐以及生产装置内的温度、压力、液位、流量、阀位等可能直接引发安全事故的关键工艺参数；

② 当易燃易爆及有毒物质为气态、液态或气液两相时，应监测现场的可燃/有毒气体浓度；

③ 气温、湿度、风速、风向等环境参数；

④ 音视频信号和人员出入情况；

⑤ 明火和烟气；

⑥ 避雷针、防静电装置的接地电阻以及供电状况。

(1) 储罐区(储罐)

罐区监测预警项目主要根据储罐的结构和材料、储存介质特性以及罐区环境条件等的不同进行选择。一般包括罐内介质的液位、温度、压力，罐区内可燃/有毒气体浓度、明火、环境参数以及音视频信号和其他危险因素等。

(2) 库区(库)

库区(库)监测预警项目主要根据储存介质特性、包装物和容器的结构形式和环境条件等的不同进行选择。一般包括库区室内的温度、湿度、烟气以及室内外的可燃/有毒气体浓度、明火、音视频信号以及人员出入情况和其他危险因素等。

(3) 生产场所

生产场所监测预警项目主要根据物料特性、工艺条件、生产设备及其布置条件等的不同进行选择。一般包括温度、压力、液位、阀位、流量以及可燃/有毒气体浓度、明火和音视频信号和其他危险因素等。

## 7.7 危险化学品登记

生产、储存危险化学品的单位以及使用剧毒化学品和使用其他危险化学品数量构成重大危险源的单位(以下简称“登记单位”)均为登记单位。

生产单位、储存单位、使用单位是指在工商行政管理机关进行了登记的法人或非法人单位。

### 7.7.1 危险化学品的登记范围

(1) 列入国家标准《危险货物品名表》(GB 12268)中的危险化学品；

(2) 由国家安全生产监督管理总局会同国务院公安、环境保护、卫生、质检、交通部门确定并公布的未列入《危险货物品名表》的其他危险化学品。

国家安全生产监督管理总局根据(1)、(2)确定的危险化学品，汇总公布《危险化学品名录》。

### 7.7.2 办理登记手续

登记单位应在《危险化学品名录》公布之日起6个月内办理危险化学品登记手续。

对危险性不明的化学品，生产单位应在本办法实施之日起1年内，委托国家安全生产监督管理总局认可的专业技术机构对其危险性进行鉴别和评估，持鉴别和评估报告办理登记手续。

对新化学品，生产单位应在新化学品投产前1年内，委托国家安全生产监督管理总局认可的专业技术机构对其危险性进行鉴别和评估，持鉴别和评估报告办理登记手续。

新建的生产单位应在投产前办理危险化学品登记手续。

已登记的登记单位在生产规模或产品品种及其理化特性发生重大变化时，应当在3个月内对发生重大变化的内容办理重新登记手续。

### 7.7.3 生产单位应登记的内容

(1) 生产单位的基本情况；

(2) 危险化学品的生产能力、年需要量、最大储量；

(3) 危险化学品的产品标准；

(4) 新化学品和危险性不明化学品的危险性鉴别和评估报告；

(5) 化学品安全技术说明书和化学品安全标签；

(6) 应急咨询服务电话。

生产单位办理登记时，应向所在省、自治区、直辖市登记办公室报送以下主要材料：

(1)《危险化学品登记表》一式3份和电子版1份；

(2) 营业执照复印件2份；

(3) 危险性不明或新化学品的危险性鉴别、分类和评估报告各3份；

(4) 危险化学品安全技术说明书和安全标签各3份和电子版1份；

(5) 应急咨询服务电话号码。委托有关机构设立应急咨询服务电话的，需提供应急服务委托书；

(6) 办理登记的危险化学品产品标准(采用国家标准或行业标准的，提供所采用的标准编号)。

### 7.7.4 储存单位、使用单位应登记的内容

(1) 储存单位、使用单位的基本情况；

(2) 储存或使用的危险化学品品种及数量；

(3) 储存或使用的危险化学品安全技术说明书和安全标签。

办理登记的程序：

(1) 登记单位向所在省、自治区、直辖市登记办公室领取《危险化学品登记表》，并按要求如实填写。

(2) 登记单位用书面文件和电子文件向登记办公室提供登记材料。

(3) 登记办公室对登记单位提交的危险化学品登记材料，应在20个工作日内对其进行审查，必要时可进行现场核查，对符合要求的危险化学品和登记单位进行登记，将相关数据

录入本地区危险化学品管理数据库，向登记中心报送登记材料。

（4）登记中心在接到登记办公室报送的登记材料之日起10个工作日内，进行必要的审查并将相关数据录入国家危险化学品管理数据库后，通过登记办公室向登记单位发放危险化学品登记证和登记编号。

（5）登记办公室在接到登记证和登记编号之日起5个工作日内，将危险化学品登记证和登记编号送达登记单位或通知登记单位领取。

储存单位、使用单位应报送7.7.3中第(1)项、第(2)项、第(4)项规定的材料。

### 7.7.5 复核

危险化学品登记证书有效期为3年。登记单位应在有效期满前3个月，到所在省、自治区、直辖市登记办公室进行复核。复核的主要内容为：生产、储存、使用单位基本信息的变更情况，安全技术说明书和安全标签的更新情况等。

### 7.7.6 注销

生产单位终止生产危险化学品时，应当在终止生产后的3个月内办理注销登记手续。

使用单位终止使用危险化学品时，应当在终止使用后的3个月内办理注销登记手续。

### 7.7.7 登记单位应履行的义务

（1）对本单位的危险化学品进行普查，建立危险化学品管理档案；

（2）如实填报危险化学品登记材料；

（3）对本单位生产的危险性不明的化学品或新化学品进行危险性鉴别、分类和评估；

（4）生产单位应按照国家标准正确编制并向用户提供化学品安全技术说明书，在产品包装上拴挂或粘贴化学品安全标签，所提供的数据应保证准确可靠，并对其数据的真实性负责；

（5）危险化学品储存单位、使用单位应当向供货单位索取安全技术说明书；

（6）生产单位必须向用户提供化学事故应急咨询服务，为化学事故应急救援提供技术指导和必要的协助；

（7）配合登记人员在必要时对本单位危险化学品登记内容进行核查。

## 7.8 一书一签

安全技术说明书为化学物质及其制品提供了有关安全、健康和环境保护方面的各种信息，并能提供有关化学品的基本知识、防护措施和应急行动等方面的资料。

安全标签主要是通过对化学品包装加贴标签的形式进行危险性标识，提出安全使用注意事项，向作业人员传递安全信息，以预防和减少化学危害，达到保障安全和健康的目的。

危险化学品《安全技术说明书》和《安全标签》简称“一书一签”。危险化学品产品“一书一签”的编制、印发等工作由各危险化学品生产单位负责。

危险化学品生产企业应当提供与其生产的危险化学品相符的化学品安全技术说明书，并在危险化学品包装(包括外包装件)上粘贴或者拴挂与包装内危险化学品相符的化学品安全标签。化学品安全技术说明书和化学品安全标签所载明的内容应当符合国家标准的要求。

危险化学品生产企业发现其生产的危险化学品有新的危险特性的，应当立即公告，并及时修订其化学品安全技术说明书和化学品安全标签。

### 7.8.1 制作标准及要求

安全技术说明：《化学品安全技术说明书内容和项目顺序》(GB/T 16483—2008)；

安全标签：《化学品安全标签编写规定》(GB 15258—2009)；

“一书一签”中的国家应急电话为053283889090。

### 7.8.2 规格

《安全技术说明书》统一使用A4纸张规格。

《化学品安全标签》采用以下两种规格：

(1) 对不同容量的容器或包装，标签最低尺寸如表7.9所示。

表7.9 标签最低尺寸

| 容器或包装容积/L | 标签尺寸/(mm×mm) | 容器或包装容积/L | 标签尺寸/(mm×mm) |
|---|---|---|---|
| ≤0.1 | 使用简化标签 | >0.1～≤3 | 50×75 |
| >3～≤50 | 75×100 | >50～≤500 | 100×150 |
| >500～≤1000 | 150×200 | >1000 | 200×300 |

(2) 使用汽车罐车、火车槽车运输及使用其他大型包装形式的，采用150mm×200mm即A4纸规格；使用桶、钢瓶、袋等较小包装形式的，采用100mm×150mm即A5纸规格。

### 7.8.3 发放及使用

《安全技术说明书》由危险化学品产品生产单位负责印制，并分别提供给销售单位(部门)及装车、发货单位(部门)；销售单位在销售危险化学品时将《安全技术说明书》提供给客户；装车、装桶单位(车间)在发货时将《安全技术说明书》提供给运输单位和提货人，并保证每台危险化学品运输车辆至少一份。

各环节相关单位(部门、车间)在发放《安全技术说明书》时必须进行登记，并由相关人员签收。

《安全标签》由危险化学品产品生产单位在产品内、外包装的明显位置进行上粘贴、拴挂或喷印。

危险化学品产品“一书一签”印制和粘贴等相关工作发生的费用纳入生产成本。

### 7.8.4 修订

危险化学品产品“一书一签”每5年修订一次。生产单位发现危险化学品产品有新的危害特性或“一书一签”内容有重大变化时，应当立即公告并及时修订。在国家危险化学品登记中心正式登记的产品，在3个月内向省(市)级危险化学品登记办公室提出申请，重新办理登记。

### 7.8.5 采购环节管理

采购单位(或部门)在采购属于危险化学品的物品时，必须向供货单位索取符合现行国家标准的“一书一签”，并保证数量足够提供给储存、使用及运输单位，确保在各环节中。采购单位不得从无危险化学品生产许可证或者危险化学品经营许可证的单位采购危险化学品；销售单位不得向未取得危险化学品经营许可证的经营单位或者个人销售危险化学品。

## 7.9 危险化学品生产许可

### 7.9.1 危险化学品生产

国家对危险化学品的生产和储存实行统一规划、合理布局和严格控制，并对危险化学品生产实行审批制度；未经审批，任何单位和个人都不得生产危险化学品。

危险化学品生产装置或者储存数量构成重大危险源的危险化学品储存设施(运输工具加油站、加气站除外)，与下列场所、设施、区域的距离应当符合国家有关规定：

(1) 居住区以及商业中心、公园等人员密集场所；

(2) 学校、医院、影剧院、体育场(馆)等公共设施；

(3) 饮用水源、水厂以及水源保护区；

(4) 车站、码头(依法经许可从事危险化学品装卸作业的除外)、机场以及通信干线、通信枢纽、铁路线路、道路交通干线、水路交通干线、地铁风亭以及地铁站出入口；

(5) 基本农田保护区、基本草原、畜禽遗传资源保护区、畜禽规模化养殖场(养殖小区)、渔业水域以及种子、种畜禽、水产苗种生产基地；

(6) 河流、湖泊、风景名胜区、自然保护区；

(7) 军事禁区、军事管理区；

(8) 法律、行政法规规定的其他场所、设施、区域。

已建的危险化学品生产装置或者储存数量构成重大危险源的危险化学品储存设施不符合前款规定的，由所在地设区的市级人民政府安全生产监督管理部门会同有关部门监督其所属单位在规定期限内进行整改；需要转产、停产、搬迁、关闭的，由本级人民政府决定并组织实施。

生产危险化学品的单位，应当根据其生产、储存的危险化学品的种类和危险特性，在作业场所设置相应的监测、监控、通风、防晒、调温、防火、灭火、防爆、泄压、防毒、中和、防潮、防雷、防静电、防腐、防泄漏以及防护围堤或者隔离操作等安全设施、设备，并按照国家标准、行业标准或者国家有关规定对安全设施、设备进行经常性维护、保养，保证安全设施、设备的正常使用。

生产危险化学品的单位，应当在其作业场所和安全设施、设备上设置明显的安全警示标志。

生产危险化学品的单位，应当在其作业场所设置通信、报警装置，并保证处于适用状态。

生产危险化学品的企业，应当委托具备国家规定的资质条件的机构，对本企业的安全生产条件每3年进行一次安全评价，提出安全评价报告。安全评价报告的内容应当包括对安全生产条件存在的问题进行整改的方案。

生产危险化学品的企业，应当将安全评价报告以及整改方案的落实情况报所在地县级人民政府安全生产监督管理部门备案。在港口内储存危险化学品的企业，应当将安全评价报告以及整改方案的落实情况报港口行政管理部门备案。

生产危险化学品的单位转产、停产、停业或者解散的，应当采取有效措施，及时、妥善处置其危险化学品生产装置、储存设施以及库存的危险化学品，不得丢弃危险化学品；处置方案应当报所在地县级人民政府安全生产监督管理部门、工业和信息化主管部门、环境保护主管部门和公安机关备案。

### 7.9.2 安全生产许可

危险化学品生产企业进行生产前，应当依照《安全生产许可证条例》的规定，取得危险化学品安全生产许可证。

危险化学品生产企业必须取得安全生产许可证。未取得安全生产许可证的，不得从事生产活动。

#### 7.9.2.1 申请

中央企业及其直接控股涉及危险化学品生产的企业（总部）向国家安全生产监督管理总局申请安全生产许可证。

中央管理的危险化学品生产企业（集团公司、总公司、上市公司）所属分公司、子公司以及分公司、子公司下属的生产单位申请领取安全生产许可证，由中央管理的危险化学品生产企业所属的分公司、子公司分别向所在地省级安全生产许可证颁发管理机关提出申请。

其他的危险化学品生产企业及其分公司、子公司和分公司、子公司下属的生产单位申请领取安全生产许可证，由该危险化学品生产企业或其子公司分别向所在地设区的市级或者县级安全生产监督管理部门提出申请。

新建企业安全生产许可证的申请，应当在危险化学品生产建设项目安全设施竣工验收通过后10个工作日内提出。

危险化学品生产企业申请领取安全生产许可证，应当提交下列文件、资料，并对其真实性负责：

（1）申请安全生产许可证的文件及申请书；

（2）安全生产责任制文件，安全生产规章制度、岗位操作安全规程清单；

（3）设置安全生产管理机构，配备专职安全生产管理人员的文件复制件；

（4）主要负责人、分管安全负责人、安全生产管理人员和特种作业人员的安全资格证或者特种作业操作证复制件；

（5）与安全生产有关的费用提取和使用情况报告，新建企业提交有关安全生产费用提取和使用规定的文件；

（6）为从业人员缴纳工伤保险费的证明材料；

（7）危险化学品事故应急救援预案的备案证明文件；

（8）危险化学品登记证复制件；

（9）工商营业执照副本或者工商核准文件复制件；

（10）具备资质的中介机构出具的安全评价报告；

（11）新建企业的竣工验收意见书复制件；

（12）应急救援组织或者应急救援人员，以及应急救援器材、设备设施清单。

中央企业及其直接控股涉及危险化学品生产的企业（总部）提交除特种作业操作证复制件和危险化学品登记证复制件、具备资质的中介机构出具的安全评价报告、新建企业的竣工验收意见书复制件以外的文件、资料。

有危险化学品重大危险源的企业，除提交上述十二条所规定的文件、资料外，还应当提供重大危险源及其应急预案的备案证明文件、资料。

安全生产许可证有效期为3年。安全生产许可证有效期满后继续生产危险化学品的，应当于安全生产许可证有效期满前3个月，按照相关规定向原安全生产许可证颁发管理机关提出延期申请，并提交相关的文件、资料和安全生产许可证副本。

#### 7.9.2.2 延期申请

企业在安全生产许可证有效期内，符合下列条件的，其安全生产许可证届满时，经原实施机关同意，可不提交申请领取安全生产许可证应当提交文件、资料第(2)项、第(7)项、第(8)项、第(9)项、第(10)项规定的文件、资料，直接办理延期手续：

(1) 严格遵守有关安全生产的法律、法规和《安全生产许可证条例》的；

(2) 取得安全生产许可证后，加强日常安全生产管理，未降低安全生产条件，并达到安全生产标准化等级二级以上的；

(3) 未发生死亡事故的。

#### 7.9.2.3 变更

危险化学品生产企业在安全生产许可证有效期内有下列情形之一的，应当向原安全生产许可证颁发管理机关申请变更安全生产许可证：

(1) 变更主要负责人的；

(2) 变更隶属关系的；

(3) 变更企业名称或者隶属关系的；

(4) 新建、改建、扩建项目经验收合格的。

变更第(1)、(2)、(3)项的，自工商营业执照变更之日起10个工作日内提出申请；变更第(4)项的，应当在新建、改建、扩建项目验收合格后10个工作日内提出申请。

申请变更第(1)项的，应提供变更后的工商营业执照副本和主要负责人考核合格证明材料；申请变更第(2)、(3)项的，应提供变更后的工商营业执照副本；申请变更第(4)项的，应提交与建设项目相关的文件、资料。

已经建成投产的危险化学品生产企业在申请安全生产许可证期间，应当依法进行生产，确保安全；不具备安全生产条件的，应当进行整改并制定安全保障措施；经整改仍不具备安全生产条件的，不得进行生产。

危险化学品生产企业不得转让、冒用、买卖、出租、出借或使用伪造安全生产许可证。

#### 7.9.2.4 注销

取得安全生产许可证的危险化学品生产企业终止危险化学品生产活动、注销营业执照的，应向安全生产许可证颁发管理机关申请注销其安全生产许可证。

## 7.10 危险化学品经营许可

国家对危险化学品经营(包括仓储经营，下同)实行许可制度。未经许可，任何单位和个人不得经营危险化学品。

依法设立的危险化学品生产企业在其厂区范围内销售本企业生产的危险化学品，不需要取得危险化学品经营许可。

依照《中华人民共和国港口法》的规定取得港口经营许可证的港口经营人，在港区内从事危险化学品仓储经营，不需要取得危险化学品经营许可。

从事危险化学品经营的企业应当具备下列条件：

(1) 有符合国家标准、行业标准的经营场所，储存危险化学品的，还应当有符合国家标准、行业标准的储存设施；

(2) 从业人员经过专业技术培训并经考核合格；

(3) 有健全的安全管理规章制度；

(4) 有专职安全管理人员；

(5) 有符合国家规定的危险化学品事故应急预案和必要的应急救援器材、设备；

(6) 法律、法规规定的其他条件。

申请人持危险化学品经营许可证向工商行政管理部门办理登记手续后，方可从事危险化学品经营活动。法律、行政法规或者国务院规定经营危险化学品还需要经其他有关部门许可的，申请人向工商行政管理部门办理登记手续时还应当持相应的许可证件。

危险化学品经营企业储存危险化学品的，应当遵守《危险化学品安全管理条例》第二章关于储存危险化学品的规定。危险化学品商店内只能存放民用小包装的危险化学品。

危险化学品经营企业不得向未经许可从事危险化学品生产、经营活动的企业采购危险化学品，不得经营没有化学品安全技术说明书或者化学品安全标签的危险化学品。

国家对危险化学品经营销售实行许可制度。未经许可，任何单位和个人都不得经营销售危险化学品。

经营销售危险化学品的单位，应当取得危险化学品经营许可证(以下简称经营许可证)，并凭经营许可证依法向工商行政管理部门申请办理登记注册手续。未取得经营许可证和未经工商登记注册，任何单位和个人不得经营销售危险化学品。

经营许可证分为甲、乙两种。取得甲种经营许可证的单位可经营销售剧毒化学品和其他危险化学品；取得乙种经营许可证的单位只能经营销售除剧毒化学品以外的危险化学品。

### 7.10.1 申请、审批、颁发

甲种经营许可证由省、自治区、直辖市人民政府经济贸易主管部门或其委托的安全生产监督管理部门(以下简称省级发证机关)审批、颁发；乙种经营许可证由设区的市级人民政府负责危险化学品安全监督管理综合工作的部门(以下简称市级发证机关)审批、颁发。成品油的经营许可纳入甲种经营许可证管理。

申请甲种和乙种经营许可证的单位，应当分别向省级发证机关和市级发证机关提出申请，提交下列材料：

(1)《危险化学品经营许可证申请表》；

(2) 安全评价报告；

(3) 经营和储存场所建筑物消防安全验收文件的复印件；

(4) 经营和储存场所、设施产权或租赁证明文件复印件；

(5) 单位主要负责人和主管人员、安全生产管理人员和业务人员专业培训合格证书的复印件；

(6) 安全管理制度和岗位安全操作规程。

经营单位改建、扩建或者迁移经营、储存场所，扩大许可经营范围，应当事前重新申请办理经营许可证。

### 7.10.2 变更

经营单位变更单位名称、经济类型或者注册的法定代表人或负责人，应当于变更之日起20个工作日内，向原发证机关申办变更手续，换发新的经营许可证。

### 7.10.3 换证

经营许可证有效期为3年。有效期满后，经营单位继续从事危险化学品经营活动的，应当在经营许可证有效期满前3个月内向原发证机关提出换证申请，经审查合格后换领新证。

经营单位不得转让、买卖、出租、出借、伪造或者变造经营许可证。

经营单位要进行经常性的监督检查，发现不再具备安全生产条件的，应立即整改。应当接受发证机关依法实施的监督检查，无正当理由不得拒绝、阻挠。

## 7.11 危险化学品使用许可

使用危险化学品的单位，应当对本单位的生产装置、罐区按国家规定的年限委托有危险化学品评价资质的中介机构进行安全评价。对于评价中提出的问题各单位应积极组织整改。

使用危险化学品从事生产并且使用量达到规定数量(由国务院安全生产监督管理部门会同国务院公安部门、农业主管部门确定并公布)的化工企业(属于危险化学品生产企业的除外，下同)，应当依照《危险化学品安全管理条例》的规定取得危险化学品安全使用许可证。申请危险化学品安全使用许可证的化工企业，应当向所在地设区的市级人民政府安全生产监督管理部门提出申请，并提交其符合《危险化学品安全管理条例》第三十条规定条件的证明材料。

### 7.11.1 申请

企业申请安全使用许可证时，应当提交下列文件、资料：

(1) 申请安全使用许可证的文件及申请书；

(2) 安全生产责任制文件、安全生产规章制度、岗位操作安全规程清单；

(3) 设置安全管理机构，配备专职安全管理人员的文件复制件；

(4) 主要负责人、分管安全负责人、安全管理人员和特种作业人员的安全资格证或者特种作业操作证复制件；

(5) 危险化学品事故应急救援预案的备案证明文件；

(6) 使用的危险化学品的化学品安全技术说明书；

(7) 工商营业执照副本或者工商核准文件复制件；

(8) 中介机构出具的安全评价报告；

(9) 新建企业的竣工验收意见书复制件；

(10) 应急救援组织或者应急救援人员，以及应急救援器材、设备设施清单。

有危险化学品重大危险源的企业，除提交上述规定的资料外，还应当提供重大危险源及其应急预案的备案证明文件、资料。

### 7.11.2 变更

企业在安全使用许可证有效期内变更主要负责人、企业名称或者注册地址的，应当自工商营业执照或隶属关系变更之日起 10 个工作日内提出变更申请，并提交下列文件、资料：

(1) 变更后的工商营业执照副本复制件；

(2) 变更主要负责人的，还应当提供主要负责人经安全生产监督管理部门考核合格后颁发的安全资格证复制件；

(3) 变更注册地址的，还应当提供相关证明材料。

对已经受理的变更申请，发证机关对企业提交的文件、资料审查无误后，方可办理安全使用许可证变更手续。

企业在安全使用许可证有效期内变更隶属关系的，仅需提交隶属关系变更证明材料报发证机关备案。

### 7.11.3 延期申请

安全使用许可证有效期为 3 年。企业安全使用许可证有效期届满后继续使用危险化学品从事生产，且使用量达到《危险化学品使用量的数量标准》规定的，应当在安全使用许可证有效期届满前 3 个月提出延期申请，并提交延期申请书和申请许可证应提交的文件、资料。

## 7.12 危险化学品储存和出、入库

国家对危险化学品的储存实行统筹规划、合理布局。

国务院工业和信息化主管部门以及国务院其他有关部门依据各自职责，负责危险化学品储存的行业规划和布局。

地方人民政府组织编制城乡规划，应当根据本地区的实际情况，按照确保安全的原则，规划适当区域专门用于危险化学品的储存。

新建、改建、扩建储存危险化学品的建设项目(以下简称建设项目)，应当由安全生产监督管理部门进行安全条件审查。

建设单位应当对建设项目进行安全条件论证，委托具备国家规定的资质条件的机构对建设项目进行安全评价，并将安全条件论证和安全评价的情况报告报建设项目所在地设区的市级以上人民政府安全生产监督管理部门；安全生产监督管理部门应当自收到报告之日起 45 日内作出审查决定，并书面通知建设单位。具体办法由国务院安全生产监督管理部门制定。

新建、改建、扩建储存、装卸危险化学品的港口建设项目，由港口行政管理部门按照国务院交通运输主管部门的规定进行安全条件审查。

储存危险化学品的单位，应当对其铺设的危险化学品管道设置明显标志，并对危险化学品管道定期检查、检测。

危险化学品储存数量构成重大危险源的危险化学品储存设施(运输工具加油站、加气站除外)，与相关场所、设施、区域的距离应当符合国家有关规定，见本书 7.9.1。

储存数量构成重大危险源的危险化学品储存设施的选址，应当避开地震活动断层和容易发生洪灾、地质灾害的区域。

储存危险化学品的单位，应当根据其储存的危险化学品的种类和危险特性，在作业场所设置相应的监测、监控、通风、防晒、调温、防火、灭火、防爆、泄压、防毒、中和、防潮、防雷、防静电、防腐、防泄漏以及防护围堤或者隔离操作等安全设施、设备，并按照国家标准、行业标准或者国家有关规定对安全设施、设备进行经常性维护、保养，保证安全设施、设备的正常使用。

储存危险化学品的单位，应当在其作业场所和安全设施、设备上设置明显的安全警示标志。

储存危险化学品的单位，应当在其作业场所设置通信、报警装置，并保证处于适用状态。

储存危险化学品的企业，应当委托具备国家规定的资质条件的机构，对本企业的安全生产条件每 3 年进行一次安全评价，提出安全评价报告。安全评价报告的内容应当包括对安全生产条件存在的问题进行整改的方案。

储存危险化学品的企业，应当将安全评价报告以及整改方案的落实情况报所在地县级人民政府安全生产监督管理部门备案。在港区内储存危险化学品的企业，应当将安全评价报告以及整改方案的落实情况报港口行政管理部门备案。

危险化学品应当储存在专用仓库、专用场地或者专用储存室(以下统称专用仓库)内，并由专人负责管理；剧毒化学品以及储存数量构成重大危险源的其他危险化学品，应当在专用仓库内单独存放，并实行双人收发、双人保管制度。

危险化学品的储存方式、方法以及储存数量应当符合国家标准或者国家有关规定。

储存危险化学品的单位应当建立危险化学品出入库核查、登记制度。

危险化学品专用仓库应当符合国家标准、行业标准的要求，并设置明显的标志。储存剧毒化学品、易制爆危险化学品的专用仓库，应当按照国家有关规定设置相应的技术防范设施。

储存危险化学品的单位应当对其危险化学品专用仓库的安全设施、设备定期进行检测、检验。

储存危险化学品的单位转产、停产、停业或者解散的，应当采取有效措施，及时、妥善处置其危险化学品生产装置、储存设施以及库存的危险化学品，不得丢弃危险化学品；处置方案应当报所在地县级人民政府安全生产监督管理部门、工业和信息化主管部门、环境保护主管部门和公安机关备案。安全生产监督管理部门应当会同环境保护主管部门和公安机关。

### 7.12.1 定义

隔离储存(segregated storage)在同一房间或同一区域内，不同的物料之间分开一定的距离，非禁忌物料间用通道保持空间的储存方式。

隔开储存(cut-off storage)在同一建筑或同一区域内，用隔板或墙，将其与禁忌物料分离开的储存方式。

分离储存(detached storage)在不同的建筑物或远离所有建筑的外部区域内的储存方式。

禁忌物料(incompatible materals)化学性质相抵触或灭火方法不同的化学物料。

### 7.12.2 危险化学品储存的基本要求

储存危险化学品必须遵照国家法律、法规和其他有关的规定。

危险化学品必须储存在经公安部门批准设置的专门的危险化学品仓库中，经销部门自管仓库储存危险化学品及储存数量必须经公安部门批准。未经批准不得随意设置危险化学品储存仓库。

危险化学品露天堆放，应符合防火、防爆的安全要求，爆炸物品、一级易燃物品、遇湿燃烧物品、剧毒物品不得露天堆放。

储存危险化学品的仓库必须配备有专业知识的技术人员，其库房及场所应设专人管理，管理人员必须配备可靠的个人安全防护用品。

储存的危险化学品应有明显的标志，标志应符合 GB 190—2009《危险货物包装标志》的规定。同一区域储存两种或两种以上不同级别的危险化学品时，应按最高等级危险物品的性能标志。

危险化学品储存方式分为三种：

(1) 隔离储存；

(2) 隔开储存；

(3) 分离储存。

根据危险化学品性能分区、分类、分库储存。各类危险化学品不得与禁忌物料混合储存。

储存危险化学品的建筑物、区域内严禁吸烟和使用明火。

### 7.12.3 储存场所的要求

储存危险化学品的建筑物不得有地下室或其他地下建筑，其耐火等级、层数、占地面积、安全疏散和防火间距，应符合国家有关规定。

储存地点及建筑结构的设置，除了应符合国家的有关规定外，还应考虑对周围环境和居民的影响。

#### 7.12.3.1 储存场所的电气安装

危险化学品储存建筑物、场所消防用电设备应能充分满足消防用电的需要；并符合 GB 50016—2012 的有关规定。危险化学品储存区域或建筑物内输配电线路、灯具、火灾事故照明和疏散指示标志，都应符合安全要求。储存易燃、易爆危险化学品的建筑，必须安装避雷设备。

#### 7.12.3.2 储存场所通风或温度调节

储存危险化学品的建筑必须安装通风设备，并注意设备的防护措施。储存危险化学品的建筑通排风系统应设有导除静电的接地装置。通风管应采用非燃烧材料制作。通风管道不宜穿过防火墙等防火分隔物，如必须穿过时应用非燃烧材料分隔。储存危险化学品建筑采暖的热媒温度不应过高，热水采暖不应超过 80℃，不得使用蒸汽采暖和机械采暖。采暖管道和设备的保温材料，必须采用非燃烧材料。在使用温度监控设备时必须确保和控制储存场所的每个地方的温差，不要超过剧毒化学品所能承受的温度，因此，在储存场所的适当地方安装温度监控设备，一旦出现过大温差，立刻通过系统进行温度调节，以确保剧毒品的安全。

#### 7.12.3.3 视频监控设备

在使用视频监控设备时必须确保储存场所的每一个角落都清晰可见，灯光必须24小时明亮，同时仓库人员也必须24小时轮流值班，保证剧毒化学品的24小时的安全无变异和泄漏。

#### 7.12.3.4 自动预警设备

自动预警设备应直接联结到公安局，此系统除了包含以上视频监控设备外，最重要是有气味探测功能，该功能如果探测到剧毒品的泄漏气味便立刻发出警报并同时通过与公安局的联网，立刻作出安全撤离和应急处理。

#### 7.12.3.5 储存安排及储存量限制

危险化学品储存安排取决于危险化学品分类、分项、容器类型、储存方式和消防的要求。储存量及储存安排见表7.10。

表7.10 危险化学品储存量及储存安排

| 储存类别<br>储存要求 | 露天储存 | 隔离储存 | 隔开储存 | 分离储存 |
|---|---|---|---|---|
| 平均单位面积储存量/(t/m²) | 1.0~1.5 | 0.5 | 0.7 | 0.7 |
| 单一储存区最大储量/t | 2000~2400 | 200~300 | 200~300 | 400~600 |
| 垛距限制/m | 2 | 0.3~0.5 | 0.3~0.5 | 0.3~0.5 |
| 通道宽度/m | 4~6 | 1~2 | 1~2 | 5 |
| 墙距宽度/m | 2 | 0.3~0.5 | 0.3~0.5 | 0.3~0.5 |
| 与禁忌品距离/m | 10 | 不得同库储存 | 不得同库储存 | 7~10 |

遇火、遇热、遇潮能引起燃烧、爆炸或发生化学反应，产生有毒气体的危险化学品不得在露天或在潮湿、积水的建筑物中储存。

受日光照射能发生化学反应引起燃烧、爆炸、分解、化合或能产生有毒气体的危险化学品应储存在一级建筑物中。其包装应采取避光措施。

爆炸物品不准和其他类物品同储，必须单独隔离限量储存，仓库不准建在城镇，还应与周围建筑、交通干道、输电线路保持一定安全距离。

压缩气体和液化气体必须与爆炸物品、氧化剂、易燃物品、自燃物品、腐蚀性物品隔离储存。易燃气体不得与助燃气体、剧毒气体同储；氧气不得与油脂混合储存，盛装液化气体的容器属压力容器的，必须有压力表、安全阀、紧急切断装置，并定期检查，不得超装。

易燃液体、遇湿易燃物品、易燃固体不得与氧化剂混合储存，具有还原性氧化剂应单独存放。

有毒物品应储存在阴凉、通风、干燥的场所，不要露天存放，不要接近酸类物质。

腐蚀性物品，包装必须严密，不允许泄漏，严禁与液化气体和其他物品共存。

### 7.12.4 危险化学品的养护

危险化学品入库时，应严格检验物品质量、数量、包装情况、有无泄漏。

危险化学品入库后应采取适当的养护措施，在储存期内，定期检查，发现其品质变化、包装破损、渗漏、稳定剂短缺等，应及时处理。

库房温度、湿度应严格控制、经常检查，发现变化及时调整。

### 7.12.5 危险化学品出入库管理

储存危险化学品的仓库，必须建立严格的出入库管理制度。

#### 7.12.5.1 出入库验收内容

危险化学品出入库前均应按合同进行检查验收、登记，验收内容包括：

（1）数量；

（2）包装；

（3）危险标志。

经核对后方可入库、出库，当物品性质未弄清时不得入库。

#### 7.12.5.2 防护措施

进入危险化学品储存区域的人员、机动车辆和作业车辆，必须采取防火措施。

装卸、搬运危险化学品时应按有关规定进行，做到轻装、轻卸。严禁摔、碰、撞、击、拖拉、倾倒和滚动。

装卸对人身有毒害及腐蚀性的物品时，操作人员应根据危险性，穿戴相应的防护用品。

不得用同一车辆运输互为禁忌的物料。

修补、换装、清扫、装卸易燃、易爆物料时，应使用不产生火花的铜制、合金制或其他工具。

根据危险化学品特性和仓库条件，必须配置相应的消防设备、设施和灭火药剂。并配备经过培训的兼职和专职的消防人员。

储存危险化学品建筑物内应根据仓库条件安装自动监测和火灾报警系统。

储存危险化学品的建筑物内，如条件允许，应安装灭火喷淋系统（遇水燃烧危险化学品，不可用水扑救的火灾除外），其喷淋强度和供水时间如下：喷淋强度 15L/（min · $m^2$）；持续时间 90min。

#### 7.12.5.3 人员培训

仓库工作人员应进行培训，经考核合格后持证上岗。

对危险化学品的装卸人员进行必要的教育，使其按照有关规定进行操作。

仓库的消防人员除了具有一般消防知识之外，还应进行在危险化学品库工作的专门培训，使其熟悉各区域储存的危险化学品种类、特性、储存地点、事故的处理程序及方法。

## 7.13 危险化学品灌装、运输及废弃

### 7.13.1 危险化学品灌装、运输

国家对危险化学品的运输实行资质认定制度，托运人不得委托无危险化学品运输资质的运输企业承运危险化学品。

危险化学品的装卸作业必须在装卸管理人员的现场指挥下进行。灌装时，应按充装系数灌装并记录，不得超量装载。

灌装单位必须对危险化学品公路运输车辆及人员资质情况进行检查，查验车辆安全附件是否齐全，驾驶员危险化学品从业资格证、危险化学品道路运输证、押运员证是否齐全、有效，并对检查情况进行登记。

运输的危险化学品需要添加抑制剂或者稳定剂的，托运人交付托运时应当添加抑制剂或者稳定剂，并告知承运人。

通过公路运输剧毒化学品的，托运人应当向目的地的公安部门申请办理剧毒化学品公路运输通行证。

在危险化学品流通领域建立可监控的具备安全生产条件的大型交易市场进行经营活动；鼓励经营单位选择装有行车记录仪和GPS等先进监控技术手段的符合国家要求的运输危险化学品车辆(含槽、罐车)和危险化学品运输资质的运输单位进行危险化学品运输，确保危险化学品在物流各个环节的安全生产。

### 7.13.2 危险化学品废弃处置

危险化学品的生产、储存、使用单位转产、停产、停业或者解散的，应当采取有效措施对设备、设施及危险化学品进行处置，不得留有事故隐患。

禁止在危险化学品储存区域内堆积可燃废弃物品。

泄漏或渗漏危险化学品的包装容器应迅速移至安全区域。按危险化学品特性，用化学的或物理的方法处理废弃物品，不得任意抛弃、污染环境。处置废弃危险化学品，依照固体废物污染环境防治法和国家有关规定执行。处置方案应报省级安全生产监督管理局和环境保护局、公安局备案。

## 7.14 危险化学品防火防爆

### 7.14.1 石油化工火灾和爆炸因素分析

石油化工生产过程中客观存在的发生火灾和爆炸的因素，可概括为以下几个方面。

#### 7.14.1.1 各种原材料、辅助材料、中间产品、成品的易燃易爆性

石油化工生产使用的各种原料都具有易燃易爆的性质，天然气、油田气、炼厂气、原料煤气、烃类以及各种油蒸气，它们的燃点低、爆炸下限低，点燃的能量低，当操作不当或设备问题发生外泄时，或者空气(氧气)混入系统中，则易发生燃烧爆炸。空分装置中的乙炔和碳氢化合物等危险物质超过允许含量时，极易引起爆炸。氧气是一种强氧化剂，能加速物质的燃烧，可引起许多不易燃烧物质的燃烧，在管道中高速流动时(超过安全流速)也可引起管道燃烧。

#### 7.14.1.2 高温操作带来的危险性

石油化工生产中操作温度高是引起气体着火爆炸的一个重要因素。这是因为：

(1) 高温设备和管道表面易引起与之接触的可燃物质着火；

(2) 高温下的可燃气体混合物，一旦空气进入系统与之混合并达到爆炸极限时，极易在设备和管道内爆炸；

(3) 温度达到或超过自燃点的可燃气体，一旦泄漏即能引起燃烧爆炸；如容器或管道内的介质温度达到燃点以上时，一旦泄漏立即燃烧。

(4) 高温可加速运转机械中的润滑油的挥发和分解，使油气在管道中积炭、结焦，导致积炭燃烧和爆炸；

(5) 高温使金属材料发生蠕变，改变金相组织，增强腐蚀性介质的腐蚀性，高温还能增

强氢气对金属的氢蚀作用，这些都可降低设备的机械强度而产生裂纹，导致泄漏，甚至造成爆炸；

（6）高温使可燃气体的爆炸极限扩大，如氨在常温下的爆炸极限为15.5%~27%，而在100℃时则变为14.5%~29.5%，由于爆炸范围加宽，危险性增大。

#### 7.14.1.3 高压运行带来的危险性

高压操作有许多优点，如能提高化学反应速度，增加效率，提高设备的生产能力等。但是从安全生产角度来看，则带来了一系列的不安全因素。例如操作压力高，使可燃气体爆炸极限加宽，尤其是对上限影响较大。如常压下甲烷的爆炸上限为15%，而在12.5MPa时，则扩大到45.7%，使爆炸危险性增加。处于高压下的可燃气体一旦泄漏，高压气体体积迅速膨胀、扩散，与空气形成可爆炸混合气，又因流速大与喷口处摩擦易产生静电火花而导致着火爆炸。

另外，高压操作对设备选材、制造都带来一定困难，给平时的维护也增加了困难，同时易使设备发生疲劳腐蚀，造成泄漏。高压下能加剧氢气、氮气对钢材的氢蚀作用及渗氮作用，使设备机械强度减弱，导致物理爆炸。

#### 7.14.1.4 其他因素

由于生产过程中，所处理或加工的物料均系易燃易爆物质，当操作不当或设备不严密时，空气或氧气窜入生产系统，或投料顺序有误，或投料比例不符合要求导致氧含量超过规定而造成爆炸。有自聚物生成的生产装置，由于控制不当，管理不严亦会引起自聚物的爆炸。

### 7.14.2 爆炸类型分析

石油化工生产，由于本身存在着固有的潜在危险因素，所以安全工作的难度较其他工业要大。多年来，爆炸事故时有发生，主要发生在以下几种场合。

#### 7.14.2.1 过氧爆炸

可燃气体中的含氧量是石油化工生产过程中必须严格控制的工艺指标。氧含量超过安全界限，则容易形成爆炸混合物，在激发能源的作用下就能发生爆炸事故。

#### 7.14.2.2 物料互串引起爆炸

生产中的各种物料大多具有燃烧和爆炸性质，因此，当物料发生互串后，如氧气串入可燃气体中，可燃气体串入空气(氧气)中，或串入检修的设备中，均能引起爆炸。

#### 7.14.2.3 违章动火引起爆炸

生产过程中，常伴有设备检修的动火作业。如果图省事，怕麻烦，凭经验而不采取必要的安全措施，违章动火，则是引起爆炸事故的一个主要原因。

#### 7.14.2.4 静电引起火灾爆炸

石油化工生产所输送的介质绝大多数是易燃易爆的液体、气体或固体。这些物料的电阻率高，导电性能差，因此产生的静电不易散失，造成静电积累，当达到某一数值后，便出现静电放电。静电放电火花能引起火灾和爆炸事故，这是静电的最大危害，特别易发生在石油产品的装卸输送作业中。

#### 7.14.2.5 积炭引起火灾爆炸

压缩机由于积炭导致爆炸，主要是因为润滑油质量不符合要求，用量过大等原因。在被压缩的空气中氧化，形成爆炸性混合物。

#### 7.14.2.6 压力容器爆炸

压力容器由于设计、制造、使用、维护等方面存在问题，加之安全管理制度不健全，检测手段不完善，使设备超期服役或存在缺陷未及时发现造成爆炸事故屡见不鲜。

#### 7.14.2.7 用汽油等易挥发液体擦洗设备引起爆炸

石油化工企业在设备检修时，按规定使用洗涤剂清污，但个别职工却用汽油等易挥发的可燃液体作为洗涤剂，从而引发了火灾爆炸事故。

#### 7.14.2.8 安全装置失灵引起爆炸

使用化工企业常用的安全装置有防护、信号、保险、卸压、联锁等，这些安全装置是根据生产的需要而设置的，以便提高安全生产的可靠性，一旦失灵就会造成事故。

#### 7.14.2.9 负压吸入空气引起爆炸

因生产联系不周，操作失误，设备和管道突然开裂，停车不及时，安全联锁失灵等原因，导致设备或生产系统形成负压，空气被吸入与可燃气体混合，形成爆炸性混合物，在高温、摩擦、静电等能源作用下即能引起火灾爆炸事故。

#### 7.14.2.10 带压作业引起爆炸

带压作业在石油化工企业，特别是老装置采用的机会较多，因为装置老化，跑、冒、滴、漏现象经常发生，为了确保正常生产，采用切实可行的安全措施带压堵漏是允许的，也是安全的。但是有的企业在不减压的情况下热紧螺栓，消漏换垫等也常常引起爆炸事故。

#### 7.14.2.11 过热液体和液化气体爆炸

水、有机液体等液体物质在容器内处于汽液两相共存的过热饱和状态，容器一旦破裂，气液平衡被破坏，液体就会迅速气化而发生爆炸；液化气体容器或储罐在外壳破裂后气液平衡被破坏，液体突然气化发生爆炸。

过热液体和液化气体爆炸与装置的泄漏部位和裂缝的面积有关。

（1）装置的泄漏部位：裂缝离液面越近，压力降速度越大；但在液相，由于有液封存在，同时液体阻力较大，压力不会马上降下来。

（2）裂缝的面积：裂缝面积/液体面积若$>\frac{1}{125}$，10ms 内可降压，若$<\frac{1}{125}$，不足以引起泄压，不会发生闪蒸。

注意：不同沸点的液化气体在相混时可能会发生爆炸，此时不需要设备破裂，而是相混时内部汽化引起。

#### 7.14.2.12 粉尘爆炸

可燃性粉尘与空气形成爆炸性混合系的爆炸。一般情况下，粉尘爆炸事故发生的几率较低，但随着石油化工行业的发展，原料的多样化，生产的连续化，粉尘爆炸的潜在危险也在增大。粉尘爆炸的可能性与它的物理化学性质有关，即与粉尘的可燃性、浮游状态、在空气中的含量以及点火能源的强度等因素有关。

### 7.14.3 火灾转化为爆炸征兆分析

#### 7.14.3.1 油气储罐火灾中的爆炸征兆

当液化石油气、天然气储存容器及管网，由于泄漏等原因而引起火灾时，如果不能及时控制火灾，经过一定时间有可能使容器内部液化石油气、天然气温度上升、体积膨胀、压力增大，最终使容器破坏而造成爆炸(先是物理爆炸，随后将发生严重的化学爆炸)。

（1）液化石油气、天然气储罐爆炸征兆：储罐排气阀猛烈排气，并有刺耳哨声，罐体剧烈振动，火焰发白。

（2）液化石油气钢瓶爆炸的征兆：钢瓶在火焰的直接作用下，持续约3min，就有爆炸的危险；钢瓶瓶体膨胀鼓肚变形，是爆炸的前兆；火焰颜色白亮刺眼，声音变细，发出“嘶嘶”声，如持续5~10s左右，声音与火焰突然消失，随即爆炸。

#### 7.14.3.2 油罐燃烧的爆炸征兆

油罐发生火灾时，火焰一般是在罐顶呼吸阀、量油孔或裂缝处燃烧。灭火时，首先应根据火焰燃烧的特点来判断在短期内油罐是否会发生爆炸。一般认为，当火焰呈桔黄色、发亮、有黑烟时，油罐不会发生爆炸；而当火焰呈蓝色、不发亮、无黑烟时，说明罐内混合气体浓度处于爆炸极限范围内，有可能在短时间内发生爆炸。

### 7.14.4 防止可燃可爆系统的形成

各种工业生产，根据其特点都存在这样或那样的火灾和爆炸事故的危险性，为了使这种可能性不致转化成现实，把事故消灭在产生之前，除在思想上根除事故难免论的消极情绪外，从技术上来说应该把握住每一个环节，从设计工作开始，就采取各种措施，消除可能造成火灾爆炸事故的根源。下面归纳一些处理危险物品时常用的一般措施。

#### 7.14.4.1 控制可燃物和助燃物

（1）工艺过程中控制用量

在工艺过程中不用或少用易燃易爆物。这只有在工艺上可行的条件下进行，如通过工艺或生产设备的改革，使用不燃溶剂或火灾爆炸危险性较小的难燃溶剂代替易燃溶剂。一般沸点较高的液体物质，不易形成爆炸性混合体系，如沸点在110℃以上的液体，在常温下，通常不致形成爆炸系。在溶解脂肪、油、沥青时，是否可以四氯化碳、丁醇、氯苯等代替汽油、苯、丙酮等易燃液体，这些都是为生产创造安全条件值得考虑的问题。

（2）加强密闭

为了防止易燃气体、蒸气和可燃性粉尘与空气构成爆炸性混合物，应设法使生产设备和容器尽可能密闭，对于具有压力的设备，更应注意它的密闭性，以防止气体或粉尘逸出与空气形成爆炸性混合物；对真空设备，应防止空气流入设备内部达到爆炸极限。

为保证设备的密闭性，对危险设备及系统应尽量少用法兰连接，但要保证安装检修方便；输送危险气体、液体的管道应采用无缝钢管；盛装腐蚀性介质的容器，底部尽可能不装开关和阀门，腐蚀性液体应从顶部抽吸排出；如用计液玻璃管观察液面情况，要装设结实的保护，以免打碎玻璃漏出易燃液体，慎重使用脆性材料。

如设备本身不能密封，可采用液封，负压操作，以防系统中有毒或可燃性气体逸入厂房。

加压或减压设备，在投产前和定期检查后应检查密闭性和耐压程度，所有压缩机、液泵、导管、阀门、法兰接头等容易漏油、漏气部位应经常检查，填料如有损坏应立即调换，以防渗漏，设备在运转中也应经常检查气密情况，操作压力必须严格控制，不允许超压运转。

接触氧化剂如高锰酸钾、氯酸钾、硝酸铵、漂白粉等粉尘生产的传动装置部分的密闭性能必须良好，转动轴密封不严会使粉尘与油类接触，要定期清洗传动装置，及时更换润滑剂，应防止粉尘漏进变速箱中与润滑油相混，避免由于蜗轮、蜗杆的摩擦发热而导致爆炸。

（3）注意通风排气

要使设备完全密封是有困难的，尽管已经考虑得很周到，但总会有部分蒸气、气体或粉尘泄漏到器外。对此，必须采取另一些安全措施，使可燃物的含量达到最低，也就是说要保证易燃、易爆、有毒物质在厂房生产环境里不超过最高允许浓度，这就是通风排气。

对通风排气的要求，应从以下两种情况考虑，对于仅是易燃易爆的物质，其在厂房内的浓度要低于爆炸下限的1/4；对于既易燃易爆又具有毒性的物质，应考虑到在有人操作的场所，其容许浓度只能从毒性的最高容许浓度来决定，因为一般情况下毒物的最高容许浓度比爆炸下限还要低得多。

对有火灾爆炸危险的厂房的通风，由于空气中含有易燃易爆气体，所以通风气体不能循环使用。排送风设备应有独立分开的风机室，送风系统应送入较纯净的空气。如通风机室设在厂房里，应有隔绝措施。排除、输送温度超过80℃的空气或其他气体以及有燃烧爆炸危险的气体、粉尘的通风设备，应用非燃烧材料制成。空气中含有易燃易爆危险物质的厂房应用不产生火花的通风和调节设备。

排除有燃烧爆炸危险的粉尘和容易起火的碎屑的排风系统，其除尘装置也应采用不产生火花的材料。有爆炸危险粉尘的空气宜在进入排风机前选用恰当的方法进行净化，如粉尘与水能形成爆炸性混合物，当然不应采用湿法除尘。

对局部通风应注意气体或蒸气的密度。密度比空气大的要防止可能在低洼处积聚；密度轻的要防止在高处死角积聚。

设备的一切排气管都应伸出屋外，高出附近屋顶。排气管不应造成负压，也不应堵塞，如排出蒸气遇冷凝结，则放空管还应考虑有蒸气保护措施。

（4）惰性化

在可燃气体、蒸气或粉尘与空气的混合物中充入惰性气体，降低氧气、可燃物的百分比，从而消除爆炸危险和阻止火焰的传播。

① 最小氧气浓度：燃烧反应中，氧气是一种关键成分，燃烧的传播要求有一个最小氧气浓度。低于最小氧气浓度，反应就无法生成足够的热量来加热所有的气体混合物，从而也就无法使燃烧自身的传播得到延续。

最小氧气浓度是指在空气和燃料的体积之和中氧气所占的百分比，低于这个比值，火焰就不能传播。如果没有实验数据则可以通过燃烧反应的化学计算式及爆炸下限来估算最小氧气浓度。这种方法适用于许多碳氢化合物。

② 惰性化：惰性化可以是将惰性气体加入易燃混合物以降低氧气浓度，使现有氧气浓度低于最小氧气浓度（MOC）的过程，也可以是以惰性气体置换容器、管道内的可燃物，使可燃气体降至爆炸下限以下的过程。

对大多数可燃气体而言，最小氧气浓度约为10%；对大多数粉尘而言，最小氧气浓度约为8%。惰性化过程从用惰性气体对容器进行初期净化开始，使氧气浓度降至安全浓度，通常控制点为比最小氧气浓度低4%。

有几种方法可达到惰性化目的：要求液相上方的气相空间保持惰性氛围时，较为理想的做法是这个系统具有自动添加惰性气体的装置，以确保氧气浓度始终低于最小氧气浓度。控制系统中必须设有连续测定系统氧气浓度与最小氧气浓度关系的分析仪，以及在系统氧气浓度接近最小氧气浓度时添加惰性气体的控制系统。常见的惰性系统仪由一台调节器组成，此调节器可保持气相中确定的惰性气体压力。

在开停车或动火维修时常用的容器惰性化方法有：

a. 真空抽净法，即将容器抽真空，直至达到预定的真空状态，接着充入惰性气体至大气压，再抽真空，再充惰气直至达到预定的氧气浓度。

b. 压力净化法，向容器中加入加压的惰性气体也可以净化容器。当加入的气体扩散至整个容器后，气体被排入大气，直到容器压力降至大气压。要使氧化剂含量降至预定浓度，可能要进行几次循环。

c. 吹扫净化法，将惰性气体从容器的一个口加入，而混合气从容器的另一个口排入大气。当容器不适宜用真空抽净及压力净化法时，通常就使用这种方法。

(5) 监测空气中易燃易爆物质的含量

测定厂房空气中生产设备系统内易燃气体、蒸气和粉尘浓度，是保证安全生产的重要手段之一。特别是在厂房或设备内部要动火检修时，既要测定易燃气体或蒸气是否超过卫生标准或爆炸极限，当有人进入设备时，还应监测含氧量，不论过高或过低均不相宜。在可燃、有毒物质可能泄漏的区域设报警仪，是监测空气中易燃易爆物质含量的重要措施，应按《石油化工企业可燃气体检测报警设计规范》执行。

(6) 工艺参数的安全控制

在化工生产过程中，工艺参数主要指温度、压力、流量、料比，等等。按工艺要求严格控制工艺参数在安全限度以内，是实现化工生产的基本条件，而对工艺参数的自动调解和控制则是保证生产安全的重要措施。

① 温度控制

温度是化工生产中主要控制参数之一。不同的化学反应都有自己最适宜的反应温度。对某一特定反应来说，如果超温，可能造成的后果是：反应物分解，造成压力升高，导致爆炸；产生副反应生成新的危险产物，升温过快、过高或冷却设备发生故障，可引起剧烈反应发生冲料和爆炸。如果温度过低，有时会造成反应速度减慢或停滞，而一旦反应速度恢复正常时，则往往会因为反应物料过多而发生剧烈反应，引起爆炸。温度过低也会使某些物料冻结，堵塞管路或使之破裂，致使易燃物料泄漏而发生火灾爆炸事故。液化气体或低沸点介质，可以因为温度过高而气化，发生超压爆炸；干燥过程，可能因温度过高而使物料分解，着火爆炸；凡此种种情况均说明控制温度的重要性。

除去反应热：化学反应的热效应，可能是放热也可能是吸热，为保证在一定的温度下进行，对特定的反应就要给予或移去一部分热量。如硝化、氧化、氯化、水合和聚合等反应过程多是放热反应；而裂解、脱氢、脱水等则是吸热反应。传热可通过夹套、蛇管等多种传热方法实现。

防止搅拌中断：搅拌能加速热量传递和物料的扩散混合，有利温度控制和反应的进行。如果中途停止搅拌，物料不能充分混匀，反应和传热不良，且物料大量积聚，当搅拌恢复时则大量反应物迅速反应，往往造成冲料，以致酿成燃烧爆炸事故。因此，一般情况下在搅拌因故障停止时，应立即停止加料，视物料性质，必要时进行冷却；在恢复搅拌后，应待反应温度平稳后，再继续加料。在某些工艺中，为防止搅拌中断，设计时就应考虑用双路供电并设人力搅拌装置。在检修中应特别注意搅拌器的机械强度，防止变形与器壁摩擦；防止断落而中断搅拌。

正确选用传热介质：常用的热载体有水蒸气、热水、过热水、矿物油、联苯醚、融盐和熔融金属、烟道气等，不同的热载体对加热过程的安全有重要的影响，因此在选用时，要根据物料和热载体的性质，正确选用。要避免使用和反应物性质相抵触的介质作为加热或冷却介质。如金属钠，虽然熔点很低只有97.81℃，但它遇水剧烈反应，故绝不可用水或蒸气加热。环氧乙烷遇水也发生剧烈反应，会引起自聚发热发生爆炸，故对这类物质一般使用液态石蜡作热载体。而对一些水相物料，则不应用联苯醚，因其遇水在高温下会气化而喷出，遇火发生燃烧。

防止传热结疤：结疤不仅影响传热效率，更危险的是因物料分解而引起爆炸。结疤原因很多，如水质不好而结垢；物料结在传热面上，物料聚合、缩合碳化等而结疤。应该对不同的情况采取措施，为防锅壁由于水质而引起的结疤，应控制水质、定期清洗等；对于物料聚合等原因引起的结疤，应在设备设计时就要充分考虑传热方式、特别是对搅拌形式的选择。

热不稳定物质的处理：对热不稳定物质的温度控制十分重要，要注意降温和隔热。既要在工艺过程中严格控制温度使其不致分解，在储存时也必须注意与高温物体的隔离。

② 控制投料速度和料比来控制

对于放热反应，投料速度不得过快，以防放热超过设备的传热能力，同时产生冲料危险。如在染料生产中常有多种氧化反应，当用氧化剂氯酸钠时，由于反应在强酸条件下进行，$NaClO_3$遇酸变成氯酸，氯酸不稳定，放出氧气，同时温度猛升，易发生冲料，甚至自行爆炸，所以在$NaClO_3$投料时，必须严格控制，不得过量，投料速度要均匀，不得突然增大，以免局部反应过剧，温升过快引起氯酸迅速分解而导致危险。在投料时，对投料顺序也不得颠倒，应先投放盐酸，不然，$NaClO_3$将与物料直接接触，发生自燃危险。

对危险性较大的生产过程要特别注意反应物料的加入速度和配比，如丙烯直接氧化制取丙烯酸，在氧化反应时，一旦加料或反应失控，则丙烯浓度就会发生变化，有可能进入爆炸范围，从而引起爆炸，因此必须严格控制料速和料比。

③ 超量杂质和副反应的控制

反应物料中危险杂质的存在会导致副反应的发生，从而引起燃烧或爆炸。

为了防止某些有害杂质存在引起事故，可采用加稳定剂的办法，如氰化氢在常温下呈液态，储存时必须使其含水量低于1%，装入密闭容器中。由于水的存在，时间一长生成氨，氨作为催化剂可引起聚合反应，聚合热使蒸气压上升，从而导致爆炸事故。为提高氰化氢的稳定性，常加入浓度为0.001%~0.5%的硫酸、磷酸或甲酸等酸性物作为稳定剂。

在使用乙醚作溶剂的一些生产过程中，由于乙醚与空气的接触，在蒸馏乙醚时最终会生成亚乙基过氧化物$CH_3COOH$，此物极不稳定，易猛烈爆炸，要控制其发生和积累。

#### 7.14.4.2 着火源及其控制

为预防火灾或爆炸灾害，对着火能源的控制是一个重要问题。引起火灾爆炸事故的能源主要有以下几个方面，即明火、高温表面、摩擦和碰撞、绝热压缩、自行发热、电气火花、静电火花、雷击和光热射线等，对于这些着火源，在有火灾爆炸危险的生产场所都应引起充分的注意和采取严格的预防措施。

（1）明火及高温表面

工厂中的明火是指生产过程中的加热用火和维修用火，即生产用火；另外还有非生产用火，如取暖用火、焚烧、吸烟等与生产无关的明火。

① 加热

在工业生产中为了达到工艺要求经常要采用加热操作，如燃油、燃煤的直接明火加热、电加热、蒸汽、过热水或其他中间载热体加热，在这些加热方法中，对于易燃液体的加热应尽量避免采用明火。一般温度加热时可采用蒸汽或过热水；较高温度时也可采用其他载热体加热，但热载体的加热温度必须低于其安全使用温度，在使用时要保持良好的循环并留有热载体膨胀的余地，要定期检查热载体的成分，及时处理和更换变质了的热载体。当更高温度采用熔盐热载体时，应严格控制熔盐的配比，不得混有有机杂质，以防载体在高温下爆炸。如果必须采用明火，设备应严格密封，燃烧室应与设备分开建筑或隔离，并按防火规范规定留出防火间距。

在使用油浴加热时，要有防止油蒸气起火的措施。

在积存有可燃气体、蒸气的管沟、深坑、下水道及其附近，没有消除危险之前，不能有明火作业。

在有火灾爆炸危险场所的储槽和管道内部不得用蜡烛或普通照明灯具，必须采用防爆电器。

对熬炼设备要经常检查，防止烟道窜火和熬锅破裂。盛装不要过满，以防溢出。

喷灯是一种轻便的加热工具，维修时常常使用，在有火灾爆炸危险场所使用应按动火制度进行。

高温物料的输送管线，不应与可燃物可燃建筑构件等接触；在高温表面防止可燃物料散落在上面，可燃物的排放口应远离高温表面，如果接近则应有隔热措施。

② 动火维修

有易燃易爆物料的场所，应尽量避免动火作业。如果因为生产急需无法停工，应将要检修的设备管道卸下移至远离易燃易爆的安全地点进行。

对输送、储存易燃易爆物料的设备、管道进行检修时，应将有关系统进行彻底处理，用惰性气体吹扫置换，并经分析合格后方可动火。

当检修的系统与其他设备管道连通时，应将相连的管道拆下断开，或加堵金属盲板隔离。在加盲板处要挂牌并登记，防止易燃易爆物料窜入检修系统或因遗忘造成事故。

电焊把线破残应及时更换修补，不能利用与生产设备有联系的金属构件作为电焊地线，以防止在电路接触不良时，产生电火花。

使用喷灯在易燃易爆场所作业，要按动火制度规定进行。

关于维修作业，在禁火区动火及动火审批、动火分析等要求，必须按有关规范规定严格执行，采取预防措施，并加强监督检查，以确保安全作业。

(2) 摩擦与撞击

机器中轴承等转动部分的摩擦、铁器的相互撞击或铁器工具打击混凝土地面等，都可能产生火花，当管道或容器裂开，物料喷出时，也可能因摩擦而起火。因此，在有火灾爆炸危险的场所，应采取防止火花生成的措施。

① 轴承应保持良好的润滑，并经常清除周围的可燃油垢；

② 锤子、扳手等工具应用铍青铜或镀铜的钢制作；

③ 为防止金属零件等落入设备或粉碎机里，在设备进料前应装磁力离析器，不宜使用磁力离析器的，应采用惰性气保护；

④ 输送气体或液体的管道，应定期进行耐压试验，防止破裂或接口松脱喷射起火；

⑤ 凡是撞击的两部分，应采用两种不同的金属制成。例如，黑色金属与有色金属，撞击的工具应用青铜制成或用木榔头；

⑥ 搬运金属容器，严禁在地上抛掷或拖拉，在容器可能碰撞部位覆盖不发生火花的材料；

⑦ 不准穿带钉子的鞋进入易燃易爆区。不能随意抛掷、撞击金属设备、管道。

⑧ 吊装盛有可燃气和液体的金属容器用吊车，应经常重点检查，以防吊绳断裂、吊钩松滑造成坠落冲击发火。

在处理燃点较低或起爆能量较小的物质如二硫化碳、乙醚、乙醛、汽油、环氧乙烷、乙炔等时，特别要注意不要发生摩擦和冲击。

当把高压气体通过管道时，管道中的铁锈因与气流流动，与管壁摩擦变成高温粒子，成为可燃气的着火源。

（3）绝热压缩

绝热压缩的点燃现象，在柴油机中广为应用。在柴油机中，压缩比为13~14，压缩行程终点压力达到3432~3628kPa时，绝热压缩作用能使气缸温度升高到500℃左右。这个温度已远远超过柴油燃点，故能立即点燃喷射到在气缸内的柴油。

有人进行过这样一个有趣的实验，在平滑的金属板上滴一滴硝化甘油，用平滑的金属锤打击。如果在硝化甘油液滴内不含有气泡时，要使它爆炸就需要$10^5$~$10^6$g·cm的冲击能。当硝化甘油液滴中含有小气泡时（5$cm^2$），用$4\times10^2$g·cm的能，也就是用40g重锤从10cm处落下的冲击能，就可使其爆炸，且几率达100%。

这个事实表明，在硝化甘油液滴中的小气泡，被落锤冲击受到绝热压缩，瞬间升温，可使硝化甘油液滴的部分被加热到着火点而爆炸。估计此时的压缩比为20∶1左右，气泡温度可达480℃以上。

由此可见，在爆炸性物质的处理中，如果其中含有微小气泡时，有可能受到绝热压缩，导致意想不到的爆炸事故。

（4）防止电气火花

一般的电气设备很难完全避免电火花的产生，因此在有爆炸危险的场所必须根据物质的危险性正确选用不同的防爆电气设备。

（5）其他火源的控制

① 防止自燃：某些物质在没有外来热源影响时，由于物质内部所产生的物理（辐射、吸附等）、化学（分解、氧化等）及生物化学（细菌腐败、发酵等）过程产生热量，这些热量若不能扩散到环境中而积聚起来会导致升温，达到一定温度时，就会发生燃烧。常见的自燃现象有：堆积植物的自燃，煤的自燃、涂油物（油纸、油布）的自燃，化学物质及化学混合物的自燃等。油抹布、油棉纱等易自燃而引起火灾，应放置在安全地点或装入金属桶内，及时外运。

② 严禁吸烟：烟头的温度可达700~800℃，而且往往可以阴燃很长时间。因此，厂区内必须严禁吸烟，也严禁带火种。

③ 有些化学反应，在反应过程中放出大量热，如热量不能及时散去而积聚，使温度升高成为点火源，要注意监控。

④ 烟囱飞火，汽车、拖拉机、柴油机等的排气管喷火等都可能引起可燃、易然气体或蒸气的爆炸事故，故此类运输工具不得进入危险场所。烟囱应有足够高度，必要时装入火星熄灭器，在一定范围内不得堆放易燃易爆物品。

⑤ 无线传呼机、对讲机等通信工具可能成为点火源。

### 7.14.5 阻止火灾蔓延措施

限制火灾爆炸事故蔓延扩散的基本内容可以概括为如下几个方面：第一方面是考虑总体布局、厂址选择和厂区总平面的布置对限制灾害的要求；第二方面是建筑防火防爆的设计；第三方面是消防设施的设置。

生产装置中常用的阻火设施主要有切断阀、止逆阀、安全水封、水封井、阻火器、火星熄灭器等。此外，在建筑上还有防火门、防火墙、防火帘、防火堤以及防火安全距离等。这些设施都可以防止火灾的蔓延扩大。

#### 7.14.5.1 火灾单位应采取的紧急处理措施

(1) 利用声音报警发出警报，并将火灾的发生报告有关部门：消防队、生产科、调度处、公安局、安监处及其他对口部门。

(2) 组织现场人员采用灭火器材进行扑救和控制。

(3) 组织现场操作人员采取相应的工艺措施。

①侦察：迅速查明着火的部位、着火的物质及物料来源。

②停止进料：及时关闭阀门切断物料来源，减少可燃物的供给。

③退料：起火设备中的物料尽可能转移到其他容器中，减少损失。

④惰性气体保护。

⑤冷却：打开紧急喷淋水，或组织人员利用消防水冷却周围的设备或设施。

⑥停车：根据火灾情况，决定是否采取紧急停车措施，可根据具体情况，将反应器、高压设备放空，降低内部压力。

(4) 在条件许可的情况下，组织人员穿上防火服，将可能受到火灾威胁的易燃易爆固体物料、产品运出，远离火灾现场。

(5) 消防车辆在指定的路口或门口入厂，保持消防通道畅通，并引导消防车辆进入现场。

(6) 向消防队介绍伤亡情况、事故情况、有无爆炸危险、是否有毒及可否用水等。

(7) 火灾单位防火管理人员在消防队到达现场后，向其说明本单位的消防设施、急救器材的配备，并按消防队的指令行动。

石化企业的火灾发展迅速，危险极大，因此上述工作要同时进行。

#### 7.14.5.2 灭火注意事项

为了防止火灾的蔓延或引发其他事故，在火灾初期灭火时注意以下事项：

(1) 对于储罐火灾，用固定式泡沫灭火设施最为有效，因此要立即投入使用；

(2) 检查防止物料从储罐流向堤外的排水阀、水闸等是否关闭；

(3) 为防止罐体受热变形及固定泡沫排放口损伤等，要对罐体进行冷却；

(4) 打开紧急车辆的入口，在紧急车辆入口关闭时，要将紧急车辆进出的大门及毗邻厂、车间(装置)的联络通道的出入口打开；

(5) 为使灭火工作顺利进行，防止无关人员和车辆对灭火工作的干扰，要禁止无关车辆和人员进入；

(6) 灭火和冷却时产生的废水积聚在防液堤内时，要适当向堤外排水，一般引入收集池或排向污水处理系统，严禁排入河道；

(7) 火场存在大量的有害气体，灭火时要使用空气呼吸器等防护器具。

### 7.14.6　加强易燃易爆危险化学品的管理

具有自燃能力的危险物质，如遇空气能自燃的黄磷、三异丁基铝，遇水燃烧的钾、钠等，应采取隔绝空气、防水或防潮、散热、降温等措施。

两种互相接触会引起燃烧爆炸的物质不能混存；遇酸、碱分解爆炸燃烧的物质应防止与酸碱接触。易燃、可燃气体和易燃液体的蒸气，要根据它们与空气的密度，采取相应的排放方法。根据物质的沸点、饱和蒸气压力来考虑容器的耐压强度、储存温度、保温降温措施等。

对于不稳定的物质，在储存中应添加稳定剂。对机械作用比较敏感的物质要轻拿轻放。

易燃液体具有流动性，因此要考虑到容器破裂后液体流散和火灾蔓延问题。不溶于水的燃烧液体由于能浮于水面燃烧，要防止火灾随水流由高处向低处蔓延。为此，要设置必要的防护堤。

为了防止易燃气体、蒸气和可燃性粉尘与空气构成爆炸性混合物，应该使设备密闭。为保证设备的密闭性，对危险系统应尽量少用连接，但这也要看安装检修是否方便。

采用通风置换方法时，排送风设备应有独立的通风机室。排出或输送超过80℃的空气或其他气体，应使用非燃烧材料制成。排出有燃烧爆炸危险粉尘的排风系统，应采用不产生火花的除尘器。当粉尘与水接触能生成爆炸气体时，不应采用湿式除尘系统。

### 7.14.7　防火防爆有关规定

（1）人身安全十大禁令；

（2）防火、防爆十大禁令；

（3）车辆安全十大禁令；

（4）防止储罐跑油(料)十条规定；

（5）防止中毒窒息十条规定；

（6）防止静电危害十条规定；

（7）防止硫化氢中毒十条规定；

（8）生产、使用氢气十条规定；

（9）使用液化石油气及瓦斯安全规定。

## 7.15　思考题

（1）危险化学品安全管理经历了哪些阶段？

（2）危险化学品安全管理档案如何建立？

（3）如何实施重大危险源监控？

（4）为什么说火灾和爆炸事故是石化生产过程中潜在的危险？爆炸事故易发生在哪些场合？可采取哪些防范措施？

# 第 8 章　特种设备安全监督管理

本模块主要介绍石油化工企业常用的锅炉、压力容器、压力管道、电梯、起重机械、厂内专用机动车辆等特种设备相关知识、法规要求和现场安全监管的重点。

## 8.1 特种设备的界定

特种设备是指涉及生命安全、危险性较大的锅炉、压力容器(含气瓶，下同)、压力管道、电梯、起重机械、客运索道、大型游乐设施和场(厂)内专用机动车辆。以及法律、法规、规定适用本法的其他特种设备。国家对特种设备实行目录管理。特种设备目录由国务院负责特种设备安全监管部门制定，报国务院批准后执行。

根据特种设备的结构特征和属性，通常将特种设备主要分为承压类和机电类两大类。承压类特种设备指锅炉、压力容器、压力管道三类特种设备，机电类特种设备指电梯、起重机械、客运索道、大型游乐设施、厂(场)内机动车辆五类特种设备。

石油化工企业生产现场常用到的特种设备有锅炉、压力容器、压力管道、电梯、起重机械、场(厂)内专用机动车辆等六类。各类设备及附件、保护装置等见国家质量监督检验检疫总局公布的《特种设备目录》。

### 8.1.1　锅炉

是指利用各种燃料、电或者其他能源，将所盛装的液体加热到一定的参数，并对外输出热能的设备，其范围规定为：容积大于或者等于 30L 的承压蒸汽锅炉；出口水压大于或者等于 0.1MPa(表压)，且额定功率大于或者等于 0.1MW 的承压热水锅炉；有机热载体锅炉。详见《特种设备目录》。

### 8.1.2　压力容器

是指盛装气体或者液体，承载一定压力的密闭设备，其范围规定为：最高工作压力大于或者等于 0.1MPa(表压)，且压力与容积的乘积大于或者等于 2.5MPa·L 的气体、液化气体和最高工作温度高于或者等于标准沸点的液体的固定式容器和移动式容器；盛装公称工作压力大于或者等于 0.2MPa(表压)，且压力与容积的乘积大于或者等于 1.0MPa·L 的气体、液化气体和标准沸点等于或者低于 60℃ 液体的气瓶；氧舱等。压力容器分为固定式、移动式压力容器和气瓶三类。均有相应的安全技术监察规定对其实施安全监督管理工作。详见《特种设备目录》。

### 8.1.3　压力管道

是指利用一定的压力，用于输送气体或者液体的管状设备，其范围规定为最高工作压力大于或者等于 0.1MPa(表压)的气体、液化气体、蒸汽介质或者可燃、易爆、有毒、有腐蚀性、最高工作温度高于或者等于标准沸点的液体介质，且公称直径大于 25mm 的管道。详见

《特种设备目录》。

### 8.1.4 电梯

是指动力驱动，利用沿刚性导轨运行的箱体或者沿固定线路运行的梯级(踏步)，进行升降或者平行运送人、货物的机电设备，包括载人(货)电梯、自动扶梯、自动人行道等。详见《特种设备目录》。

### 8.1.5 起重机械

是指用于垂直升降或者垂直升降并水平移动重物的机电设备，其范围规定为额定起重量大于或者等于0.5t的升降机；额定起重量大于或者等于1t，且提升高度大于或者等于2m的起重机和承重形式固定的电动葫芦等。详见《特种设备目录》。

### 8.1.6 客运索道

是指动力驱动，利用柔性绳索牵引箱体等运载工具运送人员的机电设备，包括客运架空索道、客运缆车、客运拖牵索道等。

### 8.1.7 大型游乐设施

是指用于经营目的，承载乘客游乐的设施，其范围规定为设计最大运行线速度大于或者等于2m/s，或者运行高度距地面高于或者等于2m的载人大型游乐设施。

### 8.1.8 场(厂)内专用机动车辆

场(厂)内专用机动车辆是指除道路交通、农用车辆以外仅在工厂厂区、旅游景区、游乐场所等特定区域使用的专用机动车辆。详见《特种设备目录》。

## 8.2 特种设备安全监督管理的法规依据

特种设备是生产和生活中广泛使用的重要设备，如果设计不合理、安装和使用不当、管理不善或者设备缺陷扩展，就可能发生设备损坏甚至坍塌、爆炸、人身伤亡等事故。一旦发生爆炸，不但设备本身遭到毁坏，而且将波及周围环境，破坏附近建筑物和设备，并极易造成人员伤亡。因此，国家成立了专门负责特种设备安全监察的机构国家质量监督检验检疫总局，并制定与修订了一系列法规、规范和标准，供从事设计、制造、安装、使用、检验、修理和改造等方面的人员遵循，进行安全监督检查管理，避免事故发生、减少财产损失和人身伤亡。我国现行常用的特种设备安全监督管理法规见表8.1。

**表8.1 现行的特种设备相关的法律、法规和标准**

| 序号 | 名　　称 | 文　　号 | 备注 |
|---|---|---|---|
| 1 | 安全生产法特种设备安全法 | | |
| 2 | 生产安全事故报告和调查处理条例 | 国务院493号令 | |
| 3 | 石油化工企业设计防火规范 | GB 50160 | |
| 4 | 建筑设计防火规范 | GB 50016—2012 | |

续表

| 序号 | 名　　称 | 文　　号 | 备注 |
|---|---|---|---|
| | 压力容器中化学介质毒性危害和爆炸危险程度分类 | HG 20660 | 公共部分 |
| | 职业性接触毒物危害程度分级 | GBZ 230—2010 | |
| 5 | 特种设备安全监察条例 | 2009 年国务院第 549 号令 | |
| 6 | 特种设备质量监督与安全监察规定 | 质监局 13 号令 | |
| 7 | 特种设备作业人员监督管理办法 | 质检总局 70 号令 | |
| 8 | 特种设备事故报告和调查处理规定 | 质检总局 115 号令 | |
| 9 | 关于修改《特种设备作业人员监督管理办法》的决定 | 质检总局 2011 年第 140 号令 | |
| 10 | 关于调整改革特种设备行政许可工作的公告 | 2009 年第 67 号 | |
| 11 | 特种设备事故调查处理导则 | 质检总局 135 号公告 | |
| 12 | 特种设备目录 | 国质检锅〔2004〕31 号 | |
| 13 | 增补的特种设备目录 | 国质检特〔2010〕22 号 | |
| 14 | 特种设备注册登记与使用管理规则 | 质技监局锅发〔2001〕57 号 | |
| 15 | 特种设备行政许可实施办法 | 国质检锅函〔2003〕408 号 | |
| 16 | 特种设备安全技术规范 | TSG D0001—2009 | |
| 17 | 特种设备制造、安装、改造、维修质量保证体系基本要求 | TSG Z0004—2007 | |
| 18 | 特种设备事故调查处理导则 | TSG Z0006—2009 | |
| 19 | 特种设备作业人员考核规则 | TSG Z6001—2005 | |
| 20 | 特种设备焊接操作人员考核细则 | TSG Z6002—2010 | |
| 21 | 蒸汽锅炉安全技术监察规程 | 劳部发〔1996〕276 号 | 锅炉部分 |
| 22 | 热水锅炉安全技术监察规程 | 劳锅字〔1997〕74 号 | |
| 23 | 有机热载体炉安全技术监察规程 | 劳部发〔1993〕356 号 | |
| 24 | 锅炉压力容器压力管道特种设备事故处理规定 | 质检总局 2 号令 | |
| 25 | 小型和常压热水锅炉安全监察规定 | 质监局 11 号令 | |
| 26 | 锅炉安全技术监察规程 | TSG G0001—2012 | |
| 27 | 锅炉节能技术监督管理规程 | TSG G0002—2010 | |
| 28 | 锅炉压力容器压力管道特种设备安全监察行政处罚规定 | 质检总局 14 号令 | |
| 29 | 锅炉压力容器制造监督管理办法 | 质检总局 22 号令 | |
| 30 | 锅炉定期检验规则 | 质技监局锅发〔1999〕202 号 | |
| 31 | 锅炉化学清洗规则 | 质技监局锅发〔1999〕215 号 | |
| 32 | 锅炉水处理监督管理规则 | 质技监局锅发〔1999〕217 号 | |
| 33 | 锅炉安装改造单位监督管理规则 | TSG G3001—2004 | |
| 34 | 锅炉安装监督检验规则 | TSG G3002—2004 | |
| 35 | 锅炉水(介)质处理监督管理规则 | TSG G5001—2010 | |
| 36 | 锅炉水(介)质处理检验规则 | TSG G5002—2010 | |
| 37 | 锅炉化学清洗规则 | TSG G5003—2008 | |
| 38 | 锅炉安全管理人员考核大纲 | TSG G6001—2006 | |
| 39 | 锅炉水处理作业人员考核大纲 | TSG G6003—2008 | |

续表

| 序号 | 名　　称 | 文　　号 | 备注 |
|---|---|---|---|
| 40 | 锅炉压力容器用钢板(带)制造许可规则 | TSG ZC001—2009 | 锅炉部分 |
| 41 | 锅炉安全管理人员和操作人员考核大纲 | TSG G6001—2009 | |
| 42 | 锅炉水(介)质处理检测人员考核规则 | TSG G8001—2011 | |
| 43 | 燃油(燃气)燃烧器安全技术规则 | TSG ZB001—2008 | |
| 44 | 燃油(燃气)燃烧器型式试验规则 | TSG ZB002—2008 | |
| 45 | 《锅炉压力容器压力管道特种设备无损检测单位监督管理办法》的通知 | 国质检锅〔2001〕148 号 | |
| 46 | 锅炉压力容器使用登记管理办法 | 国质检锅〔2003〕207 号 | |
| 47 | 关于锅炉压力容器安全监察工作有关问题的意见 | 质检办特函〔2006〕144 号 | |
| 48 | 非金属压力容器安全技术监察规程 | TSG R0001—2004 | 压力容器部分 |
| 49 | 超高压容器安全技术监察规程 | TSG R0002—2005 | |
| 50 | 简单压力容器安全技术监察规程 | TSG R0003—2007 | |
| 51 | 固定式压力容器安全技术监察规程 | TSG R0004—2009 | |
| 52 | 压力容器设计资格许可与监督管理规则 | TSG R1001—2004 | |
| 53 | 压力容器压力管道设计许可规则 | TSG R1001—2008 | |
| 54 | 压力容器安装改造维修许可规则 | TSG R3001—2006 | |
| 55 | 移动式压力容器充装许可规则 | TSG R4002—2011 | |
| 56 | 压力容器使用管理规则(征求意见稿) | TSG R5002—2010 | |
| 57 | 压力容器定期检验规则(征求意见稿) | TSG R7001—2010 | |
| 58 | 压力容器安全管理人员和操作人员考核大纲 | TSG R6001—2008 | |
| 59 | 压力容器压力管道带压密封人员考核大纲 | TSG R6003—2006 | |
| 60 | 压力容器 | GB150—2011 | |
| 61 | 热交换器 | GB151—2012 | |
| 62 | 钢制球形储罐 | GB12337—2010 | |
| 63 | 气瓶安全监察规程 | 质技监局锅发〔2000〕250 号 | 移动式压力容器部分 |
| 64 | 气瓶安全监察规定 | 质检总局〔2003〕46 号令 | |
| 65 | 移动式压力容器安全技术监察规程 | TSG R0005—2011 | |
| 66 | 车用气瓶安全技术监察规程 | TSG R0009—2009 | |
| 67 | 气瓶充装许可规则 | TSG R4001—2006 | |
| 68 | 移动式压力容器充装许可规则 | TSG R4002—2011 | |
| 69 | 气瓶使用登记管理规则 | TSG R5001—2005 | |
| 70 | 气瓶充装人员考核大纲 | TSG R6004—2006 | |
| 71 | 长管拖车定期检验附加要求 | TSG R7001—2007 | |
| 72 | 气瓶型式试验规则 | TSG R7002—2009 | |
| 73 | 气瓶制造监督检验规则 | TSG R7003—2011 | |
| 74 | 气瓶附件安全技术监察规程 | TSG RF001—2009 | |

续表

| 序号 | 名　　称 | 文　　号 | 备注 |
|---|---|---|---|
| 75 | 压力管道安全技术监察规程—工业管道 | TSG D0001—2009 |  |
| 76 | 压力管道安装许可规则 | TSG D3001—2009 | 压力管道部分 |
| 77 | 压力管道使用登记管理规则 | TSG D5001—2009 |  |
| 78 | 压力管道安全管理人员和操作人员考核大纲 | TSG D6001—2006 |  |
| 79 | 压力管道定期检验规则—长输(油气)管道 | TSG D7003—2010 |  |
| 80 | 关于印发《压力管道使用登记管理规则》(试行)的通知 | 国质检锅〔2003〕213 号 |  |
| 81 | 关于公布《安全阀安全技术监察规程》第 1 号修改单的公告 | 2009 年第 43 号 | 安全附件部分 |
| 82 | 安全阀安全技术监察规程 | TSG ZF001—2006 |  |
| 83 | 安全阀维修人员考核大纲 | TSG ZF002—2005 |  |
| 84 | 爆破片装置安全技术监察规程 | TSG ZF003—2011 |  |
| 85 | 起重机械安全监察规定 | 质检总局 92 号令 | 起重机械部分 |
| 86 | 起重机械安全技术监察规程桥式起重机 | TSG Q0002—2008 |  |
| 87 | 起重机械使用管理规则 | TSG Q5001—2009 |  |
| 88 | 起重机械安全管理人员和作业人员考核大纲 | TSGQ6001—2009 |  |
| 89 | 起重机械安装改造重大维修监督检验规则 | TSG Q7012—2008 |  |
| 90 | 起重机械安全保护装置型式试验细则 | TSG Q7014—2008 |  |
| 91 | 起重机械定期检验规则 | TSG Q7015—2008 |  |
| 92 | 电梯使用管理和维护保养规则 | TSG T5001—2009 | 电梯部分 |
| 93 | 电梯安全管理人员和作业人员考核大纲 | TSG T6001—2007 |  |
| 94 | 电梯监督检验和定期检验规则—液压电梯 | TSG T7004—2012 |  |
| 95 | 电梯监督检验和定期检验规则—杂物电梯 | TSG T7006—2012 |  |
| 96 | 电梯监督检验和定期检验规则—防爆电梯 | TSG T7003—2011 |  |
| 97 | 电梯监督检验和定期检验规则—消防员电梯 | TSG T7002—2011 |  |

除上述由国务院及其相关部门颁布的法规和规章外，还有大量设计、制造等方面的相关标准。

## 8.3　锅炉安全监督

### 8.3.1　锅炉的组成

锅炉是由“锅”和“炉”及保证“锅炉”安全正常运行所必需的安全附件、阀门仪表和附属设备等几个部分组成。

“锅”部分主要是指盛装受热介质的密闭容器，用于吸收热和传热。其主要受压部件包括锅筒、对流管束、水冷壁管、集箱(联箱)、过热器、再热器和省煤器等，其中直接受火焰或高温烟气加热的部分称为受热面。

“炉”主要是指锅炉中用于燃料燃烧产生热量的部分，是锅炉的发热部分。主要包括：燃烧设备、燃烧室(炉膛)、炉墙、烟道等。

安全附件、阀门仪表和附属设备：主要包括安全阀、压力表、水位表、温度计、自动控制联琐保护装置；各类阀门、测控仪表、给水设备、送风机、引风机、除尘器、输煤与出渣设备等。

通常，也把锅炉分为本体(锅筒、水冷壁管、集箱、过热器、再热器和省煤器、炉膛、炉墙、钢架等)和辅机(给水设备、送风机、引风机、除尘器、输煤与出渣设备等)两大部分。

炉墙是用来构成封闭的燃烧室和一定形状的烟道，并使火焰和烟气与外界隔绝，为锅炉传热过程的正常进行提供必要条件的部件。锅炉构架的作用是支承或悬吊汽包、锅炉受热面、炉墙等。

## 8.3.2 锅炉的基本参数

### 8.3.2.1 锅炉容量

蒸汽锅炉每小时所能产生蒸汽的数量称为锅炉的蒸发量。锅炉在正常、经济运行条件下的最大连续蒸发量叫做锅炉容量，也称为额定(设计)蒸发量或额定出力。即在额定蒸汽压力、额定蒸汽温度、额定给水温度、使用设计燃料，且保证设计效率的条件下，连续运行所达到的最大蒸发量。用符号 $D$ 表示，单位是吨/时(t/h)或千克/秒(kg/s)。蒸汽锅炉出厂时铭牌上所标示的蒸发量为额定蒸发量。

热水锅炉每小时出水有效带热量，称为热水锅炉的供热量，多用符号 $Q$ 表示，其单位为kW。额定供热量是指热水锅炉在额定回水温度、额定回水压力和额定循环水量下，长期连续运行时应予以保证的最大供热量。热水锅炉出厂时铭牌上所标示的供热量为额定供热量。

### 8.3.2.2 锅炉压力和温度

锅炉的蒸汽参数一般是指锅炉过热器后主汽阀出口处过热蒸汽(也称为主蒸汽或新蒸汽)的压力和温度，称为额定蒸汽压力和额定蒸汽温度。蒸汽压力用符号 $p$ 表示，单位MPa；蒸汽温度用符号 $T$ 表示，单位是℃。

供热或采暖热水锅炉的供热质量指的是热水锅炉出水阀处出口水的压力和温度，及其进水阀处进口水的温度，被称为热水锅炉的额定出口水压力和额定出口/进口温度，统称为热水锅炉的额定热水参数。

### 8.3.2.3 锅炉效率

锅炉效率(锅炉热效率)是指锅炉输出的热量占输入热量的百分数，用 $\eta$ 表示。

## 8.3.3 锅炉的主要安全附件

(1) 安全阀用于防止锅炉超压运行，压力超过就自动开启，压力正常后，安全阀自动关闭的设备。安全阀每年检验一次，司炉工一般应每月进行手动试验。

(2) 压力表是用来显示锅炉的工作状态压力大小的设备，当出现超压或压力大小不符合工艺要求时以提示操作人员采取措施。压力表应每半年校验一次。

(3) 水位计(水位表)用于监视锅炉水位。锅炉缺、满水易引发事故。

(4) 其他有高低水位报警装置，自动连锁、熄火保护装置等等。

## 8.3.4 锅炉的工作特性

### 8.3.4.1 爆炸的危害性

锅炉具有爆炸性，易在使用中发生破裂，使内部压力瞬时降到等于外界大气压。常见的有锅炉受压部件引发的汽水系统爆炸和炉膛发生的燃烧系统爆炸。

#### 8.3.4.2 易于损坏性

锅炉由于长期运行高温高压的恶劣工况下，因而经常受到局部损坏，如不能及时发现处理，会进一步导致重要部件和整个系统的全面损坏。常发生的有严重损坏事故及一般损坏事故两种类型。

严重损坏主要指由于受压部件、安全附件、安全保护装置损坏或锅炉燃烧室发生爆炸等导致设备停止运行而必须进行修理的事故。锅炉因泄漏而引起的火灾、人员中毒及设备破坏的事故均称为严重损坏事故。

一般损坏事故系指在使用过程中受压部件轻微损坏而不需要停止运行进行修理或发生泄漏而未引起其他次生灾害的事故。

#### 8.3.4.3 连续运行性

锅炉一旦投入使用，一般要求连续运行，不能任意停车，否则影响相连接的一系列设备运行等，其间接经济损失巨大，甚至造成恶性后果。

#### 8.3.4.4 职业健康的影响性

锅炉不仅会发生较多的设备事故，而且也存在大量对人体健康危害较严重的因素，如风机、泵或燃煤锅炉的制粉系统磨煤机等产生的噪声污染；火焰和蒸汽等高温作用给人的眼睛或皮肤带来较大危害作用。化学水处理或锅炉清洗使用的酸、碱等化学物质造成的职业性灼伤或职业性中毒事故等。

### 8.3.5 锅炉的分级与分类

#### 8.3.5.1 分级

按制造许可级别分为 A、B、C、D 四级(《锅炉压力容器制造监督管理办法》质检总局 22 号令)：

A 级锅炉——参数不限。

B 级锅炉——额定蒸汽压力 $p\leqslant 2.5$MPa 的蒸汽锅炉；额定出水压力 $p\leqslant 2.5$MPa，额定出水温度 $t\geqslant 120$℃的热水锅炉。

C 级锅炉——额定蒸汽压力 $p\leqslant 0.8$MPa 且额定蒸发量≤1t/h 的蒸汽锅炉；额定出水压力 $p\leqslant 0.8$MPa，额定出水温度 $T\geqslant 120$℃的热水锅炉。

D 级锅炉——额定蒸汽压力 $p\leqslant 0.1$MPa；额定出水温度<120℃且额定热功率≤2.8MW 的热水锅炉。

按《特种设备目录》分(括号内为相应代码，下同)：分为承压蒸汽锅炉(1100)，承压热水锅炉(1200)和有机热载体锅炉(1300)三类，其中承压蒸汽锅炉又分为电站锅炉(1110)、工业锅炉(1200)和生活锅炉(1130)三个品种。有机热载体锅炉又分为有机热载体气相炉(1310)和有机热载体液相炉(1320)两个品种。

#### 8.3.5.2 分类

锅炉的分类方法很多，根据我国目前使用锅炉的实际情况，按常用的分类方法可将锅炉分类，见表 8.2。

表 8.2 锅炉的分类

| 序号 | 分类方法 | 锅炉类型 |
|---|---|---|
| 1 | 按燃烧方式分 | 室燃炉、层燃炉、旋风炉、沸腾炉 |
| 2 | 按燃用的燃料分 | 燃煤炉、燃油炉、燃气炉、废热锅炉、焦化碴炉、浆炉 |
| 3 | 按工质的流动特性分 | 自然循环锅炉、强制循环锅炉（直流锅炉、多次强制循环锅炉、复合循环锅炉） |
| 4 | 按锅炉容量分 | 小容量（小型）锅炉（$D<20$t/h）；中容量（中型）锅炉（$D=20\sim100$t/h）大容量锅炉（$D\geqslant100$t/h） |
| 5 | 按锅炉蒸汽参数分 | 低压锅炉（$p\leqslant1.6$MPa）；中压锅炉（$p=2.45\sim3.82$MPa）；高压锅炉（$p=10$MPa）；超高压锅炉（$p=14$MPa）；亚临界压力锅炉（$p\geqslant22$MPa） |
| 6 | 按燃煤炉的排渣方式分 | 固态排渣炉，液态排渣炉 |

## 8.3.6 锅炉的安全监督重点

### 8.3.6.1 锅炉管理的基本安全要求

锅炉及产品合格证。

锅炉的使用单位应逐台办理登记手续，未办理登记手续的锅炉，不得投入使用。有锅炉使用登记证，并固定在锅炉房的醒目位置，其上方有检验有效期的标志。

锅炉的使用单位应对锅炉安全管理人员、锅炉运行操作人员、锅炉水处理作业人员进行管理，必须持有国家质检总局《特种作业人员安全监督管理办法》的要求的作业证，持证上岗，按章作业。若无与锅炉相应类别的合格司炉工人，锅炉不得投入使用。B 级及以下的全自动锅炉可不设跟班锅炉运行操作人员，但应当建立定期巡回检查制度。

锅炉的使用单位应建立《岗位责任》《巡回检查制度》《交接班制度》《锅炉及辅助设备的操作规程》《设备维修保养制度》《水（介）质管理制度》《安全管理制度》《节能管理制度》《锅炉安全应急预案》等安全制度。做到规章制度齐全，并能认真执行，无违章违纪现象。

技术资料齐全，有锅炉使用登记证和定期检验合格证及相应的技术资料档案。

锅炉使用管理记录齐全，填写认真，保存良好。其中使用管理记录包括：

（1）锅炉及燃烧和辅助设备运行记录；

（2）水处理设备运行及汽水品质化验记录；

（3）交接班记录；

（4）锅炉及燃烧和辅助设备维修保养记录；

（5）锅炉及燃烧和辅助设备检查记录；

（6）锅炉运行故障及事故记录；

（7）锅炉停炉保养记录。

锅炉、压力容器及管道的设计、制造、安装、调试、修理改造、检验和化学清洗单位按国家或部颁有关规定，实施资格许可证制度。

从事锅炉、压力容器及管道的运行操作、检验、焊接、焊后热处理、无损检测人员，应取得相应资格证书。

### 8.3.6.2 锅炉运行的安全要求

锅炉运行操作人员在锅炉运行前必须做好各项检查；按安全操作规程进行启动和运行；不应当任意提高运行参数。

当锅炉运行中发生受压元件泄漏、炉膛严重结焦、液态排渣锅炉无法排渣、锅炉尾部烟道严重堵灰、炉墙烧红、受热面金属严重超温、汽水质量严重恶化等情况时，应当停止运行。

对工业用蒸汽锅炉运行中发生下列情况时也需要立即停炉：

(1) 锅炉水位低于水位表最低可见边缘时；

(2) 不断加大给水及采取其他措施但水位仍然继续下降时；

(3) 锅炉满水，水位超过最高可见水位，经过放水仍不能见到水位时；

(4) 给水泵失效或给水系统故障，不能向锅炉给水时；

(5) 水位表、安全阀或者装设在汽空间的压力表全部失效时；

(6) 锅炉元(部)件受损坏，危及锅炉运行操作人员安全时；

(7) 燃烧设备损坏、炉墙倒塌或者锅炉构架被烧红等，严重威胁锅炉安全运行时；

(8) 其他危及锅炉安全运行的异常情况时。

安全阀符合规程要求，灵敏可靠，有定期校验记录。

设备的运行参数，包括压力、温度及其蒸发量，在允许范围内，不存在超压、超温和高水位等运行。

#### 8.3.6.3 锅炉安全附件及附属设备的安全要求

每台锅炉至少应装设两个安全阀(不包括省煤器安全阀)。符合下列规定之一的，可只装一个安全阀：

(1) 额定蒸发量小于或等于 0.5t/h 的锅炉；

(2) 额定蒸发量小于 4t/h 且装有可靠的超压联锁保护装置的锅炉。

(3) 可分式省煤器出口处、蒸汽过热器出口处都必须装设安全阀。

锅炉的安全阀应采用全启式弹簧式安全阀、杠杆安全阀和控制式安全阀(脉冲式、气动式、液动式和电磁式等)。选用的安全阀应符合有关技术标准的规定。

对于额定蒸汽压力小于或等于 0.1MPa 的锅炉可采用静重式安全阀或水封式安全装置。水封装置的水封管内径不应小于 25mm，且不得装设阀门，同时应有防冻措施。

锅筒(锅壳)上的安全阀和过热器上的安全阀的总排放量，必须大于锅炉额定蒸发量，并且在锅筒(锅壳)和过热器上所有安全阀开启后，锅筒(锅壳)内蒸汽压力不得超过设计时计算压力的 1.1 倍。

对于额定蒸汽压力小于或等于 3.8MPa 的锅炉，安全阀的流道直径不应小于 25mm；对于额定蒸汽压力大于 3.8MPa 的锅炉，安全阀的流道直径不应小于 20mm。

安全阀应铅直安装，并应装在锅筒(锅壳)、集箱的最高位置。在安全阀和锅筒(锅壳)之间或安全阀和集箱之间，不得装有取用蒸汽的出汽管和阀门。

安全阀应装设排汽管，排汽管应直通安全地点，并有足够的流通截面积，保证排汽畅通。同时排汽管应予以固定。

如排汽管露天布置而影响安全阀的正常动作时，应加装防护罩。防护罩的安装应不妨碍安全阀的正常动作与维修。

安全阀排汽管底部应装有接到安全地点的疏水管。在排汽管和疏水管上都不允许装设阀门。

安全阀上必须有下列装置：

(1) 弹簧式安全阀应有提升手把和防止随便拧动调整螺钉的装置。

（2）电磁控制式安全阀必须有可靠的电源。

在用锅炉的安全阀每年至少应校验一次。检验的项目为整定压力、回座压力和密封性等。安全阀的校验一般应在锅炉运行状态下进行。如现场校验困难或对安全阀进行修理后，可在安全阀校验台上进行，此时只对安全阀进行整定压力调整和密封性试验。

安全阀校验后，其整定压力、回座压力、密封性等检验结果应记入锅炉技术档案。

安全阀经校验后，应加锁或铅封。严禁用加重物、移动重锤、将阀瓣卡死等手段任意提高安全阀整定压力或使安全阀失效。锅炉运行中安全阀严禁解列。

每月对安全阀做手动排气试验，并作记录。

压力表符合规程要求，灵敏可靠，有定期校验记录。

每台锅炉除必须装有与锅筒（锅壳）蒸汽空间直接相连接的压力表外，还应在下列部位装设压力表：

（1）给水调节阀前；

（2）过热器出口和主汽阀之间；

（3）燃气锅炉的气源入口。

选用压力表应符合下列规定：

（1）对于额定蒸汽压力小于 2.5MPa 的锅炉，压力表精确度不应低于 2.5 级；对于额定蒸汽压力大于或等于 2.5MPa 的锅炉，压力表的精确度不应低于 1.5 级。

（2）压力表应根据工作压力选用。压力表表盘刻度极限值应为工作压力的 1.5~3.0 倍，最好选用 2 倍。

（3）压力表表盘大小应保证司炉人员能清楚地看到压力指标值，表盘直径不应小于 100mm。

选用的压力表应符合有关技术标准的要求，其校验和维护应符合国家计量部门的规定。压力表装用前应进行校验并注明下次的校验日期。压力表的刻度盘上应划红线指示出工作压力。压力表校验后应封印。

压力表装设应符合下列要求：

（1）应装设在便于观察和吹洗的位置，并应防止受到高温、冰冻和震动的影响；

（2）蒸汽空间设置的压力表应有存水弯管。存水弯管用钢管时，其内径不应小于 10mm。

压力表与筒体之间的连接管上应装有三通阀门，以便吹洗管路、卸换、校验压力表。汽空间压力表上的三通阀门应装在压力表与存水弯管之间。

压力表有下列情况之一时，应停止使用：

（1）有限止钉的压力表在无压力时，指针转动后不能回到限止钉处；没有限止钉的压力表在无压力时，指针离零位的数值超过压力表规定允许误差。

（2）表面玻璃碎或表盘刻度模糊不清；

（3）封印损坏或超过校验有效期限；

（4）表内泄漏或指针跳动；

（5）其他影响压力表准确指示的缺陷。

水位表符合规程要求，灵敏可靠，无泄漏，指示清晰准确，有冲洗记录和定期校验记录。

每台锅炉至少应装两个彼此独立的水位表。但符合下列条件之一的锅炉可只装一个直读式水位表：

（1）额定蒸发量小于或等于0.5t/h的锅炉；

（2）电加热锅炉；

（3）额定蒸发量小于或等于2t/h，且装有一套可靠的水位示控装置的锅炉；

（4）装有两套各自独立的远程水位显示装置的锅炉。

水位表应装在便于观察的地方。水位表距离操作地面高于6000mm时，应加装远程水位显示装置。远程水位显示装置的信号不能取自一次仪表。

用远程水位显示装置监视水位的锅炉，控制室内应有两个可靠的远程水位显示装置，同时运行中必须保证有一个直读式水位表正常工作。

水位表应有下列标志和防护装置：

（1）水位表应有指示最高、最低安全水位和正常水位的明显标志（红线）。水位表的下部可见边缘应比最高火界至少高50mm，且应比最低安全水位至少低25mm，水位表的上部可见边缘应比最高安全水位至少高25mm。

（2）为防止水位表损坏时伤人，玻璃管式水位表应有防护装置（如保护罩、快关阀、自动闭锁珠等），但不得妨碍观察真实水位。

（3）水位表应有放水阀门和接到安全地点的放水管。

水位表清晰显示正常水位，每班至少冲洗一次，防止出现假水位。

水位表与锅筒之间的汽水连接管上装有阀门，锅炉运行时阀门必须处于全开位置。

每台锅炉应装独立的排污管，排污管应尽量减小弯头，保证排污畅通并接到室外安全的地点或排污膨胀管。采用有压力的排污膨胀箱时，排污箱上应装安全阀。几台锅炉排污合用一根总排污管时，不应有两台或两台以上的锅炉同时排污。

锅炉的排污阀、排污管不应采用螺纹连接。

额定蒸发量大于或等于2t/h的锅炉，应装设高低水位报警（高、低水位警报信号须能区分）、低水位联锁保护装置；额定蒸发量大于或等于6t/h的锅炉，还应装蒸汽超压的报警和联锁保护装置。

水位报警器符合规程要求，动作可靠，有定期校验记录。

低水位联锁保护装置最迟应在最低安全水位时动作。蒸汽锅炉低水位连锁保护：水位表的实际水位低于最低安全水位线时，锅炉炉排和鼓、引风机立即停止运转。且炉前指示灯亮，并响铃报警。极限低水位联锁保护装置灵敏可靠，有定期校验记录。

超压联锁保护装置动作整定值应低于安全阀较低整定压力值。锅炉内实际压力超过设定的压力时，炉排自动停止运转，降低气压，且炉前指示灯亮并响铃报警。超压联锁保护装置灵敏可靠，有定期校验记录。

热水锅炉联锁保护：当泵房突然停电时，由电压继电器传给锅炉房，强制锅炉炉排、鼓、引风机停止转动，即锅炉停止运行。

用煤粉、油或气体作燃料的锅炉，应装有下列功能的联锁装置：

（1）全部引风机断电时，自动切断全部送风和燃料供应；

（2）全部送风机断电时，自动切断全部燃料供应；

（3）燃油、燃气压力低于规定值时，自动切断燃油或燃气的供应。

熄火保护装置灵敏可靠，有定期校验记录。

蒸汽管道是否能自由膨胀，不应相互碰磨。

锅炉炉墙无漏烟、漏风现象。

扶梯、走台符合要求。

消防水管道和消火栓的完好。

运行的仪器仪表的运行参数正常，与直读的水位表、压力表一致；运行记录上的各项参数记录与实际一致，在允许的参数内。

蒸汽锅炉供水备用电源必须保证随时有电，能接通使用。

联轴器有防护装置；电机、轴承座地角螺栓无松动，运转平稳；锅炉房各处均有照明，通风良好。

锅炉房地面、门窗、设备及用具做到定人定时清扫、整齐清洁。

#### 8.3.6.4 锅炉检修的安全要求

锅炉检修作业应当符合下列要求：

进入锅筒(锅壳)内部工作之前，必须用能指示出隔断位置的强度足够的金属堵板(多用盲板)(电站锅炉可用阀门)将连接其他运行锅炉的蒸汽、热水、给水、排污等管道可靠地隔开；用油或者气体作燃料的锅炉，必须可靠地隔断油、气的来源；

进入锅筒(锅壳)内部工作之前，对其内部进行温度、含氧量(要求达到19.5%~23.5%)、可燃气体含量、有毒有害物质检查。(当可燃气体爆炸下限大于4%时，其被测浓度不大于0.5%为合格；爆炸下限小于4%时，其被测浓度不大于0.2%为合格；氧含量19.5%~23.5%为合格)，有毒有害物质不超过国家规定的“车间空气中有毒物质最高容许浓度”的指标(分析结果报出后，样品至少保留4小时)。设备内温度宜在常温左右，作业期间应至少每隔4小时取样复查一次，如有1项不合格，应立即停止作业。检查上述合格后，还必须将其上面的人孔和集箱上的手孔打开，使空气对流一段时间，工作时锅炉外面有人监护；

进入烟道及燃烧室工作前，必须进行通风，并且与总烟道或者其他运行锅炉的烟道可靠隔断；

在锅筒(锅壳)和潮湿的炉膛、烟道内工作而使用电灯照明时，照明电压不能超过24V；在比较干燥的烟道内，有妥善的安全措施，可以采用不高于36V的照明电压；禁止使用明火照明。

#### 8.3.6.5 锅炉定期检验的安全要求

锅炉定期检验工作包括锅炉在运行状态下的外部检验、锅炉在停炉状态下进行的内部检验和水(耐)压力试验。

锅炉使用单位应当安排锅炉的定期检验工作，并且在锅炉下次检验日期前1个月向检验检测机构提出定期检验申请。

定期检验周期按照TSG G0001—2012《锅炉安全技术监察规程》自2013年6月1日起执行。

## 8.4 压力容器安全监督管理

压力容器分为固定式、移动式压力容器和气瓶三类。

### 8.4.1 固定式压力容器的界定和适用范围

固定式压力容器按《特种设备目录》包括：超高压容器、高压容器、第三类中压容器、第三类低压容器、第二类中压容器、第二类低压容器、第一类压力容器。

按照2009年国家质检总局TSG R0004—2009《固定式压力容器安全技术监察规程》规定，固定式压力容器是指：安装在固定位置处使用的压力容器。要求同时具备下列条件的为固定式压力容器：

(1) 工作压力大于或者等于0.1MPa；

工作压力指压力容器在正常工作情况下，容器顶部可能达到的最高压力(表压力)。

(2) 工作压力与容积的乘积大于或者等于2.5MPa·L；

容积是指压力容器的几何容积，即由设计图样标注的尺寸计算(不考虑制造公差)并且圆整。一般应当扣除永久连接在容器内部的内件的体积。

(3) 盛装介质为气体、液化气体以及介质最高工作温度高于或者等于其标准沸点的液体。

容器内介质为最高工作温度低于其标准沸点的液体时，如气相空间的容积与工作压力的乘积大于或者等于2.5MPa·L时，也属于《固定式压力容器安全技术监察规程》的适用范围。

其中，超高压容器应当符合《超高压容器安全技术监察规程》的规定，非金属压力容器应当符合《非金属压力容器安全技术监察规程》的规定，简单压力容器应当符合《简单压力容器安全技术监察规程》的规定。不在上述规程适用范围内的压力容器，应当符合《固定式压力容器安全技术监察规程》的规定。

按照《超高压容器安全技术监察规程》规定，超高压容器应同时具备下列条件：

(1) 设计压力大于或者等于100MPa；

(2) 内直径大于等于25mm；

(3) 介质为气体、最高工作温度高于或者等于标准沸点的液体。

## 8.4.2 固定式压力容器的构成与分类

### 8.4.2.1 构成

固定式压力容器是由压力容器本体和安全附件两大部分构成；

(1) 压力容器本体包括：

① 压力容器与外部管道或者装置焊接连接的第一道环向接头的坡口面、螺纹连接的第一个螺纹接头端面、法兰连接的第一个法兰密封面、专用连接件或者管件连接的第一个密封面；

② 压力容器开孔部分的承压盖及其紧固件；

③ 非受压元件与压力容器的连接焊缝。

压力容器本体中的主要受压元件包括壳体、封头(端盖)、膨胀节、设备法兰；球罐的球壳板；换热器的管板和换热管；M36(含M36)以上的设备主螺栓及公称直径大于或者等于250mm的接管和管法兰等十大件。

(2) 安全附件包括：安全阀、爆破片装置、爆破帽、紧急切断装置、安全联锁装置、压力表、液位计、测温仪表等。

### 8.4.2.2 分类

压力容器的分类方法很多，分类标准不同同一种压力容器的表述方式也不同，常用的分类方法有：

(1) 按照危险程度分类

按照危险程度分三类，并要求分类监管。其分类、分级方法要根据介质的危害程度特性先进行分组，到对应的分类图上确定其类别，具体方法如下所示：

① 介质分组：固定式压力容器的介质分为以下两组，包括气体、液化气体或者最高工作温度高于或者等于标准沸点的液体。

第一组介质：毒性程度为极度危害、高度危害的化学介质，易爆介质，液化气体。

第二组介质：除第一组以外的介质。

② 介质危害性：介质危害性指压力容器在生产过程中因事故致使介质与人体大量接触，发生爆炸或者因经常泄漏引起职业性慢性危害的严重程度，用介质毒性程度和爆炸危害程度表示。

毒性程度：综合考虑急性毒性、最高容许浓度和职业性慢性危害等因素。极度危害最高容许浓度小于 0.1mg/m$^3$；高度危害最高容许浓度 0.1~1.0mg/m$^3$；中度危害最高容许浓度 1.0~10.0mg/m$^3$；轻度危害最高容许浓度大于或者等于 10.0mg/m$^3$。

易爆介质：指气体或者液体的蒸汽、薄雾与空气混合形成的爆炸混合物，并且其爆炸下限小于 10%，或者爆炸上限和爆炸下限的差值大于或者等于 20%的介质。

具体介质毒性危害程度和爆炸危险程度按 GBZ230—2010《职业性接触毒物危害程度分级》、HG 20660—2000《压力容器中化学介质毒性危害和爆炸危险程度分类》两个标准确定。两者不一致时，以危害(危险)程度高的为准。

③ 分类方法：

基本分类：固定式压力容器分类应当先根据介质特性，按照以下要求选择分类图，再根据设计压力 $p$(单位 MPa)和容积 $V$(单位 L)，标出坐标点，确定容器类别：

a. 对于第一组介质，固定式压力容器的分类见图 8.1。

b. 对于第二组介质，固定式压力容器的分类见图 8.2。

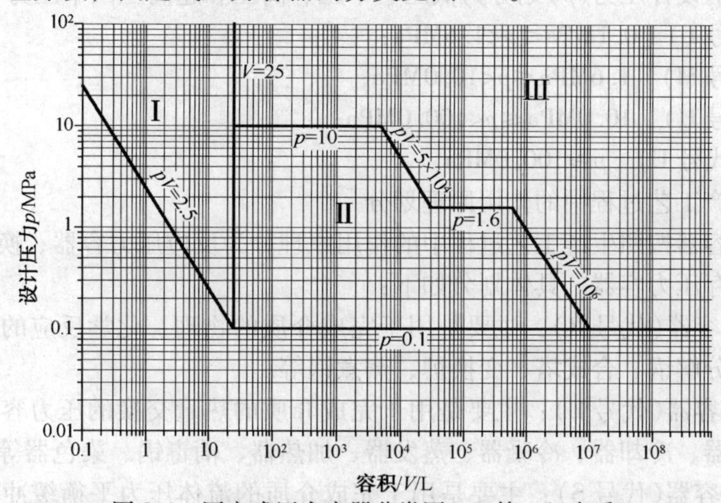

图 8.1　固定式压力容器分类图——第一组介质

多腔固定式压力容器分类：多腔固定式压力容器(如换热器的管程和壳程、夹套容器等)按照类别高的压力腔作为该容器的类别并且按该类别进行使用管理。但应当按照每个压力腔各自的类别分别提出设计、制造技术要求。对各压力腔进行类别划定时，设计压力取本压力腔的设计压力，容积取本压力腔的几何容积。

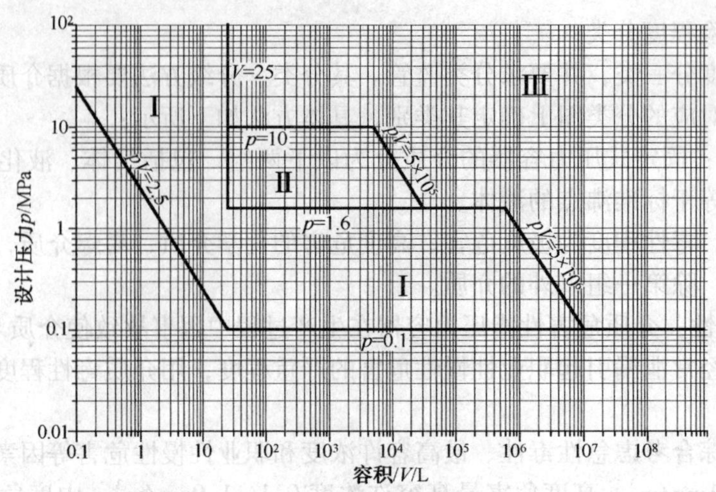


图 8.2　固定式压力容器分类图——第二组介质

同腔多种介质容器分类：一个压力腔内有多种介质时，按组别高的介质分类。

介质含量极小容器分类：当某一危害性物质在介质中含量极小时，应当按其危害程度及其含量综合考虑，由压力容器设计单位决定介质组别。

特殊情况分类：

a. 坐标点位于图 8.1 或者图 8.2 的分类线上时，按较高的类别划分其类别。

b. 对于 GB 5044 和 HG 20660 两个标准中没有明确规定的介质，应当按化学性质、危害程度及其含量综合考虑，由压力容器设计单位决定介质组别。

c.《固定式压力容器安全技术监察规程》1.4 条范围内的压力容器统一划分为第Ⅰ类压力容器。

（2）按照压力等级划分

按压力容器的设计压力($p$)划分为低压、中压、高压和超高压四个压力等级：

① 低压(代号 L)　$0.1\text{MPa} \leqslant p < 1.6\text{MPa}$；

② 中压(代号 M)　$1.6\text{MPa} \leqslant p < 10.0\text{MPa}$；

③ 高压(代号 H)　$10.0\text{MPa} \leqslant p < 100.0\text{MPa}$；

④ 超高压(代号 U)　$p \geqslant 100.0\text{MPa}$。

（3）按照生产工艺过程中的作用原理划分

固定式压力容器按照生产工艺过程中的作用原理分为反应压力容器、换热压力容器、分离压力容器、储存压力容器。具体划分如下：

① 反应压力容器(代号 R)：主要是用于完成介质的物理、化学反应的压力容器，如反应器、反应釜、分解锅、合成塔、变换炉、蒸煮锅等。

② 换热压力容器(代号 E)：主要是用于完成介质的热量交换的压力容器，如管壳式余热锅炉、热交换器、冷却器、冷凝器、蒸发器、加热器、消毒锅、染色器等。

③ 分离压力容器(代号 S)：主要是用于完成介质的流体压力平衡缓冲和气体净化分离的压力容器，如分离器、过滤器、集油器、缓冲器等。

④ 储存压力容器(代号 C，其中球罐代号 B)：主要是用于储存、盛装气体、液体、液化气体等介质的压力容器，如各种型式的储罐。

⑤ 在一种压力容器中，如同时具备两个以上的工艺作用原理时，应当按工艺过程中的主要作用来划分品种。

(4) 按操作温度分

① 低温容器($T\leqslant-20$℃)。

② 常温容器(20℃>$T$>150℃)。

③ 中温容器(150℃>$T\geqslant$450℃)。

④ 高温容器($T\geqslant$450℃)。

### 8.4.3 固定式压力容器的安全状况等级划分

根据压力容器的安全状况，将新压力容器划分为1、2、3级三个等级，在用压力容器划分为2、3、4、5，共四个等级，每个等级划分原则见表8.3。

**表8.3 压力容器的安全状况等级划分**

| 安全状况等级 | 技术条件 | 质量状况 | 能否满足安全使用条件 |
|---|---|---|---|
| 1(新) | 设计、制造等出厂技术资料齐全 | 设计、制造质量符合《容规》及其他有关法规和标准的要求 | 在规定的定期检验周期内，能按设计条件安全使用 |
| 2(新) | 设计、制造等出厂技术资料齐全 | 设计、制造质量基本符合有关法规和要求，但存在某些不危及安全且难以纠正的缺陷，出厂时已取得设计单位、使用单位和使用单位所在地安全监察机构同意 | 在规定的定期检验周期内，能按设计规定的操作条件能安全使用 |
| 2(在用) | 设计、制造等技术资料基本齐全 | 设计制造质量基本符合有关法规和标准的要求；根据检验报告，存在某些不危及安全且不易修复的一般性缺陷 | 在规定的定期检验周期内，能按规定的操作条件安全使用 |
| 3(在用) | 设计、制造等技术资料不够齐全 | 主体材料、强度、结构基本符合有关法规和标准的要求；制造时存在的某些不符合法规和标准的问题或缺陷，焊缝存在超标的体积性缺陷，根据检验报告，未发现缺陷发展或扩大 | 在规定的检验周期内，能按规定的操作条件安全使用 |
| 4(在用) | 设计、制造资料严重不齐全 | 主体材料不符合有关规定，或材料不明，或虽属选用正确，但已有老化倾向；主体结构有较严重的不符合有关法规和标准的缺陷，强度经校核尚能满足要求；焊接质量存在线性缺陷；根据检验报告，未发现缺陷由于使用因素而发展或扩大；使用过程中产生了腐蚀、磨损、损伤、变形等缺陷，其检验报告确定为不能在规定的操作条件下或在正常的检验周期内安全使用 | 不能在规定的操作条件下或在正常的检验周期内安全使用。必须采取相应措施进行修复和处理，提高安全状况等级，否则只能在限定的条件下短期监控使用 |
| 5(在用) | 无制造许可证的企业或无法证明原制造单位具备制造许可证的企业制造的压力容器 | 缺陷严重、无法修复或难于修复、无返修价值或修复后仍不能保证安全使用的压力容器 | 判废，不得继续作承压设备使用 |

注：1. 安全状况等级中所述缺陷，是制造该压力容器最终存在的状态。如缺陷已消除，则以消除后的状态，确定该压力容器的安全状况等级。

2. 技术资料不全的，按有关规定由原制造单位或检验单位经过检验验证后补全技术资料，并能在检验报告中作出结论的，则可按技术资料基本齐全对待。无法确定原制造单位具备制造资格的，不得通过检验验证补充技术资料。

3. 安全状况等级中所述问题与缺陷，只要确认其具备最严重之一者，即可按其性质确定该压力容器的安全状况等级。

说明：按照中国石化集团公司要求，超高压力容器的安全状况等级分为三级，分别为继续使用、监控使用、判废。

监控使用的超高压容器，应根据技术状况和使用条件确定监控使用时，一般不应超过12个月，且只允许监控使用一次。监控使用必须保证监控措施的落实。

依据《容规》第139条，大型关键性的在用压力容器，经定期检验，发现大量难于修复的超标缺陷。使用单位因生产急需，确需通过缺陷安全评定来判定为监控使用的，使用期限不应超过一个检验周期。

中国石化集团公司为了保证安全生产，对人民和对社会负责，规定禁止使用4级和5级的压力容器。

## 8.4.4 压力容器的基本参数

### 8.4.4.1 压力

与压力容器相关的压力有：

（1）表压力：测量压力的仪表（如压力表、压力计）上所测出的压力值为表压。表压只是表明被测量容器中的压力与周围大气压的差值，是一个相对压力。

（2）工作压力：也称操作压力，系指容器顶部在正常工作过程中可能产生的表压力（即不包括液体静压力）。

（3）最高工作压力：系指容器在工艺操作过程中可能出现的最大表压力（不含液柱压力）。

（4）设计压力：系指在相应设计温度下用以确定容器壳壁计算壁厚及其元件尺寸的压力，并作为超压释放装置调定压力的基础。一般取等于或略高于最高工作压力的值。

压力容器的设计压力不得低于最高工作压力，装有安全泄放装置的压力容器，其设计压力不得低于安全阀的开启压力或爆破片的爆破压力。

（5）许用压力：系指在设计温度下，容器顶部所允许承受的最大压力。容器的几个受压元件所计算确定的许用压力不相等时，取其中的最小值作为容器的许用压力。使用许用压力（最大允许工作压力）时，应在图样和铭牌中注明。

（6）试验压力：系指容器耐压试验压力。

### 8.4.4.2 温度

压力容器的设计温度是指容器在工作过程中，在相应的设计压力下，壳壁或元件金属可能达到的最高或最低（指-20℃以下）的温度（指壳体沿截面厚度的平均温度），不同于工作温度。它是选择金属材料机械性能、物理性能的基础。

确定容器的设计温度时，应注意以下各点：

（1）对常温或高温操作的容器，其设计温度不得低于壳体金属可能达到的最高金属温度；

（2）对0℃以下操作的容器，其设计温度不得高于壳体金属可能达到的最低金属温度；

（3）在任何情况下，容器壳体或其他受压元件金属的表面温度不得超过材料的允许使用温度；

（4）安装在室外且器壁无保温装置的容器，壁温受环境温度的影响而可能小于或等于-20℃时，其设计温度一般应按容器使用地区历年各月、日最低温度月平均值的最小值确定其最低设计温度。

### 8.4.4.3 强度

对于某一种材料来说，所能承受的应力有一定的极限，超过了这个极限，物体则会发生破坏，这一极限就称为强度。

### 8.4.4.4 公称直径

压力容器的公称直径是按容器零部件标准化系列而选定的壳体直径，用符号*DN*及数字表示，单位为 mm。应该注意的是，焊接的圆筒形容器，公称直径是指它的内径。而用无缝钢管制作的圆筒形容器，公称直径是指它的外径。因为无缝钢管的公称直径不是内径，而是接近而又小于的一个数值。为了方便，用无缝钢管作为容器的筒体时，选它的外径作为容器的公称直径。

#### 8.4.4.5 容器的壁厚

表示容器壁厚的参数常见的有：名义厚度、设计厚度、计算厚度、有效厚度、厚度附加量等。

(1) 名义厚度：是将设计厚度向上圆整至钢材标注的厚度，即是图样上标注的厚度。

(2) 厚度附加量：是指钢材的厚度负偏差和腐蚀余量之和。

(3) 计算厚度：是指按各计算公式计算所得的厚度(不包括厚度附加量)。

(4) 设计厚度：是指计算厚度与厚度附加量之和。

(5) 有效厚度：是指名义厚度减去厚度附加量。

压力容器的工艺参数是由生产工艺要求确定的，是进行压力容器设计和安全操作的主要依据，其主要工艺参数为压力和温度。

### 8.4.5 压力容器用钢

石油化工装置的压力容器绝大多数为钢制。制造材料多种多样，比较常用的有如下几种：

(1) Q235-A

Q235-A 钢，含硅量多，脱氧完全，因而质量较好。限定的使用范围为：设计压力≤1.0MPa，设计温度 0~350℃，用于制造壳体时，钢板厚度不得大于 16mm。不得用于盛装液化石油气体、毒性程度为极度、高度危害介质及直接受火焰加热的压力容器。

(2) 20g

20g 锅炉钢板与一般 20 号优质钢相同，含硫量较 Q235-A 钢低，具有较高的强度，使用温度范围为-20~475℃，常用于制造温度较高的中压容器。

(3) 16MnR

16MnR 普通低合金容器钢板，制造中、低压容器可减轻温度较高的容器重量，使用温度范围为-20~475℃。

(4) 低温容器(低于-20℃)材料

主要是要求在低温条件下有较好的韧性以防脆裂，一般低温容器用钢多采用锰钒钢。

(5) 高温容器用钢

温度<400℃、可用普通碳钢；使用温度 400~500℃，可用 15MnVR、14MnMoVg；使用温度 500~600℃，可采用 15CrMo、12Cr2Mo；使用温度 600~700℃，应采用 0Cr13Ni9 和 1Cr18Ni9Ti 等高合金钢。

### 8.4.6 压力容器的事故和事故隐患

要确保压力容器安全运行，因此要求压力容器必须具有较强的强度、刚度、稳定性、耐久性、密封性，等等。但在实际生产过程中常由于多种原因会导致压力容器由于过度失效而不能发挥原有效能或引发更大的事故影响企业的安全生产。

所谓压力容器失效是指包括爆炸、破裂、泄漏及容器过度变形、膨胀、局部鼓胀、严重腐蚀、产生较大裂纹、裂纹的疲劳扩展或腐蚀扩展、高温下过度的蠕变变形、几何形状受压失衡变形、金属材料长期使用的变形等现象。即凡因安全问题导致容器不能发挥原有效能的现象均为失效。但在石油化工生产过程中影响较大，且常见的压力容器失效情况有：

**8.4.6.1 裂纹**

裂纹是压力容器中最危险的一种常见缺陷，是导致容器发生脆性破坏的主要因素。裂纹存在于焊缝的融合区到热影响区范围内。同时它还加速容器的疲劳破裂和腐蚀断裂。

压力容器的裂纹，按其产生的原因可分为：原材料裂纹、焊接裂纹、过载裂纹、热应力裂纹、热疲劳裂纹、蠕变裂纹、腐蚀裂纹、苛性脆化裂纹、氢裂纹等。不同的裂纹产生的位置不同，并且具有不同的形貌。压力容器中腐蚀裂纹及疲劳裂纹是最常见的两种裂纹。

**8.4.6.2 腐蚀**

腐蚀是压力容器中较常见的一种缺陷，根据它产生的现象可以分为：均匀腐蚀、蚀坑、点蚀、应力腐蚀、晶间腐蚀、腐蚀疲劳和氢损伤等。

**8.4.6.3 变形**

根据变形产生的原因看内外检验中发现的变形有：超压引起的变形、超温引起的变形及其他原因引起的变形等。变形是一种严重缺陷。

**8.4.6.4 磨损**

在物料进、出口管与容器连接处，由于流体速度的突然变化等原因，常常在此发现冲刷磨损的缺陷。在内外检验过程中发现的磨损缺陷有均匀磨损和局部磨损两种。

**8.4.6.5 渗漏**

渗漏不是一种独立的缺陷，而是容器中各种缺陷的一种“症状”，在压力容器上一般是不允许存在渗漏的。因此，一旦发现渗漏存在，必须查明原因，进行处理，以免引起大的事故。

**8.4.6.6 组织恶化**

工作在高温状态下的压力容器，常会发生长期高温状态下的珠光体球化和碳钢的石墨化。组织恶化是金属材料中较严重的一种缺陷。

**8.4.6.7 元件缺损**

压力容器设备的附件缺损是造成压力事故的重要原因之一。如安全附件缺乏或失灵，螺栓缺少等。

**8.4.6.8 压力容器产生破裂**

从压力容器安全的角度，按金属材料破裂的现象不同，把压力容器的破裂分为延性破裂、脆性断裂、疲劳破裂、腐蚀破裂和蠕变破裂等型式。

### 8.4.7 固定式压力容器安全监督重点

**8.4.7.1 固定式压力容器管理的基本安全要求**

(1) 在用压力容器逐台编号、登记、建台账且编号标示于容器显要部位。

(2) 压力容器的安全管理规章制度、救援预案和安全操作规程，运行记录、压力容器台账(或者账册)是否齐全、真实，与实际相符。有定期巡回检查记录。

(3) 压力容器图样、使用登记证、产品质量证明书、使用说明书、监督检验证书、历年检验报告以及维修、改造资料等建档资料齐全并且符合要求。

(4) 压力容器作业人员持证上岗。

(5) 上次检验、检查报告中所提出的问题是否解决。

(6) 危险区域有醒目的安全警示标牌。

(7) 连接管道有防静电跨接，安全色要正确。

(8) 容器与相邻管道，构件间无异常振动、响声、摩擦。

(9) 底部支架应牢固，不得有活动现象。

(10) 罐体有接地装置。

(11) 外表面无腐蚀严重现象。

(12) 设备的本体没有明显的损坏。

(13) 在用压力容器必须定期检验。

#### 8.4.7.2 压力容器本体及运行状况的安全要求

(1) 压力容器的铭牌、漆色、标志及喷涂的使用证号码是否符合有关规定。

(2) 压力容器的本体等是否有变形、泄漏等。

(3) 外表面有无腐蚀，有无异常结霜、结露等。

(4) 支承或者支座有无损坏，基础有无下沉、倾斜，是否完好。

(5) 快开门式压力容器安全联锁装置是否符合要求。

(6) 设备的运行参数，包括压力、温度等在允许范围内，不存在超压、超温运行。

(7) 所运行仪器仪表运行参数正常，与直读水位表、压力表一致。

(8) 运行记录上的各项参数记录与实际一致，在允许的参数内。

#### 8.4.7.3 压力容器安全附件的安全要求

(1)压力表

压力表的选型、定期检验有效期及其封印是否符合要求。

压力表外观、精度等级、量程、表盘直径是否符合要求。

凡发现以下情况之一的，要求使用单位限期改正并且采取有效措施确保改正期间的安全，如果逾期仍未改正的，应当暂停该压力容器使用。

① 选型错误。

② 表盘封面玻璃破裂或者表盘刻度模糊不清。

③ 封印损坏或者超过检定有效期限。

④ 指针扭曲断裂或者外壳腐蚀严重。

(2) 液位计

是否有液位计的定期检修维护制度。

液位计外观及附件是否符合要求。

凡发现以下情况之一的，要求使用单位限期改正并且采取有效措施确保改正期间的安全，如果逾期仍未改正应当暂停该压力容器使用。

① 超过规定的检修期限。

② 玻璃板(管)有裂纹、破碎。

③ 防止泄漏的保护装置损坏。

(3) 测温仪表

是否有测温仪表的定期检定和检修制度。

测温仪表的量程与其检测的温度范围的匹配情况。

凡发现以下情况之一的，要求使用单位限期改正并且采取有效措施确保改正期间的安全，如果逾期仍未改正则该压力容器暂停使用。

① 超过规定的检定、检修期限。

② 仪表及其防护装置破损。

③ 仪表量程选择错误。

（4）爆破片装置

爆破片是否超过产品说明书规定的使用期限。

核实铭牌上的爆破压力和温度是否符合运行要求。

对有问题的，要求使用单位限期更换爆破片装置并且采取有效措施确保更换期的安全，如果逾期仍未更换则该压力容器暂停使用。

（5）安全阀

有效期是否过期。

如果安全阀和排放口之间装设了截止阀，检查截止阀是否处于全开位置及铅封是否完好。

## 8.4.8 移动式压力容器和气瓶

按《特种设备目录》规定，移动式压力容器有铁路罐车、汽车罐车、长管拖车、罐式集装箱。气瓶包括无缝气瓶、焊接气瓶、液化石油气钢瓶、溶解乙炔气瓶、车用气瓶、低温绝热气瓶、缠绕气瓶、非重复充装气瓶、特种气瓶。

移动式压力容器和气瓶除具有固定式压力容器的很多危险特性外，由于它常装载易燃、易爆、有毒及腐蚀性的危险介质，压力范围遍及高、中、低压，而且移动式压力容器和气瓶在移动或搬运过程中，易与硬物撞击而增加移动式容器和气瓶的爆炸危险，同时经常处于储存物的灌装和使用的交替进行中，承受较大的交变载荷的作用，极易破坏而污染环境或造成人员伤亡或燃烧爆炸等事故。

### 8.4.8.1 移动式压力容器和气瓶的主要安全附件与装置

移动式压力容器和气瓶上的主要安全附件与装置有安全阀、爆破片、易熔塞、压力表、温度计、液位计、紧急切断装置和安全连锁装置等。

### 8.4.8.2 气瓶颜色

按照 GB 7144—1999《气瓶颜色标志》规定，常见气体的气瓶颜色见表 8.4。

表 8.4 常见气体的气瓶颜色

| 序号 | 充装气体名称 | 化学式 | 瓶色 | 字样 | 字色 | 色环 |
|---|---|---|---|---|---|---|
| 1 | 乙炔 | CH≡CH | 白 | 乙炔不可近火 | 大红 | |
| 2 | 氢 | $H_2$ | 淡绿 | 氢 | 大红 | $P=20$，淡黄色单环<br>$P=30$，淡黄色双环 |
| 3 | 氧 | $O_2$ | 淡(酞)兰 | 氧 | 黑 | $P=30$，白色单环<br>$P=30$，白色双环 |
| 4 | 氮 | $N_2$ | 黑 | 氮 | 淡黄 | |
| 5 | 空气 | | 黑 | 空气 | 白 | |
| 6 | 二氧化碳 | $CO_2$ | 铝白 | 液化二氧化碳 | 黑 | $P=20$，黑色单环 |
| 7 | 氨 | $NH_3$ | 淡黄 | 液氨 | 黑 | |
| 8 | 氯 | $Cl_2$ | 深绿 | 液氯 | 白 | |
| 9 | 氟 | $F_2$ | 白 | 氟 | 黑 | |
| 10 | 一氧化氮 | NO | 白 | 一氧化氮 | 黑 | |
| 11 | 二氧化氮 | $NO_2$ | 白 | 液化二氧化氮 | 黑 | |

### 8.4.8.3 移动式压力容器和气瓶的事故和事故隐患

（1）爆炸事故；

（2）泄漏及引发的二次事故（火灾/爆炸/中毒/窒息等）；

（3）移动式压力容器设备损坏事故；

（4）错装及混装引发的二次事故（火灾/爆炸/中毒/窒息等）；

（5）静电或雷电引发的事故等。

造成移动式压力容器和气瓶事故的原因很多，常见的有：

（1）超装：是低压液化气体移动式压力容器事故的主要原因。

（2）错装：如氧气瓶错装了氢，或者相反，是永久性气体气瓶事故的主要原因。

（3）混装：对于永久性气体气瓶（氢、氧混装，这在电解制氢时极易发生）和液化气瓶（如液化石油气不纯，混入空气后装瓶，或液氯、液氨混水装瓶或瓶中有水，对气瓶造成强腐蚀）都是致害因素。

（4）泄漏：阀或接管处容易泄漏，这主要是使用不当或产品质量不合格造成移动式压力容器产生事故。

（5）超温：太阳曝晒、火灾、化学反应等影响使移动式压力容器温度升高显著。一旦超过移动式压力容器的最高工作压力对应的极限温度，移动式压力容器有发生爆破的危险。

（6）移动式压力容器本体或构件损坏：长期的移动式压力容器本体腐蚀、构件的磨损等造成移动式压力容器的强度不足，发生事故。

### 8.4.8.4 移动式压力容器和气瓶的安全监督重点

（1）贯彻执行《移动式压力容器安全技术监察规程》和《气瓶安全监察规定》移动式压力容器和气瓶有关的安全技术规范。

（2）建立健全移动式压力容器和气瓶安全管理制度，制定移动式压力容器和气瓶安全操作规程；使用单位应当配备具有移动式压力容器和气瓶专业知识，熟悉国家相关法律、法规、安全技术规范和标准的工程技术人员作为安全管理人员负责移动式压力容器和气瓶的安全管理工作。

移动式压力容器和气瓶的使用单位，应当在工艺操作规程和岗位操作规程中，明确提出移动式压力容器和气瓶安全操作要求，操作规程至少包括以下内容：

① 操作工艺参数：包括工作压力、工作温度范围以及最大允许充装量的要求；

② 岗位操作方法：包括车辆停放、装卸的操作程序和注意事项；

③ 运行中应当重点检查的项目和部位：运行中可能出现的异常现象和防止措施，以及紧急情况的处置和报告程序；

④ 车辆安全要求：包括车辆状况、车辆允许行驶速度以及运输过程中的作息时间要求。

（3）办理移动式压力容器和气瓶使用登记，建立移动式压力容器和气瓶技术档案；其中档案包括：《移动式压力容器使用登记证》及电子记录卡、移动式压力容器和气瓶登记卡、设计制造技术文件和资料、定期检验报告及有关检验的技术文件和资料、维修和技术改造文件和资料、定期自行检查和日常维护保养记录、安全附件和承压附件（如果有）的校验、修理和更换记录、有关事故的记录资料和处理报告等。

（4）负责移动式压力容器和气瓶的设计、采购、使用、充装、改造、维修、报废等全过程管理。

（5）移动式压力容器和气瓶装卸现场必须设置明显的警示标志，涉及危险化学品的要注明危险化学品的主要品种、特性、危害防治、处置措施、报警电话等；装卸有毒危险化学品的场所应按照规定设置卫生间、洗眼器、淋洗器等安全卫生防护设施和有毒气体检测报警仪。装卸易燃易爆危险化学品的场所区域内应当按照规定设置可燃气体报警设施。装卸危险化学品的场所必须配备应急通信器材，并保证畅通。现场必须装设风向标，其位置和高度应设在容易看到的显著位置。现场及时清理杂物，保持整洁。对岗位职工必须定期进行健康检查，并建立健康监护档案。

(6) 移动式压力容器和气瓶装卸现场必须按照法律法规要求发放配备符合国家标准或者行业标准的劳动防护用品，且保证从业人员能够正确佩带和熟练使用；各种防护器具都应定点存放在安全、方便的地方，并有专人负责保管，定期校验和维护，每次校验后应记录或铅封，主管人应经常检查。必须建立防护用品和器具的领用登记制度，并根据有关规定制订发放标准。

(7) 组织开展移动式压力容器和气瓶安全检查，至少每月进行一次自行检查，并且作出记录。

日常维护保养和定期自行检查应当至少包括如下内容：

① 罐体涂层及漆色是否完好，有无脱落等；

② 罐体保温层、真空绝热层的保温性能是否完好；

③ 罐体外部的标志标识是否清晰；

④ 紧急切断阀以及相关的操作阀门是否置于闭止状态；

⑤ 安全附件的性能是否完好；

⑥ 承压附件(阀门、装卸软管等)的性能是否完好；

⑦ 紧固件的连接是否牢固可靠、是否有松动现象；罐体与底盘(底架或框架)的连接紧固装置是否完好、牢固；

⑧ 罐体内压力、温度是否异常及有无明显的波动；

⑨ 罐体各密封面有无泄漏；

⑩ 随车配备的应急处理器材、防护用品及专用工具、备品备件是否齐全，是否完好有效。

(8) 编制移动式压力容器和气瓶的定期检验计划，督促安排落实移动式压力容器和气瓶定期检验和事故隐患的整治。

(9) 向主管部门和登记地的质量技术监督部门报送当年移动式压力容器和气瓶数量和变更情况的统计报表，移动式压力容器和气瓶定期检验计划的实施情况，存在的主要问题及处理情况等。

(10) 按规定报告移动式压力容器和气瓶事故，组织、参加移动式压力容器和气瓶事故的救援、协助调查和善后处理。

(11) 组织开展移动式压力容器和气瓶作业人员的教育培训。

(12) 按照《特种设备作业人员监督管理办法》、TSG R6001—2011《压力容器安全管理人员和操作人员考核大纲》等规定，移动式压力容器和气瓶的管理人员和操作人员应当持相应的特种设备作业人员证。移动式压力容器和气瓶使用单位应当对移动式压力容器和气瓶作业人员定期进行安全教育与专业培训并且作好记录，保证作业人员了解所运载介质的性质、危害特性和罐体的使用特性，具备必要的压力容器安全作业知识、作业技能，及时进行知识更新，确保作业人员掌握操作规程及事故应急措施，按章作业。

对于从事移动式压力容器和气瓶运输押运的作业人员，需取得国家有关管理部门规定的资格证书。进行特种设备作业人员取证；

(13) 制定事故救援预案并且组织演练。

(14) 移动式压力容器发生下列异常现象之一时，操作人员或者押运人员应当立即采取紧急措施，并且按规定的报告程序，及时向有关部门报告。

① 罐体工作压力、工作温度超过规定值，采取措施仍不能得到有效控制；

② 罐体的主要受压元件发生裂缝、鼓包、变形、泄漏等危及安全的现象；

③ 安全附件失灵、损坏等不能起到安全保护的情况；

④ 承压管路、紧固件损坏，难以保证安全运行；

⑤ 发生火灾等直接威胁到移动式压力容器安全运行；

⑥ 装运介质质量超过核准的最大允许充装量；

⑦ 装运介质与核准不符的；

⑧ 真空绝热低温罐体外壁局部存在严重结冰、结霜，介质压力和温度明显上升；

⑨ 移动式压力容器的走行部分及其与罐体连接部位的零部件等发生损坏、变形等危及安全运行；

⑩ 其他异常情况。

(15) 确保移动式压力容器的运输过程作业安全。

使用单位应当严格执行国家相关主管部门的有关规定，在运输过程至少还需满足以下安全要求：

① 在道路运输过程中，除驾驶人员外，应当另外配备操作人员，操作人员应当对运输全过程进行监管。

② 运输过程中，任何的操作阀门必须置于闭止状态。

③ 快装接口安装盲法兰或等效装置。

④ 真空绝热移动式压力容器的停放不得超过其无损储存时间。

⑤ 罐式集装箱按规定的要求进行吊装和堆放。

⑥ 移动式压力容器和气瓶的使用单位应当为操作人员或者押运员配备日常作业必需的安全防护措施，专用工具和必要的备品、备件等，还应当根据所装运介质的物理化学性质随车配备必需的应急处理器材和个人防护用品。

⑦ 除携带国家相关主管部门颁发的证书外，如交通部门颁发的《道路运输证》、公安部门发放的剧毒危险化学品道路运输通行证或者国务院铁路运输主管部门颁发的《铁路危险货物自备货车安全技术审查合格证》等，还应当携带的文件和资料至少包括：《移动式压力容器使用登记证》及电子记录卡；《特种设备作业人员证》和相关管理部门的从业资格证；液面计指示值与液体容积对照表；移动式压力容器装卸记录及运行记录；事故应急救援预案等。

## 8.5 压力管道的安全监督管理

### 8.5.1 压力管道的分类

按用途分类，分为工业管道、公用管道和长输管道。

(1) 长输管道为 GA 类，级别划分有两级。

符合下列条件之一的长输管道为 GA1 级。

① 输送有毒、可燃、易爆气体介质，设计压力 $p>1.6$MPa 的管道；

② 输送有毒、可燃、易爆液体流体介质，输送距离(输送距离指产地、储存库、用户间的用于输送商品介质管道的直接距离)≥200km 且管道公称直径 $DN\geqslant300$mm 的管道；

③ 输送浆体介质，输送距离≥50km 且管道公称直径 $DN\geqslant150$mm 的管道。

符合以下条件之一的长输管道为 GA2 级：

① 输送有毒、可燃、易爆气体介质，设计压力 $p\leqslant1.6$PMa 的管道；

② GAl②范围以外的管道；

③ GAl③范围以外的管道。

(2) 公用管道为 GB 类，级别划分两级。

GB1 为燃气管道；

GB2 为热力管道。

(3) 工业管道为 GC 类，级别划分有三级。

符合下列条件之一的工业管道为 GC1 级：

① 输送 GB 5044《职业性接触毒物危害程度分级》中规定毒性程度为极度危害介质的管道；

② 输送 GB 50160《石油化工企业设计防火规范》及 GB 50016—2012《建筑设计防火规范》中规定的火灾危险性为甲、乙类可燃气体或甲类可燃液体介质且设计压力 $p\geqslant4.0$MPa 的管道；

③ 输送可燃流体介质、有毒流体介质，设计压力 $p\geqslant4.0$MPa 且设计温度≥400℃的管道；

④ 输送流体介质且设计压力 $p\geqslant10.0$MPa 的管道。

符合以下条件之一的工业管道为 GC2 级：

① 输送 GB 50160《石油化工企业设计防火规范》及 GB 50016—2012《建筑设计防火规范》中规定的火灾危险性为甲、乙类可燃气体或甲类可燃液体介质且设计压力 $p<4.0$MPa 的管道；

② 输送可燃流体介质、有毒流体介质，设计压力 $p<4.0$MPa 且设计温度≥400℃管道；

③ 输送非可燃流体介质、无毒流体介质，设计压力 $p<10$MPa 且设计温度≥400℃的管道；

④ 输送流体介质，设计压力 $p<10$MPa 且设计温度<400℃的管道。

符合以下条件之一的 GC2 级管道划分为 GC3 级：

① 输送可燃流体介质、有毒流体介质，设计压力 $p<1.0$MPa 且设计温度<400℃的管道；

② 输送非可燃流体介质、无毒流体介质，设计压力 $p<4.0$MPa 且设计温度<400℃的管道。

按压力分类，分为：

(1) 低压管道工程压力<1.6MPa；

(2) 中压管道工程压力 1.6~6.4MPa；

(3) 高压管道工程压力 6.4~10MPa；

(4) 超高压管道工程压力 10~20MPa。

## 8.5.2 压力管道的基本参数

### 8.5.2.1 设计压力

管道的设计压力是指不低于正常操作时，由内压(或外压)与温度构成的最苛刻条件下的压力。

最苛刻条件：是指导致管子及管道组成件最大壁厚或最高公称压力等级的条件。

设计压力确定：考虑介质的静液柱压力等因素的影响，设计压力一般应略高于由(或)外压与温度构成的最苛刻条件下的最高工作压力，见表8.5。

表8.5 一般情况下管道元件的设计压力确定

| 工作压力 $p_w$/MPa | 设计压力 $p$/MPa |
|---|---|
| $p_w \leqslant 1.8$ | $p=p_w+0.18$ |
| $1.8<p_w \leqslant 4.0$ | $p=1.1p_w$ |
| $4.0<p_w \leqslant 8.0$ | $p=p_w+0.4$ |
| $p_w>8.0$ | $p=1.05p_w$ |

注：当按该原则确定的设计压力会引起管道压力等级变化时，应判断该工作压力是否就是由内压(或外压)与温度构成的最苛刻条件下的最高工作压力，如果是，在报请有关技术负责人批准的情况下，设计压力可取此时的最高工作压力，而不加系数。

### 8.5.2.2 设计温度

管道的设计温度：不低于正常操作时，由内压(或外压)与温度构成的最苛刻条件下的温度。

最苛刻条件： 指导致管子及管道组成件最大壁厚、最高公称压力等级或最高材料等级的条件。

设计温度的确定：考虑环境、隔热、操作稳定性等因素的影响，设计温度应略高于由内压(或外压)与温度构成的最苛刻条件下的最高工作温度，见表8.6。

表8.6 一般情况下管道元件的设计温度确定

| 工作温度 $T_w$/℃ | 设计温度 $T$/℃ |
|---|---|
| $-20<T_w \leqslant 15$ | $T=T_w-5$(最低取$-20$) |
| $15<T_w \leqslant 350$ | $T=T_w+20$ |
| $T_w>350$ | $T=T_w+(5\sim15)$ |

注：当按该原则确定的设计温度会引起管道压力等级或材料变化时，应判断该工作温度是否就是由内压(或外压)与温度构成的最苛刻条件下的最高工作温度，如果是，在报请有关技术负责人批准的情况下，设计温度可取此时的最高工作温度，而不加系数。

## 8.5.3 压力管道的安全保护装置

压力管道上常用的安全保护装置有安全阀、压力表、爆破片和爆破帽、紧急切断阀等。

## 8.5.4 工业管道的识别和安全标识

### 8.5.4.1 基本识别色

(1) 根据管道内物质的性能，分为八类，并相应规定了八种基本识别色和相应的颜色标准编号及色样(见表 8.7)。

(2) 工业管道的基本识别色标识方法，使用方应从以下五种方法中选择。

① 管道全长上标识;

② 在管道上以宽为 150mm 的色环标识;

③ 在管道上以长方形的识别色标牌标识;

④ 在管道上以带箭头的长方形识别色标牌标识;

⑤ 在管道上以系挂的识别色标牌标识。

**表 8.7　八种基本识别色和色样及颜色标准编号**

| 物质种类 | 基本识别色 | 颜色标准编号 |
|---|---|---|
| 水 | 艳绿 | G03 |
| 水蒸气 | 大红 | R03 |
| 空气 | 淡灰 | B03 |
| 气体 | 中黄 | Y07 |
| 酸或碱 | 紫 | P02 |
| 可燃液体 | 棕 | YR05 |
| 其他液体 | 黑 |  |
| 氧 | 淡蓝 | PB06 |

(3) 当采用(2)中②、③、④、⑤ 方法时，二个标识之间的最小距离应为 10m。

(4) 在(2)中③、④、⑤的标牌最小尺寸应以能清楚观察识别色来确定。

(5) 当管道采用(2)中②、③、④、⑤基本识别色标识方法时，其标识的场所应该包括所有管道的起点、终点、交叉点、转弯处、阀门和穿墙孔两侧等的管道上和其他需要标识的部位。

#### 8.5.4.2　识别符号

工业管道的识别符号由物质名称、流向和主要工艺参数等组成，其标识应符合下列要求:

(1)物质名称的标识

① 物质全称：例如氮气、硫酸、甲醇。

② 化学分子式：例如 $N_2$、$H_2SO_4$、$CH_3OH$。

(2)物质流向的标识

① 工业管道内物质的流向用箭头表示图，如果管道内物质的流向是双向的，则以双向箭头表示。

② 当基本识别色的标识方法采用 8.5.4.1 中(2)内④和⑤时，则标牌的指向就作为表示管道内的物质流向，如果管道内物质流向是双向的，则标牌指向应做成双向的。

(3)物质的压力、温度、流速等主要工艺参数的标识，使用方可按需自行确定采用。

(4)在(2)和(3)中的字母、数字的最小字体，以及箭头的最小外形尺寸，应以能清楚观察识别符号来确定。

#### 8.5.4.3　安全标识

(1) 危险标识

适用范围：管道内的物质，凡属于 GB 13690 所列的危险化学品，其管道应设置危险标识。

表示方法：在管道上涂 150mm 宽黄色，在黄色两侧各涂 25mm 宽黑色的色环或色带，安全色范围应符合 GB 2893 的规定。

表示场所：基本识别色的标识上或附近。

(2)消防标识

工业生产中设置的消防专用管道应遵守 GB 13495—1992《消防安全标志的规定》的规定，并在管道上标识“消防专用”识别符号。标识部位、最小字体应分别符合 GB 13495—1992 的规定。

## 8.6 电梯的安全监督管理

### 8.6.1 电梯分类

电梯的种类很多，可以从不同的角度进行分类，常用的分类方法主要有以下几种：

(1) 按用途分类：客梯、载货电梯、客货(两用)电梯、病床电梯、住宅电梯、杂物电梯、船用电梯、观光电梯、车辆电梯。

(2) 按运行速度分类：低速梯(<1.0m/s)，快速梯(1.0~2.0m/s)，高速梯(2.0~3.5m/s)，超高速梯(>3.5m/s)。

(3) 按拖动方式分类：直流电梯、交流电梯、液压电梯、齿轮齿条电梯、螺杆式电梯、永磁无齿轮曳引电梯。

(4) 按控制方式分类：手柄控制电梯、按钮控制电梯、信号控制电梯、集选控制电梯等。

(5) 按有无司机分类：有司机电梯、无司机电梯、有/无司机电梯。

(6) 按机房位置分类：上、下、旁置式电梯

(7) 按机房形式分类：有机房电梯、无机房电梯、小机房电梯、侧置机房电梯。

(8) 其他特殊梯和自动梯。

### 8.6.2 电梯的安全保护设施或保护功能

(1) 超速(失控)和断绳保护装置：限速器、安全钳；凡是有钢丝绳或链条悬挂的电梯轿厢均应设置安全钳，用于制停轿厢的最终动作执行；

(2) 超越上下极限工作位置(防越程)的保护装置：强迫减速开关、终端限位开关、终端极限开关来达到强迫换速、切断控制电路、切断动力电源三级保护；

(3) 撞底(与冲顶)保护装置：缓冲器；

(4) 层门门锁与轿门电气联锁装置；

(5) 门的安全保护装置；

(6) 电梯不安全运行防止系统：轿厢超载装置、限速器断绳开关等；

(7) 供电系统断相、错相保护装置：相序保护器；

(8) 停电或电气系统发生故障时，轿厢慢速移动装置；

(9) 报警、救援装置：轿厢内外警铃、电话等；

(10) 不正常状态处理系统：机房曳引机的手动盘车、自备发电机以及轿厢安全窗、轿门手动开门设备等。

(11) 超载保护装置：当轿厢超过额定载荷时，以发出警告信号并使轿厢不关门不能运行。

(12) 消防功能：在火灾发生时必须使所有电梯停止应答召唤信号，直接返回撤离层站，具有火灾自动返基站功能。

(13) 其他安全保护装置：机构安全防护主要有轿厢顶部的安全窗、轿顶护栏、安全防护罩等机械安全防护装置。电气安全防护主要有直接触电的防护、间接触电的防护、电气故障的防护以及安全装置等安全保护装置。

### 8.6.3 电梯事故及事故隐患

电梯事故的种类按发生事故的系统位置，可分为门系统事故、冲顶或蹲底事故、其他事故。按照电梯事故的性质可分为机械设备事故、人身伤害事故和运行事故等。

### 8.6.4 电梯的安全监督重点

电梯使用单位应当严格执行电梯有关安全生产的法律、行政法规的规定，保证电梯设备的安全使用。

电梯交付使用前，应由有资格的检测部门进行安全检验，检验合格后并在相关特种设备安全监督管理部门登记，电梯方可投入使用。投入使用前，使用单位与安装单位进行设备交接时，应办理相应的交接手续。使用单位应当核对其是否附有《电梯制造与安装安全规范》(GB7588—2003)要求相关资料和文件。

使用单位应建立电梯安全技术档案。根据本单位拥有的电梯使用实际情况，设置电梯安全管理机构或者配备专职的安全管理人员。电梯作业人员(电梯司机、维护人员)及其相关管理人员应当按照国家有关规定经特种设备安全监督管理部门考核合格，取得国家统一格式的相应的资格证书，方可从事相应的作业或者管理工作。

电梯作业人员在作业中应当严格执行电梯的操作规程和有关的安全规章制度。在作业过程中发现事故隐患或者其他不安全因素，应当立即向现场安全管理人员和单位有关负责人报告。

对在用电梯应当至少每月进行一次自行检查，并作出记录。

应当对在用电梯的安全附件、安全保护装置、限速器及有关附属仪器仪表进行定期校验、检修，并作出记录。

电梯使用单位应将电梯的安全注意事项和警示标志置于易于为乘客注意的显著位置，并在安全检验合格有效期届满前1个月向特种设备检验检测机构提出定期检验要求。未经定期检验或者检验不合格的电梯，不得继续使用。

电梯使用单位应当对在用特种设备进行经常性日常维护保养，并定期自行检查。

健全必要的规章制度，进行必要的监督和管理。

电梯存在严重事故隐患，无改造、维修价值，电梯使用单位应当及时予以报废，并应当向原登记的特种设备安全监督管理部门办理注销。

电梯使用单位应当制定电梯的事故应急措施和救援预案。

## 8.7 起重机械的安全监督管理

### 8.7.1 起重机械的工作特点

(1) 起重机械通常具有庞大的结构和比较复杂的机构，能完成一个起升运动、一个或几个水平运动。

(2) 所吊运的重物多种多样，载荷是变化的。

(3) 需要在较大的范围内运行，有的要装设轨道和车轮(如塔吊、桥吊等)，有的要装设轮胎或履带在地面上行走(如汽车吊、履带吊等)，还有的需要在钢丝绳上行走，一旦造成事故影响的面积也较大。

(4) 有些起重机械，需要直接载运人员在导轨、平台或钢丝绳上做升降运动，其可靠性直接影响人身安全。

(5) 暴露的、活动的零部件较多，且常与吊运作业人员直接接触(如吊钩、钢丝绳等)，潜在许多偶发的危险因素。

(6) 作业环境复杂。作业场所常常会遇有高温、高压、易燃易爆、输电线路、强磁等危险因素，对设备和作业人员形成威胁。

(7) 作业中常常需要多人配合，共同进行一个操作，要求指挥、捆扎、驾驶等作业人员配合熟练、动作协调、互相照应，作业人员应有处理现场紧急情况的能力。多个作业人员之间的密切配合，存在较大的难度。

### 8.7.2 起重机械分类

起重机械类型很多，按《特种设备目录》，结合功能、构造类型和运动方式大致可分为轻小型起重机械、桥式起重机、门式起重机、塔式起重机、流动式起重机、铁路起重机、门座起重机、缆索起重机、桅杆起重机、臂架类型起重机和升降类型起重机等类型。

### 8.7.3 起重机的主要技术参数

起重机械的主要参数是表征起重机械性能特征的指标，也是设计和选择起重机械的基本技术依据，也是起重机械安全技术要求的重要依据。

起重机械的主要参数有：起重量、跨度、轨距、基距、幅度、起重力矩、起重倾覆力矩、最大轮压、起升高度和下降深度、运行速度、起重机工作级别、起重特性曲线等。其中，起重机工作级别是考虑起重量和时间的利用程度以及工作循环次数的工作特性，它是按起重机利用等级(整个设计寿命期内，总的工作循环次数)和载荷状态划分的。

### 8.7.4 起重机械安全装置

(1) 上升极限位置限制器和下降极限位置限制器；

(2) 运行极限位置限制器；

(3) 缓冲器；

(4) 夹轨器和锚定装置；

(5) 超载限制器；

(6) 力矩限制器;

(7) 防碰撞装置;

(8) 防偏斜和偏斜指示装置。

### 8.7.5 起重机械事故

起重机械由于蕴藏危险因素较多,因此成为发生事故几率较大的机械设备。根据不同的事故分类方法,可以将起重机构事故分为以下几种:

#### 8.7.5.1 按起重机械常见的事故灾害类型分

(1) 失落事故

① 脱绳事故;

② 脱钩事故;

③ 断绳事故;

④ 吊钩破断事故。

(2) 挤伤事故

挤伤事故多发生在以下作业条件下:

① 吊具或吊载与地面物体间的挤伤事故;

② 升降设备的挤伤事故;

③ 机体与建筑物间的挤伤事故;

④ 机体旋转击伤事故;

⑤ 翻转作业中的撞伤事故。

(3) 坠落事故

常见的坠落事故有:

① 从机体上滑落摔伤事故;

② 机体撞击坠落事故;

③ 轿厢坠落摔伤事故;

④ 维修工具零部件坠落砸伤事故;

⑤ 振动坠落事故;

⑥ 制动下滑坠落事故。

(4) 触电事故

① 室内作业的触电事故;

② 室外作业的触电事故。

(5) 机体毁坏事故

① 断臂事故;

② 倾翻事故;

③ 机体摔伤事故;

④ 相互撞毁事故。

#### 8.7.5.2 按照发生事故的责任分为

(1) 责任事故

① 操作不当:包括工作前检查准备不周,操作不当,工作粗心大意,违反操作规程,超速,超负荷等原因所造成的事故;

② 维护保养不善：不按规定进行检查保养、检查不周、润滑不良、调整不当、紧固不良、安全装置失效、脏物进入油道或工作面等，所造成的事故；

③ 施工措施不利：施工条件恶劣，妨碍机械正常工作，不能保证安全运行，事先又未采取有效措施，盲目作业所造成的事故；

④ 管理不严：如机械带病作业，事先未经科学分析做出技术鉴定，未采取有效措施，而运行中又检查不力，以及不按冬季防寒防冻规定等使用机械所造成的事故；

⑤ 修理质量不良：不符合修理质量要求以及事先可检查排除的故障未能查出等所造成的事故；

⑥ 指挥失误：指挥人员或主管领导强迫工人违反机械性能或操作规程，进行危险作业，使机械在恶劣环境中工作所造成的事故；

⑦ 违反纪律：包括非司机开车，学员擅自独立操作，擅离工作岗位等所造成的事故；

⑧ 交通肇事：机动车辆发生交通事故造成的机械损坏事故。

(2) 非责任事故

① 凡因自然灾害或不可抗拒的外界原因而引起的事故；

② 设计制造或修理造成的先天性缺陷，而又无法预防和补救所引起的事故；

③ 破坏性事故：因坏人有意破坏所造成的机械事故。

### 8.7.6 起重机械安全监督重点

起重机械在投入使用前或者投入使用后 30 日内，使用单位应当按照规定到登记部门办理使用登记。

流动作业的起重机械，使用单位应当到产权单位所在地的登记部门办理使用登记。

起重机械使用单位发生变更的，原使用单位应当在变更后 30 日内到原登记部门办理使用登记注销；新使用单位应当按规定到所在地的登记部门办理使用登记。

起重机械报废的，使用单位应当到登记部门办理使用登记注销。

起重机械使用单位应当履行下列义务：

① 使用具有相应许可资质的单位制造并经监督检验合格的起重机械；

② 建立健全相应的起重机械使用安全管理制度；

③ 设置起重机械安全管理机构或者配备专(兼)职安全管理人员从事起重机械安全管理工作；

④ 对起重机械作业人员进行安全技术培训，保证其掌握操作技能和预防事故的知识，增强安全意识；

⑤ 对起重机械的主要受力结构件、安全附件、安全保护装置、运行机构、控制系统等进行日常维护保养，并做出记录；

⑥ 配备符合安全要求的索具、吊具，加强日常安全检查和维护保养，保证索具、吊具安全使用；

⑦ 制定起重机械事故应急救援预案，根据需要建立应急救援队伍，并且定期演练。

使用单位应当建立起重机械安全技术档案。起重机械安全技术档案应当包括以下内容：

① 设计文件、产品质量合格证明、监督检验证明、安装技术文件和资料、使用和维护说明；

② 安全保护装置的型式试验合格证明；

③ 定期检验报告和定期自行检查的记录；

④ 日常使用状况记录；

⑤ 日常维护保养记录；

⑥ 运行故障和事故记录；

⑦ 使用登记证明。

起重机械定期检验周期最长不超过 2 年，不同类别的起重机械检验周期按照相应安全技术规范执行。

使用单位应当在定期检验有效期届满 1 个月前，向检验检测机构提出定期检验申请。流动作业的起重机械异地使用的，使用单位应当按照检验周期等要求向使用所在地检验检测机构申请定期检验，使用单位应当将检验结果报登记部门。

旧起重机械应当符合下列要求，使用单位方可投入使用：

① 具有原使用单位的使用登记注销证明；

② 具有新使用单位的使用登记证明；

③ 具有完整的安全技术档案；

④ 监督检验和定期检验合格。

起重机械承租使用单位应当按照相关规定，在承租使用期间对起重机械进行日常维护保养并记录，对承租起重机械的使用安全负责。

禁止承租使用下列起重机械：

① 没有在登记部门进行使用登记的；

② 没有完整安全技术档案的；

③ 监督检验或者定期检验不合格的。

起重机械具有下列情形之一的，使用单位应当及时予以报废并采取解体等销毁措施：

① 存在严重事故隐患，无改造、维修价值的；

② 达到安全技术规范等规定的设计使用年限或者报废条件的。

起重机械出现故障或者发生异常情况，使用单位应当停止使用，对其全面检查，消除故障和事故隐患后，方可重新投入使用。

发生起重机械事故，使用单位必须按照有关规定要求，及时向所在地的质量技术监督部门和相关部门报告。

起重机械检验检测工作应当符合安全技术规范的要求。

## 8.8 场(厂)内专用机动车辆的安全监督管理

### 8.8.1 分类

按照《增补的特种设备目录》规定，属于场(厂)内专用机动工业车辆的有：叉车、搬运车、牵引车、推顶车。

### 8.8.2 对投入运行的规定

依据《特种设备安全监察条例》的规定，购进场(厂)内专用机动车辆后，必须经国家特种设备安全监察机构授权的检验机构进行监督检验，取得“安全检验合格证”并在有效期内使用；是否取得有效牌照；车辆转向系统是否灵活；车辆及挂车是否有可靠且彼此独立的行车和驻车制动系统；车辆的照明系统正常；易燃、易爆车辆要求备有消防器材和相应的安全措施，并喷有禁止烟火字样等。场(厂)内专用机动车辆因场地转移等原因需要临时上道路行驶的，应当持使用登记证和特种设备作业人员证书，接受公安交通部门的管理。

### 8.8.3 对检验周期的规定

依据《特种设备安全监察条例》、《厂内机动车辆监督检验规程》的规定，新增以及经大修或者改造场(厂)内车辆，投入使用前，应当按照规程的内容进行验收检验；在用场(厂)内专用机动车辆每年进行一次定期检验。

### 8.8.4 对作业人员资格的要求

按照国家有关规定，经特种设备安全监督管理部门考核合格，取得国家统一格式的特种作业人员证书，方可从事相应的作业(即驾驶员)。日常维修保养应当由有特种设备作业资格的人员进行；无特种设备作业资格人员的场(厂)内专用机动车辆使用单位，应当委托有取得特种设备作业资格人员的单位进行日常维修保养。特种设备作业人员证书实行复审，复审周期为 2 年。持证人员应当在复审期满 3 个月前向发证部门提出复审申请。复审不合格的，可在 2 个月内再复审一次。经复审仍不合格的，收回其特种设备作业人员证书。

### 8.8.5 对建立管理制度的要求

车辆应进行日检、月检、年度检查制度；作业人员证书年审制度；车辆日常维修的安全操作规程；车辆应配备消防设备的管理制度；意外事件和事故调查处理与奖惩制度；车辆的技术档案管理制度；应有每日用前检查，维护记录；应急救援和演练制度。

### 8.8.6 场(厂)内机动车辆的事故类型

1）运输货物引发的事故或事件

(1) 产品倾翻；

(2) 在搬运过程中发生倾翻；

(3) 制动失效；

(4) 货物下滑或物件坠落砸人；

(5) 搬运易燃易爆、有毒物质引发的事故。

2）车辆引发的事故或事件

(1) 车辆启动或行驶中撞人；

(2) 车辆燃烧；

(3) 高速行驶转弯时翻车；

(4) 制动失效；

(5) 货物散落砸伤人；

(6) 修理车辆时，未采取防护措施砸伤人或溜车压人或撞人等。

## 8.9 特种设备通用安全管理要求(表 8.8)

表 8.8 特种设备通用安全管理要求

| 序号 | 项目 | 安全管理要求 | 备注 |
| --- | --- | --- | --- |
| 1 | 制定安全生产责任制 | 主要负责人应对本单位特种设备的安全全面负责 | |
| | | 分管负责人应熟悉特种设备法律法规规定和相关安全知识，了解本单位特种设备安全状况 | |
| | | 应根据本单位实际制定各职能部门及有关人员的安全生产责任制。应包括但不限于：<br>特种设备安全管理机构(专职/兼职)及负责人职责；<br>车间、班组及负责人职责；<br>管理人员(专职/兼职)职责；<br>岗位培训教育部门安全职责；<br>档案管理部门安全管理职责；<br>特种设备作业人员岗位职责；<br>安全教育人员岗位职责；<br>特种设备安全技术档案管理人员岗位职责 | |
| 2 | 机构设置和人员配备 | 特种设备使用单位，应根据情况设置特种设备安全管理机构或者配备专职、兼职的安全管理人员。有重要特种设备应明确安全管理机构，并逐台落实安全管理责任人 | |
| | | 应根据特种设备的种类，配备特种设备作业人员 | |
| | | 特种设备作业岗位人员应年满 18 周岁，具有初中以上文化程度，身体健康，无妨碍从事本工种作业的疾病和生理缺陷 | |
| 3 | 特种作业人员持证上岗 | 特种设备作业人员应按照国家有关规定经特种设备安全监督管理部门考核合格，取得国家统一格式的特种设备作业人员证书，方可从事相应的作业或者管理工作 | |
| | | 持有《特种设备作业人员证》的人员，必须经用人单位的法定代表人(负责人)或者其授权人雇(聘)用后，方可在许可的项目范围内作业 | |
| | | 特种设备作业人员证书应按照国家规定每 2 年复审一次。使用单位应对本单位持有作业证书的人员建立档案，并按规定定期及时组织作业人员参加证件复审 | |
| 4 | 特种设备作业人员培训 | 应加强作业人员安全教育和培训，保证特种设备作业人员具备必要的特种设备安全作业知识、作业技能 | |
| | | 对在岗的作业人员应进行经常性安全生产教育培训，及时进行知识更新 | |

续表

| 序号 | 项目 | 安全管理要求 | 备注 |
|---|---|---|---|
| 5 | 特种设备规章制度 | 应根据本单位实际制定特种设备规章制度。应包括但不限于：<br>安全生产奖惩及责任追究制度；<br>安全教育、培训制度；<br>特种设备维护保养记录制度；<br>特种设备安全事故和隐患排查治理制度；<br>特种设备安全生产会议制度；<br>特种设备相关文件和记录的管理制度；<br>特种设备应急救援制度；<br>特种设备事故报告、救援、处理制度；<br>特种设备定期检验申报制度；<br>个体防护用具(品)和保健品发放管理制度；<br>安全生产投入及使用制度；<br>定期自行检查及记录制度；<br>日常使用状况及记录制度；<br>运行故障和事故记录制度；<br>安全附件、安全保护装置、测量调控装置及有关附属仪器仪表定期校验、检修及记录制度；<br>重大危险源监控及重要特种设备检测、监控、管理制度；<br>技术档案管理制度；<br>安全操作规程；<br>建立特种设备和操作人员台账制度 | |
| 6 | 文件执行和记录管理 | 特种设备岗位安全责任制度及规章制度等安全管理文件应字迹清楚，注明日期(包括修订日期)，应有编号(包括版本编号)，并保管有序且有一定的使用期限。文件的形式可以是书面的，也可以是电子化形式或其他媒体形式，具体按相关特种设备规定执行 | |
| | | 责任制和制度落实措施具体，落实情况要记录。记录应填写完整、字迹清楚，并确定记录的保存期，应以适当方式或按法规要求妥善保管，以防损坏 | |
| 7 | 使用登记变更管理 | 特种设备安全状况发生变化、长期停用、移装或者转让过户的；应在变化后30日内持有关文件向质量技术监督行政部门告知、申请办理变更、办理注册登记变更等；<br>特种设备存在严重事故隐患，无改造、维修价值，或者超过安全技术规范规定使用年限，应及时予以报废，并向质量技术监督行政部门办理注销 | |
| 8 | 对相关方的管理 | 应对从事特种设备制造、安装、改造、维修、检验检测、化学清洗、维护保养、安全评价等分包方及其作业人员是否取得国家有关法定的资格进行鉴定和判断，并选择具备资质的相关方 | |
| | | 应对特种设备制造、安装、改造、维修、检验检测、化学清洗、维护保养、安全评价等相关方的活动实施有效管理。应对相关方在本单位场所内对特种设备开展的相关活动进行监督和检查，包括其人员和作业活动 | |

续表

| 序号 | 项目 | 安全管理要求 | 备注 |
| --- | --- | --- | --- |
| 9 | 报检、定检 | 特种设备使用单位，应当按照有关要求，在安全检验合格有效期届满前一个月向特种设备检验检测机构提出定期检验申请。安全检验合格标志超过有效期的特种设备不得使用。使用电梯的定期检验周期为一年；使用起重机械的定期检验周期为一年；使用厂内机动车辆的定期检验周期为一年；气瓶定期检验资格证书有效期为五年 | |
| | | 特种设备停用一年以上，重新启用应当检测，并且检测合格后使用 | |
| | | 特种设备定检率达 100% | |
| 10 | 租赁特种设备管理 | 租赁特种设备使用的，应明确安全技术档案管理、维护保养、定期检验和隐患排查治理等方面安全责任 | |
| 11 | 重要特种设备、特种设备重大危险源、风险评价与控制 | 应确定本单位是否存在重大危险源和重要特种设备，若存在应登记建档，报质量技术监督行政部门备案 | |
| | | 应定期开展重要特种设备和特种设备重大危险源辨识，不间断地组织风险评价工作，每隔一定时间或发生重大变更时，应重新进行辨识和风险评价。确定与业务活动有关的危害、影响和隐患，并对它们进行科学的评价分析，确定最大危害程度和或能影响的最大范围，以便采取有效或适当的控制措施，从而把风险降低或控制在可以承受的程度。应针对风险评价的结果采取风险控制措施，风险控制应与风险的程度相适应。对重要特种设备和构成重大危险源的特种设备，其控制措施应充分 | |
| 12 | 应急准备与响应 | 应建立可靠的防范措施和应急预案。有特种设备重大危险源和重要特种设备的使用单位应将应急预案报质量技术监督行政部门备案 | |
| | | 应按照国家要求，建立应急救援组织和队伍；特种设备使用影响较小的单位，可以不建立应急救援组织的，应指定兼职的应急救援人员 | |
| | | 应急物资准备：准备事故或紧急情况应急所需的物资，包括通信设备和器材，安全检测仪器，消防设施、器材及材料，个人防护、照明设施，破拆工具及其他救灾物资。<br>应急资料准备：包括特种设备的技术资料、现场工艺流程图及平面示意图、现场作业人员岗位布置与名单、应急人员的联络方式和地址、生产现场承包方或供货方人员名单、质量技术监督、医疗、消防、公安等部门的电话、地址及其他联系方式等 | |
| | | 应建立内、外部应急联络渠道，包括：市质量技术监督行政部门、分包方（特种设备维护保养方）、医院、消防等部门/人员联络方式和地址、电话及其他联系方式。应保证应急救援联络的畅通 | |
| | | 应在应急预案中详细描述并规定应急的流程，包括发现或发生紧急情况时，应急的启动与恢复，各应急机构和人员的现场应急响应，以及有关方面报告的程序 | |
| | | 应对在特种设备使用中负重要职责岗位的员工进行应急培训，使其熟知岗位上可能遇到紧急情况及应采取的对策 | |
| | | 应针对特种设备应急预案定期演练，演练前应经过演练策划和批准，必要时对相关人员进行告知 | |
| | | 应针对特种设备应急预案和响应计划演习和实施过程中暴露的问题进行总结和评审，对演练规定、内容和方法进行及时修订，也应注意总结本单位及外单位的事故教训，及时修订相关的应急预案 | |

续表

| 序号 | 项目 | 安全管理要求 | 备注 |
|---|---|---|---|
| 13 | 事故处理 | 应建立事故调查处理规定，以确保能及时准确的调查、处理特种设备事故，分析发生的原因，并制定出相应的纠正和预防措施 | |
| 14 | 特种设备故障处理和隐患整改 | 应制定日常检查故障处理和隐患排查、隐患整改工作流程并建立隐患整改台账 | |
| | | 对物质技术条件暂时不具备整改的重大隐患，必须采取应急的防范措施，并纳入计划，限期解决或停产 | |
| | | 各级检查组织人员都应将检查出的隐患告知使用单位，使用单位整改情况报告检查组织，重大隐患及整改情况交本单位主管部门汇总并存档 | |

# 8.10 典型案例

## 8.10.1 聚氯乙烯聚合釜超压爆炸事故

### 8.10.1.1 情景

2008 年 3 月 6 日 22 时 20 分，某化工厂聚氯乙烯车间 2 号聚合釜开始升温，22 时 30 分压力升高至 $4.3\times10^2$kPa；22 时 36 分，压力升至 $6.0\times10^2$kPa；大约于 22 时 40 分，压力升至 $6.50\times10^2$kPa。22 时 55 分左右，脱岗的一名操作工返回岗位，误认为另一名操作工已关闭蒸汽阀门，对 2 号聚合釜运转情况并不了解。监视后，分别检查升温反应后期的 4 号聚合釜和处于升温的 3 号聚合釜的运转情况。正当操作工走向仪表时，突然听到身后有气体喷出的声音，发现氯乙烯单体从 2 号聚合釜人孔盖法兰处猛烈喷出。该操作工便欲开放空阀，但由于氯乙烯单体喷出量大，又未戴防毒面具，无法接近阀门被迫离开。伏睡在记录桌上的另一位操作工被响声惊醒后，想去处理，但也因无法接近 2 号釜，在即将起火瞬间离开岗位。

2 号釜喷出的大量气体与空气混合成爆炸性气体、被静电火花点燃，于 23 时 02 分爆炸起火。造成厂房倒塌，3 号釜由于爆炸后停水、停电，在釜内无搅拌和冷却的情况下，温度继续升高，造成压力剧增，大量聚乙烯气体从人孔盖法兰处喷出，发生第二次着火。结果事故死 2 人，1 重伤，6 轻伤，直接经济损失约 242.7 万元。

### 8.10.1.2 简析

该化工厂原有 4 台聚合釜，均是搪瓷衬里定型设备，容积为 7$m^3$，自重 8500kg。4 台釜上配套电机型号均为 IJB-21-6 型，功率 1kW，电机重量 215kg，反应釜上装有放空阀与安全阀，安全阀为 A41H-6 弹簧微启式；起跳压力为 $12\times10^2$kPa，反应釜设计压力为 $(8\pm0.2)\times10^2$kPa，温度为 $50\pm0.5$℃，1975 年投入使用。

由此原始情况和爆炸过程说明：

(1) 操作纪律松懈，违反劳动纪律。在升温关键时刻，一人脱岗，一人打瞌睡，没按操作规程及时关闭蒸汽阀，而造成釜内反应加剧，超压，单体喷出着火爆炸。

(2) 没有严格的防爆安全措施：大量氯乙烯气体以 25m/s 的速度从法兰垫片处喷出，气体与搪瓷、胶垫摩擦产生火花，点燃聚乙烯。

(3) 安全设施管理不严：事故 2 号釜，内搪瓷衬里的定型设备仅使用了 443 天，安全阀选用型号不当，选择起跳压力太大，至使超压不能起跳，导致事故扩大。

(4) 现场没有必要的安全装备：因为没有防毒面具，操作工发现泄漏，但无法前去关阀，而逃离岗位，造成事故的扩大。

#### 8.10.1.3　问题

(1) 试分析本事故的直接原因与间接原因？

(2) 该安全阀应选多大的起跳压力才合适？

(3) 如何预防这类事故发生？

### 8.10.2　擅自改试压方案　管道断裂事故

#### 8.10.2.1　情景

2006 年 11 月 16 日，某公司第一安装工程处在某公司乙烯工程空压站对氮气管线进行打压试验。管道包工组经技术负责人同意将水压试验改为气压试验，为抢工程进度，在气压试验过程中，把相同材质，相同焊接工艺，但不同压力等级(0.78MPa 和 2.94MPa)的两种管道联通试压。当系统升压至 1.96MPa 时，低压管道严重超压，阀门漏气。组长安排两名工人上去紧阀门。他俩正在 4m 高脚手架上紧阀门时(没戴安全带，低压管道的支管根部焊缝断裂，将两人带下，坠落地面，造成一人重伤，一人轻伤。

#### 8.10.2.2　简析

① 技术组长将水压试验改为气压试验后，未向技术人员交底。

② 低、中压管道应分级试压，用低压给中压管道充气打压是违反试压程序的。

③ 两名工人高处作业没戴安全带，严重违章。

④ 试压技术员现场检查不力，没有发现问题。

#### 8.10.2.3　问题

(1) 试分析事故单位的安全管理部门应负哪些责任？

(2) 谈一谈您单位安全部门对于压力容器和压力管道的气压试验是怎样实施监督的？

## 8.11　思考题

(1) 石油化工企业发生事故最多的是哪些特种设备？

(2) 石油化工企业常用的特种设备有哪些？

(3) 石油化工企业的安全处(科)长对特种设备应重点做好哪些安全监督工作？

# 第9章 防雷、防静电安全监督管理

本章重点阐述雷电、静电的产生及对石化企业电力系统、生产装置等的危害，以及需采取的防范措施及安全监督要点。

## 9.1 防雷与接地的安全监督管理

防雷是指预防雷电对人身、电气设备、输配电线路、生产装置及建筑物所产生危害的措施。

雷电按其形状可分为片形雷、线形雷和球形雷。片形雷是发生在云层和云层之间的放电现象，一般对地面并不造成危害；球形雷是个火球形的带电气团，它可以在地面滚动，也可以从门窗进入室内，与其他导体或人体发生放电，造成危害。但球形雷很少见，常见的危害最多最大的还是发生在云层和大地之间的线形雷。从危害角度考虑可分为直击雷、感应雷(包括静电感应和电磁感应)、雷电侵入波和球形雷。

### 9.1.1 雷电的破坏作用

雷电造成的危害是多方面综合性的，其破坏作用主要有以下三方面：

#### 9.1.1.1 电性质破坏

雷电产生的高达数万甚至数十万伏的冲击电压，可能损坏电气设备的绝缘，烧断导线或劈裂电杆，造成火灾、爆炸及大面积停电事故。雷云直接对人体放电以及对人体的二次放电(反击)都可能危及生命。巨大的雷电流流入地下，会在雷击点及其连接的金属部分产生极高的对地电压，可能导致接触电压或跨步电压的触电事故。

#### 9.1.1.2 热性质破坏

巨大的雷电流通过导体时，在极短的时间内产生大量的热能，造成易燃易爆物燃烧和爆炸，或者由于金属熔化、飞溅而引起火灾和爆炸事故。

#### 9.1.1.3 机械性质破坏

由于雷电的热效应，能使雷电通道中木材纤维缝隙和其他结构缝隙中的空气剧烈膨胀，同时水分及其他物质剧烈蒸发、分解为大量气体，因而在被击物体内部出现很大的压力，致使被击物遭受严重破坏或造成爆炸。

### 9.1.2 防雷与接地安全监督要点

一套完整的防雷装置包括接闪器(避雷针、避雷网、避雷带、避雷线)、避雷器及电涌保护器，以及引下线和接地装置(接地网)三部分。

根据保护的对象不同，接闪器可用避雷针、避雷线、避雷网或避雷带。避雷针主要用作露天变电所、建筑物和构筑物等的保护；避雷线主要作为电力线路的保护；避雷网和避雷带主要作为建筑物的保护；电涌保护器主要作为电子设备及通信系统的雷电浪涌过电压保护。

防雷工程设计范围主要为外部防雷装置(接闪器、引下线、接地装置等)和内部防雷装置(电源、信号线过电压保护、敷线屏蔽保护的等电位连接与合理布线等)。

接闪器又称受雷装置，是接受雷电流的金属导体，常用的有避雷针、避雷线和避雷网(带)三种类型。引下线应保证雷电流通过时不致熔化，一般用直径不小于10mm的圆钢或截面不小于80mm$^2$的扁钢制成。当采用钢筋混凝土杆、钢结构做支持物时，可利用钢筋做接地引下线。

避雷针通常采用镀锌圆钢或镀锌焊接钢管制成。针长1m以下时，圆钢直径不小于12mm，钢管直径不小于20mm；针长1~2m时，圆钢直径不小于16mm，钢管直径不小于25mm。它通常安装在钢筋水泥杆(支柱)或架构上，它的下端要经引下线与接地装置连接。

避雷线一般采用截面不小于35mm$^2$的镀锌钢绞线，架设在架空线路上面，以保护架空线路或其他物体(包括建筑物)免受雷击。避雷线的功能和原理与避雷针基本相同。

避雷带和避雷网主要用于保护高层建筑物免遭雷击。避雷带和避雷网通常采用圆钢或扁钢焊接而成，并沿房屋边缘或屋顶敷设。圆钢直径不小于8mm，扁钢截面不小于48mm$^2$，其厚度不小于4mm。当烟囱上采用避雷环时，其圆钢直径不小于12mm，扁钢截面不小于100mm$^2$，其厚度不小于4mm。

建筑物防雷类别及规范应按《建筑物防雷设计规范》(GB 50057—2010)确定。布置接闪器时，可单独或任意组合采用滚球法、避雷网，但均应使建筑物在接闪器的保护范围内。

工艺装置内露天布置的塔、容器等，当顶板厚度等于或大于4mm时，可不设避雷针、线保护，但必须设防雷接地。

可燃气体、液化烃、可燃液体的钢罐必须设防雷接地，并应符合下列规定：

(1) 甲$_B$、乙类可燃液体地上固定顶罐，当顶板厚度小于4mm时，应装设避雷针、线，其保护范围应包括整个储罐；

(2) 丙类液体储罐可不设避雷针、线，但应设防感应雷接地；

(3) 浮顶罐及内浮顶罐可不设避雷针、线，但应将浮顶与罐体用两根截面不小于25mm$^2$的软铜线作电气连接；

(4) 压力储罐不设避雷针、线，但应作接地。

可燃液体储罐的温度、液位等测量装置应采用铠装电缆或钢管配线，电缆外皮或配线钢管与罐体应作电气连接。防雷接地装置的电阻要求应按《石油库设计规范》(GB 50074)《建筑物防雷设计规范》(GB 50057)的有关规定执行。

**9.1.2.1 防雷装置检测一般要求**

(1) 投入使用后的防雷装置实行定期检测制度。防雷装置应当每年检测一次，对爆炸和火灾危险环境场所的防雷装置应当每半年检测一次。一般雷雨季节前安排一次检测。

(2) 对从事防雷装置检测的机构实行资质认定，具体办法由国务院气象主管机构另行制定。

(3) 防雷装置检测机构对防雷装置检测后，应当出具检测报告。不合格的，提出整改意见。被检测单位拒不整改或者整改不合格的，防雷装置检测机构应当报告当地气象主管机构，由当地气象主管机构依法做出处理。防雷装置检测机构应当执行国家有关标准和规范，出具的防雷装置检测报告必须真实可靠。

（4）防雷装置所有人或受托人应当指定专人负责，做好防雷装置的日常维护工作。发现防雷装置存在隐患时，应当及时采取措施进行处理。

（5）已安装防雷装置的单位或者个人应当主动委托有相应资质的防雷装置检测机构进行定期检测，并接受当地气象主管机构和当地人民政府安全生产管理部门的管理和监督检查。

### 9.1.2.2 防雷装置检测

根据防雷和所采取的防直击雷、雷电波侵入和雷电感应、高电位反击的措施，对防雷装置进行以下项目检测：

（1）首次检测时应对以下各项进行测量、计算、检测：

① 建筑物的高度及其布局；

② 建筑物的防雷类别；

③ 避雷针的高度；

④ 接闪器的保护范围；

⑤ 测量土壤电阻率；

⑥ 绘出平面图。

（2）接闪器的检测：

① 检查接闪器（包括避雷针、避雷带、避雷网、避雷线）的材料、规格及防腐措施；

② 检查接闪器的安装情况，焊接是否符合技术规范要求；

③ 检查接闪器有无折断、变形及严重锈蚀现象。

（3）引下线的检测：

① 检查引下线的材料及规格；

② 检查引下线是否垂直、牢固，是否沿最短路径接地；

③ 检查引下线距建筑物出入口或人行道之间的距离及多根引下线之间的距离；

④ 检查引下线非拐弯处是否有弯曲现象，必须弯曲处（包括避雷带）是否有直弯；

⑤ 检查引下线与接闪器及接地装置的焊接是否符合技术规范；

⑥ 检查引下线有无断裂、机械损伤及严重锈蚀现象；

⑦ 检查引下线的断接卡有无断裂、严重锈蚀及接触不良现象；

⑧ 检查明装引下线上有无装设交叉或平行的电气线路；

⑨ 检查有无因建筑物结构改造而使明装引下线直接通过室内的现象；

⑩ 检查在易受机械损坏、防人身接触的地方、地面上 1.7m 至地面下 0.3m 的一段接地线是否采取暗敷或用镀锌角钢、改性塑料或橡胶管等保护措施；

⑪ 用接地电阻仪检测各引下线的接地电阻值。

（4）接地装置的检测：

① 首次检测时，查阅图纸，检查接地装置的形式、材料及规格；

② 检查接地装置周围的土壤有无沉陷现象；

③ 检查接地装置有无断裂现象。

（5）防雷装置检测技术指标：

防雷装置检测技术指标参考（GB 21431—2008）《建筑物防雷装置检测技术规范》中建筑物的防雷措施技术指标、建筑物防直击雷装置技术指标，限于篇幅，在此不予详述。

## 9.2 防静电与接地的安全监督管理

### 9.2.1 静电的产生及特点

静电产生原因有多种，任何两种固体物质，当它们紧密接触，在接触面上就会产生电子转移现象，这是由于各种物质逸出功不同的缘故。所谓逸出功就是使电子脱离原来物质表面所需要做的功。两物质相接触，则逸出功较小的一方失去电子，逸出功较大的另一方就获得电子。物体间的电阻率均不相同，它的大小是静电能否积聚的条件，也是静电产生的条件之一。电阻率越小，导电性能越好。电阻率很小的物体即使产生静电也可以瞬时消失，不会引起危害。如汽油、苯等的电阻率较高，它们是容易带电的。原油的电阻率较低，一般没有带电问题。各类介质介电常数不同，介电常数也称电容率，是决定电容的一个主要因素。对于液体，介电常数大的一般电阻率低。静电产生的外因主要为紧密接触与分离、附着带电、感应起电。

固体带静电主要是由"紧密接触，突然分离"而产生的。

粉体产生静电是在气体输送粉体的过程中，粉体与管壁、粉体颗粒之间产生碰撞和摩擦，使粉体带上了静电。

气体也会产生静电，纯净的气体是不会产生静电的，但几乎所有气体均含有少量固态或液态物质，因此在压缩、排放、喷射气体时，在阀门、喷嘴、放空管或缝隙易产生游离的空间电荷，如果喷嘴等不接地则会带上反极性电荷。

液体产生静电与固体静电一样，液体与固体、液体与气体、液体与另一不相溶的液体之间，由于搅拌、沉淀、流动、冲击、喷射、飞溅等接触与分离的相对运动，同样会产生静电。

静电具有能量小而电压高、感应性、积聚性、空腔导体的静电屏蔽作用的特点。

### 9.2.2 静电的危害

静电危害主要发生在石油、化工、橡胶、塑料、造纸、印刷、纺织、制药、粮食加工等工业部门。或者说，静电危害主要发生在加工、储存、运输、使用高电阻材料的作业过程中。在这些作业过程中，容易产生静电带电和静电放电，所以容易造成静电危害。下面按静电危害的两个方面分别叙述。

(1) 静电放电产生火花可以引起火灾和爆炸事故。这是静电最主要和最严重的危害。也是静电防护的主要目标。

静电火灾即由于静电放电引起的火灾，静电爆炸事故即由于静电放电引起的爆炸事故。由于火灾可以引起爆炸，爆炸又往往造成火灾，而且它们的本质又都是燃烧，所以常常把二者相提并论。燃烧的条件是可燃物、助燃物和火源存在；爆炸的条件是爆炸性混合物和火源存在。可见，火灾和爆炸事故都必须有火源才能发生。静电火灾和爆炸事故的火源就是静电放电产生的静电火花。

在石油化工企业，其产品是油类及化学溶剂，如汽油、煤油、酒精、苯、甲苯等，本身都是可燃的，又很容易蒸发与空气形成爆炸性气体混合物。在这些液体的载运、输送、搅拌、过滤、注入、流出、冲洗等作业过程中很容易产生静电。当静电积累到一定程度即静电带电电荷达到足够多、电压达到足够高时，就会发生静电放电，产生火花引起火灾和爆炸。

在可燃性气体的生产、运输、储存、使用的作业过程中，也有可能产生静电火花引起火灾爆炸。如氢气、甲烷、乙炔等可燃气体高速喷射时就很容易产生静电火花引起火灾爆炸。其他气体即使是不可燃的(如水蒸气)在高速喷射时也能产生静电，如遇可燃物或爆炸性混合物也能引起火灾或爆炸。

(2) 静电放电电击人体可以造成伤害或二次事故。静电如果对人体放电，就会造成对人体电击。但一般生活中或工业生产中产生的静电电击只能造成刺激性伤害，不会造成死亡。自然界的静电放电即雷电造成的电击会造成死亡或烧伤。工业静电电压可高达几千伏至几万伏。在其他条件相同的条件下，电压越高刺激越强烈。人体受到刺激就会造成精神紧张，因而有可能导致跌倒、摔落、工作误动作等二次事故。

综上所述，静电危害有引起火灾爆炸、电击人体、影响生产和工作三个方面。其中最主要是引起火灾爆炸。这些危害会造成人员伤亡、厂房设备破坏、生产质量事故等。因此，研究静电防护对保证劳动者人身安全和保护国家财产不受损失都有着重要意义。

### 9.2.3 静电的危害控制

为了防止静电危害，首先在工艺过程、材料选择方面限制或防止静电的产生。当产生静电后，则应加速静电向大地泄漏或使其中和。所以消除静电的主要途径主要有两条：一是控制工艺过程减少静电的产生；二是创造条件加速静电泄漏或中和。

对爆炸、火灾危险场所内可能产生静电危险的设备和管道，均应采取静电接地措施。《石油化工企业设计防火规范》(GB 50160—2008)，在聚烯烃树脂处理系统、输送系统和料仓区应设置静电接地系统，不得出现不接地的孤立导体。过去聚烯烃树脂处理、输送、掺混储存系统由于静电接地系统不完善，发生过料仓静电燃爆事故。因此在物料处理系统和料仓内严禁出现不接地的孤立导体，如排风过滤器的紧固件、管道或软连接管的紧固件、振动筛的软连接、临时接料的手推车或器具等。料仓内若有金属突出物，必须作防静电处理。可燃气体、液化烃、可燃液体、可燃固体的管道在下列部位应设静电接地设施：进出装置或设施处；爆炸危险场所的边界；管道泵及泵入口永久过滤器、缓冲器等。可燃液体、液化烃的装卸栈台和码头的管道、设备、建筑物、构筑物的金属构件和铁路钢轨等(作阴极保护者除外)，均应作电气连接并接地。汽车罐车、铁路罐车和装卸栈台应设静电专用接地线。每组专设的静电接地体的接地电阻值宜小于 100Ω。除第一类防雷系统的独立避雷针装置的接地体外，其他用途的接地体，均可用于静电接地。

### 9.2.4 静电防护安全监督要点

在爆炸危险场所，首先应注意静电源，即对容易产生静电荷的地方要严格监督。如自由流体流动、搅拌、调合、过滤、喷洒、飞溅等；粉体物料的研磨、筛分、搅拌、干燥、输送等；化学纤维间的摩擦、受压、拉伸、烘干等；以及石油气体的喷射和静电感应等。监督检查这些场所的防护措施是否完善，操作程序是否得当，是否按规定操作等。

防静电接地是防静电中最基本的措施，也是消除静电危害最简单、最常用的方法。所有防静电接地必须做到：

(1) 有存在静电引爆的危险场所，所有属于静电导体的生产设备均应接地，属于静电亚导体的部件应在其上装设紧密结合的金属导体作间接接地。

(2) 接地干线与支线、干线与接地体之间的连接必须采用焊接。支线与固定设备的连接可采用焊接，也可用螺栓连接。移动设备的接地应采用螺栓连接。

(3) 接地线应无严重锈蚀和断裂现象，螺栓及垫片应接触紧密。

(4) 静电导体与大地间的总泄漏电阻值在通常情况下均不应大于10M Ω。每组专设的防静电接地体的接地电阻值一般不应大于100Ω。在山区等土壤电阻率较高的地区，其接地电阻值也不应大于1000Ω。

(5) 防静电接地应和其他接地一起，做到定期检查、定期测试，并有明显的监测点和标志。

(6) 当防静电的金属导体，已与防雷保护、电气保护接地系统有可靠的连接时，可不再另做静电接地。

静电消除器有自感应式、外接电源式、放射线式、组合式等几种。使用中的静电消除器定期检查出口电荷密度，发现有较大变化时，应及时维修。静电消除器应良好场地。

罐、容器固定设备的接地，油罐、气罐、容器除防雷接地外，还应按防静电要求进行检查。

(1)管网系统防静电接地

① 输送易燃可燃液体、气体、粉体及其混合物的管道系统，应在始端、末端通过机泵、油罐等设备有可靠的接地连接。

② 管网内的过滤器、缓冲器等应设置接地连接点。

③ 管网架空进出装置的管线，应每隔100m左右设置接地连接点。

(2) 装卸栈台，码头区的接地

① 装卸栈台、鹤管、管线、铁轨及铁路始端、末端，应连接成电气通路并接地，装油开始前必须将专用地线夹接在罐车某一指定位置上。

② 装卸栈台及油库内的铁轨除接地外，还必须采用保护接零即栈区内所有接地线均应与电气设备的零干线接在一起，以防轨——零间电位差造成危害。要做到定期检查零地线，不允许有断裂。

(3)汽车装油防静电接地

① 汽车装油台及鹤管等活动部分应接地，装油开始前必须将专用接地线夹接在汽车槽车指定位置上，接地线的安装应在槽车开盖之前，接地线的拆除应在装油操作完毕封闭罐盖，并经过规定的静置时间之后进行。

② 装油鹤管为非金属软管时应为导电耐油橡胶管，如为普通耐油橡胶管时，应在其上缠上直径不小于2mm的多股软铜线与管头和管路相连，通过管路接地。

(4) 液化气装瓶(车)的静电防护

① 液化气槽车装气时，必须按照规定安装、拆装接地线。活动软管应有导电性能，活接头应为铜质。汽车排气管必须带有火花熄灭器。

② 液化气装瓶间(棚)的地面，应铺设防静电橡胶板，皮带运输机应采用防静电橡胶皮带。轨道及管道应接地。

(5)化学纤维生产中防静电接地

① 生产装置会产生静电带电从而危害生产和使人体遭受电击。能够用接地的方法消除带静电部位的静电。

② 生产装置上的会属导体有可能产生静电和带电时，不论其体积大小，必须将它进行

接地。

③ 静电亚导体有产生静电或带电的可能时，应在其上装设紧密结合的金属导体，进行间接接地。

（6）防静电管理

① 企业应有适当的专业技术人员进行防静电管理工作，他们应掌握防静电安全技术知识，调查研究静电规律，制订、落实、实施、检查防静电规章制度和措施等。

② 企业应对本厂生产区域做好静电危险性情况的调查，结合必要的静电测量，确定重点预防部位和一般场所，制订防范措施。做好防静电的宣传教育工作，经常检查落实预防静电灾害措施的执行情况等。

③ 一旦发生静电引起的事故，应及时组织事故分析，根据“四不放过”的原则，找出事故原因，制订防范措施。尤其是通过静电引起的事故，提高广大职工对静电及其危害的认识，从而促进防静电管理工作的开展。

④ 环境中存在可燃性物质是引起爆炸着火的重要条件，而静电火花是引起爆炸着火的重要因素之一。因此必须严格控制环境中可燃性物质的浓度，使其在爆炸极限以下。

(7)在易爆危险场所工作的注意事项

① 严禁在生产场所使用塑料容器取装易燃液体，尤其在干燥天气。曾有电工在装置采样口取汽油引起静电着火的事故教训。

② 用金属制桶灌装易燃液体时，桶体、漏斗和注油管嘴必须接地。

③ 严禁在生产场所使用化纤拖布擦洗沾有易燃液体的地面、平台等。在生产场所清扫卫生也不应使用化纤拖布或化纤抹布。

④ 在特殊危险场所的操作人员，操作前应先接触安全区内接地的金属体以消除人体电荷，操作中应穿防静电鞋。

⑤ 在有可燃性物质的场所，操作人员不应穿着合成化纤服装。在生产场所禁止脱换衣服。

## 9.3 典型案例

### 9.3.1 遭雷击混凝土油罐爆炸

#### 9.3.1.1 情景

某年夏季的傍晚，天气突变，雷雨交加。某炼油厂原油罐区上空一道闪电，随即一 1000$m^3$ 混凝土原油罐因雷击爆炸着火。大火于两个半小时后扑灭。烧掉原油 734t，油罐报废，消防管线损坏，造成直接经济损失 29. 32 万元。

#### 9.3.1.2 分析

火灾前该油罐正在以 200$m^3$/h 的流量输油，相当于 230$m^3$/h 流量的空气从呼吸器进入罐区。因此，罐内空间有爆炸混合气体存在。当油罐上空有带电雷云先导作用时，在呼吸器、检尺孔、钢筋混凝土预制盖板的金属上产生异性电荷。在雷云放电后，这些感应静电要迅速放电，从而引起罐内混合气体的爆炸，继而发生油罐大火。

#### 9.3.1.3 问题

（1）该 1000$m^3$ 混凝土原油罐系统存在哪些防雷隐患？

（2）应采取哪些防范措施防止类似事故的发生？

### 9.3.2 装车起静电

#### 9.3.2.1 情景

某年12月底，某炼油厂装油台在给一台东风140型汽车槽车装0号柴油时，槽车突然发生爆炸着火。爆炸气浪将槽车项部看油位的司机掀落在地上，脸部和双手烧伤；$6m^3$的储油罐爆炸变形，并有7处破裂而报废。由于全体人员扑救及时，控制住火势，装车设备和汽车没有遭到损坏。

#### 9.3.2.2 分析

经事后调查，一致认为出事前没有任何火源，唯一的解释就是静电放电引起的爆炸着火。

经查证该车之前两天装过汽油，卸完后槽内空间的挥发汽油与空气混合，据国外资料记载，这种汽油车装柴油发生事故中静电火灾占60%。

这次事故中，静电主要是由人身带电造成的。在装油口看油位的司机，上穿羽绒服，里面穿的是毛衣，下着化纤裤和尼龙裤，已被烧焦粘在了一起。这种服装起电性能强，容易造成着火事故。

## 9.4 思考题

（1）雷电的危害是什么？

（2）静电是如何产生的？对石油化工生产有何危害？

（3）防静电的措施有哪些？

# 第 10 章　自控联锁使用安全监督管理

本章主要介绍过程控制系统、联锁保护系统及仪表设备安全管理要点。

## 10.1　过程控制系统安全监督管理

过程控制系统主要包括集散控制系统（DCS）、故障安全控制系统（FSC）、紧急停车系统（ESD）、可编程控制器（PLC）及工业控制计算机系统（IPC）等。控制系统的选型、配置，既要保证满足装置生产控制的要求，又要具有较高的技术先进性和灵活扩展性。系统运行负荷、通信能力应有足够的裕量，以适应先进控制和管控一体化发展需要。

过程控制系统安全监督管理要点：

（1）企业应建立健全控制系统运行、维护、检修等各种规程和管理制度。

（2）企业仪表设备主管部门负责或参与本企业控制系统的设计、选型、购置、安装、调试、验收等阶段的管理。

（3）控制系统的选型、配置应遵循《石油化工分散控制系统设计规范》、《油气田及管道集散型控制系统设计规范》。系统运行负荷、通信能力满足先进控制和管控一体化发展需要。

（4）控制系统机房的管理要求：

机房环境必须满足控制系统设计规定的要求。机房内消防设施应配备齐全。机房应有防小动物措施。进入机房作业人员宜采取静电释放措施，消除人身所带的静电。在装置运行期间，控制系统机房内应控制使用移动通信工具。机房内严禁带入食品、液体、易燃易爆和有毒物品等，不得在机房内堆放杂物，机柜上禁放任何物品。无关人员不得随意进入机房。

（5）控制系统的日常维护、故障处理和检修管理要求：

定时检查主机/控制器、外围设备硬件的完好或运行状况。保证环境条件满足控制系统正常运行要求；供电及接地系统符合要求；按规定周期做好设备的清洁工作。系统软件和应用软件必须有双备份，并异地妥善保管；控制系统的密码或键锁开关的钥匙要由专人保管，控制系统要设置分级管理，并执行规定范围内的操作内容；系统软件和主要应用软件修改应经使用单位主管部门批准后，方可进行；软件备份要注明软件名称、修改日期、修改人，并将有关修改设计资料存档。系统运行时出现异常或故障，维护人员应及时进行处理，并对故障现象、原因、处理方法及结果做好记录。控制系统的大修原则上随装置停工大修同步进行。控制系统的检修应按《石油化工设备维护检修规程》要求进行。

（6）严禁在控制系统上使用无关的软件，不得进行与控制系统无关的操作。控制系统与信息管理系统间应采取隔离措施，以防范外来计算机病毒侵害。

（7）已投入使用的控制系统，如需改变控制方案，或增加仪表回路，应办理审批手续。

（8）控制系统的备件管理要求：

备品配件管理要有专门的账卡。保管储存控制系统备品配件的环境，应符合要求。

在装置停工检修期间，宜对备件进行通电试验，确保其处于备用状态。企业应制定控制系统事故应急预案。控制系统出现故障时，应按事故应急预案执行。在处理控制系统重大故障时，按重大事项报告制度执行。

## 10.2 联锁保护系统安全监督管理

DCS 即集散控制系统，大体可分为现场控制站、人机接口、通信网络、通用计算机接口及通用计算机四个部分。集散控制系统的硬件通过网络系统将不同数目的现场控制站、操作站和工程师站连接起来，主要完成采集、控制、显示、操作和管理功能。

ESD 即紧急停车系统，是 20 世纪 90 年代发展起来的一种专用的安全保护设备，是独立于生产过程控制系统的用于大型装置的安全联锁保护系统。在正常情况下，实时在线监测装置的安全；当装置出现紧急情况时，直接发出保护联锁信号对工艺过程实行联锁保护或紧急停车，以避免危险扩散造成巨大损失。ESD 一般应用于安全控制要求较高的重要生产工艺场合。尤其在石油化工生产中，装置大都具有高温、高压、易燃、易爆、工艺连续性强、复杂性高、安全要求高等特点。所以，近年来 ESD 在石化企业被广泛地推广应用。由于 ESD 设计技术要求高，国内应用的 ESD 都是引进产品。

FSC 即 FAIL SAFE CONTROL——故障安全控制，它是基于微处理器、模块化、可进行软件编程和组态的系统。该系统具有安全控制、串行通信、系统诊断、故障报警、实时记录和历史记录查询等功能。其高度的自诊断功能确保 FSC 能在过程安全时间内发挥作用，保证生产装置的安全。其主要特点是：采用双重冗余技术：FSC 系统的双重冗余不同于一般的 DCS 系统，它的两个 CP 是同时独立工作的，只相互监视运行状态不进行数据交换；可实时控制，扫描时间在毫秒级；在过程安全时间间隔内进行逻辑回路故障诊断和系统自诊断。当逻辑回路的输入出现故障时，系统可外送无源接点信号启动联锁；系统本身则根据故障的不同，或停止整个中央控制单元的工作，或送出故障信号提醒维护人员处理。

### 10.2.1 联锁保护系统安全监督管理要点

（1）企业应制定联锁保护系统管理制度。联锁保护系统根据其重要性，可实行分级管理。明确相关部门的管理职责、审批权限及审批程序。

（2）联锁保护系统变更（包括设定值、联锁条件、联锁程序、联锁方式等）、解除或取消、恢复时，必须办理审批手续。解除联锁保护系统时应制订相应的防范措施及应急预案等。

（3）执行联锁保护系统的变更、临时/长期解除、取消、恢复等作业时，应办理联锁保护系统作业（工作）票，注明该作业的依据、作业执行人/监护人、执行作业内容、作业时间等。

（4）新装置或设备检修后投运前、长期解除的联锁保护系统恢复前，应对所有的联锁回路进行全面的检查和确认。对联锁回路的确认，应组织相关专业人员共同参加，检查确认后，填写联锁回路确认表。

（5）联锁保护系统所用器件（包括一次检测元件、线路和执行元件、运算单元）应随装置停工检修进行检修、校准、标定。新更换的元件、仪表、设备必须经过检验、标定之后方可装入系统。联锁保护系统检修后必须进行联校。

（6）联锁保护系统的变更、新增必须做到图纸、资料齐全。

（7）为杜绝误操作，在进行解除或恢复联锁回路的作业时，必须实行监护操作。在操作过程中应与工艺操作人员保持密切联系。处理后，必须在联锁工作票上详细记载并签字确认。

（8）联锁系统的辅操台上/盘前开关及按钮均由操作工操作；盘后/机柜内的开关及按钮均由仪表人员操作。

（9）紧急停车按钮，应设可靠的护罩。

（10）联锁保护系统应配备适量的备品配件。

（11）联锁保护系统仪表的维护和检修按《石油化工设备维护检修规程》要求进行。

（12）对装置处于正常运行状态（除装置停工大检修以外）的仪表及系统的日常校验、修理等作业时都必须办理仪表作业工作票。

（13）对在装置正常运行期间涉及仪表联锁保护系统的作业，必须执行仪表联锁管理的有关规定，办理相应的审批手续。

### 10.2.2 对在装置正常运行期间仪表联锁保护系统作业需采取的安全措施

（1）工艺部分

HSE 各项措施已明确、落实。将与作业有关的控制回路切为“手动”操作。有旁路开关的联锁保护系统，办理《仪表联锁工作票》后将旁路开关置于“旁路”位置。作业时执行机构无法操作时，需改为现场副线操作。打开工艺相关排凝阀门，排尽物料并达到拆卸仪表条件。作业时工艺人员必须在现场监护。操作人员在作业期间不得变更操作方案。操作人员在应注意观察相关参数，保证平稳操作。如介质有毒，执行公司（或厂）有关的安全措施。工艺方面的安全措施按公司（或厂）有关工艺操作规定执行。

（2）仪表部分

明确作业的工作危害和偏差，HSE 各项措施已明确、落实。对于 DCS、ESD、PLC 的系统组态修改及关键仪表回路的作业，应制订作业方案，经有关主管部门批准后实施。作业人员明确作业地点、作业内容及作业方案。对所更换的备件进行性能检测，备齐所需工具。开具作业所需的动火、停送电等相关作业票证。有旁路开关的自保仪表联锁系统，办理《仪表联锁工作票》后将旁路开关置于“旁路”位置。关闭仪表一次阀门，确认排尽物料并达到拆卸仪表条件。如介质有毒，执行公司（或厂）有关的安全措施。特殊仪表作业按特定的作业方案执行。作业人员进行组态修改等作业，在作业完成后，应向工艺交底，并做好软件备份和记录。

## 10.3 仪表设备安全监督管理

仪表设备按以下类别进行分类：

（1）常规仪表：检测仪表、显示或报警仪表、控制仪表、辅助单元、执行器及其附件等。

（2）控制系统：集散控制系统（DCS）、可编程控制系统（PLC）、机组控制系统（CCS）、工业控制计算机系统（IPC）、监控和数据采集系统（SCADA）等。

（3）联锁保护系统：紧急停车系统（ESD）、安全仪表系统（SIS）、故障安全控制系统（FSC）、安全停车系统（SSD ）、安全保护系统（SPS）、逻辑运算器 、继电器等。

(4) 分析仪表：在线分析仪表、化验室分析仪器。

(5) 安全环保仪表：可燃气体检测报警仪、有毒气体检测报警仪、氨氮分析仪、化学需氧量(COD)分析仪等。

(6) 其他仪表：振动/位移检测仪表、调速器、标准仪器、工业电视监控系统、测井仪器仪表、录井仪器仪表、试采仪器仪表、物探仪器仪表等。

## 10.3.1 常规仪表的使用、日常维护、故障处理和检修要求

(1) 仪表设备的操作及维护保养人员应经过培训，取得相应的资格证书。

(2) 放射性仪表的维护人员应接受政府主管部门的专门培训，并取得政府主管部门颁发的《辐射环境管理人员岗位培训合格证》和《辐射环境管理资格证书》，才能进行仪表的维护、检修、校准工作。维护、检修、校准放射性仪表必须指定专职维护人员，并配备必要的防护用品和监测仪器。

(3) 执行仪表设备的巡回检查制度及强制保养规定，搞好计划检修工作。备用仪表设备应处于完好状态，能随时投入使用。

(4) 仪表设备运行时出现异常或故障，维护人员应及时进行处理，并对故障现象、原因、处理方法及结果做好记录。

(5) 常规仪表校准周期原则上为所在装置大修周期，日常故障修复后必须校准，并做好校准记录，严禁使用超期未检或检定不合格的标准仪器，各种标准仪器应按有关计量法规要求进行周期检定。

(6) 在线运行的仪表设备，作业前应办理仪表作业工作票。当对参加联锁的常规仪表进行维护检修时，应按照相关要求进行。

(7) 常规仪表的检修，原则上随装置停工检修进行，在检修前应根据实际情况制定检修计划，准备必要的备品配件、检修材料、工具和标准仪器，并制定切实可行的检修网络。仪表设备根据运行状况应组织预防性检修。外委的检修项目应办理外委审批手续。

(8) 仪表设备检修按《石油化工设备维护检修规程》要求进行，在每个检修周期内，应进行校准或检查确认。

(9) 仪表设备校准后应进行回路试验及联校，参加联锁的仪表还应进行联锁回路的调试和确认。

(10) 仪表设备的变更应经审批后方可执行。

## 10.3.2 在线分析仪表样品处理系统的日常维护和检修管理要求

(1) 企业应建立健全在线分析仪表样品处理系统的维护、检修规程。

(2) 执行样品处理系统定期检查制度，定时对样品处理系统进行检查。

(3) 样品处理系统运行时出现异常或故障，维护人员应及时进行处理，并对故障现象、原因、处理方法及结果做好记录。

(4) 样品处理系统的维护、检修应根据《石油化工设备维护检修规程》及样品处理系统说明书的要求进行。

(5) 装置停工检修时，应对在线分析仪表的样品处理系统进行全面彻底的清洗和系统调试、诊断、维护。

(6) 在线分析仪表停用应经审批后方可执行。

### 10.3.3 可燃、有毒气体检测报警仪

对于具有 HSE 潜在风险的工艺过程来说，在项目的设计中，一般从以下几个方面开始着手来降低可能发生的事故风险：工艺技术的选择；厂址选择；有害物料的存储量以及工厂布置。在项目的工程设计中，通过尽量减少有害物料的存储量；合理连接管道及冷换设备以防止反应性物料的返混；选择厚壁的可耐高压的容器；选用操作温度低于工艺物料分解温度的热媒，等等，都可以降低生产操作风险。总之，精心设计工艺流程，确定生产工艺参数，辨识工艺设计潜在的隐患，采取适宜的控制与管理措施，是减低装置事故风险，保证设计本质安全的关键。在大多数石油化工工艺过程中，为保证生产安全，常采用复合保护措施方案，即综合运用基本工艺控制系统、监测报警系统、操作人员应急控制、SIS 安全仪表系统、安全泄放系统、隔离防护措施、项目事故应急措施，每个保护措施都是由一组设备或/和管理控制单元组成的，这些设备和单元能与其他保护措施一起，完成控制和减缓过程风险的任务。因此，可燃气体和有毒气体检测报警系统是安全生产控制过程中的一个重要环节，设计良好的可燃气体和有毒气体检测报警系统是保证安全生产的重要措施之一。

#### 10.3.3.1 可燃、有毒气体检测报警仪设置一般规定

（1）在生产或使用可燃气体及有毒气体的工艺装置和储运设施的区域内，对可能发生可燃气体和有毒气体的泄漏进行检测时，应按下列规定设置可燃气体检(探)测器和有毒气体(探)检测器：

① 可燃气体或含有有毒气体的可燃气体泄漏时，可燃气体浓度可能达到 25%爆炸下限，但有毒气体不能达到最高容许浓度时，应设置可燃气体检(探)测器；

② 有毒气体或含有可燃气体的有毒气体泄漏时，有毒气体浓度可能达到最高容许浓度，但可燃气体浓度不能达到 25%爆炸下限，应设置有毒气体检(探)测器；

③ 可燃气体与有毒气体同时存在的场所，可燃气体浓度可能达到 25%爆炸下限，有毒气体也可能达到最高容许浓度时，应分别设置可燃气体检(探)测器和有毒气体(探)检测器；

④ 同一种气体，既属可燃气体又属有毒气体时，应只设置有毒气体(探)检测器。

（2）工艺有特殊需要或在正常运行时人员不得进入的危险场所，宜对可燃气体和/或有毒气体释放源进行连续检测、指示、报警，并对报警进行记录或打印。通常情况下，工艺装置或储运设施的控制室、现场操作室是操作人员常驻和能够采取措施的场所。

（3）现场发生可燃气体和有毒气体泄漏事故时，报警信号发送至操作人员常驻的控制室、现场操作室等进行报警，有利于控制室、现场操作室的操作人员及时采取措施。当现场仅只需要布置数量有限的可燃和/或有毒气体检(探)测器时，在不影响现场报警效果的条件下，现场警报器可与可燃及有毒气体报警器探头合体设置。当现场需要布置数量众多的可燃和/或有毒气体检(探)测器，此时现场报警器应与可燃及有毒气体检(探)测器分离设置，并根据现场情况，提出声光警示要求，分区布置。为了提示现场工作人员，现场报警器常选用声级为 105dB(A)的音响器，在高噪声区以及生产现场主要出入口处，通常还设立旋光报警灯。

（4）可燃气体检(探)测器必须取得国家指定机构或其授权检验单位的计量器具制造认证、防爆性能认证和消防认证。国家法规有要求的有毒气体检(探)测器必须取得国家指定机构或其授权检验单位的计量器具制造认证。防爆型有毒气体检(探)测器还应经国家指定机构或其授权检验单位的防爆性能认证。目前，《强制检定的工作计量器具目录》中所列的必须经国家计量器具制造认证的有毒气体检测器只有二氧化硫、硫化氢、一氧化碳等几种产

品。对于国家法规要求进行检测的有毒气体而言，并非所有的有毒气体检测器都须经国家指定机构及授权检验单位的计量器具制造认证。

(5) 设置可燃气体或有毒气体检(探)测器的场所，应采用固定式检(探)测器。固定式可燃及有毒气体报警器指在现场长期固定安装的气体检测装置；移动式可燃及有毒气体报警仪指能从一处移动到另一处，并可以在现场短期固定安装的气体检测报警装置；便携式可燃及有毒气体报警仪指可以随身携带并在携带过程中完成检测报警任务的气体检测报警装置。对于一些不具备设置固定式可燃气体或有毒气体检(探)测器的场所，如：环境湿度过高；环境温度过低；或在正常情况下视为非爆炸或无毒区，生产检修时可能为爆炸或有毒危险区等，受检测产品的性能所限，通常可以安装移动式可燃气体或有毒气体检测报警器，以确保生产和维护的安全需要。

(6) 可燃气体和有毒气体检测报警系统宜独立设置。

(7) 根据生产装置或生产场所的工艺介质的易燃易爆特性及毒性，应配备便携式可燃和/或有毒气体检测报警器。

(8) 现场固定安装的可燃气体及有毒气体检测报警系统，宜采用不间断电源(UPS)供电。分散或独立的有毒及易燃易爆品的经营设施，如加油站、加气站等，检测报警系统可采用普通电源供电。

(9) 检(探)测点的确定、可燃气体和有毒气体检测报警系统技术要求、检(探)测器和指示报警设备的安装要求详见《石油化工可燃气体和有毒气体检测报警设计规范》(GB 50493—2009)。

#### 10.3.3.2 可燃、有毒气体检测报警仪安全监督

(1) 检测器为隔爆型时，不得在超出规定的条件范围下使用；在仪表通电情况下，严禁拆卸检测器。

(2) 定时巡回检查，检查指示、报警是否工作正常，检查检测器是否意外进水。

(3) 根据环境条件和仪表工作状况，定期试验检测报警仪是否工作正常。

(4) 可燃、有毒气体检测报警仪维护和检修按《石油化工设备维护检修规程》执行。

(5) 可燃、有毒气体检测报警器的新增、移位、停运、拆除应经审批后方可执行。

### 10.3.4 仪表电源、气源安全监督要点

#### 10.3.4.1 仪表电源管理要求

(1) 定期对供电系统的各部位进行巡回检查，发现问题及时分析处理。

(2) 对并联使用的电源箱，在线检查其运行及负载状况，在硬件条件具备时，应设置电源故障报警功能。

(3) 供电系统中的开关、电源分配器、供电端子排的标识必须准确清晰。

(4) 严禁仪表电源向非仪表负载供电；严禁在仪表电源上搭接临时负载。

(5) 控制系统及联锁保护系统供电应采用双路独立供电方式，其中至少一路采用 UPS 电源。

(6) 机柜的照明及辅助用电，应引入第三路电源供电。

#### 10.3.4.2 仪表气源管理要求

(1) 仪表气源专线专用，净化后的气体中不应含有易燃、易爆、有毒、有害及腐蚀性气体(或蒸汽)。在操作压力下的气源露点，应比工作环境或历史上当地年极端最低温度至少

低 10℃。

（2）控制室内应设供气系统压力的监视与报警。

（3）定期对供气系统（风罐、阀门、管线、过滤器、减压阀、压力表等）检查。

（4）定期对在用的过滤器进行排空（视仪表供气品质及安装地点可适当增加排空次数），定期对装置最低点处的排污阀进行排空。

## 10.4 典型案例——操作处置不当，造成锅炉保护动作，给煤机跳闸

### 10.4.1 情景

某站副操作工监盘发现 DCS 系统报警，点击查看为 1A、1B 给煤机跳闸，随即点开锅炉给煤机系统图，发现 1C 给煤机运行，出口插板门为运行状态，遂立即加大 1C 给煤机的给焦量，同时在 DCS 上手动打开 1B 给煤机出口插板门，启动 1B 给煤机，并增加给焦量。与此同时，立即到现场检查确认，发现 1C 给煤机虽然仍在运行，但 1C 给煤机出口插板门已关闭。此时锅炉的负荷从 195 t/h 迅速下降至 138 t/h，床温迅速下降，当班人员立即启动 1# CFB 炉的启动燃烧器和风道燃烧器以维持锅炉负荷，但随后由于锅炉床温下降至 600℃以下，启动燃烧器和风道燃烧器联锁同时停运，1B 给煤机再次联跳，锅炉自动进行吹扫，后再次投运启动燃烧器和风道燃烧器，由于床温低于投焦条件，未再次启动给煤机，最终锅炉负荷下降至 44 t/h，主蒸汽母管压力降至 7.0MPa。

### 10.4.2 简析

（1）在停运 1B 一次风机的过程中，联锁临时解除不彻底（“风箱内一次风压力”联锁也应解除），操作处置不当，风箱内一次风压力瞬间降低，造成锅炉保护动作，给煤机跳闸，这是造成此次事故的直接原因。

（2）锅炉给煤机跳闸后，1C 给煤机出口插板门开关信号出现问题，造成 1C 给煤机仍在运行的假象，给煤机联锁跳闸后，风烟系统手动调整来不及，引起床温迅速下降，导致锅炉负荷急剧下滑，这是造成此次事故的两个重要原因。

### 10.4.3 事故教训及防范措施

（1）加强联锁管理，特别是运行人员的联锁操作管理，严格履行审批手续。

（2）进一步加强事故应急预案、联锁保护等方面内容的培训，进一步提高各级人员的技术素质和事故处理能力。

## 10.5 思考题

（1）你单位仪表联锁保护系统及过程控制系统是如何构成的？哪些元件故障率较高？

（2）可燃、有毒气体检测报警仪的日常维护、故障处理及检修管理要求有哪些？

# 第11章 职业卫生监督管理

本章主要介绍了职业卫生的基本概念，石油化工生产过程和劳动过程中的职业性有害因素，预防并治理职业危害的防护设施，防护方法，防护用品管理等内容。

通过学习，应明确本单位存在的主要有害因素及其对人体的危害，并能提出治理措施。根据国家规定和企业实际，发放个体防护用品，妥善处理职业病，认真执行国家《职业病防治法》(2011 修订)及其相关配套规定，开展职业卫生工作，对职业卫生工作做到规范化管理。

## 11.1 职业卫生概述

世界卫生组织与国际劳工组织给职业卫生的定义是："职业卫生的目的是促进和保持所有作业工人身体、精神和社会活动的最高健康水平，预防工作环境对工人健康的影响，保护工人不受工作中有害因素的危害，改造职业环境并使之保持适合工人的生理和心理状况。总之，使每项工作适合于工人，也使每个工人适应其工作。"因此，简单地说，职业卫生的工作目的就是保护劳动者身心健康。世界卫生组织给予健康下的正式定义是："健康是指生理、心理及社会适应三个方面全部良好的一种状况，而不仅仅是指没有生病或者体质健壮"。HSE 第一个英文字母就是健康。

1994 年 10 月在北京召开的世界卫生组织(WHO)职业卫生合作会议通过了"人人享有职业卫生(Occupational Health for All)"的宣言。

1999 年国际劳工组织第 87 届年会提出了"有尊严的工作(decent work)"的概念。

## 11.2 职业卫生管理的法律、法规及标准

(1) 职业卫生管理的法律

《中华人民共和国职业病防治法》2011 年 12 月 31 日(主席令第 52 号)，修订后共七章九十条，分总则、前期预防、劳动过程中的预防与管理、职业病诊断与职业病病人保障、监督检查、法律责任和附则。

(2) 职业卫生监督管理规定

除了《中华人民共和国职业病防治法》以外，与职业卫生有关的法律法规还有《中华人民共和国劳动合同法》、《女职工劳动保护特别规定》等。

自国家安全生产监督局接管职业卫生之后出台了一系列职业卫生监督管理规定。《工作场所职业卫生监督管理规定 47 号令》、《职业病危害项目申报办法 48 号令》、《用人单位职业健康监护监督管理办法 49 号令》、《职业卫生技术服务机构监督管理暂行办法 50 号令》、《建设项目职业卫生"三同时"监督管理暂行办法 51 号令》。

(3) 职业病防治法相关配套法规、标准

为了使我国《职业病防治法》得到正确顺利的贯彻执行，在正式颁布《职业病防治法》后，

国务院及卫生部相继颁布了一系列的职业病防治法的相关配套法规，从 GBZ 1 到目前的 GBZ 241—2012。这些相关配套法规，以职业病防治法为依据，从多方面对职业病防治法中的条款进行明确的规定。

①《工业企业设计卫生标准》(GBZ 1—2010)中规定了工业企业的选址与整体布局、防尘、毒、寒、暑、噪声、振动、非电离辐射、电离辐射，生产辅助用室等方面的内容，适用于建设项目职业卫生设计与评价。

②《工作场所有害因素职业接触限值 第 1 部分 化学有害因素》(GBZ 2.1—2007)中规定了 339 种工作场所空气中有毒物质容许浓度，分为：MAC(最高允许浓度)、PC-TWA(时间加权平均容许浓度)、PC-STEL(短时间加权平均容许浓度)，47 种工作场所空气中粉尘容许浓度以及 2 种生物的卫生限值。

③《工作场所有害因素职业接触限值　第 2 部分：物理因素》(GBZ 2.2—2007)中规定了物理(包括噪声、高频、微博、高温等)的卫生限值。

④ 职业病诊断标准共计 110 项，每一个标准都包括诊断原则、分级标准、治疗原则、劳动能力鉴定、职业禁忌症等部分。

⑤《工作场所职业病危害警示标识》(GBZ 158—2003)规定了在工作场所设置的可以使劳动者对职业病危害产生警觉，并采取相应防护措施的图形标识、警示线、警示语句和文字。

⑥《高毒物品目录》(2003 版)中颁布了 54 种高毒物品，特指广泛生产和使用的化学物质中，引起工人患职业病、皮癌、职业中毒、神经损伤等疾病危险性大的化学物质。此外还有《工业企业职工听力保护规范》、《职业病目录》、《职业病危害因素分类目录》、《建设项目职业病危害评价规范》、《使用有毒有害物品作业场所劳动保护条例》、《职业健康监护技术规范》(GBZ 188—2014)等。

(4)集团公司职业卫生管理规定

为了贯彻落实《职业病防治法》及配套法规标准，实行 HSE 一体化管理，集团公司先后制定了《中国石化职业卫生管理规定》、《中国石化职业卫生管理工作考核规定》、《中国石化职工听力保护管理规定》、《高毒物品防护管理规定》、《中国石化硫化氢防护安全管理规定》、《中国石化血吸虫病预防及控制管理规定》、《中国石化劳动保护费用及个体劳动防护用品管理规定》等。结合石化特点制定了《中国石化职业卫生技术规范》(2009)、《中国石化苯防护管理规定》、《承包商职业卫生管理规定》等。要求“企业职业卫生工作实行一把手负总责”，安全环保部门应设立职业卫生管理岗位，保留职业卫生职防机构。提出：“在岗职工急性职业病发病率控制在 0.1‰以下；杜绝一次 3 人以上的急性职业中毒事故；杜绝职业病死亡事故”的三个目标。建立、健全“四档”(职业卫生档案、职业健康监护档案、个体防护用品领用档案、职工健康教育档案)，“四率”(职业卫生监测覆盖率 100%；职业卫生监测合格率>95%；职业性健康检查受检率 100%；职业卫生“三同时”审查率 100%；职业病危害告知率 100%)达标。

## 11.3 石油化工的职业危害因素

### 11.3.1 职业性有害因素分类

职业危害：存在于特定工作场所或者与特定职业相伴随，对从事该职业活动的劳动者可能造成健康损害或者影响的各种危害。职业危害因素包括：工作场所中存在的各种有害的化学、物理、生物等环境因素及其他职业有害因素。

职业性有害因素按其来源和性质可分三类，即：生产过程中的有害因素；劳动过程中的有害因素；生产环境不良的有害因素。

#### 11.3.1.1 生产过程中的有害因素

石油化工生产中最常见的职业性危害因素包括：

(1) 化学因素

它是目前引起职业病最为多见的职业性有害因素，系指各种有害的化学物质，可来源于原料、辅助原料、成品、中间体、副产品、夹杂物、添加剂、废弃物等。

化学因素包括生产性毒物和生产性粉尘，生产性毒物是生产过程中形成或应用的各种对人体有害的物质。职业性接触毒物危害程度分为四个等级：Ⅰ级(极度危害)毒物，如苯、氯乙烯、氰化物等；Ⅱ级(高度危害)毒物，如硫化氢、氟化氢、铅等；Ⅲ级(中度危害)毒物，如苯乙烯、二甲基甲酰胺、苯酚等；Ⅳ级(轻度危害)毒物，如溶剂汽油、丙酮等。

生产性粉尘，如矽尘、煤尘、石棉尘、金属粉尘、有机粉尘等。

(2) 物理因素

包括不良气象条件(如高温、高湿、高气压、低气压、热辐射、严寒等)；生产性噪声、振动；电离辐射(如γ射线、X射线等)；非电离辐射(如紫外线、红外线、高频电磁场、微波、激光等)。

(3) 生物因素

主要是指细菌、寄生虫或病毒所引起的与职业有关的某些疾病，如布氏杆菌病、森林脑炎、炭疽等。

#### 11.3.1.2 劳动过程中的有害因素

劳动组织和制度不合理，如劳动时间过长，劳动休息制度不健全；劳动强度过大或作业的安排与劳动者的生理状态不适应；长时间处于不良体位或作单调重复动作；人体个别器官或系统过度紧张等。

#### 11.3.1.3 生产环境不良的有害因素

生产环境分为自然环境及人工环境。生产场所设计不符合卫生标准和要求(如厂房狭小、车间布局不合理等)；缺乏必要的卫生技术设施(如通风、照明)；缺乏防尘、防毒、防暑降温等设备或设备不完善；其他安全防护和个人防护用品不足或有缺陷等。

### 11.3.2 职业性损害

职业性有害因素对人体造成的职业性损害，包括职业相关性疾病(即职业性多发病，非职业因素直接引起、是间接作用的后果)和职业病。

职业性有害因素对人体造成不良的影响，必须具备一定的条件，主要是有害因素的浓度或强度、人体接触有害因素的机会和程度、个体因素和环境因素等综合因素作用的结果。当有害因素作用不大时，人体的反应处在生理变动允许的范围内，人体可自我调节，如作用超过一定的限度，并持续一定时间，对机体会产生不同的后果。由于有害因素降低身体对一般疾病的抵抗能力，表现为患病率增加或病情加重，如：长期吸入一定量的一氧化碳可致神经和心血管系统损害称为职业相关性病(职业性多发病)；当职业性有害因素剂量大，作用时间长，可造成急慢性职业中毒(职业病)。

### 11.3.3　职业禁忌

因接触某种职业危害因素而使病情加重或因对某种职业危害因素敏感而容易发生职业病，导致人体不适合从事某种职业的疾病或生理状态。如苯作业的职业禁忌、血液病、严重皮肤病。

## 11.4　预防职业危害的措施

### 11.4.1　组织措施

根据国家规定的办法、条例和卫生标准等，结合本单位的具体情况，有领导、有计划、有重点地开展工作；结合劳动过程中的职业性有害因素，制定安全制度、操作规程及有关防护办法；同时，组织必要的安全卫生培训与宣传，加强职业卫生检查，切实做到安全生产、文明生产。

### 11.4.2　卫生技术措施

在预防职业危害的措施中，卫生技术措施很重要，在某种程度上是具有根本性的措施，必须加强工艺改革和技术革新。

（1）改革工艺

从工艺上改革，去除或控制生产中的有害因素是比较有效的预防办法。如用无毒代替有毒，用低毒代高毒，用机械遥控操作代替人工操作等。

（2）隔离操作

对产生尘毒等有害因素的设备或作业，应采用自动化、机械化、密闭化，用隔离操作的预防办法，使污染源不扩大。对某些设备要加强密闭，防止发生跑冒滴漏现象。

（3）通风排毒

发生尘毒的场所，还应设有通风装置，排除尘毒。对排除的尘毒，须经净化，中和或过滤，防止周围环境受污染。有高温热辐射的场所要做好隔热及通风降温，一切通风设置事先须合理设计，经常维修。

### 11.4.3　卫生保健措施

（1）做好个体防护

正确使用个体防护用品，是预防职业危害的主要措施。个人防护用品可以分为防护头盔、防护面罩、防护眼镜、护耳器、呼吸防护器、防护服、防护鞋、皮肤防护用品、防坠落用具等九大类。

为防止毒物从皮肤侵入人体，要穿用具有不同性能的工作服、工作鞋、防护镜等；对裸露皮肤，应按所接触的不同性质的物质采用合适的保护油膏或清洁剂。

为防止毒物从呼吸道侵入人体，应使用呼吸防护器，如过滤式防毒呼吸器，隔离式防毒呼吸器等。

在特别容易发生事故的岗位，要配备专用的防护用品、必要的救护设施，训练劳动者自救互救，以减少伤害。

对于急性事故，在伤员抢救告一段落后，要召集有关人员进行专题总结，分析事故原因，吸取教训，制定防护措施。

（2）职业性健康监护

为全面掌握职工健康状况，必须建立职业医学监护档案。做好职工岗前体检、在岗、离岗体检以及应急体检，以完善健康监护信息系统。健康检查的目的在于分析职业病和与生产性有害因素有关的多发病的发病原因，并进行动态观察，为职业病的诊断与修订卫生标准提供参考依据。

（3）职业危害因素的监测

定期和经常性地对生产环境的职业危害因素进行监测，可及时发现和查明有害因素污染环境的原因、程度和变化规律，以便采取有效的防护措施。例如，对生产环境中的尘毒等有害因素进行定点定期监测，可了解其是否符合国家规定的卫生标准，分析其分布、危害程度以及防护设备的防护效果。另外，对新化学物质还要研究其毒性和监测方法，加强防护。

（4）卫生宣传教育

广泛宣传国家、地方政府和集团公司职业卫生制度、规范、普及职业卫生与职业危害因素的预防知识，使职工养成良好的职业安全卫生习惯。

例如，按照集团公司《放射防护管理规定》，在装有放射性同位素的生产场所和施工工地，要划出一定范围的放射防护区，并设置放射性危险标志，严禁无关人员进入放射防护区，必要时设专人警戒。在施工现场进行放射线探伤时，在可能受到射线照射的范围内，应提前通知周围人员暂时躲避，透射人员也要根据情况采取必要的防护措施。

## 11.5 作业场所职业危害因素监测

### 11.5.1 有害因素的职业接触限值

MAC，PC-STEL，PC-TWA 标准是国际多数国家表示接触限值的方法，根据化学物特性把职业接触限值分为三类，即

*MAC*：最高容许浓度；

*PC-TWA*：时间加权平均容许浓度；

*PC-STEL*：短时间接触容许浓度。

对毒作用主要为刺激、腐蚀、麻醉、窒息的化学毒物，如甲醛、氯气、硫化氢等，只规定了 *MAC*。对进入体内有多种毒作用、代谢复杂和有蓄积作用的毒物，规定了 *PC-TWA* 及 *PC-STEL*，有利于限制总的接触剂量和短时间接触剂量。

标准的三类职业接触限值任何一个都不应超过。

*MAC* 是针对刺激、腐蚀、麻醉、窒息及引起急性中毒的化学物制订的，如超标而不予重视，轻则影响工人操作情绪和反应能力，易造成工伤事故及影响产品质量，重则发生急性中毒。

*PC-TWA* 是从较长远角度考虑不得超过的限值。如果超过，日积月累，必造成后患。*PC-TWA* 是以接触时间为权数 8 小时工作日的平均接触容许浓度，以每周工作 5 天为基础。对累积作用较强的毒物，如果每天工作大于 8 小时，每周工作 6 天；或劳动强度很大，虽然监测中浓度未超标，但工人实际吸收的毒物剂量可能已超量，在评价工人实际接触水平时需

注意。

*PC-STEL* 是与 *PC-TWA* 同时使用的限值，是后者的补充。若 *PC-TWA* 不超标，*PC-STEL* 是以不致造成刺激、慢性或不可逆组织损伤或轻度麻醉而引起事故增加、削弱自救能力及劳动能力的明显下降为依据，因此 *PC-STEL* 也是不能超标的。*PC-STEL* 是 15min 时间加权平均浓度，每天接触不得超过 4 次，每次接触的间隔至少为 60min。

《工作场所有害因素职业接触限值 第 1 部分 化学有害因素》(GBZ 2.1—2007)中规定了 339 种工作场所空气中有毒物质容许浓度，分为：*MAC*(最高允许浓度)、*PC-TWA*(时间加权平均容许浓度)、*PC-STEL*(短时间加权平均容许浓度)，47 种工作场所空气中粉尘容许浓度以及 2 种生物的卫生限值。

作业场所物理因素是指作业场所的气象条件、局部振动、激光、微波、噪声、超高频辐射等。作业场所物理因素的容许接触限值见《工作场所有害因素职业接触限值 第 2 部分：物理因素》(GBZ 2.2—2007)。

### 11.5.2 作业场所监测

作业场所监测是指在生产过程中，对职工易接触职业危害因素的作业场所进行的定时、定点监测。

石化企业有害因素的职业卫生监测，是职业卫生工作的重要内容之一。其主要任务是了解生产环境中尘毒及其他各种职业性危害因素的污染程度，正确评价防尘防毒技术措施和其他防护措施的效果，为不断改善劳动条件保护职工身体健康提供科学依据。

对作业场所职业性危害因素进行监测要以集团公司《职业卫生技术规范》为依据。制定有害因素监测频率要依据集团公司文件、国家标准或职业病诊断标准。

### 11.5.3 有害因素的监测频率

制定有害因素监测频率的主要因素是作业场所空气中毒物浓度的监测；作业场所空气中粉尘浓度的监测；作业场所环境物理因素强度的监测，即高温、噪声、高频、微波、射线等强度的测定；接触有毒物质劳动者的生物材料的监测；职业卫生防护设施效果的鉴定和评价。

### 11.5.4 工作程序

#### 11.5.4.1 监测点的选择原则

总的原则是：有岗必设点、有点必监测、监测结果危害告知(凡是有毒有害岗位必须设立监测点，凡是有监测点的地方必须监测，监测结果实行危害告知)。

具体要按生产环境、生产过程、劳动过程中危害因素种类、性质、逸散情况、职工接触方式、程度和接触时间等合理布置监测点。

(1) 具有代表性：原则上在工人经常操作的地方或巡回路线上设置若干点。采集毒物及粉尘的采集器放置高度应在工人的呼吸带，立体操作监测点高度通常为 1.5m，而坐位、蹲位及其他特殊体位时，采集器高度应根据具体情况而定。

(2) 监测点的设置还可根据特定的目的：如需了解整个生产装置有害因素的分布时，可将装置划分成若干区域监测。若需了解扬尘、扬毒的浓度时，可在尘源、尘毒处设置监测点。若需了解影响范围，则应在离有害因素发生源的不同距离、不同方向上分设监测点。对发生急性中毒的场所，应及时予以监测。

(3) 对职业卫生防护措施进行卫生学效果鉴定的评价，根据情况确定监测点，但在改进前后监测点应尽可能一致。监测点确定后应绘制平面图和监测点登记表，应设有标志牌，统一编号并定期公布监测结果。

#### 11.5.4.2 设点原则

(1) 设点前须深入现场，了解生产环境，生产过程中存在职业因素种类、性质、逸散情况、职工接触方式、程度及各作业点的接触时间等，以便正确认定作业点，合理地选定监测点。

(2) 作业点的认可，监测点的确定，必须由安全部门、职防机构、监测人员、车间技术人员共同完成。监测点的变更、取消，均需经本企业职业卫生主管部门审核、认可。

#### 11.5.4.3 监测周期

(1) 毒物监测应在建立毒物档案的基础上首先确定作业场所空气中毒物监测的品种。监测周期：高毒物每月一次；一般毒物每季一次。

(2) 粉尘监测周期每半年一次。

有毒粉尘应视为毒物，并按毒物的要求进行监测。

(3) 物理性有害因素，按国标执行。如噪声每半年测一次。高温每年在夏季6~9月中最热的一个月，下午2~4点监测，且要在不同时间监测三次。具体请见集团公司《职业卫生技术规范》。

注：

① 不合格点：超过国家卫生标准(一个点同时测几种毒物，有一种不合格，该点为不合格)。

② 凡是存在职业危害因素的岗位，至少设一个点。这里说的岗位是指作业地点，不是人力资源部门设的岗位。

③ 集团公司规定，每季度按时报告监测报表报集团公司职防中心，违者或迟报要扣分，影响HSE先进单位的评比。

## 11.6 职业健康监护

职业性健康监护的目的是以预防为主，运用现代医学手段，通过对监护人群长期、系统、连续地医学观察，早期检测特定作业条件下群体健康状况及个体健康损害性质、程度、发展规律，发现和识别新职业危害，评价干预措施效果；与环境监测结果配合分析，可了解接触水平(剂量)—反应关系，为制定职业危害防治对策提供科学依据。健康监护一般通过就业前和定期健康检查，及早发现职业性病损和亚临床变化。职业性健康检查与一般体格检查不同，除一般的常规医学检查外，还应有与所接触职业有害因素有关的检查内容(包括实验室检验项目)、疾病登记和健康评定。

职业性健康监护工作政策性、科学性、技术性强，是一项长期、艰巨的系统性、综合性工作，因此，应对所有操作实行规范化、信息化管理。

### 11.6.1 职业性健康检查

《职业病防治法》规定，对从事接触职业病危害作业的劳动者，用人单位应当组织上岗前、在岗期间和离岗时的职业健康检查。这种检查应当针对作业的特点，检查结果如实告知劳动者。职业健康检查应由省级以上人民政府卫生行政部门批准的医疗卫生机构承担。对检查的结果要做评价，疑似职业病者须做进一步明确诊断。健康监护费用在生产成本中列支。依法承担职业性健康检查的医疗卫生机构要实施质量管理监督，保证工作质量。

#### 11.6.1.1 上岗前的健康检查

上岗前检查的目的在于发现受检者的职业禁忌，以判断其是否适合从事该项工作；另外，获得就业前健康状况的基础资料，建立或更新个人健康档案，分清法律责任，供今后随访观察、对比使用。

用人单位根据《职业健康监护管理办法》(国家安全生产监督总局令 49 号)的规定，用人单位应当组织接触职业病危害因素的劳动者进行上岗前职业健康检查；不得安排未经上岗前职业健康检查的劳动者从事接触职业病危害因素的作业；不得安排有职业禁忌的劳动者从事其所禁忌的作业；用人单位不得安排未成年工从事接触职业病危害的作业；不得安排孕期、哺乳期的女职工从事对本人和胎儿、婴儿有危害的作业。

#### 11.6.1.2 在岗期间的健康检查

在岗期间的健康检查是按接触职业性有害因素的性质、程度，每隔一定时间，对作业工人健康状况进行常规的或有针对性内容的检查。目的在于早期发现职业性有害因素对机体健康的影响，及时诊断和处理职业病，检出易感人群。定期检查属于第二级预防，是健康监护的重要内容。通常选用特异性和敏感性较多的指标。检查方法应有足够的敏感性、特异性，无副作用，易被检查，易被接受，有一致性、准确性、可重复性、经费合理。

《职业健康监护管理办法》规定用人单位应当组织接触职业病危害因素的劳动者进行定期职业健康检查；发现职业禁忌或者有与所从事职业相关的健康损害的劳动者，应及时调离原工作岗位，并妥善安置；对需要复查和医学观察的劳动者，应当按照体检机构要求的时间，安排其复查和医学观察。

#### 11.6.1.3 离岗时的健康检查

用人单位在与劳动者解除或终止劳动合同前，或者用人单位发生分立、合并、解散、破产等情形的，应对劳动者进行离岗前的职业健康检查，并按照国家有关规定妥善安置职业病病人。

其目的在于对劳动者离岗时的整体健康状况进行一次评估，初步判断工作期间职业有害因素对其健康有无损害，了解健康损害可能的原因，分清责任，为以后的诊断、治疗和可能出现的职业病诊断纠纷提供参考依据。

用人单位对未进行离岗时职业健康检查的劳动者，不得解除或终止与其订立的劳动合同。

#### 11.6.1.4 应急的健康检查

指对遭受或者可能遭受急性职业病危害的劳动者，及时组织进行的健康检查和医学观察。其目的在于早期发现职业损伤，早期治疗，防止损伤的进一步发展。

#### 11.6.1.5 健康状况分析

职工健康监护资料须及时整理、分析、评价及反馈。使之成为开展职业卫生工作的依据。评价方法分为个体评价和群体评价。个体评价反映接触量及对健康的影响，群体评价包括作业环境中有害因素强度范围、接触水平及机体的效应等。

分析评价时常用的反映职业性危害情况的指标有发病率、患病率、疾病构成比、平均发病工龄、平均病程期限、病死率、病伤缺勤率等。

通过分析，可以发现对工人健康和出勤率影响较大的疾病及其所在部门、工种，从而探索原因，采取相应防护措施。

#### 11.6.1.6 职业健康检查管理

（1）劳动者接受职业健康检查应当视同正常出勤。职业健康检查和医学观察的费用，应当由用人单位承担。

（2）用人单位应当于30天内从体检机构取得反馈信息，包括：

① 受检者个体健康评定；

② 受检单位群体健康水平评定；并及时将取得职业健康检查结果如实告知劳动者；

③ 用人单位对疑似职业病病人应当按规定向所在地卫生行政部门和集团公司职防中心报告，并按照体检机构的要求安排其进行职业病诊断或者医学观察；

④ 用人单位应当建立职业健康监护档案，并按规定妥善保存职业健康监护档案；

⑤ 劳动者有权查阅、复印其本人职业健康监护档案。劳动者离开用人单位时，有权索取本人健康监护档案复印件；用人单位应当如实、无偿提供，并在所提供的复印件上签章；

⑥ 按统计年度汇总职业健康检查结果，将汇总材料和患有职业禁忌证的劳动者名单报告用人单位、集团公司职防中心及当地职业卫生主管部门，有条件时结合生产环境测定进行分析，并将信息反馈给有关部门，促进预防和管理。

### 11.6.2 职业健康监护档案

按照《职业病防治法》，用人单位应当为劳动者建立职业健康监护档案。

#### 11.6.2.1 主要内容

（1）劳动者的既往病史、职业史、职业病危害接触史。

（2）相应作业场所职业病危害因素监测结果。

（3）职业健康检查结果及处理情况。

（4）职业病诊疗等劳动者健康资料。

#### 11.6.2.2 职业健康监护档案的格式

参见集团公司《职业卫生技术规范》(2009)。

#### 11.6.2.3 职业健康监护档案的保存

职业健康监护档案是职业病诊断鉴定重要依据之一，也是有关案件审理的重要物证。因此，内容必须连续、动态、准确、完整、简要。

劳动者有权查阅、复印其本人职业健康监护档案。劳动者离开用人单位时，有权索取本人健康监护档案复印件；用人单位应当如实、无偿提供，并在所提供的复印件上签章。

用人单位应当按规定妥善保存职业健康监护档案。其保存期应视具体情况而定。接触矽尘和致癌物作业的职工，其档案应保存至职工离职后30年，放射工作人员的档案应保存至职工离职后20年，其他职工的档案应保存至离职后5年，在职期间死亡职工的档案应永久保存。因破产、兼并原因终止经营活动的用人单位，其职业健康监护档案按国家档案管理有关规定处理，不得自行转让、销毁。

### 11.6.3 职业病管理

职业病指劳动者在工作及其他职业活动中因接触职业危害因素而引起的并列入国家公布的职业病的名单的疾病。

职业病管理涉及一系列有关工伤保险的法律、法规，关系到国家、用人单位和劳动者三方的利益，是一项政策性很强的工作，因此它有别于一般临床疾病的诊断。国家对从事职业病诊断的机构和人员都有一套严格的审查、认定和管理制度。

#### 11.6.3.1 职业病诊断

（1）按照《职业病防治法》，职业病诊断由省级以上人民政府卫生行政部门批准的医疗机构承担。

（2）职业病诊断标准和职业病诊断鉴定办法以及职业病伤残等级鉴定办法由国务院卫生行政部门及劳动保障行政部门制定。

（3）职业病诊断原则：

① 职业病的诊断遵循综合分析，集体诊断的原则。即：应在全面掌握材料的基础上，由3名以上取得职业病诊断资格的执业医师综合分析后集体做出诊断，共同签署证明书，并加盖机构审核章，证明书一式三份，劳动者、用人单位及诊断机构存档各一份。

② 职业病诊断资料有：

a. 职业史；

b. 职业病危害接触史和现场危害检测与评价情况；

c. 临床表现及辅助检查结果；

d. 排除其他致病因素所致类似疾病。

对不能确诊的疑似职业病病人，可经必要的医学检查或住院治疗后，再做出诊断。

#### 11.6.3.2 职业病诊断程序

（1）申请：劳动者或用人单位可以在劳动者居住地或用人单位所在地向依法承担职业病诊断的医疗卫生机构提出职业病诊断的申请，并由用人单位提交如下材料：

① 职业史、既往史；

② 职业健康监护档案复印件；

③ 职业健康检查结果；

④ 工作场所历年职业病危害因素检测、评价资料；

⑤ 诊断机构要求提供的其他必须的有关材料。

（2）资料审查：承担职业病诊断的医疗卫生机构对申请职业病诊断者所提供的资料进行审查：资料齐全的予以受理，资料不全的，通知申请人提交所缺资料，没有职业病危害接触史或者健康检查没有发现异常的，诊断机构可以不予受理。

（3）现场调查取证及临床观察：于受理之日起60日内组织鉴定。职业病诊断、鉴定费用由用人单位承担。由承担职业病诊断的医疗卫生机构进行。

#### 11.6.3.3 职业病报告

（1）报告途径

用人单位发现职业病病人或疑似职业病病人时，应当向所在地卫生行政部门报告；确认为职业病的，还应向所在地劳动保障行政部门报告。职业病病人和疑似病人，均同时向集团公司职防中心报告。

（2）报告的时限要求

① 三个以上急性职业中毒或发生死亡的急性职业病应立即电话报告；发生三人以下的急性职业病应在12~24小时内电话报告或用《职业病报告卡》报告；非急性职业病如尘肺病、慢性职业中毒和其他慢性职业病以及死亡患者应在15日内报告，并填报《职业病报告卡》或

《尘肺病报告卡》;

② 其他健康监护资料上报按集团公司规定执行。

#### 11.6.3.4 职业病诊断争议

当事人对职业病诊断有异议，可于接到诊断之日起 30 日内，向诊断机构所在地区的市级卫生行政部门申请鉴定。

当事人对此鉴定结论不服的，在接到职业病诊断鉴定书之日起 15 日内，可以向原鉴定机构所在地省级卫生行政部门申请再鉴定。

#### 11.6.3.5 职业病患者处理

(1) 安排职业病人治疗、康复和定期检查;

(2) 将不宜从事原工作的职业病人调离岗位，妥善安置;

(3) 职业病人的诊疗、康复费用，伤残及丧失劳动能力的职业病人的社会保障按国家有关工伤社会保险的规定执行。

### 11.6.4 法律责任

《职业病防治法》规定，发生以下情况，将受到包括警告、限期改正、罚款、降级、撤职、开除等不同程度的处理:

(1) 未组织职业健康检查、未建立职业健康监护档案或者未将检查结果如实告知劳动者;

(2) 安排未经职业健康检查的劳动者从事接触职业病危害的作业;

(3) 安排未成年工从事接触职业病危害的作业;

(4) 安排孕期、哺乳期女职工从事对本人和胎儿、婴儿有危害作业;

(5) 安排有职业禁忌的劳动者从事所禁忌的作业;

(6) 医疗卫生机构未经批准擅自从事职业健康检查;

(7) 未报告职业病、疑似职业病;

(8) 出具虚假证明文件。

## 11.7 职业危害因素的控制

### 11.7.1 职业危害因素的控制

职业危害因素的控制是“三级预防”中的第一级预防，旨在从根本上消除和控制职业病危害的发生，达到“本质安全”的目的，因此必须采取各种有效措施，保证目标的实现。

职业危害因素的控制应采取综合措施:

(1) 首先要依靠立法管理，严格执行“职业病防治法”和国家、地方、集团公司颁布的有关法规条例，根据企业情况制定制度和管理规程，实行监督管理，以保证控制措施的建立。

(2) 在新、改、扩建和技术引进、技术改造的建设项目中，必须将控制职业危害因素的措施列入规划，与主体工程同时设计、施工、投产使用(三同时)。

(3) 采取有效的工艺技术措施，将有害因素尽可能消除和控制在工艺流程和生产设备中，做到清洁生产。

(4) 对目前技术和经济条件尚不能完全控制的职业危害，要采取有针对性的卫生保健和个人防护措施，制定各项安全操作规程和职业安全卫生管理制度，加强安全卫生教育。

(5) 生产中使用的有毒原辅材料，应按照规定申报、登记、注册，详细记录该物质的标识、理化性质、毒性、危害、防护措施、急救预案等。

(6) 生产过程中的职业危害和防护要求应告知接触者，提高自身保护能力。

(7) 为劳动者创造安全舒适的作业环境，减少心理紧张和生理损害。

## 11.7.2 卫生工程技术和通排风

### 11.7.2.1 卫生工程技术

(1) 工艺改革

用无毒或低毒物质取代高毒物质：如用 MTBE 或 MMT 代替四乙基铅作汽油添加剂；将汞差压计改成气动(电动)差压计、热电偶或热敏电阻温度计等替代水银温度计等。

采用生产过程中不产生尘毒物质的工艺流程：如用氢气作触媒代替铁粉还原法生产苯胺，消除了含大量硝基苯、胺基苯的铁泥废渣；用斜孔精馏分离代替结晶法分离邻位和对位硝基氯苯，减少跑冒滴漏产生的硝基苯危害。

(2) 生产设备的密闭化

密闭是防止尘、毒外泄的有效措施，投料、粉碎、搅拌、出料、输送、包装等应尽可能密闭，并使之保持负压状态。如润滑油白土精制时，用白土槽罐车负压密闭投料代替袋装白土投料，减少白土尘的外逸；用含氟橡胶等新型密封机械材料作机械密封代替填料函密封，减少转动设备的跑漏。

(3) 隔离操作和自动控制

隔离操作就是把操作工与生产设备隔离开。如将产生毒害严重的设备放置在隔离室内，用抽排风使之保持负压状态，使尘毒不能外溢；或是把仪表、自控系统放在隔离室内送风保持正压，使尘毒不能进入。新近投产的企业多数已实现了远程自动程序控制，减少了有害因素的危害。

(4) 湿式作业

在生产工艺允许的情况下，湿式作业是经济有效的防尘措施，如煤尘的控制等。

(5) 控制噪声

主要采取吸声、消声、隔声、减振和阻尼等措施。

(6) 防暑降温

隔热是热辐射防护的主要措施，可用水和导热系数小的材料等；防太阳辐射可用石棉瓦屋顶、空心砖墙、空气层屋顶等。通风降温也是控制高温的有效措施。

### 11.7.2.2 工业通风

通风是控制工业有害物、防尘、防毒、防暑降温的主要技术措施，主要作用在于把生产活动中污染的空气排出，把清洁空气送入，以保证劳动者生产环境所需的劳动条件合乎要求，保护劳动者身体健康。

通风按工作动力可分为机械通风、自然通风；按组织换气原则可分为全面通风、局部通风、混合通风。

局部排风系统由吸风(吸尘或吸气)罩、风道、除尘或净化设备和风机组成，每一部分设计、选型正确合理与否，均会影响系统的效果。

(1) 吸风罩

① 在不影响操作与检修情况下，尽量密闭；

② 尽量设置在尘毒发生源处，减少开口面积，控制尘毒扩散；

③ 形状和大小应有利于尘捕集，罩口面积不小于扩散区水平面积；

④ 吸入风流一般与扩散方向一致，避免污染物通过个人呼吸区；

⑤ 吸风罩排气应均匀；

⑥ 吸尘罩的结构、材料、控制风速与吸风罩不同：材料稍厚、容积加大、增设灰斗、清灰口、分离器，必要时加防腐层，控制风速较大。

(2) 风道

① 不得将混合后能引起爆炸的物质联成一个系统；

② 不同目的的排气不能联成一个系统；

③ 与工艺和建筑配合，缩短管线，少占空间，便于安装检修；

④ 考虑防爆要求，使管道中可燃物限制在爆炸浓度以下，采用防爆风机等防火、防爆措施；

⑤ 防风道应防止堵塞：采用圆形截面风道，垂直或倾斜安装(>50°)，水平风道不宜过长、保持足够流速、设清灰孔，最小直径大于100mm；

⑥ 必要时采取防腐措施；

⑦ 保持支风道间阻力平衡，吸尘(毒)点不宜过多；

⑧ 减少风道阻力：弯头曲率半径应稍大($R=1.5\sim2.0D$)，避免直角连接；变径管用渐扩或渐缩部件；三通管连接不能用T形管；风机出口弯头避用反向连接。

(3) 风机

轴流风机适用于所需风量大，系统阻力较小时。离心式风机适用于所需风量较小，系统阻力较大场合。

(4) 除尘器、净化器

含尘毒的空气应通过净化处理或回收、综合利用，净化后排出的气体必须符合国家废气排放标准要求。除尘、净化器选择标准，参考处理物质、生产工艺等而定。

## 11.7.3 个体防护用品

个体防护用品(Personal Protective Equipment，PPE)是指作业者在工作过程中为免遭或减轻事故伤害和职业危害，个人随身穿(佩)戴的用品。在工作环境中尚不可能消除或有效减轻职业有害因素和可能存在的事故因素时，这是主要的防护措施，属于预防职业性有害因素综合措施中的第一级预防。一般而言，个体防护用品可以分为防护头盔、防护面罩、防护眼镜、护耳器、呼吸防护器、防护服、防护鞋、皮肤防护用品、防坠落用具九大类。近些年来，随着防护技术的发展，研制出了一些多功能或复合防护用品。

### 11.7.3.1 头部防护

在作业现场，为防止意外重物坠落击伤、生产中不慎撞伤头部，或防止有害物质污染，工人应佩戴安全防护头盔。防护头盔多用合成树脂类如改性聚乙烯和聚苯乙烯树脂聚碳酸脂、玻璃纤维增强树脂橡胶等制成。我国国家标准GB2811—2007对安全头盔的形式、颜色、耐冲击、耐燃烧、耐低温、绝缘性等技术性能有专门规定。根据用途，防护头盔可分为单纯式和组合式两类。单纯式有一般炼化企业工人用于防重物坠落砸伤头部的合成树脂类安全帽。机械、纺织等企业防污染用的以棉布或合成纤维制成有舌帽类亦为单纯式。组合式的有：①电焊工安全防护帽，防护帽和电焊工用面罩连为一体，起到保护头部和眼睛的作用。②防尘防噪声安全帽，为安全防尘帽上加上防噪声耳罩，防护面罩、防护眼镜。

#### 11.7.3.2　听力保护

在工作过程中，各种有害噪声，损害人体听力使人耳聋，长时间在噪声环境下工作，除了产生听力损伤以外，会产生如下系统的改变：神经系统产生耳鸣、头痛、失眠、多梦、乏力、记忆力减退等神经衰弱综合症，产生紧张、忧虑、愤怒和疲劳。心血管系统表现为心电图 ST 段和 T 波呈缺血性变化，血压不稳趋向升高。对女性的月经以及妊娠期胎儿的智力、听觉发育有影响。对心理方面的影响主要表现在，长期在噪声环境下工作的职工心理卫生状况不佳，对立、抑郁、敏感倾向增高，幻想倾向者增多。降低劳动生产率，影响人的正常生活。在无法从工艺上改变设备噪声情况下，除了减少接触时间，作业工人必须佩戴听力保护器(耳罩或耳塞)，防止听觉造成损害。

防噪声用具，能够防止过量的声能侵入外耳道，使人耳避免噪声的过度刺激，见表 11.1 减少听力损伤，预防噪声对人身引起的不良影响的个体防护用品。常用为三种：

**表 11.1　耳塞平均降噪数值**

| 频率/Hz | 125 | 250 | 500 | 1000 | 2000 | 3150 | 4000 | 6300 | 8000 | NRR |
|---|---|---|---|---|---|---|---|---|---|---|
| 真耳降噪值/dB | 33.9 | 37.7 | 39.8 | 38.5 | 37.0 | 41.9 | 42.7 | 45.5 | 44.6 | 29dB |
| 标准偏差/dB | 4.7 | 5.5 | 5.6 | 4.8 | 3.1 | 3.8 | 3.4 | 4.0 | 3.4 | |

(1) 耳塞

为插入外耳道内或置于外耳道口的一种栓，常用材料为塑料和橡胶。按结构外形和材料分为塔形塑料耳塞、圆柱形慢回弹泡沫塑料耳塞和硅橡胶圣诞树型耳塞。对耳塞的要求为：应有不同规格的适合于各人外耳道的构型，隔声性能好、佩戴舒适、易佩戴和取出，又不易滑脱，易清洗、消毒、不变形等。对于长期在噪声环境下工作的应当用易清洗的硅橡圣诞树型耳塞。圣诞树型耳塞可清洗，重复使用。细绳柔软、防缠绕，防止耳塞丢失。外来人员或者临时需要进入噪声作业场所的人员则可以佩戴一次性慢回弹耳塞。

使用寿命：当发现耳塞出现破损和脏污迹象，应废弃，更换新耳塞。应遵照当地的适用的法规废弃。

应根据所暴露的噪声值选择具有足够降噪值的护耳器。对于现场噪声>100dB 的作业环境，如磨煤机、罗茨风机应当佩戴耳罩。

(2) 耳罩

常以塑料制成呈矩形杯碗状，内具泡沫或海绵垫层，覆盖于双耳，两杯碗间连以富有弹性的头架适度紧夹于头部，可调节，无明显压痛，舒适。要求其隔音性能好，耳罩壳体的低限共振率愈低，防声效果愈好。

(3) 防噪声帽盔

能覆盖大部分头部，以防强烈噪声经骨传导而达内耳，有软式和硬式两种。软式质轻，导热系数小，声衰减量为 24dB。缺点是不通风。硬式为塑料硬壳，声衰减量可达30~50dB。

对防噪声用具的选用，应考虑作业环境中噪声的强度和性质，以及各种防噪声用具衰减噪声的性能。各种防噪声用具都有适用范围，选用时应认真按照说明书使用，以达到最佳防护效果。

#### 11.7.3.3　呼吸防护器

包括防尘口罩、防毒口罩、防毒面具等，根据结构和作用原理，可分为过滤式和隔离式呼吸防护器两大类。见表11.2。

表11.2　常用防毒滤料及其防护对象

| 防护对象 | 滤料名称 | 防护对象 | 滤料名称 |
|---|---|---|---|
| 有机化合物蒸气 | 活性炭 | 一氧化碳 | “霍布卡” |
| 酸雾 | 钠碳 | 汞 | 含碘活性炭 |
| 氨 | 硫酸铜 | | |

#### 11.7.3.4　防护服

防护服包括帽、衣、裤、围裙、套裙、鞋罩等，有防止或减轻热辐射、X射线、微波辐射和化学物污染机体的作用。

防化学污染物的服装、微波屏蔽服、防尘服。

#### 11.7.3.5　防护鞋

用于保护足部免受伤害。目前主要产品有防砸、绝缘、防静电、耐酸碱、耐油、防滑鞋等。

#### 11.7.3.6　皮肤防护用品

主要指防护手和前臂皮肤污染的手套和膏膜。

#### 11.7.3.7　防坠落用具

防坠落用品是防止人体从高处坠落，通过绳带，将高处作业者的身体系接于固定物体、或在作业场所的边沿下方张网，以防不慎坠落，这类用品主要有安全带和安全网两种。

## 11.8　建设项目的职业卫生管理

建设项目的职业卫生管理，是指建设单位根据国家有关法律、法规、卫生标准和技术规范要求，配合卫生行政部门对新建、扩建、改建建设项目及技术改造、技术引进项目(统称建设项目)可能产生的职业病危害，进行的全过程(包括可行性研究、初步设计、施工设计、施工过程及竣工验收诸阶段)的预防性职业卫生监督。建设项目的预防性职业卫生管理是企业落实职业卫生“前期预防”的重要内容，是贯彻“本质安全”的主要措施。

国家对建设项目的预防性卫生监督的法律、法规、标准很多，截至2012年2月，已颁布的有：

(1)《中华人民共和国劳动法》，1994年7月5日公布，1995年1月1日施行。第五十三条规定：“劳动安全卫生设施必须符合国家规定的标准。新建、改建、扩建工程的劳动安全卫生设施必须与主体工程同时设计、同时施工、同时投入生产和使用”。

(2)《中华人民共和国职业病防治法》，2011年12月31日修订。该法于2001年10月27日公布，自2002年5月1日起施行。该法第十四条至十八条对职业病危害项目申报、建设项目职业病危害预评价、职业病危害控制效果评价、职业病防护设施所需费用开支渠道及与主体工程的“三同时”、进行两个评价的机构及放射、高毒等作业特殊管理等方面作出了明确的规定。

(3)《中华人民共和国尘肺病防治条例》，1987 年 12 月 3 日发布并施行。该条例第十三条对建设项目中有粉尘作业的职业卫生管理作出了明确的规定。

(4)《放射性同位素与射线装置安全和防护条例》，2005 年 12 月 1 日起施行。该条例第六条对建设项目中放射工作场所的职业卫生管理作出了明确的规定。

(5)《中华人民共和国使用有毒有害物品作业场所劳动保护条例》，2002 年 5 月施行。该条例第十三条对可能产生职业危害的建设项目职业卫生管理作出了明确的规定。

(6)《职业病危害项目申报管理办法》，2002 年 3 月 28 日发布，自 2002 年 5 月 1 日期施行。该条例第四条第三款规定："新建、改建、扩建、技术改造、技术引进项目，应当在竣工验收之日起 30 日内申报职业病危害项目。"目前，国家安全生产监督管理局已经接受申报工作。颁布了《职业病危害项目申报办法 48 号令》取代了该文。

(7)《建设项目职业病危害分类管理办法》(卫生部 49 号令)，2006 年 6 月 15 日发布，自 2006 年 6 月 1 日起施行。该办法共三十四条，对建设项目职业病危害的分类、卫生审核、审查、验收及职业卫生服务机构的分类管理、职业病危害预评价、卫生审核时限、建设项目有关情况变更的职业卫生管理、职业病危害控制效果评价、卫生验收的资料及时限、分期建设项目的职业卫生管理及法律责任作出了具体的规定。

国家安全生产监督总局接管职业卫生三同时工作之后，颁布了《建设项目职业卫生"三同时"监督管理暂行办法 51 号令》取代了卫生部 49 号令。

(8)《建设项目职业病危害评价规范》，2002 年 3 月 21 日由卫生部下发执行，分为总则、职业病危害预评价、建设项目职业病危害控制效果评价及附件 1——职业病危害预评价程序图、附件 2——主要评价标准、附件 3——建设项目职业病危害预评价报告书格式、附件 4——建设项目职业病危害控制效果评价测试点设置原则、附件 5——建设项目职业病危害控制效果评价报告书格式，共 8 个部分。2012 年之后，由国家安全生产监督总局出台文件替代。

(9)《工业企业设计卫生标准》(GBZ 1—2007)，2002 年 4 月 8 日发布，2007 年修订，2010 年 8 月实施。该标准分为范围、规范性引用文件、总则选址与总体布局、工作场所基本卫生要求、辅助用室基本卫生要求、应急救援及附录 A(本标准用词说明)、附录 B(体力劳动强度分级方法)等 9 个部分。

(10)《工作场所有害因素职业接触限值》(GBZ 2.1—2007)，2002 年 4 月 8 日发布，2002 年 6 月 1 日起实施。2007 年重新修订。

### 11.8.1 建设项目分类

国家对职业病危害建设项目实行分类管理。对可能产生职业病危害的建设项目分为职业病危害轻微、职业病危害一般和职业病危害严重三类。

(1) 严重职业病危害的建设项目

有下列情形之一的可属于此类：

①《高毒物品目录》所列化学因素；

② 石棉纤维粉尘、含游离二氧化硅 10%以上粉尘；

③ 放射性因素：核设施、辐照加工设备、加速器、放射治疗装置、工业探伤机、油田测井装置、甲级开放型放射性同位素工作场所和放射性物质储存库等装置或场所；

④ 卫生部规定的其他应列入严重职业病危害因素范围的。

(2)一般职业病危害的建设项目

上述情况以外的属此类。

### 11.8.2 建设项目职业病危害的评价与审核

(1) 一般职业病危害的建设项目：应当进行可行性论证阶段职业病危害的预评价卫生审核、竣工验收时职业病危害控制效果评价、及职业病防护设施的卫生验收。

(2) 严重职业病危害的建设项目：除上项规定外，还须进行设计阶段的防护设施卫生审查。

#### 11.8.2.1 审核单位

(1) 国家安全生产监督管理负责下列建设项目的卫生审核、审查和验收：

① 国务院及其职能部门审批的国家重点建设项目；

② 核设施等特殊性质的建设项目；

③ 需要国家安全生产监督管理局管理的其他建设项目。

(2) 其他建设项目的卫生审核、审查和验收，由省级安全生产监督管理部门根据本地区的实际情况规定。

#### 11.8.2.2 评价的承担单位

职业病危害预评价、职业病危害控制效果评价应当由依法取得资质的职业卫生技术服务机构承担。安全生产监督管理局审核、审查和验收的建设项目，其职业危害预评价和职业病危害控制效果评价由取得甲级资质的职业卫生服务机构承担。未经资质认证或资质级别不够的职业卫生服务机构所进行的评价无效，还要依法受到处罚。

#### 11.8.2.3 建设单位应做的工作

(1) 可行性论证阶段

建设单位在可行性论证阶段完成建设项目职业病危害预评价报告后，向安全生产监督管理部门提出申请，并提交以下资料：

① 建设项目职业病危害预评价报告；

② 建设项目的可行性论证报告(含职业卫生专篇)。

按照国家规定，不需进行可行性论证的建设项目，应在开工前提交职业病危害预评价报告。未提交职业病危害预评价报告或者职业病危害预评价报告未经安全生产监督管理部门审核同意的，有关部门不得批准建设项目。未获批准，建设单位擅自开工的将依法受到处罚。

(2) 建设项目设计阶段

可能产生严重职业病危害的建设项目，建设单位应当向原审核职业病危害预评价的安全生产监督管理部门申请职业病防护设施设计卫生审查，并提交以下材料：

① 职业病危害预评价报告及审核意见；

② 建设项目设计资料(含职业卫生篇章)。

其职业病防护设施设计未经审查或审查不合格的，不得施工。建设单位擅自施工的将依法受到处罚。防护设施如有变更，需重新评价与审核。

(3) 建设项目主体工程完工后试生产阶段

此阶段要求与主体工程配套建设的职业病防护设施必须与主体工程同时投入试运行。否则将受到处罚。

（4）建设项目竣工验收阶段

建设项目竣工后，建设单位应当对建设项目进行职业病危害控制效果评价。需要进行试生产的建设项目，在试运行期间应当对职业病防护设施运行情况和工作场所职业病危害因素进行监测，并在试运行6个月内进行职业病危害控制效果评价。

建设项目职业病危害控制效果评价报告应当包括以下内容：

① 建设项目概况；

② 职业病危害控制效果评价的依据、范围和内容；

③ 试运行情况；

④ 建设项目存在的职业病危害因素及危害的程度；

⑤ 职业病防护设施的运行情况及效果；

⑥ 评价结论。

建设项目竣工验收时，应当向安全生产监督管理部门申请职业病防护设施验收，并提交以下资料：

① 建设项目竣工验收报告；

② 职业病危害控制效果评价报告。

建设项目未经验收或验收不合格的，不得投入生产或使用。如果擅自投入使用，处以罚款，情节严重的，或责令停止产生职业病危害的作业，或者提请有关部门按照国务院规定的权限责令关闭。

## 11.9 职业卫生档案

建立健全职业卫生档案是用人单位职业卫生管理的一项重要内容。完善的职业卫生档案有助于用人单位全面掌握本单位的职业卫生资料信息，指导职业卫生工作，掌握和提供第一手资料，为作业环境评价、职业病诊断、职业病危害因素控制、加强职业安全卫生监督管理提供可靠依据。根据《中华人民共和国职业病防治法》第十九条“用人单位应当建立、健全职业卫生档案”。集团公司将职业卫生档案列入“四档”之中，进行考核。

### 11.9.1 档案的基本内容

根据石化企业的特点，集团公司《职业卫生技术规范》(2009年版)有详细的规定。主要分为公司/总厂和车间两级职业卫生档案。档案内容涵盖了企业职业卫生所有基础工作，详见集团公司《职业卫生技术规范》(2009年版)。

### 11.9.2 档案管理和考核

职业卫生档案应按照集团公司的要求建立。职业卫生档案可以由企业职业卫生技术人员指导、协助，由职业卫生管理部门建立。职业卫生档案各项内容应真实可靠。各级职业卫生档案应设专人管理，并有专室专柜存放；职业卫生档案只能由有关人员因工作需要按档案管理规定查阅，其他人员无权随意查阅。

职业卫生档案每年度复核一次，当人员、生产工艺等有较大变化，或有新增的内容时，应随时更新档案内容；检测结果、检测评价报告及检测汇总表，体检结果及结果评价、结果处理在每阶段工作完成后，资料及时加入职业卫生档案中；职业卫生档案为永久性保存。

集团公司对职业卫生工作的考核标准里提出：职业卫生档案必须实行计算机管理。由集团公司职防中心组织开发的《职业卫生计算机管理系统》软件里面建立了所有的职业卫生档案所需要的各类表格，自1987年开始一直在企业广泛应用，系统软件经常年不断维护升级，目前已经从开始的DOS版本升级到现在的B/S模式的网络版本。

## 11.10 集团公司职业卫生管理工作考核规定

集团公司对职业卫生专业管理提出了标准和要求，使职业卫生专项管理及检查较为系统、全面、规范。其检查项目、检查内容、检查方法及依据见集团公司“职业卫生管理工作考核规定”。

## 11.11 案例分析

### 11.11.1 排液不当，造成硫化氢中毒重大事故

#### 11.11.1.1 情景

某公司催化裂化装置精制工段酸性水系统停车，对各有关管线进行防冻排液处理防冻。按规定应将酸性水泵向汽提塔进料阀打开排液。操作人员未关管线上的阀门，就打开泵出口阀和排凝阀排液，排放过程中又无人进行监护。在进料管线内酸性水排放完后，汽提塔内压力为0.24MPa，浓度为67%的硫化氢气体经过进料管线从酸性水泵的排凝阀处排出，迅速弥漫整个泵房。此时，在该公司泵房更衣室的4名劳务女工，准备打扫泵房卫生，一出来，就被硫化氢气体熏倒，立即中毒窒息倒地，最远的离更衣室门3m，最近的离门仅1.5m。9时25分，被人发现，立即抢救，抢救中又有9人不同程度的硫化氢中毒，4名劳务女工经抢救无效死亡。

#### 11.11.1.2 简析

造成这一起13人硫化氢中毒，其中死亡4人重大事故的原因如下：

（1）当班操作人员在脱水排液时，未将酸性水泵向汽提塔进料管线上的阀门关闭，致使大量硫化氢排入泵房，这是事故的直接原因。

（2）执行操作纪律不严格。排液过程中，对有关阀门的开关没有进行认真检查和确认，又不设人监护。

（3）工艺管理松懈，流程不合理。酸性水系统硫化氢气体排放火炬管线长期未能恢复使用，致使系统有问题时，硫化氢气体只好从酸性水中排出，且酸性水就地排入地沟，没有封闭。

（4）该车间违背公司规定，自行决定在正常生产过程中，让未受过专业安全培训，又无炼油安全生产知识的家属工进泵打扫卫生；将泵房内的岗位操作间改做劳务人员休息室，室内门窗密闭；家属工在事故发生时，毫无自救能力。

#### 11.11.1.3 问题

（1）硫化氢气体具有何种毒性？何种特点？

（2）当工作场所硫化氢的浓度大于10mg/m$^3$时，应使用哪种气防器具？

（3）在中毒窒息事故抢救中，如何避免扩大伤亡事故？

### 11.11.2 噪声监测、体检问题

#### 11.11.2.1 情景

某公司按“有岗必设点，有点必监测，监测结果危害告知”的原则，对全公司噪声作业场所(>85dB，作业工人经常停留的地方)设置了噪声监测点，并且按照规定半年监测一次，监测结果挂牌告知。监测点标志牌上书写内容如下：

在罗茨风机、磨煤机等特别“吵”的岗位，监测点标志牌上的内容如表 11.3 和表 11.4 所示：

**表 11.3 职业病危害因素监测点标志牌 1**

| 职业病危害因素监测点 |
| --- |
| 危害因素：噪声<br>卫生限值：85dB(A)<br>监测结果：90dB(A) |

**表 11.4 职业病危害因素监测点标志牌 2**

| 职业病危害因素监测点 |
| --- |
| 危害因素：噪声<br>卫生限值：115dB(A)<br>监测结果：109dB(A) |

同时，按规定公司每年都要组织接触噪声的作业工人进行职业健康检查，检查项目以电测听为主，工人因为多数住在市里，所以基本上都是在下了夜班之后直接去职防所体检。经查，公司接触噪声的作业工人 30% 以上听力损伤。公司十分着急，组织听力损伤的工人第二次去市里职防院进行复查，工人下夜班后公司派车集中送市里复查，结果还是有 30% 的听力损伤。安全环保处伤透了脑筋。

职工说：“牌子上写的清清楚楚，标准 85，实测 90，那就是超标嘛。”“在超标岗位工作，听力肯定要损伤的。”

问车间主任：为什么不给工人配发耳塞？回答：“我的工人在作业现场靠看，靠闻，靠听，你把他耳朵堵上了，万一设备有问题，他听不见，出了生产事故怎么办？”

#### 11.11.2.2 简析

(1) 噪声岗位卫生限值的确定

工作场所操作人员每天连续接触噪声 8 小时，噪声声级卫生限值为 85dB(A)。见表 11.5 对于操作人员每天接触噪声不足 8 小时的场合，可根据实际接触噪声的时间，按接触时间减半，噪声声级卫生限值增加 3dB(A)的原则，确定其噪声声级限值，最高不得超过 115dB(A)。

**表 11.5 工作地点噪声声级的卫生限值**

| 日接触噪声时间/h | 卫生限值/dB(A) | 日接触噪声时间/h | 卫生限值/dB(A) |
| --- | --- | --- | --- |
| 8 | 85 | 1/2 | 97 |
| 4 | 88 | 1/4 | 100 |

续表

| 日接触噪声时间/h | 卫生限值/dB(A) | 日接触噪声时间/h | 卫生限值/dB(A) |
|---|---|---|---|
| 2 | 91 | 1/8 | 103 |
| 1 | 94 | | |
| 最高不得超过115dB(A) | | | |

(2) 噪声监测点的卫生限值必须要和工人在这个点全天累计接触时间一起考虑，如果工人在这里全天累计停留的时间只有1小时，那么这里的卫生限值应为：91dB(A) 1h/d。

(3) 通过工程控制，仍然无法降到低于85dB(A)的水平的作业场所，要将工人8小时实际接触水平降到85dB(A)以下，可通过佩戴护耳器实现，只要作业场所噪声测定值在减去护耳器标定的声衰减乘0.6后，剩下的噪声水平低于85dB(A)即可算达标。

(4) 电测听的检查，鉴于职业性噪声听力损失有暂时性阈移，故应将受试者脱离噪声环境后12~48h作为测定听力的筛选时间。

#### 11.11.2.3 问题

(1) 噪声岗位的卫生限值是如何确定的？

(2) 噪声岗位的职工是否需要佩戴耳塞？

(3) 安排噪声岗位职工体检，应当在什么时间合适？

### 11.11.3 电焊工慢性轻度锰中毒

#### 11.11.3.1 情景

某公司电焊工阎某，男，45岁，电焊工作业史26年，作业环境中总尘浓度多次超标，劳动防护措施欠佳，经常从事密闭容器焊接。主诉头痛、头晕、健忘7年，双手细震颤伴四肢乏力，欠灵活，其后症状逐渐加重，情绪改变、易哭泣达5年。经近2年脱离焊工作业，症状明显改善。

阎某经某职业病科查体："三颤"试验阳性，肌张力和肌力无改变，指鼻轮替试验不准确，闭目难立试验阳性，四肢肌健反射亢进。血锰测定超过本地区正常值。甲状腺机能检查正常，眼科查K-P环(-)。

经诊断，阎某患慢性轻度锰中毒，并要求其每年复查一次。

#### 11.11.3.2 问题

(1) 该电焊工在作业场所接触的有害因素有哪些？

(2) 防止电焊工职业危害应采取哪些措施？

### 11.11.4 苯及含苯化合物中毒

#### 11.11.4.1 情景

患者张某，女，37岁，分析工，工龄16年，作业场所接触有害因素为苯及含苯化合物。

(1) 患者从事石油产品实验室分析工作16年，长期密切接触苯及含苯化合物，防护措施及自我保护意识欠佳。

(2) 既往无射线接触、传染性肝炎、血液病史、近期未用影响血象的药物。

(3) 患者有头痛、头晕、乏力、失眠、记忆力减退等神经衰弱综合症2年。

(4) 98 年 11 月检查血常规，发现白细胞为 $2.7\times10^9$ 个/L，以后多次反复检查均活动在($2.7\times10^9 \sim 4.0\times10^9$)个/L，血小板波动在($7.9\times10^9 \sim 14.2\times10^9$)个/L。

(5) 查体未发现异常阳性体征。骨髓检查：正常，肾上腺素试验：阴性。

(6) 经一年多服用升白细胞药物，无明显效果。

该女工于 1999 年 7 月，被某职业病防治所诊断为慢性轻度苯中毒。

#### 11.11.4.2 问题

(1) 慢性苯中毒主要损害人体的哪个系统？

(2) 预防分析工慢性苯中毒应该采取哪些措施？

## 11.12 思考题

(1) 职业病危害因素分为几大类？列举您单位存在的职业病危害因素。

(2) 什么是职业病？什么是职业禁忌？在企业内部如何预防职业病发生？

(3) 作业场所职业病危害因素监测点设定原则是什么 ？除了定时定点监测之外，还有哪些监测？

(4) 预防职业病危害的根本措施是什么？列举您单位所采取的预防职业病危害的措施。

(5) 个体防护用品按用途分为几类？按防护部位分为几类？

# 第 12 章　消、气防监督管理

本章主要内容包括消防安全管理的职责、内容、法律责任；消防设施设计和管理要求；灭火预案编制的依据和主要内容；灭火原理、灭火战术指导思想、战术原则、战术方法以及石油化工初起火灾扑救的基本对策；常用灭火装备与器材；有毒有害气体防护的基本内容和气防救援基础。

## 12.1　消防安全管理

### 12.1.1　消防安全管理职责

依据国家消防法律、法规及中国石油化工集团公司的有关规定，炼化企业应当建立消防安全组织管理机构，并履行以下职责。

(1) 贯彻“预防为主，防消结合”的方针，坚持“谁主管、谁负责”的原则，实行消防安全责任制，保障消防安全。

(2) 遵守国家和地方政府法律法规，建立健全消防安全组织体系，成立防火安全委员会和明确消防安全管理部门，制定并完善各级消防安全管理制度，明确消防安全职责，逐级落实消防安全责任制。

(3) 单位主要负责人是消防安全责任人，对消防安全工作全面负责；要确定本单位的消防安全主管领导，对消防安全工作负直接领导责任；要确定各级、各岗位的消防安全管理人员，对本级、本岗位的消防安全负直接责任。

(4) 按照当地公安机关消防机构要求将发生火灾可能性较大以及发生火灾可能造成重大的人身伤亡或者财产损失的单位或场所，确定为消防安全重点单位，并报当地公安机关消防机构备案。

(5) 将消防工作纳入单位生产发展计划，保障消防工作与生产发展相适应。

#### 12.1.1.1　单位消防安全职责

(1) 落实消防安全责任制，制定本单位的消防安全制度、消防安全操作规程，制定灭火和应急疏散预案；

(2) 按照国家标准、行业标准配置消防设施、器材，设置消防安全标志，并定期组织检验、维修，确保完好有效；

(3) 对建筑消防设施每年至少进行一次全面检测，确保完好有效，检测记录应当完整准确，存档备查；

(4) 保障疏散通道、安全出口、消防车通道畅通，保证防火防烟分区、防火间距符合消防技术标准；

(5) 组织防火检查，及时消除火灾隐患；

(6) 组织进行有针对性的消防演练；

(7) 法律、法规规定的其他消防安全职责。

#### 12.1.1.2 消防重点单位职责

（1）确定消防安全管理人，组织实施本单位的消防安全管理工作；

（2）建立消防档案，确定消防安全重点部位，设置防火标志，实行严格管理；

（3）实行每日防火巡查，并建立巡查记录；

（4）对职工进行岗前消防安全培训，定期组织消防安全培训和消防演练。

#### 12.1.1.3 单位防火安全委员会职责

（1）认真贯彻执行国家、地方政府消防法律、法规和中国石化消防安全制度，落实消防安全责任制。负责企业消防安全制度和消防安全操作规程的发布。

（2）定期召开消防工作会议，贯彻落实上级消防工作要求。

（3）研究解决消防隐患和不安全因素。

（4）对在消防工作中做出显著成绩和因违反消防安全制度造成不良后果的单位和个人做出奖罚决定。

（5）组织专职、志愿消防队伍进行培训和演练，开展消防安全宣传教育工作。

（6）发生火灾时迅速成立灭火指挥部，组织指挥现场扑救工作，追查火灾原因，对有关责任人提出处理意见。

（7）确定单位消防安全主管领导、消防安全管理部门或专职消防管理人员。

#### 12.1.1.4 消防安全责任人职责

（1）贯彻执行国家、地方政府消防法律、法规及中国石化消防安全制度，保障消防安全符合规定，掌握本单位消防安全情况。

（2）将消防工作与本单位生产、科研、经营、管理等活动统筹安排，批准实施年度消防工作计划。

（3）提供消防安全必要的经费和组织保障。

（4）确定逐级消防安全责任，批准实施消防安全制度和消防安全操作规程。

（5）组织防火检查，督促落实消防隐患整改，及时处理涉及消防安全的重大问题。

（6）依据消防法律法规建立专职消防队和志愿消防队。

（7）组织制定消防应急预案，并实施演练。

#### 12.1.1.5 消防安全主管领导职责

（1）制订年度消防工作计划，组织实施日常消防安全管理。

（2）组织制定消防安全制度和消防安全操作规程，并督促落实。

（3）编制消防安全的资金投入和组织保障方案。

（4）组织实施防火检查和消防隐患整改。

（5）组织实施本单位消防设施、灭火器材和消防安全标志的维护保养，确保完好有效，确保疏散通道和安全出口畅通。

（6）负责专职消防队和志愿消防队的管理。

（7）组织火灾、爆炸事故调查、处理。

（8）定期向消防安全责任人报告消防安全情况，及时报告涉及消防安全的重大问题。

（9）消防安全责任人委托的其他消防安全管理工作。

#### 12.1.1.6 消防安全管理部门或专职消防管理人员职责

（1）协助消防安全责任人、消防安全主管领导抓好日常的消防安全工作。

（2）制定消防安全制度和消防安全操作规程，并监督执行。

(3) 定期组织召开消防工作会议，起草消防工作报告及消防隐患整改报告。

(4) 制订消防工作计划和资金投入方案。

(5) 组织开展消防安全培训教育，组织消防应急预案的制订与演练。

(6) 组织日常防火检查和消防考核，发现消防隐患及时督促改正，并及时向单位主管领导汇报。

(7) 编制消防设施、器材购置、维修计划，及对消防设施、器材进行检查、维修，确保完整好用。

(8) 负责新建、改建、扩建、装修工程项目消防“三同时”管理工作。

(9) 组织火灾事故现场灭火和应急疏散。

(10) 负责火灾原因调查，火灾损失核定，查明火灾事故责任。

(11) 完成消防安全责任人和主管领导委托的其他消防安全工作。

## 12.1.2 消防安全管理内容和要求

### 12.1.2.1 消防安全管理制度

(1) 按照国家有关规定，结合单位特点，建立健全消防安全制度，并公布执行。

(2) 消防安全制度主要包括：消防安全宣传与培训教育；防火巡查、检查；安全疏散、设施管理；消防(控制室)值班；消防设施、器材维护管理；消防隐患整改；用火、用电安全管理；易燃易爆危险物品和场所防火防爆；专职和志愿消防队的组织管理；消防应急预案演练；燃气和电气设备的检查和管理(包括防雷、防静电)；消防安全工作考评和奖惩；其他必要的消防安全内容等。

### 12.1.2.2 火灾预防

(1) 单位应将包括消防安全布局、消防站、消防供水、消防通信、消防通道、消防装备等内容的消防规划纳入本单位总体规划，落实消防经费，专款专用。消防设施、消防装备不足或者不适应实际需要的，应当增建、改建、配置或者进行技术改造。

(2) 生产、储存和装卸易燃易爆危险物品的装置、井队、罐区、站场、栈台、码头、仓库和泵房，以及易燃易爆气体和液体的充装站、供应站、调压站等设置应当符合国家工程建设消防技术标准和管理规定。

(3) 新建、改建、扩建、装修等工程，必须严格执行消防“三同时”制度，符合国家工程建设消防技术标准，并依法办理建设工程消防设计审核、消防验收、备案等手续。对手续不齐全的，禁止施工或投入使用。

(4) 对消防设施、消防产品等装备器材和消防药剂的采购招标和验收，单位消防安全管理部门参加，严把技术质量关。

(5) 公众聚集场所在投入使用、营业前，建设单位或者使用单位应当向场所所在地公安机关消防机构申请消防安全检查，并取得许可。

(6) 举办大型群众性活动，承办单位应当依法向公安机关申请安全许可，制定灭火和应急疏散预案并组织演练，明确消防安全责任分工，确定消防安全管理人员，保持消防设施和消防器材配置齐全、完好有效，保证疏散通道、安全出口、疏散指示标志、应急照明和消防车通道符合消防技术标准和管理规定。

(7)生产、储存、运输、销售或者使用易燃易爆危险物品的单位，应执行国家有关消防安全的规定。

(8)禁止在具有火灾、爆炸危险的场所进行用火作业；因特殊情况确需用火作业的，应严格执行中国石化《用火作业安全管理规定》要求。

(9) 消防产品必须符合国家标准；没有国家标准的，必须符合行业标准。禁止采购和使用不合格的消防产品以及国家明令淘汰的消防产品。

(10) 任何单位、个人不得损坏、挪用或者擅自拆除、停用消防设施、器材，不得埋压、圈占、遮挡消火栓或者占用防火间距，不得占用、堵塞、封闭疏散通道、安全出口、消防通道。人员密集场所的门窗不得设置影响逃生和灭火救援的障碍物。

(11) 负责公共消防设施维护管理的单位，应当保持消防供水、消防通信、消防通道等公共消防设施的完好有效。在修建道路以及停电、停水、截断通信线路时有可能影响消防灭火救援的，必须报经单位主管领导同意后，到消防安全管理部门备案。

(12) 单位每半年、其下属单位每季度至少进行 1 次消防安全检查。消防安全检查应当填写检查记录，发现消防隐患应当及时填发《消防隐患整改通知书》。消防安全检查的主要内容：

① 消防安全宣传教育及培训情况。

② 消防安全规定及责任制落实情况。

③ 消防安全工作档案建立健全情况。

④ 单位防火检查落实及记录情况。

⑤ 消防隐患和隐患整改及防范措施落实情况。

⑥ 消防设施、器材配置及完好有效情况。

⑦ 消防应急预案的制定和消防演练情况。

⑧ 其他需要检查的内容。

(13) 基层单位每月至少进行 1 次消防安全检查，并填写检查记录。检查的主要内容：

① 消防隐患和隐患整改情况以及防范措施的落实情况。

② 疏散通道、疏散指示标志、应急照明和安全出口情况；消防安全标志设置及其完好有效情况。

③ 消防通道、消防水源情况及消防设施、器材配置及有效情况。

④ 用火、用电有无违章情况。

⑤ 重点工种人员以及其他员工消防知识掌握情况。

⑥ 消防安全重点单位(部位)管理情况。

⑦ 易燃易爆危险物品和场所防火防爆措施落实情况以及其他重要物资防火安全情况。

⑧ 消防(控制室)值班情况和设施、设备运行、记录情况。

⑨ 防火巡查落实及记录情况。

⑩ 其他需要检查的内容。

(14) 消防安全重点单位每日应当进行防火巡查，确定巡查的人员、内容、部位和频次，并填写巡查记录。其他单位可以根据需要组织防火巡查。巡查的主要内容：

① 用火、用电有无违章情况。

② 安全出口、疏散通道是否畅通，安全疏散指示标志、应急照明是否完好。

③ 消防设施、器材和消防安全标志是否在位、完好。

④ 常闭式防火门是否处于关闭状态；防火卷帘下是否堆放物品。

⑤ 消防安全重点部位的人员在岗情况。

⑥ 其他消防安全情况。

(15) 防火巡查、检查人员应当及时纠正消防违章行为，妥善处置消防隐患，无法当场处置的，应当立即报告。

(16) 对下列违反消防安全规定的行为，检查、巡查人员应当责成有关人员改正并督促落实：

① 消防设施、器材和消防安全标志的配置、设置不符合国家、行业标准，或者未保持完好有效的。

② 损坏、挪用或者擅自拆除、停用消防设施、器材的。或占用、堵塞、封闭消防通道、安全出口的。

③ 埋压、圈占、遮挡消火栓或者占用防火间距的。

④ 人员密集场所在门窗上设置影响逃生和灭火救援障碍物的。

⑤ 常闭式防火门处于开启状态，防火卷帘下堆放物品影响使用的。

⑥ 违章进入易燃易爆危险物品生产、储存等场所的。

⑦ 违章使用明火作业或者在具有火灾、爆炸危险的场所吸烟、使用明火等违反禁令的。

⑧ 消防设施管理、值班人员和防火巡查人员脱岗的。

⑨ 未按照经消防安全管理部门通知要求及时采取措施消除消防隐患的。

⑩ 违反消防安全管理规定的其他行为。

(17) 对查出的各类消防隐患，应当及时予以消除或制定安全应急措施限期整改。

(18) 消防隐患整改完毕，应当将整改情况记录报送消防安全责任人或者消防安全主管领导签字确认后存档备查。

#### 12.1.2.3 消防组织

(1) 应当按照国家有关规定及企业性质成立专职消防队，实行专业化管理，配备相应的专业技术人员。

(2) 专职消防人数在 100 人左右的应成立专职消防大队；专职消防人数在 200 人左右的，应成立专职消防支队。消防战斗员的年龄应在 35 岁以下，消防车司机年龄不宜超过 45 岁。应建立保持消防队伍年轻化的用工机制。

(3) 应按照《企业事业单位专职消防队组织条例》《公安消防部队执勤战斗条令》《公安消防部队灭火救援业务训练和考核大纲》《公安消防部队抢险救援勤务规程(试行)》《内务条令》等要求，建立专职消防队训练、执勤、工作、生活的正规秩序。

(4) 专职消防队职责

① 贯彻国家、地方政府消防法律、法规和中国石化消防安全制度，做好防火检查、火灾扑救和应急救援、消防宣传教育等工作。

② 掌握辖区主要生产过程的火灾特点，定期监督检查火源、火险及灭火设施，监督落实消防隐患的整改，确保消防设施完好、消防道路通畅。

③ 对志愿消防队进行业务技术指导训练，开展防灭火知识的宣传教育工作。

④ 对高危直接作业、大型群众性活动等现场进行消防监护。

⑤ 参加火灾、爆炸事故的调查、处理。

⑥ 参加新建、改建、扩建及安全技措工程消防措施的“三同时”审查和验收工作。

⑦ 负责健全消防档案；制定关键装置和要害部位的火灾扑救、消防应急救援预案，并定期组织演练。

⑧ 建立正规的执勤秩序，实行24小时执勤制度，并加强节假日执勤。执勤人员应坚守岗位，消防车应处于待命出警状态。

⑨ 设有气防站的消防队，应负责本单位的气防工作。

⑩ 参与审查消防隐患治理方案和计划。

⑪ 接受本地区公安机关消防机构的指挥，参与非常状态下的紧急救援和抢险工作。

(5) 应建立志愿消防队。志愿消防队应当履行下列职责：

① 学习宣传消防法律法规及消防安全知识，熟悉本单位本岗位的火灾危险性。

② 协助本单位监督落实消防安全制度和操作规程，开展防火巡查，报告消防隐患。

③ 参与制定本单位消防应急预案，定期演练，提高自防自救能力。

④ 熟练掌握初起火灾扑救和引导人员安全疏散方法，协助保护火灾现场。

⑤ 维护本单位消防设施和灭火器材，熟练掌握使用方法。

⑥ 依法应当履行的其他职责。

(6) 志愿消防队应当根据防火、灭火的需要，配备相应的消防器材、装备，并根据实际情况进行有针对性的业务训练，提高火灾扑救技能。

(7) 专职消防队和志愿消防队应当接受当地公安机关消防机构的业务指导，并加强自身业务学习和培训，提高预防火灾和灭火救援的能力。

(8) 专职消防队和志愿消防队应当对本辖区、本单位进行经常性的消防宣传和消防安全检查，督促消除消防隐患。

#### 12.1.2.4 宣传与培训教育

(1) 应当根据本单位的特点，建立健全消防宣传与培训教育制度，明确机构和人员，保障经费投入，按照下列规定对员工进行消防安全宣传与培训教育：

① 定期开展形式多样的消防安全宣传教育工作。

② 对新上岗和进入新岗位的员工在上岗前进行消防安全培训。

③ 对在岗的员工每年至少进行1次消防安全培训。

④ 对公众聚集场所员工至少每半年进行1次消防安全培训。

⑤ 消防安全重点单位每半年至少组织1次、其他单位每年至少组织1次消防演练。

(2) 宣传与培训教育内容：

①有关消防法律法规、消防安全制度和消防安全操作规程。

②单位、岗位火灾危险性和防火措施。

③有关消防设施的性能、灭火器材的使用方法。

④报火警、扑救初起火灾及自救逃生的知识和技能。

⑤公共聚集场所员工包括组织、引导在场群众疏散的知识和技能等。

(3) 消防设备操作人员应经过消防专项培训，学习掌握相应的操作技能，经考试合格持证上岗。

(4) 对进入生产区的各类人员，在进行安全教育时，应有相适应的消防安全知识内容。

(5) 单位人力资源、培训教育机构应当将消防知识纳入教学、培训内容。

(6) 新闻、广播、电视等单位应针对性地开展消防宣传教育工作。

(7) 工会、共产主义青年团等团体应当结合各自工作对象的特点，组织开展消防宣传教育工作。

(8) 单位应组织社区、居民委会经常性地开展家庭防火常识宣传教育工作。

#### 12.1.2.5 消防设施与消防装备

（1）单位的消防基础设施建设，应与本单位的建设相配套，做到统一规划，同步发展。报送企业建设规划，同时应上报消防规划。

（2）单位应当按照国家和中国石化有关标准和规定，配置消防设施和器材。

（3）单位应从实际出发，按规定配置必要的抢险救援、照明、举高等特种应急消防救援车和重型消防车；通信、灭火、防护、训练器材和检测仪器等，满足战备和防火灭火的需要。

（4）单位应确保消防资金的投入。在教育、科研、技术改造、新产品开发、设备更新和基本建设等专项费用中，应安排消防费用。

（5）加强对各类固定、半固定和移动式消防设施，包括消防泵房、泡沫站、消防车、灭火器材的管理，建立健全并落实各级管理责任制和维护保养责任制，确保消防设施、装备和器材的完好。

（6）消防泵房、消防控制室等实行24小时值班制，设专职或兼职值班人员负责，严格交接班制度，出现故障应立即处理并排除，时刻保持战备状态。

（7）做好冬季消防设施防冻保温工作。

（8）固定消防设施管理：

① 消防泵房、消防控制室等严禁乱放杂物，保持室内整洁，保持周围道路畅通。

② 纳入安全管理和设备管理，建立消防设施台账，实行专人负责。

③ 消防设施运行应满足设计要求，定期维护保养，做好记录。

（9）灭火器材管理：

① 灭火器材的配置类型、规格、数量及其设置位置应符合国家消防技术规范要求，有固定的摆放位置和标识，设立消防器材棚(箱)，不得随便挪用。

② 灭火器材的铭牌、生产日期和维修日期等标志齐全，保险装置、行驶机构完好。

③ 在基层单位建立灭火器材登记台账，设专人定期检查维护保养。

（10）消防车管理：

① 执勤消防车时刻处于良好的战备状态，接火警后能够快速有效地投入灭火战斗。

② 建立健全消防车技术档案。其主要内容包括车辆的技术参数和基本数据，运行操作规程或用户手册，维修保养和验收制度，润滑手册，人员培训和考核制度，消防车随购车所带的资料(主要包括用户手册、运行手册、备件和专用工具清单等)。技术档案应齐全，登记编号，实行专人管理。

③ 建立健全消防车运行档案。其主要内容包括车辆运行记录，车辆出行记录，故障记录，维修保养记录，润滑记录，主要配件更换记录，主要性能指标测试记录等。运行档案应齐全、整洁、规格化，并由专人及时整理填写。当人员变动时，应组织认真交接。

④ 提高消防车操作人员的技术素质，做好业务和技术培训工作。培训分为上岗前培训和上岗后定期业务培训，主要内容包括工作责任心和安全意识教育，消防规程和消防法律法规教育，车辆驾驶和设备操作技能培训，车辆维护保养常识和实际操作训练。

⑤ 消防车驾驶员通过培训，应熟知消防车辆的性能、结构、原理，并熟练消防车驾驶和消防设备操作。

⑥ 认真编制消防车大修和保养计划，严格执行保修规定，组织实施车辆保养。

⑦ 随车配备的装备、器材只准本车使用，未经设备主管部门的批准不得转借、挪用。

⑧ 严格交接班制度。交接班时，一定要认真清点器材，查看车况，确保设备处于完好状态。一旦发现问题应及时逐级上报，尽快采取补救措施，停修时，应报批。

⑨ 对于列入联防区域增援的消防车，应确保处于良好的战备执勤状态。

#### 12.1.2.6 灭火救援

(1) 任何员工发现火灾，都应立即报警。任何单位和个人不得阻拦报警。严禁谎报火警。

(2) 发生火灾的单位必须立即组织力量控制和扑救火灾。

(3) 专职消防队接到报警后，必须立即赶赴现场，救助遇险人员，排除险情，扑灭火灾。并及时向上级主管部门报告。

(4) 在组织和指挥火灾现场扑救时，消防总指挥有权根据扑灭火灾的需要，决定下列事项：

① 使用各种水源。

② 切断电源、可燃气体和液体的输送，限制用火用电。

③ 划定警戒区，实行局部交通管制。

④ 为防止火灾蔓延，拆除或破损毗邻火场的建筑物、构筑物。

⑤ 调动单位内供水、供电、医疗救护、交通运输等有关单位协助灭火救助。

⑥ 向公安机关消防部门或总部以及中国石化区域灭火联防单位请求增援。

(5) 对因参加业务训练、抢险救援、火灾扑救等造成人员负伤、致残或者死亡的，按照国家有关规定给予医疗、抚恤。

(6) 消防车、消防艇以及其他消防器材、装备和设施，不得用于与消防和抢险救援无关的事项。

(7) 发生火灾的单位应保护现场，接受事故调查，如实提供火灾事故情况。

(8) 专职消防队参加扑救外单位火灾后，应依照《中华人民共和国消防法》向火灾发生地人民政府申请补偿损耗的燃料、灭火剂和器材、装备等。

### 12.1.3 法律责任

(1) 有下列行为之一的，责令停止施工、停止使用或者停产停业，并处三万元以上三十万元以下罚款：

① 应当经公安机关消防机构进行消防设计审核的建设工程，未经依法审核或者审核不合格，擅自施工的；

② 消防设计经公安机关消防机构依法抽查不合格，不停止施工的；

③ 应当进行消防验收的建设工程，未经消防验收或者消防验收不合格，擅自投入使用的；

④ 建设工程投入使用后经公安机关消防机构依法抽查不合格，不停止使用的；

⑤ 公众聚集场所未经消防安全检查或者经检查不符合消防安全要求，擅自投入使用、营业的。

建设单位未按规定将消防设计文件报公安机关消防机构备案，或者在竣工后未按规定报公安机关消防机构备案的，责令限期改正，处五千元以下罚款。

(2) 有下列行为之一的，责令改正或者停止施工，并处一万元以上十万元以下罚款：

① 建设单位要求建筑设计单位或者建筑施工企业降低消防技术标准设计、施工的；

② 建筑设计单位不按照消防技术标准强制性要求进行消防设计的；

③ 建筑施工企业不按照消防设计文件和消防技术标准施工，降低消防施工质量的；

④ 工程监理单位与建设单位或者建筑施工企业串通，弄虚作假，降低消防施工质量的。

(3) 单位有下列行为之一的，责令改正，处五千元以上五万元以下罚款：

① 消防设施、器材或者消防安全标志的配置、设置不符合国家标准、行业标准，或者未保持完好有效的；

② 损坏、挪用或者擅自拆除、停用消防设施、器材的；

③ 占用、堵塞、封闭疏散通道、安全出口或者有其他妨碍安全疏散行为的；

④ 埋压、圈占、遮挡消火栓或者占用防火间距的；

⑤ 占用、堵塞、封闭消防车通道，妨碍消防车通行的；

⑥ 人员密集场所在门窗上设置影响逃生和灭火救援的障碍物的；

⑦ 对火灾隐患经公安机关消防机构通知后不及时采取措施消除的。

(4) 生产、储存、经营易燃易爆危险品的场所与居住场所设置在同一建筑物内，或者未与居住场所保持安全距离的，责令停产停业，并处五千元以上五万元以下罚款。

生产、储存、经营其他物品的场所与居住场所设置在同一建筑物内，不符合消防技术标准的，责令停产停业，并处五千元以上五万元以下罚款。

(5) 人员密集场所使用不合格的消防产品或者国家明令淘汰的消防产品的，责令限期改正；逾期不改正的，处五千元以上五万元以下罚款，并对其直接负责的主管人员和其他直接责任人员处五百元以上二千元以下罚款；情节严重的，责令停产停业。

(6) 电器产品、燃气用具的安装、使用及其线路、管路的设计、敷设、维护保养、检测不符合消防技术标准和管理规定的，责令限期改正；逾期不改正的，责令停止使用，可以并处一千元以上五千元以下罚款。

(7) 被责令停止施工、停止使用、停产停业的，应当在整改后向公安机关消防机构报告，经公安机关消防机构检查合格，方可恢复施工、使用、生产、经营。

当事人逾期不执行停产停业、停止使用、停止施工决定的，由作出决定的公安机关消防机构强制执行。

责令停产停业，对经济和社会生活影响较大的，由公安机关消防机构提出意见，并由公安机关报请同级人民政府依法决定。同级人民政府组织公安机关等部门实施。

## 12.1.4 消防设施管理

### 12.1.4.1 消防设施设计、配备

(1) 消防给水系统设计

① 大型石油化工企业工艺装置区、罐区应设独立的稳高压消防给水系统。

② 稳高压消防给水系统用水量未超过消防水量设计值时，其系统压力应确保不低于0.7MPa，灭火时最不利点消火栓的水压不低于0.7MPa。

③ 临时高压给水系统用水量未超过消防水量设计值时，其系统压力应确保不低于0.7MPa，灭火时最不利点消火栓的水压不低于0.7MPa。

④ 低压消防给水的系统用水量未超过消防水量设计值时，其系统压力应确保灭火时最不利点消火栓水压不低于0.15MPa(自地面算起)。

⑤ 消防给水总管供水量应满足被保护区域的需要，不得存在瓶颈和不匹配的问题。

⑥ 接警后2分钟内保证消防水泵投入运行，稳高压消防给水系统的消防水泵能依靠管网压降信号自动启动。

⑦ 消防水泵、稳压泵应分别设置备用泵，备用泵的能力不得小于最大1台泵的能力。

⑧ 消防水泵应设双动力源。大型浮顶罐区的稳高压消防水系统消防水泵的备用泵应采用柴油泵，且考虑100%流量备用。

⑨ 消防给水池(罐)补至标准水位时间，油田和销售企业不应超过96小时，炼化企业不应超过48小时。

⑩ 消防水池(罐)应设液位检测、高低液位报警及自动补水设施。

⑪ 无专人24小时值守的消防给水泵房，应在集中控制室设置消防给水泵启动信号和远程启动控制系统。

(2) 固定及半固定消防设施设计

① 单罐容量大于或等于$3\times10^4m^3$的浮顶罐密封圈处应设置火灾自动报警系统。

② 下列场所的泡沫灭火系统应采用远程启动程序控制，同时具备现场手动操作功能：

单罐容量大于或等于$2\times10^4m^3$的固定顶罐及浮盘为易熔材料的内浮顶罐；

单罐容量大于或等于$5\times10^4m^3$的浮顶罐和内浮顶罐。

③ 单罐容量大于或等于$5\times10^4m^3$的大型油品罐区泡沫站的泡沫混合装置应采用平衡压力式泡沫比例混合流程。

④ 下列场所应设固定消防冷却水系统(水喷淋或水喷雾系统)：

罐壁高度不低于17m的可燃液体储罐。

销售企业单罐容量大于或等于$5000m^3$的油罐。

油田企业单罐容量大于或等于$1\times10^4m^3$的固定顶油罐、单罐容量大于或等于$5\times10^4m^3$的浮顶罐及总容量大于$50m^3$或单罐容量大于$20m^3$的天然气凝液、液化石油气罐区。

炼化企业单罐容量大于或等于$1\times10^4m^3$的可燃液体储罐，单罐容量大于或等于$2000m^3$的低压可燃液体储罐、全压力式及半冷冻式单罐容量大于或等于$1000m^3$的液化烃储罐。

⑤ 炼化企业液化烃储罐单罐容量大于$100m^3$且小于$1000m^3$时，应采用固定消防冷却水系统或设置固定消防水炮。

⑥ 下列场所的固定消防冷却水系统(水喷淋或水喷雾)应采用远程手动启动程序控制，同时具备现场手动操作的功能：

单罐容量大于或等于$5\times10^4m^3$的浮顶罐。

全压力式及半冷冻式单罐容量大于或等于$1000m^3$的液化烃储罐。

⑦ 固定消防冷却水系统(水喷淋或水喷雾)的控制阀应设在防火堤外，且距被保护罐壁不应小于15m。

⑧ 以下场所应设置消防水炮保护，消防水炮距被保护对象不宜小于15m，其数量和位置能使被保护对象在事故状态时得到有效保护：

甲、乙类可燃气体、可燃液体设备的高大构架和设备群。

被列为一级要害(重点)部位的油(气)储罐区。

⑨ 工艺装置内甲、乙类设备的框架平台高出其所处地面15m时，应沿梯子设半固定消防给水竖管。

⑩ 应采用跨越方式将半固定灭火设施的泡沫管线接口引到防火堤外的适当地点，接口处应有泡沫产生器型号的标牌。

⑪ 固定、半固定式泡沫灭火系统和冷却水竖管下端应设便于操作的排渣口，并有排凝措施。

（3）消防道路、安全疏散通道设计

① 工艺装置区、液化烃罐区、可燃液体储罐区（石油库、集输站、装卸区及危险化学品仓库区）应设环行消防道路。

② 工艺装置区、液化烃罐区和可燃液体罐区的消防道路路面宽度不应小于6m，路面内缘转弯半径不应小于12m，路面净空高度不应低于5m，纵向坡度不应大于6%。

③ 其他油品罐区、装卸区、油气站（场）消防道路的路面宽度不应小于4m，转弯半径不应小于9m，纵向坡度不应大于6%。

④ 设备的构架或平台安全疏散通道应符合下列规定：可燃气体、液化烃和可燃液体的塔区平台或其他设备的构架平台应设置不少于2个通往地面的梯子，作为安全疏散通道。但长度不大于8m的甲类气体和甲、乙$_A$类液体设备的平台或长度不大于15m的乙$_B$、丙类液体设备的平台，可只设1个梯子；相邻的构架、平台宜用走桥连通，与相邻平台连通的走桥可作为一个安全疏散通道；相邻安全疏散通道之间的距离不应大于50m。

（4）防火堤设计

① 防火堤应满足承受所容纳液体的静压，不应渗漏。

② 管线穿防火堤处应设套管并用不燃烧材料严密封闭。

③ 防火堤的雨水排出阀应设在防火堤外，其开关状态必须易于辨认，罐区的水封井不能代替排水阀门。

④ 在防火堤不同方位上应设置步行台阶或坡道，同一方位上两相邻人行台阶或坡道之间的距离不宜大于60m；隔堤应设置人行台阶，当防火堤内侧高度大于等于1.5m时，应在两个步行台阶之间增设步行台阶或逃逸爬梯。

（5）钢结构耐火保护设计

可燃气体、助燃气体、液化烃和可燃液体的储罐基础、防火堤、隔堤及管架（墩）等，均应采用不燃烧材料。防火堤的耐火极限不得小于3小时。

下列承重钢结构，应采取耐火保护措施：

① 单个容积等于或大于5m$^3$的甲、乙$_A$类液体设备的承重钢构架、支架、裙座。

② 在爆炸危险区范围内，且毒性为极度和高度危害物料设备的承重钢构架、支架、裙座。

③ 操作温度等于或高于自燃点的单个容积等于或大于5m$^3$乙、丙类液体设备承重钢构架、支架、裙座。

④ 加热炉炉底钢支架。

⑤ 在爆炸危险区范围内主管廊的钢管架。

⑥ 在爆炸危险区范围内的高径比等于或大于8，且总重量等于或大于25t的非可燃介质设备的承重钢构架、支架和裙座。

承重钢结构的下列部位应覆盖耐火层，其耐火极限不应低于1.5小时：

① 支承设备钢构架。

② 支承设备钢支架。

③ 钢裙座外侧未保温部分及直径大于1.2m的裙座内侧。

④ 钢管架：底层支撑管道的梁、柱；地面以上4.5m内的支撑管道的梁、柱；上部设有

空气冷却器的管架，其全部梁、柱及承重斜撑；下部设有液化烃或可燃液体泵的管架，地面以上 10m 范围的梁、柱。

⑤ 加热炉从钢柱柱脚板到炉底板下表面 50mm 范围内的主要支撑构件应覆盖耐火层，与炉底板连续接触的横梁不覆盖耐火层。

⑥ 液化烃球罐支腿与球体交叉处以下 0.2m 的部位。

（6）灭火器及灭火药剂配备

按照有关规定配置灭火器，配置时可参考如下几点：

① 控制室、机柜间、计算机室、电信站、化验室等宜选用气体型灭火器；生产区内宜选用干粉型或泡沫型灭火器。

② 扑救可燃气体、可燃液体火灾宜选用 BC 类干粉灭火剂，扑救可燃固体表面火灾应采用 ABC 类干粉灭火剂，扑救烷基铝类火灾宜采用 D 类干粉灭火剂。

③ 甲类装置灭火器的最大保护距离不宜超过 9m，乙、丙类装置不宜超过 12m。

④ 可燃气体、液化烃和可燃液体的铁路装卸栈台应沿栈台每 12m 处上下分别设置 2 具手提式干粉型灭火器。

⑤ 每一配置点的灭火器数量不应少于 2 具，多层构架应分层配置。

选用泡沫灭火剂种类应符合灭火实际的要求。扑救水溶性甲、乙、丙类液体火灾，应选用抗溶性泡沫液；使用海水配制混合液时，应选用耐海水型泡沫液。

泡沫灭火剂的储量：油田及管道企业应不低于现有消防车装载泡沫总量的 100%，其他企业应不低于现有消防车装载泡沫总量的 60%。

#### 12.1.4.2 消防设施的管理内容及要求

（1）消防给水系统管理

① 单位各级生产调度、安全管理部门及专职消防队应有管辖区内消防给水系统的平面图、控制图、消防泵房分布图及消防管径、压力、流量等基本数据和调供灭火用水高峰的应急措施。

② 稳高压消防给水系统应全天候运行，因维修、保养、检测等原因停止运行时，应经所在单位主管领导审批，报消防部门备案。

③ 每半年应对最不利点消火栓水压进行 1 次实测，与设计不符时应立即整改。

④ 消防给水泵至少每天盘车 1 次，每周至少试泵 1 次（不少于 15min），内燃机每周至少试机 1 次（不少于 15min），定期润滑并做好记录。

⑤ 消防给水泵房应明示流程图和操作程序说明，系统管路上有水流向标识。

⑥ 消防给水泵房操作人员应持证上岗。

（2）固定及半固定消防设施管理

① 固定泡沫站应明示流程图、操作程序说明，有泡沫液类型、泡沫液储量、有效期、责任人明示牌，系统管路上有泡沫流向标识；每日不少于 1 次巡查，并有记录。

② 消防泡沫泵每天至少盘车 1 次，每周试泵 1 次，定期润滑并做好记录。应保证接警后 2min 内泡沫灭火系统投入正常运行。

③ 每年定期检查泡沫灭火系统，做好防腐保护工作，确保完好。

④ 固定、半固定式泡沫灭火系统和冷却水竖管排渣口每年至少排渣 1 次。

⑤ 泡沫泵运行后应立即进行水清洗，防止机泵和管线锈蚀。

⑥ 工艺装置的消防水幕和储罐的水喷淋冷却系统每年应定期检查和试用。

⑦ 固定及半固定式灭火系统阀门、消防炮、消火栓应每季度检查、保养1次，做到阀门完好、启闭灵活，消防炮转动部件灵活无锈蚀，消火栓开启方便。

⑧ 消防设施、疏散通道和安全出口及消防标识周围摆放物品时，不应影响其辨识及使用。

⑨ 寒冷地区消防设施(如消火栓、消防水炮等)应有防冻措施。

(3) 消防通道管理

不应堵塞和占用消防道路和疏散通道，消防道路周围不应有影响消防操作、灭火的树(灌、乔)木等障碍物。

(4) 钢结构耐火保护管理

① 用于保护钢结构的防火涂料应有国家检测机构的耐火极限检测报告和理化性能检测报告，应有公安机关消防机构核发的生产许可证和生产厂方的产品合格证。

② 钢结构防火涂料生产厂家和专业施工队是中国石化相关资源市场名单内有较好业绩的单位。

③ 用于保护钢结构的防火涂料应不含石棉，不用苯类溶剂，在使用期内应保持其性能，并保持外观完好不脱落。

(5) 灭火器及灭火药剂管理

① 灭火器应明确责任人，并在灭火器材箱中标明器材箱编号、器材名称、数量、有效期，做到每半月检查1次，责任人签名。不得随意变更灭火器配置位置和数量。

② 灭火器应设置在位置明显和便于取用的地点，其铭牌朝外，且不得影响安全疏散。

③ 灭火器首次维修后，每满1年维修检测1次。

④ 灭火器维修、报废应由灭火器生产企业或专业维修单位进行。

⑤ 建立健全灭火药剂档案，其主要内容包括灭火药剂种类、数量及消防车添加和更换记录等。

⑥ 泡沫灭火剂应储存在标准的储罐或仓库内，在保质期内不变质、流动性好。

⑦ 干粉灭火剂的储存必须保证干燥、不结块，每年进行1次检查，防止干粉结块失效。

⑧ 气体灭火剂的储存必须保证密闭性及其所要求的温度和压力。

⑨ 应制定紧急运输储存泡沫灭火剂的预案。

## 12.2 灭火预案的编制及演练要求

### 12.2.1 灭火预案编制依据

(1)《中华人民共和国消防法》;

(2)《危险化学品安全管理条例》;

(3)《危险化学品名录》;

(4)《重大危险源辨识》;

(5)《建筑设计防火规范》;

(6)《石油化工企业设计防火规范》;

(7)《常用化学危险品储存通则》;

(8)《城市消防站建设标准(修订)》;

(9)《消防基本术语》；

(10)《企事业单位专职消防队组织条例》；

(11)《公安消防部队执勤条令》；

(12)《机关、团体、企业、事业单位消防安全管理规定》；

(13)《消防安全管理规定》《大型公共场所消防安全管理规定》《消防达标规定》《中国石化集团公司安全生产监督管理制度(2011)》。

### 12.2.2 灭火预案的基本内容

(1) 灭火指挥部编成及职责和紧急召集。

(2) 消防战备值班灭火力量(消防员、消防车及灭火药剂、器材)标准及出动规定。

(3) 有关生产、检维修、运输、保卫、环保人员的紧急召集。

(4) 与当地公安消防灭火增援力量和中国石化区域灭火联防增援力量的调动。

(5) 企业与当地政府联动机制。

(6) 火场指挥通信联络。

(7) 消防水源分布情况。

(8) 固定和半固定消防设施分布、种类、型号。

(9) 灭火物资的储备和紧急调运。

(10) 相关单位人员或居民的紧急疏散措施。

(11) 重点部位的灭火作战计划。

(12) 灭火技术资料。

### 12.2.3 灭火作战计划

灭火作战计划是针对企业生产装置、罐区以及其他重点部位可能发生的火灾，根据灭火战斗的指导思想和战术原则以及现有的消防装备而拟定的灭火战斗具体行动方案，是灭火预案的重要内容。一般包括两方面：一是平面部署图，一是文字说明；以平面图为主，辅之文字说明。

#### 12.2.3.1 灭火作战计划内容

(1) 重点单位的地理位置，交通道路，行车路线，以及与毗邻单位的距离；

(2) 重点单位的平面布局，重要部位的建筑结构特点，耐火等级，建筑面积和高度，生产或储存物质的性质、数量和堆放形式；

(3) 消防泵房、消火栓的分布位置、距离、种类、供水量等；

(4) 设定的着火部位，火势可能蔓延的方向，火势发展可能造成的后果；

(5) 批次投入灭火的消防车停车位置及进攻方向、路线和供水干线走向；

(6) 灭火所需器材、灭火剂的种类和数量；

(7) 火场指挥部位置；

(8) 灭火战斗过程中应注意的事项。

#### 12.2.3.2 制定灭火作战计划的范围：

(1)"一个一案"：关键装置、要害部位应每套装置，每个部位制定一个灭火作战计划。

(2)"一罐一案"：400m$^3$ 及以上的液化烃罐、5000m$^3$ 以上的拱顶罐、1×10$^4$m$^3$ 以上的油罐"一罐一案"；400m$^3$ 以下的液化烃罐、5000m$^3$ 以下的拱顶罐、1×10$^4$m$^3$ 以下的油罐组成的单、双排的罐组，每排应选择最难扑救的油罐为目标，制订灭火作战计划。

### 12.2.4 灭火预案的演练和完善

(1) 基层单位组织职工和志愿消防队每月训练演习一次。

(2) 消防队应制订消防员训练计划，定期进行消防技能训练、体能训练和现场战术训练。每月应至少安排白天、夜间各两次消防演练。

(3) 企业安全部门每季度在事前不通知情况下组织一次消防、气防演习。

(4) 企业应每半年组织一次大规模演练。

(5) 各级各种规模的演练都应从实战出发，严密组织，认真讲评，并根据演习中发现的问题修改完善预案。

## 12.3 石油化工初起火灾扑救

### 12.3.1 灭火原理

#### 12.3.1.1 窒息灭火法

通过阻止空气流入燃烧区，或用不燃物质冲淡空气，使燃烧物质断绝氧气的助燃而熄灭。适用于扑救密闭房间、生产装置设备内部发生的火灾。

在火场上采用窒息的方法扑灭火灾时，可采用石棉布，浸湿的棉被、帆布不燃或难燃材料，覆盖燃烧或封闭孔洞；用水蒸气、惰性气体(二氧化碳、氮气等)充入燃烧区域内；以降低燃烧区氧气的含量，达到窒息燃烧的目的。

#### 12.3.1.2 冷却灭火法

冷却灭火法，就是将灭火剂直接喷洒在燃烧着的物体上，将可燃物质的温度降低到燃点以下，终止燃烧，这是扑救火灾常用的方法。

在火场上，除用冷却法扑灭火灾外，在必要的情况下，可用冷却剂冷却建筑构件、生产装置、设备容器，防止结构变形。

#### 12.3.1.3 隔离灭火法

隔离灭火法，就是将燃烧物体与附近的可燃物质隔离或疏散开，使燃烧停止，这种方法适用于扑救各种固体、流体和气体火灾。

采用隔离灭火法的具体措施有：将火源附近的可燃、易燃、易爆和助燃物质，从燃烧区内转移到安全地点；关闭阀门，阻止气体，流体流入燃烧区，排除生产装置、设备容器内的可燃气体或流体；设法阻拦流散的易燃、可燃流体或扩散的可燃气体；拆除与火源相毗连的易燃建筑结构，造成防止火势蔓延的空间地带；以及用水流封闭或用爆炸等方法扑救油气井喷火灾。

#### 12.3.1.4 抑制灭火法

抑制灭火方法与前三种灭火方法不同。窒息、冷却、隔离的灭火方法，就其使用的灭火剂(或方法)来说，在灭火过程中不参与燃烧过程中的化学反应，均属于物理灭火方法。抑制灭火法，是使灭火剂参与到燃烧反应历程中去，使燃烧过程中产生的游离基消失，而形成稳定分子或低活性的游离基，使燃烧反应停止。

### 12.3.2 灭火战术指导思想、原则和方法

#### 12.3.2.1 灭火作战指导思想

“救人第一、科学施救”是消防队伍在灭火作战中必须坚持的指导思想。“救人第一”是指在灭火战斗中，积极抢救人命是指挥员优先考虑和竭力实现的首要任务。“科学施救”突出的是灭火作战指挥的科学性，要求各级灭火指挥员在作战指挥中做到正确运用战术、周密部署战斗、精确计算力量、善于掌握主动。要求指挥员必须“增强科学进攻、及时转移或撤退的指挥意识；增强优化作战成果的效益意识；增强科学的防范风险的意识；增强作战方法的创新意识；增强主动防护的安全意识。”

#### 12.3.2.2 灭火战术原则

(1) 先控制、后消灭：先控制是指灭火作战中必须将阻止火势蔓延作为作战行动首先采取的措施予以落实。火场指挥员必须根据着火对象的特点、着火部位、火势蔓延的方向和速度，以及火势对处在火场周围的可燃物质、建(构)筑物威胁程度，确定控制火势的方向、距离、部位，控制的方法和所需的力量。做到“积极控制、重点设防、重点守护”。后消灭是指在控制火势的同时，抓住火灾初起阶段、爆炸物品发生之前、或再次爆炸之前和原油储罐(池)发生沸溢喷溅之前的有利战机，及时组织灭火力量向火势展开全面进攻，逐一或全面彻底消灭火灾。

(2) 集中兵力、准确迅速：集中兵力是指根据火情和灭火作战的需要，调集灭火力量，使火场上形成相对的兵力优势。体现在集中兵力于火场、集中兵力于火场的主要方面，以保证有足够的灭火力量来控制火势。准确迅速的实质是要体现一个“准”字，落实一个“快”字。消防人员应以最快的速度，在最短的时间内，以准确迅速的战斗行动和有效措施，积极抢救生命，制止火势蔓延，以减少人员伤亡和财产损失，避免灾情扩大。

(3) 攻防并举、固移结合：攻防并举进攻和防御同时进行，进攻和防御相结合的战术原则，一是指在火场部署进攻的同时，必须加强消防人员的个人防护。二是指在确定进攻阵地时，要考虑进攻阵地的安全性。三是指在整个灭火过程中，都要防止灾情突变，特别是防止出现爆炸、中毒、倒塌等险情，做到有备无患。四是指在灭火进攻中，要科学确定主攻阵地和防御阵地。固移结合是指在灭火战斗中把移动灭火装备和固定灭火系统结合使用，力求发挥最大灭火效益的战术原则。应成为灭火作战行动中的主要战法，特别是在扑救高层建筑、油品储罐和化工装置等火灾时，应首先启用单位和建筑内的固定消防设施，并综合运用移动灭火装备，进行火势控制和抢救被困人员。

#### 12.3.2.3 灭火战术方法

灭火战术方法，是灭火作战实践中总结出来的控制火势、消灭火灾的基本作战方法。主要有堵截、突破、夹攻、合击、分割、围歼、破拆、封堵、排烟、监护等。

(1) 堵截：是积极防御与主动进攻相结合的基本战法。其实质是现行控制火势，阻止蔓延。

(2) 突破：是火场上为完成比较艰巨的灭火、救人和排险任务，组织灭火力量进行强攻的战法。运用突破战术时，必须组织精干力量，选用精良装备，配备必要的防护器具，严密组织实施。

(3) 夹攻：是指用一部分灭火力量进入建(构)筑物或物体(飞机、船舶)等地内部灭火，同时用其余力量在建(构)筑物或物体外部灭火的战法。

(4) 合击：是在火场上从两个或两个以上的方向同时向燃烧区域进攻的战法。合击战法的运用，通常是火灾现场灭火力量充足，可以实现多个方位布置进攻阵地，从而形成多个方位向燃烧区域进攻的态势，进而迅速灭火。

(5) 分割：是将大面积燃烧区域分割成若干个分区，分别布置力量逐个消灭的战法。在扑救大面积燃烧区域火灾时，根据需要和可能，及时实施分兵穿插，协同作战，将燃烧区域分割包围，使火场形成若干片、层、段，以便逐片、层、段依次形成灭火力量优势，迅速扑灭火灾。

(6) 围歼：是对燃烧区域形成围攻态势，完成战术包围，发起总攻，消灭火灾的战法。其前提是：火势已得到有效控制，灭火剂充足，灭火力量已对燃烧区域形成包围的态势。

(7) 破拆：是指消防人员通过破拆或拆除建筑物的构件或可燃物，形成"隔离带"或改变烟气流向，防止火势蔓延的战法。

(8) 封堵：即封闭或堵漏，是灭火战斗中队某一空间实施封闭灭火，或对发生泄漏的生产装置、容器、管线进行堵漏的战法。

(9) 排烟：是指火场上运用烟气流动规律，通过适当调控排烟方式，及时排除建筑物内有毒烟气或改变烟气流向，控制或延缓火势蔓延，迅速抢救人命的战法。

(10) 监护：是为防止发生意外而对火场或战斗行动进行监视和守护的战法。

### 12.3.3 石油化工初起火灾的扑救措施

根据火灾的发展过程，火灾可分为初起阶段、发展阶段、猛烈阶段、熄灭阶段。初起火灾是指火灾的初起阶段，此时，着火时间不长(一般10min以内)，着火面积不大，着火温度不高，火势较小，是火灾扑救的最佳时期。

石油化工火灾，发展迅速猛烈，一旦火灾处于发展阶段或猛烈阶段，火势蔓延开来，将会给扑救带来较大困难。因此，生产一线人员要抓住发现火灾时机早的有利条件，迅速采取正确的灭火方法，把火灾消灭在初起阶段，最大限度的降低火灾损失。

#### 12.3.3.1 生产装置初起火灾的扑救措施

(1) 液体火灾：例如法兰、管线腐蚀等高温油类泄漏火灾，可使用蒸汽带、固定式消防炮、消防水枪、干粉灭火器等灭火；如果管线压力较高，还要采取关阀断料等工艺灭火方法配合灭火。一些禁水物质例如烷基铝、三异丁基铝、丁基锂等，要采用干粉、干沙等灭火剂，禁止使用水、泡沫灭火。

(2) 气体火灾：对于液化气、天然气、乙烯、丙烯等气体类火灾，可使用固定式消防炮、消防水枪出水冷却控制，保护周围设备管线，防止火势进一步扩大，在不能关闭阀门断绝气体来源的情况下，禁止将火扑灭，只能控制其燃烧，待其燃尽后自然熄灭。

#### 12.3.3.2 储罐初起火灾的扑救措施

(1) 浮顶罐初起火灾的扑救措施

浮顶罐火灾大部分是由于雷击的感应电荷产生的火花引燃，或密封检修不良所致。火灾初起时，只在油罐的浮盘与罐壁之间的密封圈处燃烧，先是密封圈处某一段或几段燃烧，火势不大。灭火时要迅速选派精干人员携带灭火装备例如干粉灭火器、泡沫枪等登罐灭火。如罐顶有平台通道，登罐人员可沿通道用手提式干粉灭火器灭火，灭火时应两人合作，从一点开始背向而行绕罐一周灭火。如罐顶有固定或半固定泡沫灭火系统接口，登罐人员可使用泡沫枪连接固定或半固定泡沫灭火系统出泡沫灭火，在使用该方法时要求在人员登罐的同时要启动固定或半固定泡沫灭火设施。

(2) 拱顶罐或内浮顶罐初起火灾的扑救措施

油蒸汽通过油罐的透气孔、量油孔、呼吸阀冒出在罐外形成稳定的火炬型燃烧时，可选派人员登罐使用湿毛毡、浸湿的棉被或麻袋、石棉被等覆盖物盖住火焰，造成瞬时燃烧缺氧，致使火焰熄灭。采用此法应将人员分工，一部分人负责拿覆盖物灭火；一部分人负责射水掩护。在覆盖之前，用水流对覆盖物及燃烧部位冷却。进行灭火时，覆盖人员携带覆盖物，在掩护人员的射水掩护下，自上风方向靠近火焰，迅速覆盖，将火焰窒息。若油罐上孔洞较多，同时形成多个火炬燃烧，应用水流充分冷却油罐的全部表面，尽量使罐内温度及蒸汽压降低，再从上风方向将火炬一个一个地扑灭。

(3) 球罐初起火灾的扑救措施

球罐火灾，一般因物料进出管线或法兰、阀门等发生泄漏引起的。对此类初起火灾扑救，首先要开启着火罐的消防喷淋对罐体冷却，其次打开火点附近的固定消防水炮使用开花射流，对着火点冷却控制，在不能确保成功堵漏的情况下，要维持着火点的稳定燃烧，禁止将火扑灭。在灭火的同时要启动注水泵，通过注水管线往着火罐内注水，为灭火堵漏创造条件。

## 12.4 灭火装备和器材

### 12.4.1 消防车辆装备

消防车是装备了各种消防器材、消防器具的各类机动车辆的总称。一般由底盘部分、上装(消防设备)部分组成。

#### 12.4.1.1 消防车分类

(1) 按使用目的分类

灭火类消防车：即可喷射灭火剂并能独立扑救火灾的消防车。有水罐消防车、泡沫消防车、干粉消防车、干粉泡沫联用消防车、泵浦消防车等。

专勤类消防车：具有专项技术功能(灭火作业除外)，担负某项专项消防技术作业的消防车。有照明消防车、供气消防车、排烟消防车、通信指挥消防车、水带铺设消防车、抢险救援消防车、化学事故抢险救援消防车、化学洗消消防车等。

后援类消防车：向火场补充各类灭火剂、消防器材、个人防护装备等的消防车。有供水消防车、供液消防车、器材消防车等。

举高类消防车：装备了举高、救援和灭火装置，可进行登高灭火和救援的消防车。有登高平台消防车、云梯消防车和举高喷射消防车。

机场消防车：专门设计，有很高的越野性能和动力性能，可边行驶边喷射灭火剂，用于扑救飞机火灾的消防车，有机场先导消防车、机场救援消防车等。

(2) 按结构特征分：

罐类消防车：有水罐、泡沫消防车、干粉消防车等。

特种类消防车：有抢险救援消防车、照明消防车等。

举高类消防车：有举高喷射消防车、登高平台消防车。

#### 12.4.1.2 常用消防车

(1) 泡沫消防车：是指装备有消防泵、水罐、泡沫罐、车载炮，灭火时能够喷射泡沫的消防车。主要用于扑救易燃液体火灾。

(2) 水罐消防车：指装备有水罐、消防泵、车载炮的灭火消防车。可用于扑救易燃固体火灾、冷却保护相邻设备，也可用于向火场供水。

(3) 干粉消防车：是指装备有干粉灭火剂罐、高压氮气瓶组、管路和干粉炮的消防车。用于扑救易燃液体、可燃气体和一般电器的火灾。

(4) 二氧化碳消防车：是指装备二氧化碳灭火剂罐或高压储瓶及成套二氧化碳喷射装置的消防车。可用于扑救计算中心、电讯中心、贵重仪器仪表、图书档案、重要文物、电气设备(高压电气设备除外)以及小面积易燃液体火灾。

(5) 泡沫—干粉连用消防车：是一种同时装载水、泡沫灭火装置和干粉灭火装置的复合消防车，具有水、泡沫和干粉三种独立作战能力，其主要功能是依靠泡沫和干粉两种手段的联合应用，以扑救易燃液体和气体火灾。

(6) 通信指挥消防车：是用于火场指挥和通信联络的消防车。其配备有齐全的通信设备，集发电、升降照明、无线通信、火场录像、扩音指挥等功能为一体。由车体、发电照明系统、通信指挥系统等组成。

(7) 照明消防车：是以火场照明为主要功能的消防车。其装备有发电系统、照明系统、控制系统、升降系统等。

(8) 抢险救援消防车：是指装备有各种抢险救援工具和器材(包括各种破拆工具、救生气垫、堵漏工具)、消防员特种防护装备等的消防车。主要用于为火灾现场和各种事故现场提供各种抢险救援器材和工具。

(9) 排烟消防车：是以排烟、通风为主要目的的消防车。主要由底盘、排烟系统、动力传动机构、操纵机构等组成。

(10) 化学洗消消防车：主要用于化学灾害现场洗消作业。由底盘、乘员室、泵、锅炉、器材箱及管路系统等组成。

(11) 云梯消防车：一般采用直臂结构，主要用于救人，也可用于灭火。由汽车底盘、支腿结构、水路系统、围板、回转机构、转台、变幅机构、梯架总成、伸缩机构、载人平台(工作斗)、平台调平机构、安全限位机构、液压系统、电气控制系统和配套消防器材等组成。

(12) 登高平台消防车：是一种采用曲臂结构，由液压驱动，可360°回转的消防车。主要由底盘、支腿系统、转台、回转支承、回转机构、臂架、载人平台、附梯、线缆及液压软管输送托链、幅度限制器、液压系统、电气系统、消防水路系统等。

(13) 举高喷射消防车：采用曲臂结构，与登高平台消防车相比，其臂架顶端没有工作平台，不能载人，但装有大流量的泡沫炮。适用于扑救危险性较大的大型石油化工、油罐及高大建筑火灾。其结构与登高平台消防车基本相同。

### 12.4.2 灭火器材

#### 12.4.2.1 消防枪炮

是将灭火介质的静压能转变为动能，并以高速喷射至一定距离进行灭火或冷却等作业的消防装备，其灭火介质包括水、泡沫、干粉等。

按喷射介质分：消防水枪/水炮、消防泡沫枪/泡沫炮、消防干粉枪/干粉炮。

按安装型式分：移动式消防炮和固定式消防炮。

按操作型式分：手控消防炮、遥控消防炮、自摆消防炮。

消防枪是指由单人或双人手持操作的灭火剂喷射管枪，一般由接口、枪体、开关和喷嘴组成。

（1）消防水枪

是以水为灭火介质的消防。按射流型式分为：直流水枪、喷雾水枪、直流喷雾水枪和多用水枪。按工作压力分为：低压水枪（0.2～1.6MPa）、中压水枪（1.6～2.5MPa）、高压水枪（2.5～4.0MPa）、超高压水枪（>4.0MPa）。

① 直流水枪：用于喷射密集水射流，其喷射的水流为柱状，射程远、流量大、冲击力强，用于扑救一般固体物质火灾，以及灭火时的冷却等。包括无开关直流水枪、直流开关水枪和直流开花水枪等。

② 喷雾水枪：用于喷射雾状水射流。其对建筑物室内火灾具有很强的灭火能力。同时，还可用于扑救带电设备火灾、可燃粉尘火灾及部分油品火灾等。按其雾化喷嘴的结构型式分为：机械撞击式喷雾水枪、双级离心式喷雾水枪和簧片振动式喷雾水枪。

③ 直流喷雾水枪：是既能喷射密集射流，又能喷射雾状水流，并具有开启、关闭功能的水枪。根据直流-喷雾调节机构的类型分为球阀转换式直流喷雾水枪和导流式直流喷雾水枪两类。

④ 多用水枪是一种既可以喷射充实水流，又可以喷射雾状射流，在喷射充实水流或雾状水流的同时能喷射开花水流并具有开启、关闭功能的水枪。其射流形式可以互相装换，组合使用，机动性能好，对火场需要适应性好。

⑤ 中压水枪：具有直流和喷雾功能。其雾化性能因压力高而更好。其主要由喷嘴、枪筒、手柄、扳机和枪托等组成。

⑥ 高压水枪：与高压消防泵配套使用，也具有直流和喷雾功能，其雾化效果比低压和中压水枪更理想，具有更高的灭火效率和更小的耗水量。主要由喷嘴、阀芯、转动手柄、扳机和手柄等组成。

⑦ 超高压水枪：其水压可增至30MPa，在喷射时，形成具有较强灭火功能的细水雾。如在水中加入研磨剂，则可形成锐利的射流，可切割水泥和钢材等构筑物。

（2）消防泡沫枪

是吸入空气产生和喷射空气泡沫的消防枪。适用于扑救可燃液体火灾，也可喷射清水扑救一般固体火灾。分为低倍泡沫枪、中倍泡沫枪、高倍泡沫发生器、泡沫钩管。

① 低倍泡沫枪：其泡沫倍数一般小于10倍，具有较远的射程。分为自吸混合式和预混式两种。一般由接口、产生器、枪管和吸液管等部件组成。

②中倍泡沫枪：适用于扑救可燃固体、易燃液体火灾。其泡沫倍数在20～50倍之间。由导流式直流喷雾水枪和端部的泡沫筒组合而成。

③ 高倍泡沫发生器：其倍数为100～1000倍，适用于扑灭船舶、机库、动力机房、矿道等有限空间的立体火灾。

④ 泡沫钩管：是一种移动式低倍泡沫灭火设备，由钩管和泡沫产生器组成，适用于扑救未设固定泡沫灭火装置的小型油罐火灾。

（3）干粉枪

是以干粉-压缩氮气为喷射介质的消防枪。适用于扑救液体燃料和忌水物质的火灾。

（4）消防炮

消防炮是指设置在地面、消防车顶、船舶及其他消防设施上的灭火剂喷射炮，一般由炮头和炮体两部分组成。相对于消防枪，消防炮压力高、流量大、射程远。

移动式消防炮：包括移动式消防水炮和移动式消防泡沫炮。移动式消防水炮有炮座、喷嘴及相关附件组成。移动式消防泡沫炮由炮座、泡沫炮及相关附件组成。

固定式消防炮：包括车载消防炮、船用消防炮、地面或炮塔固定安装的消防炮。由炮座、喷嘴等部分组成。

自摆消防炮：是可在设定水平回转角度范围内自动往复回转的消防炮，其俯仰角可根据保护对象的要求调整。包括自摆消防水炮、自摆消防泡沫炮。

#### 12.4.2.2 消防水带、消防软管卷盘

消防水带和消防软管卷盘是用于输送水或其他液态灭火药剂的器材。消防水带以输送液态灭火剂为主，流量大但不能承受过高压力；消防软管可输送高压液态、气态和气溶胶状态的灭火剂，但流量小。

（1）消防水带

按衬里的材料可分为：橡胶衬里的消防水带、乳胶衬里的消防水带、聚氨酯（TPU）衬里消防水带、PVC 衬里消防水带、消防软管。按承受工作压力可分为：工作压力为 0.8MPa 的消防水带、工作压力为 1.0MPa 的消防水带、工作压力为 1.3MPa 的消防水带、工作压力为 1.6MPa 的消防水带、工作压力为 2.0MPa 的消防水带、工作压力为 2.5MPa 的消防水带。

按内径可分为：25mm、40mm、50mm、65mm、80mm、100mm、125mm、150mm、300mm 等规格。

（2）消防软管卷盘

按使用灭火剂种类分为：水软管卷盘、干粉软管卷盘、泡沫软管卷盘、水和泡沫联用软管卷盘、水和干粉联用软管卷盘、干粉和泡沫联用软管卷盘。

按使用场合分为：车用软管卷盘、非车用软管卷盘。

由输入阀门、卷盘、输入管路、支承架、摇臂、软管及喷枪等部件组成。

## 12.5 有毒有害气体防护管理

### 12.5.1 相关法律法规及标准

（1）《气体防护站设计规范》（SY/T 6772—2009）（国家能源局）；

（2）《正压式消防空气呼吸器标准》（GA124—2004）（公安部）；

（3）《气瓶安全监察规程》质技监局锅发〔2000〕250 号；

（4）《永久气体气瓶充装规定》（GB 14194—2006）（国家质监总局）。

### 12.5.2 气防站的设置

（1）石化企业气防站应设立在消防队。

（2）气防站至少应设 2~4 名管理人员。每辆气防救援车每班执勤气防员（不含驾驶员）按不少于 6 人配备。

（3）气防站到防护区域的最远点的行车距离不宜超过 2. 5km，气防站人员接警后赶到事故现场的时间不宜超过 5min。

（4）气防站宜位于防护区全年最小频率风向的下风侧，在山区、丘陵地区建站，应避开窝风地点，选择在通风较好、地势较高的安全位置。

气防站职责如下：

（1）贯彻执行上级部门下达的有关气体防护的政策、法规、制度，制定本企业气防工作的有关制度、规定。

（2）建立气防培训档案和气防器材管理档案，编制专职及志愿气防员的训练方案、气防事故预案，并单独或结合消防演习开展实战演练。

（3）负责防护范围内有毒、有害气体急性中毒、窒息等突发事故的现场应急救援，采取防护措施，防止事故扩大。

（4）负责对可能发生人员急性中毒、窒息的作业实施监护。

（5）定期对配置气防事故柜的岗位操作人员开展培训，并记录在案。

（6）每季度对本单位配置的气防器材进行一次检查，并做好检查记录。

### 12. 5. 3　气防设备和器材的配备、管理

（1）气防站应配备的主要设备、器材

① 气防车：应满足搭载气防员、防护设备、气体检测设备、急救设备等空间要求，还可根据实际设置具有转移受伤人员的功能。

② 防护设备、器材：空气呼吸器、长管式呼吸器、有毒气体检测仪、可燃气体检测仪、防化服、避火服，以及一定数量的备用气瓶等。

③ 急救设备、器材：氧气苏生器、折叠式担架和被褥、医药急救箱、缓降器等。

④ 其他器材：通信工具、心肺复苏模型，可根据需要配置空气呼吸器气瓶充气设备、气瓶检测设备、面罩检测设备、面罩清洗设备及维护、维修器具等。

（2）有毒有害气体作业单位或场所应配备的器材

应设置气防事故柜，配备空气呼吸器或防毒面具、防化服等气防器具。明确专职或兼职人员管理。

（3）气防设备器材管理

① 气防站应建立健全设备、器材的管理档案，每月要对设备器材检查测试，确保完好。

② 配备气防事故柜的单位每月要对事故柜内的器材检查、保养，并做好检查记录。

③ 气防站应每季度对本企业生产岗位气防事故柜所配置的气防器具进行一次检查。

### 12. 5. 4　气防知识教育培训

（1）企业应将气防知识纳入三级安全教育和考核内容，生产人员和辅助生产人员必须接受气防知识教育，考核合格方能上岗。

（2）企业应每年组织职工开展预防急性中毒、气防自救互救以及气防器材使用的培训，并记入个人档案。

（3）专职气防人员应参加初级急救员的培训，取得相应资质。

（4）空气呼吸器气瓶充装人员经专业培训、考核后，取得国家质检部门颁发的特种作业证才能上岗。

(5) 气防器材维修人员经气防器材生产厂家培训合格，并取得授权委托维修许可后方可上岗。

(6) 气防站应编制专职气防员的训练方案、一线操作人员培训方案，加强日常的训练和培训工作。

### 12.5.5 气防救援预案

(1) 气防站应针对企业内有毒气体防护重点部位制定气防事故预案，并单独和结合消防演习进行实战演练。

(2) 配置气防事故柜内的岗位要针对本单位容易发生有毒气体泄漏的部位编制气防预案，做到有柜就有案，并定期组织职工进行演练。

### 12.5.6 现场气防监护

(1) 进入含有毒、有害物质设备内检修及危险性较大的抽、堵盲板等作业，作业单位应提前申请，按规定办理相应票证，经主管安全的领导批准后方可进行；重大危险性的作业项目，作业单位可申请气防站派出专人进行监护。

(2) 监护人在工作时必须准备好防护器材及救援器材，并检查核实气防安全措施。

(3) 监护人应认真履行《进设备作业安全管理制度》中规定的监护责任，对措施不完善或措施未落实的作业，须要求相关人员进一步完善或落实措施至合格，否则有权停止检修工作。

(4) 监护人必须对作业人员的安全负责。工作前须规定联络信号，工作中如果发现作业人员违章作业，应立即停止其工作，并报告安监部门处理。

(5) 监护人必须选择适当的监护地点，注意自身防护，同时做好突发事故的应急处置准备工作。

(6) 监护人在作业期间，不得离开现场，不得做与监护无关的事。

(7) 作业人员发生意外时，监护人要在做好自身防护的情况下实施抢救，使作业人员迅速脱离作业环境，并采取正确的方法迅速施救。

(8) 一名监护人不能担任多人的监护工作。对于时间长的监护工作，应增加监护人员进行轮换，轮换时必须交接清楚。

### 12.5.7 气防救援

发生有毒气体泄漏或中毒事故时，应立即报警，并启动救援预案开展救援工作。

#### 12.5.7.1 气防救援原则

石油化工生产中发生的有毒物料泄漏事故除具有一般事故的特点以外，还具有突发性、事故扩散迅速、事故影响范围广、容易造成的伤害类型多等突出特点，因此在事故救援中应贯彻以下原则：

(1) 坚持救人第一的原则：在各类抢险救援中，拯救生命和疏散人员是优先考虑和竭力实现的首要目标，救援人员首先要了解现场是否有人受伤或被困，如果需要救人，必须结合现场实际，研究救人的方案，实施救人。

(2) 做好自身防护的原则：救援人员实施救援前首先要做好自身防护，尤其是深入泄漏区开展侦察、人员搜救、堵漏、关阀以及泄漏区外负责洗消等任务的人员，要根据泄漏物质的性质采取有针对性的呼吸防护、身体防护以及防爆措施，做到安全施救，避免不必要的损伤。

（3）统一指挥、协同作战的原则：石油化工抢险救援是一项涉及面广、专业性强的工作，靠某一个单位或部门是很难完成的，必须把各方面的力量组织起来，形成统一的救援指挥部门，在救援指挥部的统一指挥下，事故单位、消防、水务、运保、质检、环保等单位和部门密切配合，协同作战，迅速、有效地组织和实施救援。

（4）科学救援的原则：救援时要根据现场实际情况做到科学调集力量、科学制定救援方案，战术措施运用得当，救援中要根据情况变化及时调整战术措施，确保救援任务安全、迅速的完成。

#### 12.5.7.2 救援程序

（1）现场侦察

救援人员要迅速侦察了解以下情况：

① 查明泄漏容器储量、泄漏部位、泄漏形式。

② 查明遇险人员数量、位置和营救路线。

③ 了解事故单位已经采取的处置措施、内部消防设施配备及运行、先期疏散抢救人员等情况。

④ 检测风向、风力、气体扩散浓度等。

（2）警戒疏散

根据侦察检测情况确定警戒范围，设置警戒标志和出入口。严格控制进入警戒区特别是重危区的人员、车辆和物资，疏散泄漏区域和扩散可能波及范围内的无关人员。对于易燃易爆物质泄漏，要切断事故区域内的电源，熄灭火源，停止高热设备，进入警戒区人员严禁携带、使用移动电话和非防爆通信、照明设备，严禁穿戴化纤类服装和带金属物件的鞋，严禁携带、使用非防爆工具，消除警戒区内一切可能引起爆炸燃烧的条件。

（3）防护

抢险救援人员刚到现场时，绝不可贸然深入事故源附近区域，必须对事故现场危险性做出正确判断和准确评估，掌握危险源及危害程度，做好安全防护措施后，方可展开全面抢险行动。进入内部执行侦察、关阀堵漏、人员搜救任务的抢险人员内衣必须是纯棉的，外穿气密性防化服或其他型号的防化服。根据事故物质的毒性、易燃易爆性及划定的危险区域，确定相应的防护等级，配备相应的防护装备，防护等级划分标准见表 12.1。

**表 12.1 防护等级划分标准**

| 危险区域毒性 | 重度危险区 | 中度危险区 | 轻度危险区 |
|---|---|---|---|
| 剧毒 | 一级 | 一级 | 二级 |
| 高毒 | 一级 | 一级 | 二级 |
| 中毒 | 一级 | 二级 | 二级 |
| 低毒 | 二级 | 三级 | 三级 |
| 微毒 | 二级 | 三级 | 三级 |

根据防护等级，采取的防护标准见表 12.2。

表 12.2　防护标准

| 级别 | 形式 | 防化服 | 呼吸防护 |
|---|---|---|---|
| 一级 | 全密封连体式结构 | 一级化学防护服，由带大视窗的连体头盔、化学防护服、正压式消防空气呼吸器背囊、化学防护靴、化学防护手套等组成 | 正压式空气呼吸器 |
| 二级 | 连体式结构 | 二级化学防护服，一般由化学防护服、化学防护手套构成 | 正压式空气呼吸器 |
| 三级 | 呼吸 | 简易防化服 | 简易滤毒罐、面罩或口罩 |

(4) 人员搜救

选择精干人员组成搜救小组，小组成员佩戴好个人防护装备及救生器材，进入现场搜救中毒或被困人员，并采取正确救援方法将其转移至安全区域。救出后根据人员的中毒或受伤情况采取有针对性的初期急救措施，或立即转交现场医护人员实施急救。

(5) 险情控制

① 有毒(易燃易爆)气体泄漏，要在泄漏点周围采取喷雾状水稀释泄漏物浓度，或利用铺设水幕水带或使用屏障水枪形成水幕墙，防止气体向重要目标或危险源扩散，还要采取关阀、堵漏、输转倒罐、化学中和、浸泡水解(体积较小的钢瓶容器)等方式制止泄漏。

② 受限空间例如塔内、地下井内、球罐内发生人员中毒时，要及时通过风机、工业风管、长管呼吸器向内通风，维持中毒人员生命。

③ 污油池、油罐、酸碱罐内发生人员坠入时，要及时抛入绳索、消防水带等，或通过长杆使跌落人员抓住救助物防止坠溺，为进一步救援提供帮助。要限制上罐顶参与救援的人数，防止人数过多造成罐顶坍塌带来次生事故。

(6) 洗消

① 在危险区和安全区交界处搭建洗消帐篷，设置洗消站，准备好干净的衣物。

② 洗消对象：中毒人员在送医院治疗之前必须进行洗消，现场参与抢险人员和救援器材在救援行动结束后要全部进行洗消。

③ 洗消方法：

化学洗消法：将洗消剂溶于水中并喷洒在染毒区域或受污染物体表面，进行化学中和，形成无毒或低毒物质。

物理洗消法：用吸附垫、活性炭等具有吸附能力的物质，吸附回收后转移处理。

如果现场没有以上物质可采用大量清水冲洗。

(7) 现场清理

用喷雾水、蒸汽或惰性气体清扫现场内事故罐、管道、低洼地、下水道、沟渠等处，确保不留残液(气)。

## 12.5.8　气防救援现场常用药品

气防救援现场常用药品见表 12.3。

表 12.3　气防救援现场常用药品

| 药品名称 | 用 途 | 使用方法 |
|---|---|---|
| 3%硼酸液 | 用于碱烧伤的冲洗 | 清水冲洗创面后再用本品中和或湿敷 |
| 2%碳酸氢钠溶液 | 用于酸烧伤的冲洗 | 清水冲洗创面后再用本品中和或湿敷 |
| 50%～70%酒精 | 用于苯酚灼伤 | 清水冲洗创面后再用浸过本品的棉花或纱布将创面的酚液擦去 |
| 抗生素眼膏 | 用于眼睛被低浓度的酸或碱灼伤 | 大量水冲洗后涂本品 |
| 眼药水 | 用于眼睛被低浓度的碱灼伤 | 大量水冲洗后滴本品 |
| 止血带、绷带 | 用于外伤 | 包扎 |

## 12.6 案例分析

### 12.6.1 某乙烯装置爆炸火灾扑救情况

#### 12.6.1.1 情景

2001 年 10 月 3 日零点 38 分，某乙烯装置因可燃气大量泄漏，遇明火发生空间爆炸，造成急冷区、炉区设备损坏、物料泄漏引发大火。消防支队调集了全部消防力量，共计 6 个中队、一个气体防护站，出动 25 台消防战斗车、1 台气防救护车、142 名消防指战员，经过 2 小时 26 分钟的顽强作战，扑灭大火，最大限度地保护了国家的财产。

乙烯是石油化工生产的龙头装置，1976 年 5 月建成投产，乙烯年产量为 30 万吨；后经两次改扩建，乙烯年产量达到 66 万吨。该装置以轻柴油和石脑油为原料，经裂解、急冷、压缩、分离后，生产乙烯、丙烯、混合碳四、裂解汽油、燃料油、氢气等产品。乙烯的生产过程从原料、燃料（天然气）到产品，均为易燃易爆物品，具有较大的火灾危险性。

此次爆炸的中心位置在炉区南侧管廊部位，爆炸造成东侧急冷区 104 塔塔体损坏，北侧炉区 111 号裂解炉燃料气管线破裂，致使急冷区 104 塔大量油气混合物流淌与喷射，形成大面积流淌及喷射火灾，炉区 111 号裂解炉下部形成气体泄漏火灾。着火面积约 $1000m^2$。爆炸造成区域内的钢柱、管线弯曲，爆炸中心四周数十米范围内的大部分管线保温铁皮飞落、西侧 40m 处安放在路旁的施工铁制房屋被冲击波挤扁、西侧进装置区的铁制大门倒塌，严重变形无法打开，爆炸中心一千米左右范围内的门窗玻璃破碎。

火灾扑救大体分为三个阶段：

(1) 第一阶段：包围控制，直插重点，防止爆炸。

消防支队接到火警后，迅速调集了所有消防车辆赶赴火场，对火场形成了包围态势，全力冷却保护受火势威胁的设备、框架与管线。三中队 3 台车由于车辆受阻，依次停在 111 号裂解炉的西南侧七号路上，分别出车载炮灭炉区南侧管廊空间火及地面流淌火；四中队 4-03、4-02 车停在急冷区东南角、4-04 车停在急冷区东侧，分别出车载炮灭 104 塔南侧路面上的流淌火和 104 塔周围的框架火；二中队 2-01、2-03 车分别停在压缩区东南角和一号路上，各出一门移动炮直接出泡沫灭 104 塔周围的地面流淌火和框架火；五中队 5-01、5-02 车停在急冷区东侧、5-04 车停在火点的北侧，分别出车载炮冷却急冷区火点周围的框架与设备；气防站到场后发现一名受伤职工，立即将其送往医院。整个火场的关键是急冷区 104

塔，该塔为压力容器，火势最为猛烈，不但喷射燃烧，且塔顶流出的物料流淌火已将整个塔身包裹，形成了立体燃烧；随着燃烧时间的延长，在高温下，塔内物料膨胀，压力上升，塔壁钢板强度降低，随时都有可能发生二次爆炸。冷却保护104塔成为控制火场形势恶化的重中之重。104塔南侧道路上的流淌火扑灭后，火场指挥部立即命令六中队进口大功率泡沫消防车6-01，在侧下风的不利位置从东南侧强行直插越过管廊，使用车载炮出泡沫直接冷却保护104塔；又将一中队一台大功率进口泡沫消防车1-01部署在104塔的北侧，同样使用车载炮出泡沫对104塔进行冷却保护，将六中队的42米举高车6-03部署在东南侧，升臂越过管廊居高临下对104塔进行冷却保护。又组织了几支水枪、带架水枪进入腹地对104塔实施冷却保护增加冷却强度。形成南北夹击、远近结合、上下进攻的态势，三台车载炮和水枪、带架水枪的总流量达220L/s。104塔在强大射流的攻击下，塔体得到了有效的冷却保护，避免了二次爆炸，稳定了火场大局，避免了形势进一步恶化，同时喷射到塔上的泡沫流下来后又逐步覆盖了地面火。为了防止意外，火场指挥部还派出了二台消防车到西侧80米处的乙烯球罐区进行保护。

(2) 第二阶段：消灭外围，控制火势，工艺灭火。

在重点对104塔冷却保护的同时，其他消防车辆迅速将火场内框架、管廊的地面流淌火消灭。这时只剩下急冷区104塔和炉区111号裂解炉下部燃料管线的两个火点。在炉区部位，由于111号裂解炉的着火物质是天然气，不能将火扑灭，必须维持其稳定燃烧。西侧三中队将框架火、地面流淌火消灭后，立即清理路面上的障碍物，将3-02、3-04车前移，停在炉区西侧，各出2只水枪，从炉区穿入，3-03车出一支水枪从南侧进入；五中队5-01车出两只带架水枪从急冷区穿入；一中队1-03车出一支水枪从北侧进入同时对炉区气体火进行冷却保护。而后，在急冷区部位，又组织了4-04车一支水枪、2-01、2-03车各一支带架水枪增加对104塔的冷却保护强度。进入火场冷却保护的水枪手们处于不利的位置，前后、高空都有火并且又是下风向，他们忍受着强大的辐射热和呛人烟雾，冒着随时都有二次爆炸的危险，始终坚持阵地，丝毫没有退却。在控制和稳定燃烧的基础上，灭火转入了以切断物料、工艺灭火为主的重点时期。火场指挥部迅速组织车间控制室人员进行工艺处理。由于104塔的物料来源于上游的103塔，两塔联接的管线没有阀门控制，不能直接切断物料，控制室只能采取逐步降低103塔的压力、提高104塔水液面的措施实现切断物料。随着工艺灭火措施的采取，104塔的火势逐步减弱，但仍然没有熄灭。火场总指挥部再次组织人员命令关闭了塔根部4个阀门，切断了104塔下游回窜的物料，2点38分104塔火被扑灭。随即，火场指挥部又命令切断炉区天然气燃料线的阀门。随着余气和残液逐步烧尽，炉区的火于3点04分熄灭。

(3)第三阶段：冷却保护，防止复燃复爆。

大火扑灭后，火场指挥部下令：继续对104塔和炉区进行大水流冷却，防止复燃复爆。又经近半小时的冷却，对104塔和炉区检测确认无复燃复爆可能，夺取了灭火战斗的最后胜利。

#### 12.6.1.2 问题

(1) 简析化工装置火灾的扑救对策。

(2) 化工装置火灾扑救注意事项有哪些?

#### 12.6.1.3 简析

化工装置的火灾扑救对策：

(1)坚持“集中兵力、准确迅速”的战术原则，加强第一出动力量，根据灭火预案或报警情况，迅速向火场集结具备在浓烟、毒气、高温、高空条件下灭火攻坚的优势兵力。

(2)坚持“先控制、后消灭”的战术原则，在不具备强攻灭火的条件下，将堵截火势蔓延，冷却设备防止爆炸作为灭火的重点，待时机成熟(工艺措施落实到位并取得一定的成效)，集中兵力一举歼灭火灾。

(3)视现场情况采取堵截、突破、夹攻、合击、分割、围歼等战术方法，对大面积火场进行分割，进而逐片消灭；对地面流淌火，则采取筑堤堵截的措施，防止火灾蔓延扩大；对框架立体火灾采取上下合击的方法，分段消灭。

(4)充分利用现场安装的水喷淋、泡沫、干粉、蒸汽等固定灭火设施进行冷却保护和火灾扑救。

(5)在冷却控制火势发展的同时，积极配合装置工程技术人员采取关阀断料、降压、导流等工艺措施，减少、断绝着火设备(或系统)内的物料，消除着火源。

扑救化工装置火灾应注意以下几点：

(1)落实参战人员的个体防护装备，对一般人员要落实防毒、防高温、防冻伤、防噪声等安全防护措施，对于登高灭火的指战员还应采取高空防坠落安全措施。

(2)冷却着火装置(设备)或邻近装置(设备)时，对高温部位应选用开花水流进行冷却，防止高温部位骤冷爆裂，对其他部位的冷却应均匀，不能出现空白点，防止装置(设备)变形。

(3)当装置内储存或输送物料的设备或管线受到火势威胁时，应将其作为主攻方向，组织精干力量，加以冷却保护。

(4)对气体泄漏火灾，在采取工艺处理措施前，切忌盲目将火点打灭。

(5)火灭后，应对燃烧区内的设备、管道继续进行冷却保护，并将地上流淌油品导流到安全地点进行回收，防止复燃、复爆。

(6)对继续泄漏扩散的少量可燃气体，要用喷雾水将其驱散，防止形成爆炸性混合气。

(7)对乙烯冷凝设备或管道火灾，一般不宜用水扑救，可用干粉、氮气、二氧化碳等灭火剂灭火。

### 12.6.2 某储运公司输油站油罐雷击火灾灭火案例分析

#### 12.6.2.1 情景

2006 年 8 月 7 日中午约 11 点 45 分，突降雷暴雨。12 点 20 分，输油站消防泵房值班人员在罐区 1#电视监控探头被雷击坏的情况下，通过 4#电视监控探头发现 16#罐顶有火光(16#罐是 $15\times10^4m^3$ 金属浮顶油罐，当时，罐位为 16.160m，油量为 $12.58\times10^4m^3$)。

12 点 21 分左右，值班员立即向站控制值班人员报警，随后通知站消防队两台消防车出警。消防泵房值班人员经火情确认后迅速启动了消防供水系统和泡沫灭火系统，对 16#罐进行罐壁冷却和罐顶泡沫灭火覆盖。同时站调度向管道公司输油调度汇报，及时切换该油罐倒罐流程。12 点 25 分，站消防队 2 辆消防车和站领导同时到达现场，对油罐火情进行了侦察，12 点 27 分，站灭火指挥部派 6 名专职消防队员登上罐顶使用分水器，出 3 支泡沫管枪下到油罐浮船上，对固定泡沫产生器来不及覆盖的着火点实施扑救。在固定灭火器设施和移动灭火力量共同的作用下，12 点 41 分罐顶明火全部扑灭，12 点 46 分固定泡沫系统停止供应泡沫。

12 点 43 分后，公安和兄弟企业 4 辆增援消防车先后到达现场，在固定泡沫系统停止供应泡沫的情况下，为防止复燃，由 2 台泡沫消防车出 4 路泡沫管枪分对 16#罐顶的不同着火点继续进行泡沫覆盖，约 30min 后停止了泡沫覆盖。同时，站领导组织志愿消防队员关闭 16#罐区排水阀，采用砂袋封闭 16#罐区周围明沟，防止消防冷却水及泡沫液外流，避免污染周边环境。

本次灭火过程中，固定消防系统共启动消防供水泵 1 台，单泵流量为 $792m^3/h$；消防泡沫泵 2 台，流量为 $576m^3/h$；固定消防炮 1 台，流量为 100L/s（因灭火效果不佳只使用几分钟）。出动消防车 17 辆，其中输油站自备消防车 2 辆，周边企业及地方消防车 15 辆；固定消防设施及移动消防设施共消耗泡沫 26t；冷却及灭火用水 1200 $m^3$。

注：油罐区 2 座 $15\times10^4m^3$ 储油罐固定消防系统配置情况：SL—M500 型自动报警控制系统一套，罐顶浮船犊边设有光纤光栅感温报警探测系统；与自控系统配套的远程消防系统手操控制盘一套；消防供水泵 12SH—6 型 2 台，流量 $792m^3/h$；XBD135/160—300N 泡沫供水泵 2 台，流量 $576m^3/h$；BPPH 泵入平衡压力式泡沫比例混合器，混合液流量 60—200L/s；泡沫液罐容量 14 $m^3$，泡沫液型号 AFFF3 型水成膜泡沫液；罐顶泡沫产生器 PC8 型 14 只；消防储水罐 3 座，共计储量 3000 $m^3$。

#### 12.6.2.2 问题

试分析此次火灾扑救成功的经验。

#### 12.6.2.3 简析

此次油罐火灾能够得到成功扑救主要得益于以下几个方面：

(1)消防值班人员责任心强，应急反应速度迅速，为油罐灭火赢得了宝贵时间。

(2)罐区消防设施完善，泡沫覆盖到位，指挥得当，措施准确果断。油库火灾应急预案启动迅速、有效。

(3)地方及邻近企业各部门响应及时，消防、公安、交通、环保部门等应急预案启动迅速。

### 12.6.3 某液化气灌装厂球罐泄漏事故

#### 12.6.3.1 情景

2002 年元月 28 日上午 8 时左右，某液化气罐装厂发生了液化气大量泄漏事故。消防支队火警指挥中心于 8 时 57 分接到报警后，立即调派气防站和二个大队，共 5 辆消防车、1 台气防救护车，40 余名指战员赶赴现场，于 10 时 35 分将泄漏处置完毕，成功地保护了该厂价值 3000 万的财产和附近饲料添加剂厂、长芦停车场、营业大厅的安全，避免了一起可能发生的爆炸火灾事故。

该液化气灌装厂，位于公司芳烃厂的北面，它的西面是饲料添加剂厂，东面是停车场和营业大厅，占地面积 $26588m^2$。该厂内有 $2000m^3$ 球罐 1 座、$1000m^3$ 球罐 2 座、$50m^3$ 卧罐 2 座、槽车灌装台 2 个，共 11 个候位，已灌装的民用液化气钢瓶 300 多只。球罐区当日的储量分别是：$1000m^3$ 的 2 座球罐为满罐，$2000m^3$ 的球罐为 150t。槽车灌装台当日灌装量为 1500t。装瓶间灌装周转量为 400 只。

2002 年元月 28 日上午 8 时许，该灌装厂职工巡查至 V-101 球罐（$2000m^3$）时发现罐底根部热电偶损坏正向外泄漏液化气，由于巡检人员对损坏热电偶的处置方法不当，造成 DG20 的管道大面积的泄漏。

消防支队火警调度指挥中心接警后，立即调集责任区二大队和特勤大队。9 时 02 分出动力量到达泄漏现场。随后值班主任、支队领导、战训科长及有关科室人员相继赶到现场，迅速成立抢险指挥部。根据厂方人员提供的情况及现场的实际侦察，确定是V-101罐根部热电偶温度计爆裂造成液化气泄漏，泄漏时间已达1小时左右，整个罐区弥漫的液化气已高达2米多，另一股液化气雾状云带越过防火堤，正通过公司5号门向东南方向扩散，情况十分危急。指挥员立即下达抢险命令：

第一，所有消防车、人员未经允许一律不得进入泄漏现场。

第二，现场所有人员关闭手机和对讲机，对现场正在灌装的车辆和待装车辆一律就地熄火，人员撤离现场。

第三，二大队利用现场消火栓出水枪对泄漏的液化气进行稀释，阻止液化气向灌装车间方向蔓延。

第四，特勤大队负责疏散现场大门外待装车辆及无关人员，对周边气体进行了检测，在泄漏罐的东、西、南侧划定警戒线封锁道路。

第五，气防站和特勤大队做好救护人员准备。

第六，厂方人员做好向罐内注水、提高罐内液位的准备工作。

第七，进入泄漏现场人员要做好个人防护(着避火服，佩戴空气呼吸器)，杜绝一切可能产生火花的危险因素(如消火栓扳手开启消火栓、水带间接口于地面的摩擦)。

二大队值班队长接受命令后，迅速带领12名消防员进入泄漏现场利用现场三只消火栓，分别在V-101罐的东面和南面出6支喷雾水枪稀释泄漏的液化气，阻止液化气向四周蔓延。特勤大队气防抢险班对现场及周围液化气体浓度进行了检测，并一直对检测数据实行动态跟踪。在公安处及当地派出所民警协助下，对周边1km范围内住户居民的动火、用电进行了严格控制，清理了泄漏现场200m范围内的无关车辆和人员，对周围的交通实施了管制。10时15分，所有注水工作准备完毕，两名消防员出2支喷雾水枪，首先对物料管线切水阀门处液化气雾进行驱散、稀释，在确保此处安全的基础上，厂方安全工程师用无火花工具从物料管线切进消防水，10时35分注水成功，泄漏得到了控制，消防人员继续用喷雾水进行稀释，约11时左右，整个险情得以消除。

#### 12.6.3.2 问题

试分析此次事故抢险的成功经验。

#### 12.6.3.3 简析

此次事故抢险的经验主要有以下几点：

(1)火警调度指挥中心接处警果断、正确，依据程序及时报告支队主管领导、公司总值班室、生产总调、安环处、公安处。各相关单位和人员按抢险预案要求及时赶到现场展开工作。

(2)现场指挥员处理果断，责任区大队到达现场后，所有车辆没有贸然进入泄漏现场。

(3)指挥措施得当，战训部门和支队领导到达现场后，迅速对现场情况进行及时了解，实施侦察，采取的方法与处置步骤正确。

(4)战术运用正确，抢险方法得当，及时有效地控制了气体蔓延、扩散，并成功控制住了可能引发爆燃的一切危险因素，为成功堵漏提供了保障。

(5)厂方技术人员业务熟悉，防火意识强，工艺处理配合得当，在消防人员保护下，用消防水切水管线向罐内注水，为后面堵漏提供了安全条件。

## 12.7 思考题

(1) 怎样理解炼化企业的消防安全管理职责？

(2) 炼化企业消防安全管理的内容有哪些？

(3) 灭火预案的主要内容有哪些？

(4) 简述石油化工企业生产装置初起火灾的扑救对策。

(5) 现场气防监护的主要内容有哪些？

# 第13章 事故管理

本章主要介绍事故管理相关知识，工伤认定及职业病的管理，未遂事件的管理等。

通过本章的学习，以掌握事故调查的组织、形式、方法和程序，熟悉事故报告的编写格式、内容和报告程序，以及事故统计分析方法和工伤、职业病的认定及其管理办法。通过学习可以了解如何运用事故调查的方法和步骤，准确分析事故发生的过程、原因、责任及经济损失；掌握事故处理的原则和内容；写出事故调查报告；掌握事故的统计方法；明确工伤认定和职业病的管理；了解集团公司对未遂事件的管理要求。

## 13.1 事故的分类和分级

### 13.1.1 事故分类

#### 13.1.1.1 中国石化对安全事故的分类

中国石化《安全事故管理规定》中所指安全事故包括火灾事故、爆炸事故、人身事故、生产事故、设备事故、交通事故和放射事故。

（1）火灾事故：在生产过程中，由于各种原因引起的火灾，并造成人员伤亡或财产损失的事故；

（2）爆炸事故：在生产过程中，由于各种原因引起的爆炸，并造成人员伤亡或财产损失的事故；

（3）设备事故：由于设计、制造、安装、施工、使用、检维修、管理等原因造成机械、动力、电气、电信、仪器（表）、容器、运输设备、管道等设备及建（构）筑物等损坏造成损失或影响生产的事故；

（4）生产事故：由于“三违”或其他原因造成停产、减产以及井喷、跑油、跑料、串料的事故；

（5）交通事故：车辆、船舶在行驶、航运过程中，由于违反交通、航运规则或因机械故障等造成车辆、船舶损坏、财产损失或人身伤亡的事故；

（6）人身事故：员工在劳动过程中发生的与工作有关的人身伤亡和急性中毒事故；

（7）放射事故：放射源丢失、失控、保管不善、造成人员伤害或环境污染的事故。

#### 13.1.1.2 国家有关伤亡事故的分类

（1）《企业职工伤亡事故分类》（GB 6441—1986）规定的20种事故类别：

物体打击、车辆伤害、机械伤害、起重伤害、触电、淹溺、灼烫、火灾、高处坠落、坍塌、冒顶片帮、透水、放炮、火药爆炸、瓦斯爆炸、锅炉爆炸、容器爆炸、其他爆炸、中毒和窒息、其他伤害。

（2）依据人身伤亡事故的严重程度分四类：

①轻伤事故：指职工负伤后休息1个工作日以上，构不成重伤的事故。

②重伤事故：一般能引起人体长期存在功能障碍，或劳动能力有重大损失的伤害。重伤

标准按原劳动部(〔60〕中劳护久字第56号)《关于重伤事故范围的意见》执行。

(3) 死亡事故：指一次死亡1~2人的事故(含负伤后30天内死亡)。

(4) 重大死亡事故：指一次死亡3人以上(含3人)的事故。

### 13.1.2 事故分级

国务院第493号令《生产安全事故报告和调查处理条例》根据生产安全事故(以下简称事故)造成的人员伤亡或者直接经济损失，分为以下等级：

(1) 特别重大事故，是指造成30人以上死亡，或者100人以上重伤(包括急性工业中毒，下同)，或者1亿元以上直接经济损失的事故；

(2) 重大事故，是指造成10人以上30人以下死亡，或者50人以上100人以下重伤，或者5000万元以上1亿元以下直接经济损失的事故；

(3) 较大事故，是指造成3人以上10人以下死亡，或者10人以上50人以下重伤，或者1000万元以上5000万元以下直接经济损失的事故；

(4) 一般事故，是指造成3人以下死亡，或者10人以下重伤，或者1000万元以下直接经济损失的事故(所称的"以上"包括本数，所称的"以下"不包括本数)。

## 13.2 事故报告

### 13.2.1 事故快报的要求

#### 13.2.1.1 电话快报

电话快报：指事故发生后必须以最快的方式，如电话、电邮、传真等通信方式报告事故情况。

#### 13.2.1.2 国务院第493号令《生产安全事故报告和调查处理条例》规定

事故发生后，事故现场有关人员应当立即向本单位负责人报告；单位负责人接到报告后，应当于1小时内向事故发生地县级以上人民政府安全生产监督管理部门和负有安全生产监督管理职责的有关部门报告。

情况紧急时，事故现场有关人员可以直接向事故发生地县级以上人民政府安全生产监督管理部门和负有安全生产监督管理职责的有关部门报告。

#### 13.2.1.3 中国石化规定

若发生上报中国石化事故或备案事故，事故单位应立即上报。直属企业接到报告后，应在1小时内报告安全监管局。情况特别紧急时可先用电话口头报告。并应当在事故(事件)发生12小时内填写《中国石化事故快报》或《中国石化备案事故快报》上报安全监管局。同时应当按照国家有关规定，及时向事故发生地人民政府安全生产监督管理部门和负有安全生产监督管理职责的有关部门报告有关事故情况。当关键装置要害部位发生火灾、爆炸或可燃物质、有毒有害气体非正常排放、严重泄漏，危及周边社会公共安全时，各单位要立即用简明文字或电话报告中国石化办公厅总值班室和安全监管局。

#### 13.2.1.4 书面快报

书面快报：即事故初期基本情况和应急救援的情况，主要包括：

① 事故发生的时间、地点、单位；

② 事故的简要经过及已经造成的后果；

③ 事故发生原因的初步判断；

④ 事故发生后采取的措施及事故控制情况；

⑤ 事故报告单位、报告人。

### 13.2.2 事故调查报告的要求

#### 13.2.2.1 事故调查报告的时间

（1）国务院第 493 号令《生产安全事故报告和调查处理条例》要求

事故报告应当及时、准确、完整，任何单位和个人对事故不得迟报、漏报、谎报或者瞒报。自事故发生之日起 30 日内，事故造成的伤亡人数发生变化的，应当及时补报。道路交通事故、火灾事故自发生之日起 7 日内，事故造成的伤亡人数发生变化的，应当及时补报。事故报告后出现新情况的，应当及时补报。

（2）中国石化规定

凡发生集团公司级事故或单位应承担一定责任的备案事故，各单位应在事故发生后 30 天内，按照《中国石化事故调查报告》的要求提交事故调查报告，连同《中国石化“四不放过”登记表》一并上报安全监管局。各单位辖区周边发生的，可能对企业造成影响的重大事故、事件，也要作为紧急信息报告安全监管局。

#### 13.2.2.2 事故调查报告的内容

国务院令第 493 号《生产安全事故报告和调查处理条例》要求的事故报告内容：

（1）事故发生单位概况；

（2）事故发生经过和事故救援情况；

（3）事故造成的人员伤亡和直接经济损失；

（4）事故发生的原因和事故性质；

（5）事故责任的认定以及对事故责任者的处理建议；

（6）事故防范和整改措施；

（7）事故报告应当附具的有关证据材料及事故调查组成员在事故调查报告上签名。

中国石化规定的报告内容：

（1）发生事故的直属企业名称；

（2）发生事故的直属企业下属单位名称；

（3）发生事故的时间；

（4）事故类别；

（5）事故经过（附事故现场示意图、工艺流程图、设备图）；

（6）事故伤亡情况：伤亡人数及伤亡者姓名、性别、年龄、工种、级别、本工种工龄、文化程度、直接致害原因、伤害部位及程度；

（7）事故直接经济损失和间接经济损失（附计算依据）；

（8）事故原因；

（9）事故教训及防范措施；

（10）事故责任分析及处理情况（包括直接责任、主要责任、领导责任、管理者责任的分析及对事故责任者的处理意见）；

（11）附件：包括相关图片、资料、记录和口录、证明材料及调查组人员签名等。

## 13.3 事故调查

### 13.3.1 国务院事故调查的分工

（1）按照《生产安全事故报告和调查处理条例》（国务院第 493 号令）规定：特别重大事故由国务院或者国务院授权有关部门组织事故调查组进行调查。

（2）重大事故、较大事故、一般事故分别由事故发生地省级人民政府、设区的市级人民政府、县级人民政府负责调查。省级人民政府、设区的市级人民政府、县级人民政府可以直接组织事故调查组进行调查，也可以授权或者委托有关部门组织事故调查组进行调查。

（3）未造成人员伤亡的一般事故，县级人民政府也可以委托事故发生单位组织事故调查组进行调查。

（4）上级人民政府认为必要时，可以调查由下级人民政府负责调查的事故。

（5）自事故发生之日起 30 日内（道路交通事故、火灾事故自发生之日起 7 日内），因事故伤亡人数变化导致事故等级发生变化，依照本条例规定应当由上级人民政府负责调查的，上级人民政府可以另行组织事故调查组进行调查。

（6）特别重大事故以下等级事故，事故发生地与事故发生单位不在同一个县级以上行政区域的，由事故发生地人民政府负责调查，事故发生单位所在地人民政府应当派人参加。

### 13.3.2 中国石化事故调查分工

中国石化《安全事故管理规定》对各类事故的调查做了明确的分工，根据事故的类别及严重程度，各类企业级事故由各单位职能部门负责调查，各单位安全监督管理部门为事故综合管理部门，主管各类事故的汇总、统计、分析和上报工作；按“四不放过”原则，对各类事故的调查处理情况进行监督。上报事故由中国石化组织调查或委托青岛安全工程研究院参与调查。

(1)各单位发生事故后，在地方政府部门调查处理的同时，中国石化内部也应组织调查。一般事故由各单位组织调查；较大及以上事故由中国石化组织调查。必要时，中国石化可对一般事故进行调查处理。

(2)系统外的承包商、承运商发生事故，由其自行组织调查。各单位应对承包商、承运商的事故调查工作进行监督。

(3)各单位安全监督管理部门负责本单位各类事故的汇总、统计、分析和上报工作，对本单位各类事故的调查处理情况进行监督管理。各类事故的调查、处理、统计、分析、归档等工作要按照“谁主管，谁负责”的原则，由各单位相关职能部门分工负责。具体职责如下：

① 人身事故由安全监督管理部门负责。

② 火灾和爆炸事故由消防管理部门负责。

③ 设备事故由设备管理部门负责。

④ 生产事故由生产、技术管理部门负责。

⑤ 放射事故由环境保护管理部门负责。

⑥ 交通事故由交通管理部门负责。

### 13.3.3 事故调查组组成

国务院《生产安全事故报告和调查处理条例》(第493号令)要求，事故调查组的组成应当遵循精简、效能的原则。

根据事故的具体情况，事故调查组由有关人民政府、安全生产监督管理部门、负有安全生产监督管理职责的有关部门、监察机关、公安机关以及工会派人组成，并应当邀请人民检察院派人参加。

中国石化事故调查组，可以按照国务院及中国石化相关要求组成。

#### 13.3.3.1 成员条件

(1) 事故调查组成员应当具有事故调查所需要的知识和专长；

(2) 与所调查的事故没有直接利害关系；

(3) 在事故调查工作中应当诚信公正、恪尽职守，遵守事故调查组的纪律，保守事故调查的秘密；

(4) 实事求是、认真负责、坚持原则。

#### 13.3.3.2 职责

(1) 查明事故发生的经过、原因、人员伤亡情况及经济损失情况；

(2) 认定事故的性质和确定事故责任者；

(3) 提出对事故责任者的处理建议；

(4) 总结事故教训，提出防范和整改措施；

(5) 提交事故调查报告。

#### 13.3.3.3 权力

(1) 事故调查组有权向有关单位和个人了解与事故有关的情况，并要求其提供相关文件、资料，有关单位和个人不得拒绝；

(2) 有权要求事故发生单位的负责人和有关人员在事故调查期间不得擅离职守，并应当随时接受事故调查组的询问，如实提供有关情况；

(3) 事故调查中发现涉嫌犯罪的，事故调查组应当及时将有关材料或者其复印件移交司法机关处理；

(4) 事故调查中需要进行技术鉴定的，事故调查组应当委托具有国家规定资质的单位进行技术鉴定，必要时，事故调查组可以直接组织专家进行技术鉴定。

### 13.3.4 调查方法与程序

#### 13.3.4.1 现场处理

(1) 事故发生后，应救护受伤害者，采取措施制止事故蔓延扩大；

(2) 认真保护事故现场，凡与事故有关的物体、痕迹、状态，不得破坏；

(3) 为抢救受伤害者需要移动现场某些物体时，必须做好现场标志。

#### 13.3.4.2 物证搜集

(1) 现场物证包括破损部件、碎片、残留物、致害物的位置等。

(2) 在现场搜集到的所有物件均应贴上标签，注明地点、时间、管理者。

(3) 所有物件应保持原样，不准冲洗擦拭。

(4) 对健康有危害的物品，应采取不损坏原始证据的安全防护措施。

#### 13.3.4.3 事故事实材料的搜集

（1）与事故鉴别、记录有关的材料：主要包括发生事故的单位、地点、时间；受害人和肇事者的姓名、性别、年龄、文化程度、职业、技术等级、工龄、本工种工龄、技术状况、接受安全教育情况、过去的事故记录及支付工资的形式；出事当天，受害人和肇事者什么时间开始工作、工作内容、工作量、作业程序、操作时的动作（或位置）；

（2）事故发生的有关事实：主要包括事故发生前设备、设施等的性能和质量状况；使用的材料；有关设计和工艺方面的技术文件、工作指令和规章制度方面的资料及执行情况；关于工作环境方面的状况；个人防护措施状况；出事前受害人和肇事者的健康状况；其他可能与事故致因有关的细节或因素。

#### 13.3.4.4 证人材料搜集

事故调查组要尽快进行证人材料搜集，并对证人的口述材料，认真考证其真实程度。

#### 13.3.4.5 现场摄影录像

利用摄影或录像，为事故调查提供较完善的现场视觉信息，主要包括：

（1）显示残骸和受害者原始存息地的所有照片；

（2）可能被清除或被践踏的痕迹，如刹车痕迹、地面和建筑物的伤痕，火灾引起损害的照片、冒顶下落物的空间等；

（3）事故现场全貌。

#### 13.3.4.6 事故关系图

事故报告中的事故图，主要提供事故发生过程的逻辑关系及相关信息，主要包括：

（1）事故现场示意图；

（2）工艺流程图；

（3）受害者位置图等。

### 13.3.5 事故分析

事故分析，主要是事故原因的分析，主要包括直接原因、间接原因、主要原因。要明确事故的原因，首先要确定事故原点，就是事故隐患转化为事故的具有初始性、突变性特征的，与事故发生有直接因果关系的最初起点；其次是在分析事故时，应从直接原因入手，逐步深入到间接原因，从而掌握事故的全部原因。

#### 13.3.5.1 事故分析步骤

（1）整理和阅读调查材料；

（2）伤亡事故按以下七项内容进行分析：

① 受伤部位；

② 受伤性质；

③ 起因物；

④ 致害物；

⑤ 伤害方式；

⑥ 不安全状态；

⑦ 不安全行为。

（3）确定事故的直接原因；

（4）确定事故的间接原因；

（5）确定事故的责任者。

#### 13.3.5.2 事故原因分析

直接原因：

（1）机械、物质或环境的不安全状态（见《企业职工伤亡事故分类标准》GB 6441—1986附录 A-A6 不安全状态）；

（2）人的不安全行为（见《企业职工伤亡事故分类标准》GB 6441—1986 附录 A-A7 不安全行为）。

间接原因：

（1）技术和设计上有缺陷——工业构件、建筑物、机械设备、仪器仪表、工艺过程、操作方法、维修检验等的设计，施工和材料使用存在问题；

（2）教育培训不够，未经培训，缺乏或不懂安全操作技术知识；

（3）劳动组织不合理；

（4）对现场工作缺乏检查或指导错误；

（5）没有安全操作规程或不健全；

（6）没有或不认真实施事故防范措施；

（7）对事故隐患整改不力。

#### 13.3.5.3 事故责任分析

根据事故调查所确认的事实，通过对直接原因和间接原因的分析，确定事故中的直接责任者和领导责任者；在直接责任和领导责任者中，根据其在事故发生过程中的作用，确定主要责任者；根据事故后果和事故责任者应负的责任提出处理意见。

（1）直接责任者：指行为与事故发生有直接因果关系的人。

（2）领导责任者：指行为对事故发生负有管辖、领导责任的人。

（3）管理责任者：指专业管理行为与事故发生存在因果联系的人。

#### 13.3.5.4 经济损失计算

（1）直接经济损失。指人身伤亡后支出的费用、善后费用及财产损失价值。

① 人身伤亡后支出的费用、善后费用按当地工伤保险规定执行；

② 固定资产损失价值按下列情况计算：

报废的固定资产，按固定资产净值减去残值计算；

损坏后能修复使用的固定资产，按实际损坏的修复费用计算。

③ 流动资产损失价值按下列情况计算：

原材料、燃料、辅助材料等均按账面值减去残值计算；

成品、半成品、在制品等均以企业实际成本减去残值计算。

④ 火灾损失按照公安部《火灾直接财产损失统计方法》（GA 185—1998）中关于火灾损失额的计算方法计算。

⑤ 事故中的车辆、船舶损失按当地保险公司理赔额计算。

（2）间接经济损失。主要指停产、减产损失的价值。

① 停产期限计算从事故发生起（即停止产出合格产品）至完全恢复正式生产（即开始产出合格产品）止；

② 停产损失按企业产品的计划成本计算；

③ 多系统停产损失按各企业计划成本计算。

### 13.3.6 事故档案管理

事故档案是指安全事故调查报告、事故调查和处理过程中形成的具有保存价值的各种文字、图表、声像、电子等不同形式的历史记录。

事故档案管理应与事故调查处理同步进行。事故调查组应安排专门人员负责收集、整理事故调查和处理期间形成的文字材料，并在事故调查结束后及时移交有关部门。

事故档案由组织事故调查处理的单位或部门负责管理。

事故档案主要包括：

① 事故调查报告及领导批示。

② 事故调查组织工作的有关材料，包括事故调查组成立批准文件、内部分工、调查组成员名单及签字等。

③ 事故抢险救援报告。

④ 现场勘查报告及事故现场勘查材料，包括事故现场图、照片、录像，勘查过程中形成的其他材料等。

⑤ 事故技术分析、取证、鉴定等材料，包括技术鉴定报告，专家鉴定意见，设备、仪器等现场提取物的技术检测或鉴定报告，以及物证材料或物证材料的影像材料，物证材料的事后处理情况报告等。

⑥ 安全生产管理情况调查报告。

⑦ 伤亡人员名单，尸检报告或死亡证明，受伤人员伤害程度鉴定或医疗证明。

⑧ 调查取证、谈话、询问笔录等。

⑨ 其他有关认定事故原因、管理责任的调查取证材料，包括事故责任单位营业执照、有关资质证书复印件、作业规程等。

⑩ 事故经济损失的材料。

⑪ 事故调查组工作简报。

⑫ 与事故调查工作有关的会议记录。

⑬ 其他与事故调查有关的文件材料。

⑭ 事故调查处理意见的请示(附事故调查报告)。

⑮ 事故处理决定、批复或结案通知。

⑯ 相关单位对事故责任认定和对责任人进行处理的意见函。

⑰ 对事故责任单位和责任人责任追究落实情况的文件材料。

⑱ 其他与事故处理有关的文件材料。

## 13.4 事故处理

在事故调查结束后，就要进行事故处理工作。其中包括确定事故的性质；对责任事故进行责任分析，提出对责任者的处理意见；制定防范措施；建立事故档案四项工作。

事故处理必须坚持“四不放过”原则，即事故原因未查清不放过、事故责任人员未处理不放过、整改措施未落实不放过、有关人员未受到教育不放过。

### 13.4.1 事故的性质

事故的性质分为责任事故、自然事故、有意破坏。

（1）责任事故是由于人的失误或失职造成的非预谋性事故；

（2）自然事故是人力不可抗拒的非人为事故；

（3）有意破坏则是有预谋的人为破坏事件。

### 13.4.2 确定事故责任的原则

#### 13.4.2.1 下述原因造成的事故，应首先追究领导者的责任

（1）工人没按规定进行安全教育和技术培训，或未经工种考试合格就上岗操作；

（2）缺少安全技术操作规程或规程不健全；

（3）安全措施、安全信号、安全标志、安全用具、个体防护用品缺乏或有缺陷；

（4）设备严重失修或超负荷运转；

（5）对事故熟视无睹、不采取措施或挪用安全技术措施经费，致使重复发生同类事故；

（6）对已经列入事故隐患治理或安全技术措施的项目，既不按期实施，又不采取应急措施而造成事故；

（7）发生事故后，不按“四不放过”的原则处理，不认真吸取教训，不采取整改措施，造成事故重复发生；

（8）对现场工作缺乏检查或指导错误。

#### 13.4.2.2 下述原因造成的事故，应追究肇事者或有关人员责任

（1）违章指挥、违章作业、违反劳动纪律；

（2）违反安全生产责任制，玩忽职守；

（3）擅自开动设备，擅自更改、拆除、毁坏、挪用安全装置和设备；

（4）忽视劳动条件，削弱劳动保护措施；

（5）在事故发生后隐瞒不报、谎报、故意拖延不报、故意破坏事故现场，或者无正当理由，拒绝接受调查以及拒绝提供有关情况和资料。

### 13.4.3 事故处罚

#### 13.4.3.1 罚款

依据《安全生产法》、《危险化学品安全管理条例》、《生产安全事故报告和调查处理条例》以及《<生产安全事故报告和调查处理条例>罚款处罚暂行规定》等法律法规，各级政府安全生产监督管理部门有权对违反安全生产法规的企业和相关人员处以罚款。

（1）依据《<生产安全事故报告和调查处理条例>罚款处罚暂行规定》第十一条规定，事故发生单位主要负责人有《条例》第三十五条规定的行为之一的，依照下列规定处以罚款：

① 事故发生单位主要负责人在事故发生后不立即组织事故抢救的，处上一年年收入80%的罚款；

② 事故发生单位主要负责人迟报或者漏报事故的，处上一年年收入40%~60%的罚款；

③ 事故发生单位主要负责人在事故调查处理期间擅离职守的，处上一年年收入60%~80%的罚款。

（2）依据《<生产安全事故报告和调查处理条例>罚款处罚暂行规定》第十二条 事故发生

单位有《条例》第三十六条第一项规定行为之一的，处200万元的罚款；同时贻误事故抢救或者造成事故扩大或者影响事故调查的，处300万元的罚款；同时贻误事故抢救或者造成事故扩大或者影响事故调查，手段恶劣，情节严重的，处500万元的罚款。

事故发生单位有《条例》第三十六条第二至六项规定行为之一的，处100万元以上200万元以下的罚款；同时贻误事故抢救或者造成事故扩大或者影响事故调查的，处200万元以上300万元以下的罚款；同时贻误事故抢救或者造成事故扩大或者影响事故调查，手段恶劣，情节严重的，处300万元以上500万元以下的罚款。

（3）依据《<生产安全事故报告和调查处理条例>罚款处罚暂行规定》第十三条 事故发生单位的主要负责人、直接负责的主管人员和其他直接责任人员有《条例》第三十六条规定的行为之一的，依照下列规定处以罚款：

① 伪造、故意破坏事故现场，或者转移、隐匿资金、财产、销毁有关证据、资料，或者拒绝接受调查，或者拒绝提供有关情况和资料，或者在事故调查中作伪证，或者指使他人作伪证的，处上一年年收入80%~90%的罚款；

② 谎报、瞒报事故或者事故发生后逃匿的，处上一年年收入100%的罚款。

（4）《<生产安全事故报告和调查处理条例>罚款处罚暂行规定》第十四条 事故发生单位对造成3人以下死亡，或者3人以上10人以下重伤（包括急性工业中毒），或者300万元以上1000万元以下直接经济损失的事故负有责任的，处10万元以上20万元以下的罚款。

事故发生单位对一般事故发生负有责任且谎报或者瞒报事故的，处20万元的罚款。

（5）依据《<生产安全事故报告和调查处理条例>罚款处罚暂行规定》第十五条 事故发生单位对较大事故发生负有责任的，依照下列规定处以罚款：

① 造成3人以上6人以下死亡，或者10人以上30人以下重伤（包括急性工业中毒），或者1000万元以上3000万元以下直接经济损失的，处20万元以上30万元以下的罚款；

② 造成6人以上10人以下死亡，或者30人以上50人以下重伤（包括急性工业中毒），或者3000万元以上5000万元以下直接经济损失的，处30万元以上50万元以下的罚款；

③ 事故发生单位对较大事故发生负有责任且有谎报或者瞒报行为的，处50万元的罚款。

（6）依据《<生产安全事故报告和调查处理条例>罚款处罚暂行规定》第十六条 事故发生单位对重大事故发生负有责任的，依照下列规定处以罚款：

① 造成10人以上15人以下死亡，或者50人以上70人以下重伤（包括急性工业中毒），或者5000万元以上7000万元以下直接经济损失的，处50万元以上100万元以下的罚款；

② 造成15人以上30人以下死亡，或者70人以上100人以下重伤（包括急性工业中毒），或者7000万元以上1亿元以下直接经济损失的，处100万元以上200万元以下的罚款；

③ 事故发生单位对重大事故发生负有责任且有谎报或者瞒报行为的，处200万元的罚款。

（7）依据《<生产安全事故报告和调查处理条例>罚款处罚暂行规定》第十七条 事故发生单位对特别重大事故发生负有责任的，处200万元以上500万元以下的罚款。

事故发生单位有本条第一款规定的行为且谎报或者瞒报事故的，处500万元的罚款。

（8）依据《<生产安全事故报告和调查处理条例>罚款处罚暂行规定》第十八条 事故发生单位主要负责人未依法履行安全生产管理职责，导致事故发生的，依照下列规定处以罚款：

① 发生一般事故的，处上一年年收入30%的罚款；

② 发生较大事故的，处上一年年收入40%的罚款；

③ 发生重大事故的，处上一年年收入60%的罚款；

④ 发生特别重大事故的，处上一年年收入80%的罚款。

#### 13.4.3.2 行政处分和党内处分

（1）行政处分分为：警告、记过、记大过、降职、引咎辞职、撤职、留用察看、开除；

（2）党内处分分为：警告、严重警告、撤职、开除党籍留党察看、开除党籍；

（3）吊销各种资格证、合格证等；

（4）提请司法机关依法处理。

#### 13.4.3.3 处罚权限

（1）国务院令第493号《生产安全事故报告和调查处理条例》规定：

① 重大事故、较大事故、一般事故，负责事故调查的人民政府应当自收到事故调查报告之日起15日内做出批复；特别重大事故，30日内做出批复，特殊情况下，批复时间可以适当延长，但延长的时间最长不超过30日。

② 有关机关应当按照人民政府的批复，依照法律、行政法规规定的权限和程序，对事故发生单位和有关人员进行行政处罚。

③ 事故发生单位应当按照负责事故调查的人民政府的批复，对本单位负有事故责任的人员进行处理。

④ 负有事故责任的人员涉嫌犯罪的，依法追究刑事责任。

（2）集团公司《安全事故管理规定》明确了事故的处理权限，按照事故的级别分别由相应的部门进行处理。

① 一般事故由事故调查组提出处理建议，经各单位审批后，报安全环保局备案；由中国石化组织的一般事故调查，其处理意见通报各单位。

② 较大、重大事故由事故调查组提出处理建议，报中国石化审批。

③ 特别重大事故的处理，按照国家有关规定执行。

④ 地方政府组织调查的事故，事故单位应当根据事故调查结果，对本单位负有事故责任的人员进行处理。

#### 13.4.3.4 造成事故的主要责任人

（1）对工作不负责，违反劳动纪律，不严格执行各项规章制度，造成事故的主要责任者；

（2）对已列入安全技术措施项目，不按期实施，又不采取应急措施而造成事故的主要责任者；

（3）对违章指挥，强令冒险作业，劝阻不听造成事故的主要责任者；

（4）对忽视劳动条件，削弱劳动保护措施而造成事故的主要责任者；

（5）对设备长期失修、带病运转，又不采取紧急措施而造成事故的主要责任者；

（6）发生事故后，不按“四不放过”原则处理，不认真吸取教训，不采取整改措施，造成事故重复发生的主要责任者。

#### 13.4.3.5 事故调查期间责任追究

事故调查处理期间，事故发生单位及其有关人员有下列行为之一的，分别对事故发生单位及其主要负责人、直接负责的主管人员和其他直接责任人员处以罚款、行政处分或者追究刑事责任：

（1）不立即组织事故抢救的；

（2）在事故调查处理期间擅离职守的；

（3）迟报、谎报或者瞒报事故的；

（4）伪造或者故意破坏事故现场的；

（5）转移、隐匿资金、财产，或者销毁有关证据、资料的；

（6）拒绝接受调查或者拒绝提供有关情况和资料的；

（7）在事故调查中作伪证或者指使他人作伪证的；

（8）事故发生后逃匿的。

### 13.4.4 事故防范措施

#### 13.4.4.1 事故防范措施的制定

（1）事故防范措施是由事故调查组根据事故的原因，提出的有针对性的、具体的防止同类事故重复发生的办法；

（2）事故防范措施既要注重其安全方面的有效性、可靠性，又要考虑技术方面的可行性；

（3）事故防范措施既要考虑防止事故发生的措施，又要考虑防止事故扩大的措施；

（4）事故防范措施既要注重设计、制造等技术性措施，更要注意管理、教育、培训等其他措施；

（5）事故防范措施不能一劳永逸，要随生产和科学技术的发展而发展，注重科学研究，特别是对尚未认识的危险因素的科学研究。

#### 13.4.4.2 事故防范措施的落实

（1）事故发生单位应当认真吸取事故教训，落实防范和整改措施，防止事故再次发生；

（2）防范和整改措施的落实情况应当接受工会和职工的监督；

（3）安全生产监督管理部门和负有安全生产监督管理职责的有关部门应当对事故发生单位落实防范和整改措施的情况进行监督检查。

### 13.4.5 建立和使用事故档案

事故档案是人们研究事故发生的原因、制定防止事故重复发生的措施、提高企业安全管理水平的重要资料，事故档案对研究事故发生规律，防范事故发生有重要作用，同时可作为职工安全教育的素材，也可为领导机关的安全生产决策提供依据。在事故结案后，事故档案应及时归档，并应长期保存。

## 13.5 事故汇报

根据中国石化《安全事故管理规定》的规定，各单位发生上报中国石化的事故或辖区内发生承包商死亡事故，应到中国石化汇报。

### 13.5.1 汇报人员

（1）一般事故由各单位主管领导、主管部门负责人、安全监督管理部门负责人及事故单位主要负责人汇报；

（2）较大及以上事故由各单位主要领导、主管领导、主管部门负责人、安全监督管理部门负责人及事故单位主要负责人汇报。

### 13.5.2　时间要求

事故汇报一般在事故发生后30天内进行。

### 13.5.3　汇报材料

汇报材料内容包括事故调查报告、事故现场视频、照片等资料。

### 13.5.4　听取汇报的单位、人员

（1）一般事故向安全环保局汇报，有关事业部、管理部参加。

（2）较大及以上事故向中国石化领导汇报，安全环保局和相关事业部、管理部、人事部、监察局等部门参加。

（3）安全环保局应作事故汇报记录并存档。

### 13.5.5　汇报程序

（1）发生事故的单位汇报事故情况；

（2）与会人员共同分析事故原因和教训；

（3）领导提出意见和要求。

## 13.6　事故的统计分析

事故的统计是事故管理工作的重要内容。做好该项工作，能及时掌握准确的事故统计资料，如实反映企业的安全状况和事故发展趋势，为各级领导决策，指导安全生产和制订计划提供依据。

### 13.6.1　名词、术语

（1）伤亡事故：指企业职工在生产劳动过程中，发生的人身伤害(以下简称伤害)、急性中毒(以下简称中毒)。

（2）损失工作日：指被伤害者失能的工作时间。

（3）暂时性失能伤害：指伤害及中毒者暂时不能从事原岗位工作的伤害。

（4）永久性部分失能伤害：指伤害及中毒者肢体或某些器官部分功能不可逆的丧失的伤害。

（5）永久性全失能伤害：指除死亡外，一次事故中，受伤者造成完全残废的伤害。

### 13.6.2　统计表

把统计调查所得数字资料，经过汇总整理，按一定要求填在一定的表格中，这种表叫统计表。统计表的形式很多，有简单表、分组表和复合表等。

集团公司规定：各单位安全监督管理部门每月6日前填写《中国石化各单位(年)月事故

统计表》报安全监管局。《中国石化各单位(年)月事故统计表》的内容主要包括人身、火灾、爆炸、设备、放射、生产、交通及其他事故，统计发生的事故次数及死亡、重伤人数和直接损失，其具体格式见集团公司《安全事故管理规定》附表。

### 13.6.3 统计图

统计图是根据统计数字，用几何图形、事物的形象等绘制的各种图形。其中有几何图，如条形比较图、条形结构图、条形动态图、圆形图、玫瑰图、对数曲线图等；象形图，如人体图、总平面图、金字塔图等。

### 13.6.4 统计指标

除了伤亡事故的绝对指标和相对指标外，国家标准 GB 6441—1986《企业职工伤亡事故分类》中，还规定了以下 6 种伤亡事故统计指标：

(1) 千人死亡率：表示某时期内，每千名职工因伤亡事故造成死亡的人数。

(2) 千人重伤率：表示某时期内，每千名职工因工伤事故造成重伤的人数。

(3) 伤害频率：表示某时期内，每百万工时中，事故造成伤害的人数。伤害人数指轻伤、重伤、死亡人数之和。

(4) 伤害严重率：表示某时期内，每百万工时中，事故造成的损失工作日数。

(5) 伤害平均严重率：表示某时期内，每人次受伤害的平均损失工作日数。

(6) 按产品产量计算的死亡率，其中有百万吨死亡率。

### 13.6.5 交通事故统计原则

(1) 在生产厂区、作业场所内，本单位车辆发生负主要责任的事故，造成执行任务的员工伤亡或直接经济损失在 10 万元及以上的，作为工业伤亡事故统计；负次要责任的作为交通事故统计。

(2) 在生产厂区、作业场所内，本单位车辆发生负主要责任的事故，造成单位外部人员伤亡或直接经济损失在 10 万元及以上的，作为交通事故统计；负次要责任的不作考核统计。

(3) 在生产厂区、作业场所内，外单位车辆发生负次要责任的交通事故，造成我单位执行任务的员工伤亡或直接经济损失在 10 万元及以上的，作为交通事故统计；负主要责任的不作考核统计。

(4) 在公共交通道路上，本单位车辆在执行任务中发生负主要责任的交通事故，造成人员伤亡或直接经济损失在 10 万元及以上的，作为交通事故统计；负次要责任的不作考核统计。

(5) 船舶发生事故，应按照海(水)上交通事故有关规定处理。

### 13.6.6 事故统计分析工作的基本程序和内容

#### 13.6.6.1 事故统计分析的基本程序

事故统计分析的基本程序是：事故资料的统计调查→加工整理→综合分析。三者是紧密相连的整体，是人们认识事故本质的一种重要方法。其基本程序如图 13.1 所示。

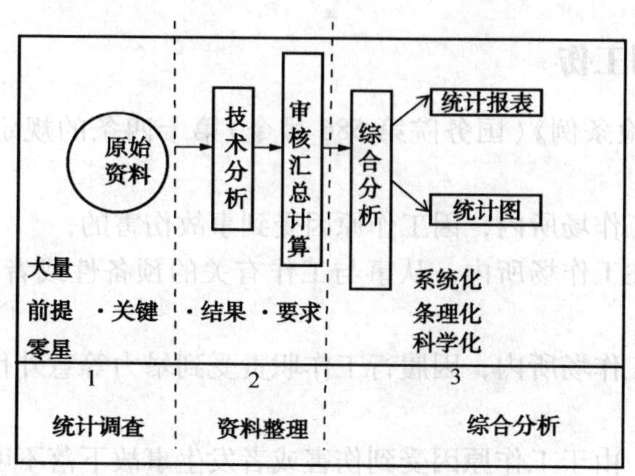


图 13.1　事故统计分析程序

#### 13.6.6.2　事故统计分析工作的内容

（1）事故资料的统计调查

即采用各种手段收集事故资料，将大量零星的事故原始资料系统全面地集中起来。事故调查项目，应按事故调查目的设置，如事故发生的时间、地点、受害人的姓名、性别、年龄、工种、伤害部位、伤害性质、直接原因、间接原因、起因物、致害物、事故类型、事故经济损失、休工天数等。

（2）事故资料的整理

是根据事故统计分析的目的进行恰当分组和进行事故资料的审核、汇总，并根据要求计算有关数值，统计分组。如按行业、事故类型、伤害严重程度、经济损失大小、性别、年龄、工龄、文化程度、时间等进行分组。审核汇总过程，要检查资料的准确性。看资料的内容是否合乎逻辑，指标之间是否相互矛盾，通过计算，检查有无差错。

（3）事故资料的综合分析

是将汇总、整理的事故资料及有关数据填入统计表或标上统计图，得出恰当的统计分析结论。

## 13.7　工伤管理

工伤管理的目的，是保障因工作遭受事故伤害或者患职业病的职工获得医疗救治和经济补偿，促进工伤预防和职业康复。企业内因事故或者接触有害因素造成伤害的人员，要确定其是否构成工伤，这是一项政策性比较强的工作，涉及国家、企业、个人三者之间的利益关系。因此，学习本教材后，要求学员能够了解工伤保险相关方针政策，掌握工伤申报和劳动鉴定程序。

### 13.7.1　工伤管理部门及职责

（1）各单位安全管理部门是工伤管理的归口部门。负责伤亡事故的调查，组织工伤认定的申报材料向当地社会保障部门申报，并承担单位举证工作；负责工伤统计及工伤档案的建立。

（2）各单位人力资源管理部门负责工伤员工的医疗费报销及工伤保险待遇的申请工作；负责工伤员工的劳动能力鉴定工作；负责工伤预防培训和劳动技能培训，规范劳动管理。

### 13.7.2　工伤与视同工伤

(1) 根据《工伤保险条例》(国务院第 586 号令)第十四条的规定，职工有下列情形的，应认定为工伤：

① 在工作时间和工作场所内，因工作原因受到事故伤害的；

② 工作时间前后在工作场所内，从事与工作有关的预备性或者收尾性工作受到事故伤害的；

③ 在工作时间和工作场所内，因履行工作职责受到暴力等意外伤害的；

④ 患职业病的；

⑤ 因工外出期间，由于工作原因受到伤害或者发生事故下落不明的；

⑥ 在上下班途中，受到非本人主要责任的交通事故或者城市轨道交通、客运轮渡、火车事故伤害的；

⑦ 法律、行政法规规定应当认定为工伤的其他情形。

(2) 根据《条例》第十五条的规定，职工有下列情形之一的，视同工伤：

① 在工作时间和工作岗位，突发疾病死亡或者在 48 小时之内经抢救无效死亡的；

② 在抢险救灾等维护国家利益、公共利益活动中受到伤害的；

③ 职工原在军队服役，因战、因公负伤致残，已取得革命伤残军人证，到用人单位后旧伤复发的。

### 13.7.3　不得认定为工伤的具体情形

根据《条例》第十六条规定，职工符合本条例第十四条、第十五条的规定，但是有下列情形之一的，不得认定为工伤或者视同工伤：

(1) 故意犯罪的；

(2) 醉酒或者吸毒的；

(3) 自残或者自杀的。

### 13.7.4　工伤认定办法

(1) 职工发生事故伤害或者按照职业病防治法规定被诊断、鉴定为职业病，所在单位应当自事故伤害发生之日或者被诊断、鉴定为职业病之日起 30 日内，向统筹地区社会保险行政部门提出工伤认定申请。遇有特殊情况，经报社会保险行政部门同意，申请时限可以适当延长。

(2) 用人单位未按前款规定提出工伤认定申请的，工伤职工或者其近亲属、工会组织在事故伤害发生之日或者被诊断、鉴定为职业病之日起 1 年内，可以直接向用人单位所在地统筹地区社会保险行政部门提出工伤认定申请。

(3) 提出工伤认定申请应当提交下列材料：工伤认定申请表(包括事故发生的时间、地点、原因以及职工伤害程度等基本情况)；与用人单位存在劳动关系(包括事实劳动关系)的证明材料；医疗诊断证明或者职业病诊断证明书(或者职业病诊断鉴定书)。

(4) 劳动保障行政部门受理工伤认定申请后，根据需要可以对提供的证据进行调查核实，有关单位和个人应当予以协助。用人单位、医疗机构、有关部门及工会组织应当负责安排相关人员配合工作，据实提供情况和证明材料。

(5) 职工或者其近亲属认为是工伤，用人单位不认为是工伤的，由用人单位承担举证责任。

### 13.7.5 劳动能力鉴定

劳动能力鉴定是指劳动功能障碍程度和生活自理障碍程度的等级鉴定。职工发生工伤，经治疗伤情相对稳定后存在残疾、影响劳动能力的，应当进行劳动能力鉴定。

（1）劳动功能障碍分为十个伤残等级，最重的为一级，最轻的为十级。生活自理障碍分为三个等级：生活完全不能自理、生活大部分不能自理和生活部分不能自理。

（2）劳动能力鉴定由用人单位、工伤职工或者其近亲属向设区的市级劳动能力鉴定委员会提出申请，并提供工伤认定决定和职工工伤医疗的有关资料。

## 13.8 职业病管理

企业如果发生了职业病危害事故，为保护企业和职工的利益，必须以《中华人民共和国职业病防治法》修正案的规定以及国务院颁布的《企业职工伤亡事故报告和处理规定》为依据，及时有效地处理职业病危害事故，减轻事故造成的后果。

### 13.8.1 事故的分类

按一次职业病危害事故所造成的危害严重程度，职业病危害事故分为三类：

（1）一般事故：发生急性职业病10人以下的；

（2）重大事故：发生急性职业病10人以上50人以下或者死亡5人以下的，或者发生职业性炭疽5人以下的；

（3）特大事故：发生急性职业病50人以上或者死亡5人以上，或者发生职业性炭疽5人以上的。

### 13.8.2 事故调查处理的内容

发生或者可能发生急性职业病危害事故时，用人单位应当立即采取应急救援和控制措施，并及时报告所在地安全生产监督管理部门。安全生产监督管理部门接到报告后，应当及时会同有关部门组织调查处理；必要时，可以采取临时控制措施。卫生行政部门应当组织做好医疗救治工作。

对遭受或者可能遭受急性职业病危害的劳动者，用人单位应当及时组织救治、进行健康检查和医学观察，所需费用由用人单位承担。

职业病危害事故调查处理的主要内容有：

（1）依法采取临时控制和应急救援措施，及时组织抢救急性职业病病人；

（2）按照规定进行事故报告；

（3）组织事故调查；

（4）依法对事故责任人进行查处；

（5）结案存档。

### 13.8.3 事故报告

发生职业病危害事故时，用人单位应当立即向所在地、县级职业卫生监督管理部门报告。地、县级相关部门接到职业病危害事故报告后，应当实施紧急报告：

（1）特大和重大事故，应当立即向同级人民政府、省级职业卫生监督管理部门报告；

（2）一般事故，应当于6小时内向同级人民政府和上级职业卫生监督管理部门报告。接收遭受急性职业病危害劳动者的首诊医疗卫生机构，也应当及时向所在地、县级职业卫生监督管理部门报告。

职业病危害事故报告的内容应当包括事故发生的地点、时间、发病情况、死亡人数、可能发生原因、已采取措施和发展趋势等。

## 13.8.4 事故处理

发生职业病危害事故时，用人单位应当根据情况立即采取以下紧急措施：

（1）停止导致职业病危害事故的作业，控制事故现场，防止事态扩大，把事故危害降到最低限度；

（2）疏通应急撤离通道，撤离作业人员，组织泄险；

（3）保护事故现场，保留导致职业病危害事故的材料、设备和工具等；

（4）对遭受或者可能遭受急性职业病危害的劳动者，及时组织抢救、进行健康检查和医学观察；

（5）按照规定进行事故报告；

（6）配合职业卫生监督管理部门进行调查，按照相关部门的要求如实提供事故发生情况、有关材料和样品；

（7）落实职业卫生监督管理部门要求采取的其他措施。

（8）发生职业病危害事故或者有证据证明危害状态可能导致职业病危害事故发生时，安全生产监督管理部门可以采取下列临时控制措施：

① 责令暂停导致职业病危害事故的作业；

② 封存造成职业病危害事故或者可能导致职业病危害事故发生的材料和设备；

③ 组织控制职业病危害事故现场；

④ 在职业病危害事故或者危害状态得到有效控制后，安全生产监督管理部门应当及时解除控制措施。

事故发生后，安全生产监督管理部门应当及时组织用人单位主管部门、卫生行政部门、公安、工会等有关部门组成职业病危害事故调查组，进行事故调查，并根据事故调查组提出的事故处理意见，决定和实施对发生事故的用人单位的行政处罚，并责令用人单位及其主管部门负责落实有关改进措施建议。

## 13.8.5 处罚

违反《职业病防治法》，用人单位不采取职业病危害预防措施而导致一般职业病危害事故的，由安全生产监督管理部门责令限期治理，并处10万元以上15万元以下罚款；导致特大或重大事故的，由安全生产监督管理部门责令停止产生职业病危害的作业，或者提请有关人民政府按照国务院规定的权限责令关闭，并处15万元以上30万元以下罚款；构成犯罪的，对直接负责的主管人员和其他直接责任人员依法追究刑事责任。

有下列情况之一：

（1）未按规定及时报告职业病危害事故的；

（2）发生或者可能发生急性职业病危害事故时，未立即采取应急救援和控制措施的；

（3）拒绝接受调查或者拒绝提供有关情况和资料的；

（4）对遭受或者可能遭受急性职业病危害的劳动者，未及时组织救治、进行健康检查或医学观察的。安全生产监督管理部门可给予警告，责令限期改正；逾期不改正的，处5万元以上20万元以下罚款。

安全生产监督管理部门不按照规定报告职业病危害事故的，由上一级安全生产监督管理部门责令改正，通报批评，给予警告；虚报瞒报的，对单位负责人、直接负责的主管人员和其他直接负责人给予降级、撤职或者开除的行政处分。

### 13.8.6 职业病病人的待遇

劳动者在职业活动中，因遭受职业病危害因素的危害而引起疾病，就应当依法享受国家规定的职业病待遇。用人单位应当按照国家有关规定，安排职业病病人进行治疗、康复和定期检查；用人单位对不适宜继续从事原工作的职业病病人，应当调离原岗位，并妥善安置；职业病病人的诊疗、康复费用，伤残以及丧失劳动能力的职业病病人的社会保障，按照国家有关工伤社会保险的规定执行。

此外，还对职业病病人三种特定的情况作出规定，也是明确保障责任的承担者，以及劳动者享有的权利，这三项规定是：

（1）劳动者被诊断患有职业病，但用人单位没有依法参加工伤社会保险的，其医疗和生活保障由最后的用人单位承担；如果最后的用人单位有证据证明该职业病是先前用人单位的职业病危害造成的，由先前的用人单位承担；

（2）职业病病人变动工作单位，其依法享有的待遇不变；

（3）用人单位发生分立、合并、解散、破产等情形的，应当对从事接触职业病危害的作业的劳动者进行健康检查，并按照国家有关规定妥善安置职业病病人。

## 13.9 未遂事件管理

### 13.9.1 名词、术语

（1）本规定中所称未遂安全环保事件（以下简称未遂事件）是指可能导致健康损害、人员伤（亡）、财产损失、环境破坏或声誉损害，低于本单位事故等级的安全环保事件。

（2）未遂事件按照事件主要致因分为人的不安全行为引发的未遂事件、物的不安全状态引发的未遂事件、环境的不安全因素引发的未遂事件3类。

（3）未遂事件按照潜在后果的严重性分为一般未遂事件和高危未遂事件两级。一般未遂事件是指潜在后果可能导致本单位级事故的事件，高危未遂事件是指潜在后果可能导致集团公司级事故的事件。

### 13.9.2 未遂事件的报告

（1）未遂事件报告以鼓励为主，有利于员工及时发现、报告和处理未遂事件，共享经验教训。员工应及时准确报告未遂事件，并配合事件分析。

（2）发现未遂事件后，应及时填写《未遂事件报告卡》报基层单位。未遂事件发现人对一般未遂事件应于12小时内向基层单位报告，对高危未遂事件应于24小时内逐级报告至本单位业务主管部门。

(3) 基层单位(含辖区内施工承包商)对一般未遂事件进行管理，并根据未遂事件的潜在严重性和分析难度决定是否向上级业务主管部门报告；对高危未遂事件应逐级报告至上级业务主管部门。

### 13.9.3 未遂事件分析、预防和验证

(1) 一般未遂事件由基层单位组织分析，高危未遂事件由二级单位组织分析，必要时各单位业务主管部门组织分析。

(2) 承包商发生的未遂事件由承包商负责《未遂事件报告卡》的收集、整理、分析和上报工作；各单位业务主管部门进行监督，必要时协助分析。

(3) 未遂事件分析人员应具有相应的技能、专业知识和经验。

(4) 未遂事件分析应找出发生原因和潜在后果，提出防范措施，填写《未遂事件报告卡》。

(5) 未遂事件分析结束后，业务主管部门将事件分析信息输入 HSE 管理系统，15 个工作日内将事件分析结果反馈给未遂事件发生单位，并对相关人员进行教育和培训。

(6) 应将具有共性的未遂事件分析报告报上一级 HSE 管理部门。

(7) 各单位及基层单位的业务主管部门应跟踪验证未遂事件防范措施的落实情况。

### 13.9.4 统计分析与经验共享

(1) 各单位 HSE 管理部门每季度对未遂事件进行统计分析，提出 HSE 管理改进建议，编制《未遂事件季报》。

(2) 各单位 HSE 管理部门应通过中国石化 HSE 管理系统向集团公司安全环保局上报本单位《未遂事件季报》。

(3) 中国石化、各单位及二级单位 HSE 管理部门应将统计分析结果、典型未遂事件案例定期发布，分享经验。

## 13.10 现场急救

### 13.10.1 职业性急性化学物中毒

职业性急性化学物中毒指劳动者在职业活动中，短期内吸收大剂量职业性化学物所引起的中毒。

工业生产中工人所接触的对人体具有毒害作用的原料、中间体、辅助剂、杂质、成品、副产品、废弃物等化学物质称为工业毒物。

毒物对人的作用可能是局部的，也可能是全身作用。局部作用包括对皮肤黏膜的刺激和腐蚀、以及局部的损伤。全身作用是指接触部位的损害，由于缺氧、麻醉、以及其他原因引起心、肺、脑、肝、肾、血液等器官组织的全身性损害。职业中毒多指金属及类金属中毒、有机溶剂中毒、高分子化合物生产中的中毒、刺激性气体中毒、窒息性气体中毒等。中毒一般分为急性、亚急性和慢性中毒三种类型。

急性中毒是指毒物一次或短时间内大量进入人体后引起的中毒。危险较大，往往是以突

然方式出现，由于毒物剂量大或浓度高，严重者可导致死亡。因此急性中毒现场急救，事关重大，应予高度重视。

## 13.10.2　现场急救处理原则

### 13.10.2.1　现场抢救

（1）救出现场，至安全地带；

（2）采取紧急措施，维持生命体征(呼吸、体温、脉搏、血压)；

（3）眼部污染应及时、充分以清水冲洗；

（4）脱去污染衣着，立即以大量清水彻底冲洗污染皮肤；

（5）经紧急处理后，立即送医院，途中继续做好必要的抢救，并记录病情。

### 13.10.2.2　病因治疗

（1）防止毒物继续吸收；

（2）排除体内已吸收毒物或其代谢产物如应用金属络合剂，血液净化疗法等；

（3）特效解毒剂：针对毒物引起机体病理生理改变，逆转其毒作用，达到解毒目的。

### 13.10.2.3　对症治疗

（1）消除或减轻毒物损害主要系统(器官)所致的病理变化；

（2）非特异性拮抗药物的应用；

（3）维护机体内环境平衡；

（4）减轻病人痛苦。

### 13.10.2.4　支持治疗

（1）提高机体对疾病的抵抗力；

（2）心理治疗；

（3）康复治疗。

### 13.10.2.5　预防性治疗

（1）预防可能发生的各种病变；

（2）妥善处理治疗矛盾。

### 13.10.2.6　其他

(1)中医中药；

(2)良好护理。

发现急性中毒患者，抢救人员必须争分夺秒，全力以赴进行抢救和治疗。

## 13.10.3　现场急救的组织和准备

出现成批急性中毒人员时应立即启动应急救援预案。

对潜在化学事故危险源进行有针对性的预测分析，建立化学突发事故应急救援预案，有效地预防化学事故和各种突发事故。

为预防急性职业中毒和加强对急性中毒人员的救护，最大限度地减少急性中毒事故造成的损失，各企业要建立、健全气体防护急救站(简称气防站)，落实急救专业人员和急救所需的仪器设备、药品器材。现场急救的主要任务如下：

（1）快速切断毒源；

（2）中毒现场在室内，立即开启门、窗及通风设备，尽快排除毒物；

（3）救护人员进入中毒现场一定要注意自身保护，如穿防护服，佩戴防护面具或空气呼吸器，否则不但救不了病人，自己也会中毒；

（4）立即通知医院做好急救准备，通知时要说清毒物名称、中毒人数、毒物侵入途径、大致病情等。

### 13.10.4 职业中毒现场救护

#### 13.10.4.1 基本做法

（1）首先将病人转移到安全地带，解开领扣和腰带，使呼吸通畅，让病人呼吸新鲜空气，脱去污染衣服鞋袜，并彻底清洗污染的皮肤和毛发，注意保暖；

（2）呼吸困难或停止呼吸者应立即进行人工呼吸，有条件时给氧和注射呼吸中枢兴奋药；

（3）心脏骤停者应立即进行胸外心脏按压术；

（4）迅速送往医院，护送途中仍要施行人工呼吸和胸外心脏按压，保持救护用车车内通风换气。

#### 13.10.4.2 现场自救

自救的含义是自己救自己。要做到自救，必须先辩识出周围的危险因素，其次要懂得中毒的初期症状。上岗前就要有防事故的意识和精神行动上的准备。

（1）急性中毒：在可能或已发生有毒气体泄漏的作业场所，当突然出现头晕、头痛、恶心、呕吐或无力等症状，必须想到有发生中毒的可能性，要根据实际情况，采取有效对策。

（2）如果备有防毒面具，应按规定要求快速、熟练地戴上防毒面具立即离开并向有关领导汇报。

（3）憋住气迅速脱离中毒环境，朝上风向或侧风向撤离。

（4）发出呼救信号。

（5）如果是氨、氯等刺激性气体，掏出手帕浸上水，捂住鼻子向外跑。

（6）如果在无围拦的高处，以最快的速度抓住东西或趴倒在上风向或侧风向，尽力避免坠落外伤。

（7）如有警报装置，应予以启用。

（8）眼睛：

① 发生事故的瞬间闭住或用手捂住眼睛，防止有毒有害液体溅入眼内。

② 如果眼睛被沾污，立即到流动的清洁水下冲洗；如果一只眼睛受沾污，在冲洗眼睛的最初时间，要保护好另一只眼睛，避免沾污。

（9）皮肤：

① 如果化学物质沾污皮肤，立即用大量流动清洁水或温水冲洗，毛发也不例外。

② 如果沾污衣服、鞋袜，均应立即脱去，后冲洗皮肤。

#### 13.10.4.3 互救

许多情况下，无法自救，特别是当中毒病情较重、患者意识不清的时候，当眼睛被化学物质刺激、肿胀睁不开的时候，这就需要他人救助。因此互救是十分重要的措施。

（1）了解情况，落实救护者的个人防护：一定要首先摸清被救者所处的环境，如果是有毒有害气体，则首先要正确选择合适的防毒用具；如果是酸或碱泄漏，要穿戴防护衣、手套和胶靴；如果毒源仍未切断，则立即报告生产调度。在设法抢救患者的同时，要采取关闭阀门、加盲板、停车、停止送气、堵塞漏气设备等措施。切忌因盲目行动，产生更严重的中毒。

（2）救出患者，仔细检查，分清轻重，合理处置：

① 搬运过程中要沉着、冷静，不要强拖硬拉，若已有骨折、出血或外伤，则要简单包扎、固定，避免搬运中造成更大损害。

② 患者被搬到空气新鲜处后，要按顺序检查，神志是否清晰，脉搏、心跳是否存在，呼吸是否停止，有无出血及骨折。如有心跳停止者，须就地进行心脏胸外按压术；如有呼吸停止，须就地进行人工呼吸；如果有出血和骨折，则需检查搬运前的处理是否有效，还须作哪些补充处理。

（3）如果神志清晰，心跳、呼吸正常，则检查眼睛，如沾污化学物质，则须就地冲洗；如果是氨等，则冲洗时间要长，起码 20min 以上，甚至 30min，并要使眼上、下穹窿冲洗彻底。

（4）最后检查皮肤，不要疏忽会阴部、腋窝等处。

总之，自救互救是抢时间、挽救生命的措施。所以，要快、正确、不要过分强调条件；同时要向气防部门、医疗单位发出呼救，尽快送往医院。

## 13.10.5 触电现场急救

### 13.10.5.1 触电

触电急救的要点是动作迅速，救护得法。发现有人触电，首先要尽快地使触电者立即脱离电源，然后根据触电者的具体情况，进行相应救治。

人触电以后，会出现精神麻痹，呼吸中断，心脏停止跳动等征象，外表上呈现昏迷不醒的状态，但这不应当看作是死亡，而应当看作是假死，此时要迅速而持久地进行抢救。有触电者经 4h 甚至更长时间紧急抢救而生还的事例。有资料指出，从触电后 6min 之内救治者，90%有良好的效果；而从触电后 12min 开始救治者，救治的可能性很小。由此可知，动作迅速非常重要。

交流电比直流电对人体危害大，无防护触摸 500V 或 50mA 以上电源时，均可致死。

触电后主要是由于电流通过人体造成伤害：①电击伤（电流通过人体内部各部位所致）；②电灼伤（对人体外部接触部位伤害）；③电烙伤（接触部位不被电流击穿形成皮肤肿块）。

### 13.10.5.2 脱离电源

人触电以后，可能由于痉挛或失去知觉等原因而紧抓带电体，不能自行摆脱电源，这时，使触电者尽快脱离电源是救治触电者的首要因素。

对于低压触电事故，可采用下列方法使触电者脱离电源：

（1）如果触电地点附近有电源开关或电源插销，可立即拉开开关或拔出插销，断开电源。但应注意到拉线开关和平开关只能控制一根线，有可能只切断零线而没有断开电源。

（2）如果触电地点附近没有电源开关或电源插销，可用有绝缘柄的电工钳或用木柄干燥的刀斧切断电线，断开电源；或用干木板等绝缘物插入触电者身下，使身体离开地面以隔断电源。

（3）当电线搭落在触电者身上或被压在身下时，可用干燥的衣服、手套、绳索、木板、木棒等绝缘物作为工具，拉开触电者或挑开电线，使触电者脱离电源。

（4）如果触电者的衣服是干燥的，又没有紧缠在身上，可以用一只手抓住他的衣服，拉离电源，但因触电者的身体是带电的，其鞋的绝缘也可能遭到破坏，救护人不得接触触电者的皮肤，也不能抓他的鞋。

对于高压触电事故，可采用下列方法使触电者脱离电源：

（1）立即通知有关部门停电

（2）带上绝缘手套，穿上绝缘靴，用相应电压等级的绝缘工具拉断开关。

（3）抛掷裸金属线使线路短路接地，迫使保护装置动作，断开电源。注意抛掷金属线前，先将金属线的一端可靠接地，然后抛掷另一端，注意抛掷的一端不可触及触电者和其他人。

上述使触电者脱离电源的方法，应根据具体情况，以快为原则选择采用，在实践过程中，要遵循下列注意事项。

注意事项：

（1）救护人不可直接用手或其他金属及潮湿的物品作为救护工具，而必须使用适当的绝缘工具。救护人最好用一只手操作，以防自己触电。

（2）防止触电者脱离电源后可能摔伤。特别是当触电者在高处的情况下，应先考虑防摔措施。即使触电者在平地，也要注意触电者倒下的方向，防止摔伤。

（3）如果事故发生在夜间，应迅速解决临时照明问题，以利于抢救，并避免事故扩大。

#### 13.10.5.3 触电现场急救方法

当触电者脱离电源后，应根据触电者的具体情况，迅速对症救护。现场应用的主要救护方法是人工呼吸和胸外心脏按压。

对症救护触电者，大体按以下三种情况分别处理：

（1）如果触电者伤势不重，神志清醒，有些心慌、四肢麻木，全身无力；或者触电者在触电过程中曾一度昏迷，但已清醒过来。应使触电者安静休息、不要走动，严密观察并请医生前来诊治或送医院。

（2）如果触电者伤势较重，已失去知觉，但心跳和呼吸还存在，应使触电者舒适、安静地平卧；使空气流通；解开衣扣以利呼吸；如天气寒冷，要注意保温；应速送往医院。如果发现触电者呼吸困难、稀少，或发生痉挛，应准备好在心脏停止跳动、呼吸停止后的进一步抢救。

（3）如果触电者伤势严重，呼吸停止或心跳停止或二者都已停止，应立即施行人工呼吸和胸外心脏按压术，并迅速送往医院。

应当注意，急救要尽快进行，不能等候医生的到来而贻误时机；在送往医院的途中，也不能中止急救。

（4）高压触电时，电弧温度高达几千度，可引起严重烧伤，现场急救时应当注意防止感染，用干净布包扎。

### 13.10.6 化学性皮肤、眼部灼伤的紧急处理

化学性皮肤灼伤是常温或高温的化学物直接对皮肤刺激、腐蚀作用及化学反应热引起的急性皮肤损害，可伴有眼灼伤和呼吸道损伤。某些化学物可经皮肤、黏膜吸收中毒。职业性化学性眼灼伤主要是由于工作中眼部直接接触碱性、酸性或其他化学物的气体、液体或固体所致眼组织的腐蚀破坏性损害。

#### 13.10.6.1 处理原则

（1）迅速移离现场，脱去被化学物污染的衣服、手套、鞋袜等，并立即用大量流动清水彻底冲洗。冲洗时间一般要求20~30min。碱性物质灼伤后冲洗时间应延长。应特别注意眼及其他特殊部位如头面、手、会阴的冲洗。灼伤创面经水冲洗处理后，必要时可进行合理中和治疗。

（2）化学灼伤创面应彻底清创，剪去水疱，清除坏死组织，深度创面应立即或早期进行切（削）痂植皮或延迟植皮。

（3）化学灼伤与热烧伤的常规处理相同。

（4）同时有眼、呼吸道损伤或化学物中毒时请专科诊治。

#### 13.10.6.2 容易引起化学灼伤的岗位应配置的紧急急救设施

根据集团公司《职业卫生管理规定》要求，企业要在可能发生急性职业危害的有毒有害作业场所按规定设置警示标识、报警设施、冲洗设施。

岗位应配置的紧急急救设施有：

（1）充足的随时可用的大量清水（冲洗剂见表13.1）；

（2）有清水喷淋龙头；

（3）有洗眼睛水喷淋龙头；

（4）有合适的清水浴盆；

（5）急救箱内备有现场急救用品；

（6）紧急救护用的防化学污染服及其他急救用品；

（7）医疗救援电话号码应写在明显位置上。

#### 13.10.6.3 对发生化学灼伤事故进行紧急急救的组织工作

接到发生化学灼伤事故报告后，要立即做好紧急急救的组织、处理工作。

（1）迅速赶赴事故现场，了解化学灼伤事故的具体岗位、受伤人数、受伤部位、受伤程度、现场条件等；

（2）组织职工对受伤人员进行紧急救护；

（3）迅速安排人员与气防站联系，组织赶赴现场急救；

（4）迅速与医疗单位联系，做好伤者入院前的医疗急救准备。

#### 13.10.6.4 建立化学灼伤事故急救的紧急处理系统

化学灼伤事故常常是突发性的。如果现场处理得及时，对减轻伤害的程度有利；相反，如果处理得不及时或不得当，会延误治疗时机，加重伤害程度。因此，建立起一套对化学灼伤事故进行急救的完整的事故应急救援预案和快速反应机制是十分必要的，其方法为：

（1）绘制本企业易产生化学灼伤岗位分布图，图中标明化学物质的种类、防护设施、重点部位；

（2）组织定期的岗位安全检查，及时发现存在的问题和事故隐患；

（3）培训气防站掌握专业知识；

（4）协调医疗单位对本企业常见的化学灼伤、特别是眼睛灼伤的急救能力；

（5）加强对易产生化学灼伤岗位防护用具和防护设施的管理和事故隐患的整改措施；

（6）督促生产、设备等部门对生产工艺进行不断改进，改善生产条件，杜绝跑、冒、滴、漏，逐步达到本质安全；

（7）加强遵章守纪教育和管理，杜绝三违。

### 13.10.6.5　常见化学物灼伤的急救处理(表 13.1)

表 13.1　常见化学物灼伤的急救处理措施

| 化学物质 | | 作　用 | 清洗剂[1] | 可供参考的特殊治疗 |
|---|---|---|---|---|
| | 硫酸 | 脱水 | 流动清水(先吸附创面硫酸) | 5%碳酸氢钠溶液 |
| | 盐酸 | 脱水 | 流动清水 | 5%碳酸氢钠溶液 |
| | 硝酸 | 氧化 | 流动清水 | 5%碳酸氢钠溶液 |
| 无机酸类 | 氢氟酸 | 原生质毒 | 流动清水 | a) 25%硫酸镁溶液<br>b) 10%葡萄糖酸钙溶液<br>c) 石灰水溶液<br>d) 季铵化合物-氯化苯甲羟胺溶液浸泡、湿敷<br>e) 氢氟酸灼伤治疗液[2]浸泡、湿敷 |
| | 氢溴酸 | 氧化 | 流动清水 | 氨松酮:<br>5%氨水 1 份<br>松节油 1 份<br>95%乙醇 |
| | 铬酸 | 氧化 | 流动清水 | 5%硫代硫酸钠溶液 |
| | 草酸 | 腐蚀 | 流动清水 | 10%葡萄糖酸钙溶液 |
| | 三氯乙酸 | 原生质毒 | 流动清水 | 5%碳酸氢钠溶液 |
| | 冰乙酸 | 腐蚀 | 流动清水 | 5%碳酸氢钠溶液 |
| 有机酸类 | 乙酸 | 腐蚀 | 流动清水 | 5%碳酸氧钠溶液 |
| | 氯乙酸 | 腐蚀 | 流动清水 | 5%碳酸氢钠溶液 |
| | 丙烯酸 | 腐蚀 | 流动清水 | 5%碳酸氢钠溶液 |
| | 甲酸 | 原生质毒 | 流动清水 | 5%碳酸氢钠溶液 |
| 无机碱类 | 氢氧化钾(钠) | 脱水、腐蚀 | 流动清水 | 3%硼酸溶液<br>0.5%~5%乙酸溶液或 10%枸橼酸溶液 |
| | 氢氧化铵(氨水) | 腐蚀 | 流动清水 | 0.5%~5%乙酸溶液或 10%枸橼酸溶液 |
| | 甲胺 | 腐蚀 | 流动清水 | 3%硼酸溶液 |
| 有机碱类 | 乙醇胺 | 腐蚀 | 流动清水 | 3%硼酸溶液 |
| | 硫酸二甲酯 | 起疱 | 流动清水 | 5%碳酸氧钠溶液 |
| | 二甲亚砜 | 起疱 | 流动清水 | 5%碳酸氧钠溶液 |
| | 苯酚 | 原生质毒 | 流动清水 | a) 用浸过聚乙烯乙二醇(PEG400 或 PEG300)的棉球擦洗创面<br>b) 或用浸过 30%~50%乙醇棉球擦洗创面<br>c) 可继用 4%~5%碳酸氢钠溶液湿敷创面 |
| 酚类 | 甲酚 | 原生质毒 | 流动清水 | 与苯酚相同 |
| | 二氯酚 | 原生质毒 | 流动清水 | 与苯酚相同 |
| | 金属钾(钠) | 腐蚀 | 用油覆盖，忌用少量水冲洗 | 3%硼酸溶液 |
| | 石灰石 | 腐蚀 | 用油覆盖，忌用少量水冲洗 | 3%硼酸溶液 |
| | 电石 | 腐蚀 | 用油覆盖，忌用少量水冲洗 | 3%硼酸溶液 |
| 其他 | 黄磷 | 原生质毒 | 流动清水(冲洗前在暗处先剔除黄磷颗粒)<br>湿包 | a) 1%~2%硫酸铜溶液[3]<br>b) 3%硝酸银溶液<br>c) 5%碳酸氢钠溶液 |
| | 三氯化磷 | 氧化 | 忌用少量水冲洗 | 5%碳酸氢钠溶液 |
| | 液体沥青 | 刺激 | 流动清水 | 医用液体石蜡擦洗创面 |

注：1. 皮肤接触到油性化学物后，应立即先用吸附棉(纸)等，尽可能地吸附掉化学物，然后再用清洗剂冲洗。

2. 氢氟酸灼伤治疗液：5%氟化钙 20mL、2%利多卡因 20mL、地塞米松 5mg、二甲基亚砜 60mL。

3. 硫酸铜作为显示剂、解毒剂。大面积使用时应注意防止硫酸铜中毒。

### 13.10.6.6 致眼灼伤的化学物(表 13.2)

表 13.2 致眼灼伤的化学物

| 化学品名称 | |
|---|---|
| 一、酸 | 盐酸、氯磺酸、硫酸、硝酸、铬酸、氢氟酸、乙酸(酐)、三氯乙酸、羟乙酸、巯基乙酸、乳酸、草酸、琥珀酸(酐)、马来酸(酐)、柠檬酸、己酸、2-乙基乙酸、三甲基己二酸、山梨酸、大黄酸 |
| 二、碱 | 碳酸钠、碳酸钾、铝酸钠、硝酸钠、钾盐镁钒、锂、氧化钙、干燥硫酸钙、碱性熔渣、碳酸钙、草酸钙、氰氨化钙、氯化钙、碳酸铵、氢氧化铵 |
| 三、金属腐蚀剂 | 硝酸银、硫酸铜或硝酸铜、乙酸铅、氯化汞(升汞)、氯化亚汞(甘汞)、硫酸镁、五氧化二钒、锌、铍、肽、锑、铬、铁及锇的化合物 |
| 四、非金属无机刺激及腐蚀剂 | 无机砷化物、三氧化二砷、三氯化砷、砷化三氰(胂)、二硫化硒、磷、五氧化二磷、二氧化硫、硫化氢、硫酸二甲酯、二甲基亚砜、硅 |
| 五、氧化剂 | 氯气、光气、溴、碘、高锰酸钾、过氧化氢、氟化钠、氢氰酸 |
| 六、刺激性及腐蚀性碳氢化物 | 酚、来苏儿、甲氧甲酚、二甲苯酚、薄荷醇、木溜油、三硝基酚、对苯二酚、间苯二酚、硝基甲烷、硝基丙烷、硝基萘、氨基乙醇、苯乙醇、异丙醇胺、乙基乙醇胺、苯胺染料(紫罗兰维多尼亚蓝、孔雀绿、亚甲蓝)、对苯二胺、溴甲烷、三氯硝基甲烷 |
| 七、起疱剂 | 芥子气、氯乙基胺、亚硝基胺、路易士气 |
| 八、催泪剂 | 氯乙烯苯、溴苯甲腈 |
| 九、表面活性剂 | 氯化苄烷胺、气溶胶、局部麻醉剂、蘑菇孢子、鞣酸、除虫菊、海葱、巴豆油、吐根碱、围涎树碱、秋水仙、蓖麻蛋白、红豆毒素、柯亚素、丙烯基芥子油 |
| 十、有机溶剂 | 汽油、苯精、煤油、沥青、苯、二甲苯、乙苯、苯乙烯、萘、α和β萘酚、三氯甲烷、氯乙烷、二氯乙烷、二氯丙烷、甲醇、乙醇、丁醇、甲醛、乙醛、丙烯醛、丁醛、丁烯醛、丙酮醛、糠醛、丙酮、丁酮、环己酮、二氯乙醚、二恶烷、甲酸甲酯、甲酸乙酯、甲酸丁酯、乙酸甲酯、乙酸乙酯、乙酸丙酯、乙酸戊酯、乙酸苄酯、碘乙酸盐、二氯乙酸盐、异丁烯酸甲酯 |
| 十一、其他 | 速灭威、二月桂酸二丁基锡、N,N′-二环乙基二亚胺、己二胺、洗净剂、除草剂、新洁尔灭、去锈灵、环氧树脂、龙胆紫、甲基硫代磷酰氯、甲胺磷、401、二异丙胺基氯乙烷、四氯化钛、三氯氧磷、异丙嗪、苯二甲酸二甲酯、正香草酸、辛酰胱氨酸、氟硅酸钠、环戊酮、聚硅氧烷、网状硅胶、溴氰菊酯 |

## 13.10.7 外伤现场救助基本知识

外伤急救是否成功，关键在院前急救。

伤员有多处外伤或复合伤时，先要使伤员呼吸道畅通，止住大出血和防止休克；其次处理骨折；最后才处理一般伤口。在现场处理伤口，应注意消毒，以防感染、破伤风等。生产场所若突发出血或骨折，可就地寻找代用品，按照骨折或出血的处理办法，解决临时骨折固定和止血的问题。

### 13.10.7.1 止血方法

毛细血管和静脉出血，一般用纱布、绷带包扎好伤口即可止血，大的静脉出血可用加压包扎法止血。常用的暂时性动脉止血方法有：指压止血(适用于四肢大出血的暂时性止血)；加压包扎止血(是最常用的有效止血方法)；止血带止血。

用止血带止血注意事项：

（1）止血带不能直接缠在皮肤上，必须用三角巾、毛巾、衣服等做成平整的垫子垫上。

（2）止血带的松紧，以出血停止，摸不到远端脉搏为合适。

（3）止血带的部位，要在伤口的上方（近心端）靠近伤口处。

（4）上臂避免缚扎在中三分之一处，此处易伤及神经而引起肢体麻痹，上肢应扎在上三分之一处，下肢应扎在大腿中部。

（5）为防止远端肢体缺血坏死，在一般情况下，上止血带的时间不超过 2～3h，以不超过 1h 为最安全。每隔半小时或 1h 松解一次，每次约 1～3min，以暂时恢复血液循环，松开止血带之前应用手指压迫止血，将止血带松开之后在另一稍高平面缚扎。

（6）如肢体伤口严重已不能保留，应在伤口近心端缚止血带，不必放松，直到手术截肢。

（7）上好止血带后，在伤者明显部位加上标记，注明上止血带的时间和位置，以尽快送医院处理。

（8）严禁用电线、铁丝、绳索代替止血带。

#### 13.10.7.2 骨折临时固定及伤员搬运注意事项

（1）先救命后治伤。先止血，再包扎，最后再就地固定骨折。

（2）骨折固定的目的，只是制动，防止发生更严重错位或减少摩擦、降低疼痛预防休克。

（3）先固定骨折上端，后固定骨折下端。上肢屈肘（正常功能状态），下肢伸直。

（4）固定材料不能与皮肤直接接触，要用棉花等柔软物品垫好，尤其是骨突出部和夹板两头更要垫好。

（5）固定四肢时应露出指（趾），随时观察血运。

（6）开放性骨折禁用水冲，不涂药物，保持伤口清洁。外露的断骨严禁送回伤口内，避免增加污染和刺伤血管、神经。

（7）疼痛严重者，可服用止痛剂和镇痛剂，固定后迅速送往医院。

（8）对于脊柱骨折和脱位的可疑患者，不能让病人坐起或站立，以免脊柱屈曲引起或加重脊髓损伤、脊椎骨损伤。搬运脊柱骨折伤员时，要用硬板床，先使病人两上、下肢成伸直状态，两上肢紧靠躯体使成一整体以滚动方式至木板上；也可采取三人用手平托法。绝对避免伤员弯腰，禁止采取搂抱；一人背起；或一人掩肩、一人抱腿的方法。

（9）颈椎损伤：应有专人扶托头部，沿纵轴略加牵引，使头和躯干一同滚至木板上，然后用砂袋或衣物并放在颈部两侧固定。

（10）如果发生断指（趾）等意外，则应将断指（趾）用消毒纱布包好放于塑料袋中，扎紧袋口外周敷以冰块，迅速连同伤员送往医院。

### 13.10.8 口对口（鼻）人工呼吸术，胸外心脏按压术

#### 13.10.8.1 呼吸、心跳骤停的常见原因

（1）呼吸道的梗阻、淹溺、塌方所致窒息、自缢、电击等。

（2）氧气由肺泡入血障碍；吸入窒息性气体（如氮气），氧气吸入减少。

（3）中毒、人体组织携带氧及吸取困难，如一氧化碳、硫化氢、氰化氢气体中毒。

（4）冠心病、急性心肌梗塞。

（5）触电、雷击。

（6）外伤急性大量失血、药物过敏等。

#### 13.10.8.2 人工呼吸法

（1）使患者仰卧在比较坚实的地方，打开气道（仰头举颏或推颌法等）。气道是指气体从口到肺脏的通道，包括鼻腔、口腔、咽喉和气管。打开气道也叫畅通呼吸道（具体方法请见实务培训）。

（2）使患者鼻孔（或口）紧闭，救护人深吸两口气后紧贴患者的口（或鼻），用力向内吹气，直到患者胸部上举。之后，放开患者鼻孔（或口），以便病人呼气，此时患者胸部下陷，即刻可作心脏胸廓按压。按压胸部频率一般为60~80次/min。

注：如果无法使患者把口张开，则用口对鼻人工呼吸法。

#### 13.10.8.3 胸外心脏按压法

（1）判定无脉搏和心跳停止

如病人无脉搏，立即进行胸部按压。由于病人颈部暴露，抢救人员可用中指与无名指，在病人气管旁，轻轻触摸颈动脉的搏动，如未触及，表示心跳已停止。

（2）胸部按压

按压部位：病人胸骨中下的三分之一交界处。

按压方法：将手掌根两手重叠（一手放在另一手背上），两手指交叉，按压时双臂绷直，双肩在病人的胸骨正中，利用抢救人员的上身体重和肩臂部肌肉的力量，垂直向下，按压应平稳、有规律地进行，不能像冲击式的猛压，下压与向上抬的时间应大致相等，下压时应能使胸骨下陷3.5~5cm，按压到最低点处，应有一明显的停顿。放松时，定位的手掌部不能离开胸骨定位点，但应放松，不能使胸骨有一点压力。心跳和呼吸是互相联系的，心脏跳动停止了，呼吸很快就会停止，呼吸停止了，心脏跳动维持不了多久。一旦呼吸和心跳都停止了，应当同时做人工呼吸和胸外心脏按压术。如抢救由一人进行，每吹气两次再挤压心脏15次；如两人进行抢救，则人工呼吸与按压之比为1∶5（即每做一次人工呼吸，按压胸部心脏五次）。

施行人工呼吸和胸外心脏按压的抢救要坚持不断，切不可轻率终止。运送途中也不能终止抢救。抢救过程中，如发现病人脸色有了红润，瞳孔逐渐缩小，嘴唇稍有开合或眼皮活动，或喉嗓间有咽东西等动作，则说明抢救收到了效果。如病人身上出现尸斑或身体僵冷，经医生作出无法救活的诊断后，方可停止抢救。

（3）心肺复苏效果判断

正确吹气后，病人胸部应略有隆起，如无反应，则检查呼吸道是否通畅，气道是否打开，鼻孔是否捏住，口唇是否包严，吹气量是否足够等。有效心脏按压，能触到颈动脉搏动。长时间有效地按压，可见到患者脸色转红，瞳孔逐渐缩小。

## 13.11 思考题

（1）对急性职业中毒患者，怎样进行现场救护？

（2）触电者对症救护分几种情况？现场分别应做哪些急救处理？

（3）您单位有哪些酸、碱岗位？请制定对本单位酸、碱灼伤事故急救的紧急处理系统。

（4）单位有哪些化学物质可能引起急性中毒事故发生？如何预防？

（5）您单位高温作业有哪些？如何进行防暑降温？

# 第14章 应急管理

本章介绍突发事件分类，应急管理、组织、预案、演练体系、应急救援行动、现场清除净化、应急装备配备及应急处置程序。

## 14.1 突发事件分类分级

突发事件，是指在中国石化内突然发生，造成或者可能造成人员伤亡、财产损失、生态环境破坏和(或)社会影响的，需要采取应急处置措施予以应对的自然灾害、事故灾难(工业生产事件)、公共卫生事件和社会安全事件。

一般情况下，突发事件发展的基本特征是由常态向非常态发展(见表14.1)，分5个阶段。

表14.1 突发事件发展的基本特征

| 预警和预防 | | 应急控制 | | 恢复 |
|---|---|---|---|---|
| 1 | 2 | 3 | 4 | 5 |
| 正常阶段 | 非正常阶段 | 事件爆发 | 紧急对应 | 恢复常态 |

如果在第1阶段和第2阶段没有做好工作，没能及时化解矛盾，就会导致第3阶段的事件爆发，因此预警预防并做好应急管理工作的重要性不言而喻。

### 14.1.1 突发事件危害与能力分析

企业现状分析：

(1) 回顾内部现有预案和政策；

(2) 联系外部机构；

(3) 法规与规程分析；

(4) 分析关键产品、服务和行动；

(5) 内部资源和能力分析；

(6) 外部资源分析；

(7) 保险要求。

脆弱性分析：

分析单位的脆弱性——各种紧急情况的可能性和对单位的潜在影响。利用脆弱性分析，通过数值系统详细说明紧急情况的可能性、评估事故的影响和所需要的资源。分值越低越好。

(1) 潜在紧急情况表；

(2) 可能紧急情况的估计；

(3) 评价对人的潜在影响；

(4) 评价对财产的潜在影响；

(5) 评价对生产经营的影响；

（6）评价内部和外部资源；

（7）各栏叠加。

### 14.1.2 突发事件分类

根据突发事件的发生过程、性质和机理，经危害识别、风险评估，突发事件分为：

（1）工业生产事件；

（2）自然灾害事件；

（3）公共卫生事件；

（4）社会安全事件。

### 14.1.3 突发事件分级

突发事件分级，就是确定危险目标发生可能事件的等级并明确管理主体的过程，也可以称危险(险情)等级划分。

科学、合理的突发事件等级划分，是企业及所属单位准确启动相应级别应急行动预案的关键因素。如某突发事件发生后，基层单位完全有能力处理，若突发事件等级划分过高，启动了高一级别(或更高级别的)的应急预案，则需出动大量的人力、物力，结果造成应急资源无谓的“浪费”。若突发事件等级划分的过低，基层难以处理，再请求救援，会贻误战机，造成更大的损失。因此，准确地、实事求是地划分突发事件的等级，是为了准确地启动应急预案，既能把损失减少到最低限度，也避免在应急救援中造成更大的人力、物力的浪费。

按照应急事件的性质、严重程度、可控性、影响范围等因素，以及现有企业机构设置情况，将突发事件分为中国石化级、直属企业级、二级单位级、基层单位级。

中国石化级：突然发生，事态非常复杂，对中国石化、地方乃至国家生产安全、公共安全、政治稳定和社会经济秩序带来严重危害或威胁，已经或可能造成特别重大人员伤亡、特别重大财产损失或重大生态环境破坏，需中国石化、地方政府乃至国家统一组织协调，调集各方资源和力量进行应急处置的紧急事件。

直属企业级：突然发生，事态复杂，对中国石化、直属企业、地方一定区域内的生产安全、公共安全、政治稳定和社会经济秩序带来严重危害或威胁，已经或可能造成重大人员伤亡、重大财产损失或严重生态环境破坏，需中国石化、地方政府多个部门及直属企业统一组织协调，调集相关资源和力量进行应急处置的紧急事件。

二级单位级：突然发生，事态较为复杂，对一定区域的生产安全、公共安全、政治稳定和社会经济秩序带来一定危害或威胁，已经或可能造成特别较大人员伤亡、较大财产损失或生态环境破坏，需中国石化、地方政府个别部门、直属企业、二级单位统一组织协调，调集相关资源和力量进行应急处置的紧急事件。

基层单位级：突然发生，事态比较简单，对小范围内的生产安全、公共安全、政治稳定和社会经济秩序带来危害或威胁，已经或可能造成人员伤亡、财产损失，需基层单位、二级单位乃至直属企业统一组织协调，调集资源和力量进行应急处置的紧急事件。

中国石化重特大事件总体预案对重特大事件分为中国石化级、直属企业级。

直属企业对突发事件分为中国石化级、直属企业级、二级单位级。

二级单位对突发事件分为直属企业级、二级单位级、基层单位级。

基层单位对突发事件不再分级。

## 14.2 应急管理体系

### 14.2.1 定义

应急就是应对突发事件。突发事件应对工作实行“预防为主、预防与应急相结合”的原则。

安全应急管理(以下简称“应急管理“)工作，是指集团公司各企事业单位(以下简称“各单位”)在突发事件的事前预防、事发应对、事中处置和善后管理过程中，通过建立必要的应对机制，采取一系列必要措施，保障员工和公众的生命安全，最大限度减少环境破坏、社会影响和财产损失的有关活动，是企业管理的重要组成部分。

现场应急管理就是指通过应急计划(应急预案)和应急措施，充分利用一切可能的力量，在突发事件发生后迅速进行应急救援，控制事件发展并尽可能排除事件，保护现场人员和场外人员的安全，将事件对人员、财产、环境造成的损失和社会影响降低至最小程度。

应急管理又是一个过程，包括预防、预备、响应和恢复四个阶段，见图14.1。

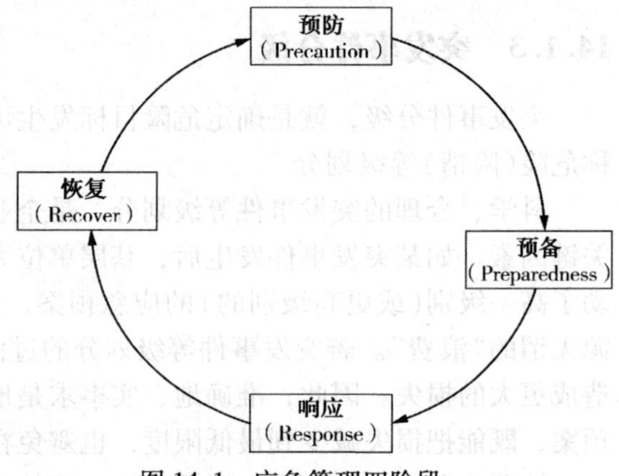

图14.1 应急管理四阶段

(1) 预防阶段(表14.2)

表14.2 预防阶段

| 阶段一：预防 | 内容与应对措施 |
|---|---|
| 为预防、控制和消除事故对人类生命财产的长期危害所采取的行动，目的是减少事故的发生(无论事故是否发生，企业和社会都处于风险之中) | 法律、法规、标准<br>灾害保险<br>安全信息系统<br>安全规划<br>风险分析、评价<br>土地勘测<br>监测与控制<br>应急教育<br>安全研究<br>税收和强制等激励措施 |

应当建立突发事件风险趋势分析机制，对可能发生的突发事件进行综合性分析，有针对性地采取预防措施。加强对重大危险源的管理，明确操作规程和应急处置措施，配备必要的监测监控设施，加强重点岗位和重点部位监测监控，发现事故预兆立即发布预警信息，采取有效防范和处置措施，防止事故发生和事故损失扩大，做到早防御、早响应、早处置。建立突发事件信息管理系统，及时收集、获取、掌握有关突发事件的预警信息，并对信息分析、评估，确定预防措施及应急处置措施。

（2）预备阶段（表 14.3）

表 14.3 预备阶段

| 阶段二：预备 | 内容与应对措施 |
| --- | --- |
| 事故发生之前采取的行动，目的是提高事故应急行动能力并提高响应效果 | 应急方针政策<br>应急预案（计划）<br>应急通告与警报<br>应急医疗系统<br>应急救援中心<br>应急公共咨询材料<br>应急培训、训练与演习<br>应急资源<br>互助救援协议<br>实施应急救援预案 |

要理顺应急管理工作运行机制，加强各项制度建设。要建立应急管理责任制、应急预案管理制度、应急值守值班制度、突发事件信息报告制度、事故分级响应制度、应急救援队伍管理制度、培训制度、应急演练制度、应急装备和物资管理制度、应急监督检查制度等，逐步形成规范各类突发事件预防和处置工作的制度体系。

对国家、当地政府、有关部门和集团公司发布的可能影响安全生产的自然灾害、事故灾难的预警信息，一定要正确对待，根据紧急程度和发展势态，及时采取以下措施：

① 及时启动相关级别的应急预案；

② 加强对突发事件发生、发展情况的跟踪监测，加强值班和信息报告；

③ 组织应急救援队伍和相关人员进入待命状态，调集应急处置所需的物资、设备、工具，准备疏运转移车辆，确保其处于良好状态；

④ 加强对重点岗位和重点部位安全检查、保护和保卫，并积极采取防范措施；

⑤ 根据需要启动应急协作机制，加强与有关部门的协调沟通；

⑥ 法律、法规、规章规定的或者有关应急处置机构根据实际情况提出的其他必要的防护性、保护性措施。

应当根据事态发展，对预警信息随时调整直至解除，并相应调整预警级别和防范措施。

（3）响应阶段（表 14.4）

表 14.4 响应阶段

| 阶段三：响应 | 内容与措施 |
| --- | --- |
| 事故即将发生或发生期间采取的行动。目的是尽可能降低生命、财产和环境损失，并有利于灾害恢复 | 启动应急通告报警系统<br>启动应急救援中心<br>提供应急医疗援助<br>报告有关政府机构<br>对公众进行应急事务说明<br>疏散与避难<br>搜寻与营救 |

（4）恢复阶段（表 14.5）

表 14.5　恢复阶段

| 阶段四：恢复 | 内容与措施 |
| --- | --- |
| 使生产、生活恢复到正常状态或进一步改善 | 清理废墟<br>损害评估<br>消毒、去污<br>保险赔偿<br>贷款或拨款<br>失业复岗<br>应急预案复审<br>灾后重建 |

## 14.2.2　应急管理工作原则

（1）坚持“以人为本，减少危害”的原则：牢固树立安全第一的思想，把保障员工、公众的生命和健康放在首位，作为应急管理工作的出发点和落脚点，落实到应急准备、抢险救援、恢复重建等各个环节，最大限度减少突发事件及其造成的人员伤亡和危害。

（2）坚持“预防与应急并重、常态与非常态结合”的原则：把应急管理融入日常生产管理之中，工作着力点前移。切实做到准备在先、防患未然，确保突发事件一旦发生，能够及时有效处置。

（3）坚持“统一领导，分级负责”的原则：在中国石化应急指挥中心的统一领导下，建立健全应急组织体制，落实应急职责，实行应急分级管理制度，充分发挥各级应急机构的作用。

（4）坚持“依法规范，加强管理”的原则：依据国家法律、法规、中国石化管理制度和标准规范，理顺运行机制，加强各项应急管理的制度建设，逐步形成规范各类突发事件预防和处置工作的制度体系，使应急管理工作规范化、制度化、法制化。

（5）坚持“整合资源，协同应对”的原则：建立和完善区域应急中心，整合企业现有应急资源，实行区域联防制度，充分利用社会应急资源，实现组织、资源、信息的有机整合，形成统一指挥、反应灵敏、功能齐全、协调有序、运转高效的应急联动机制。

（6）坚持“依靠科技，提高素质”的原则：利用安全预防与应急处置方面的先进技术及装备，提升处置重特大事件的科技含量和指挥水平；强化宣传和培训教育工作，提高广大员工自救、互救和应对各类重特大事件的综合素质。

## 14.2.3　应急管理体系

国家建立统一领导、综合协调、分类管理、分级负责、属地管理为主的应急管理体制。

（1）应急管理体系的总的目标是：控制事态发展、保障生命财产安全、恢复正常状态。

（2）一个完整的应急管理体系由四部分构成：①组织体制；②运作机制；③法制基础；④应急保障系统。

### 14.2.4 标准化应急管理体系(图 14.2)

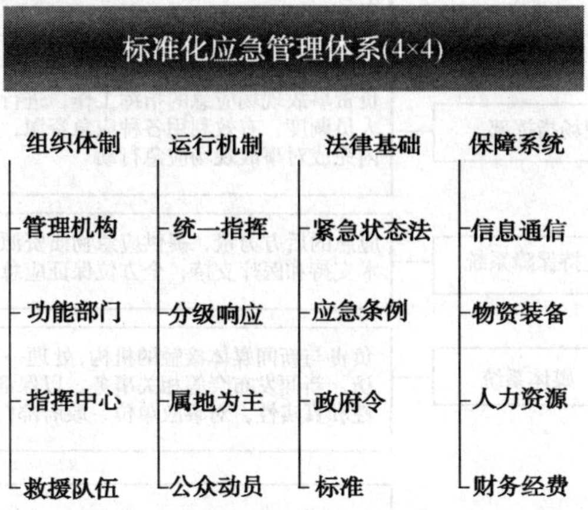

标准化应急管理体系(4×4)

| 组织体制 | 运行机制 | 法律基础 | 保障系统 |
| --- | --- | --- | --- |
| 管理机构 | 统一指挥 | 紧急状态法 | 信息通信 |
| 功能部门 | 分级响应 | 应急条例 | 物资装备 |
| 指挥中心 | 属地为主 | 政府令 | 人力资源 |
| 救援队伍 | 公众动员 | 标准 | 财务经费 |

图 14.2 标准化应急管理体系

### 14.2.5 应急救援系统

(1) 应急救援的基本任务

① 立即组织营救受害人员，组织撤离或者采取其他措施保护危害区域内的其他人员。

② 迅速控制危险源，并对事故造成的危害进行检验、监测，测定事故的危害区域、危害性质及危害程度。

③ 现场清洁，消除危害后果。

④ 清事故原因，评估危害程度。

(2) 应急救援系统的主要内容

① 应急救援组织机构；

② 应急救援预案(或称计划)；

③ 应急培训和演习；

④ 应急救援行动；

⑤ 现场清除与净化；

⑥ 事故后的恢复和善后处理。

## 14.3 应急组织体系

《安全生产法》对构建企业应急组织网络，作了明确的规定：企业必须建立应急救援组织、落实应急救援人员、配备相应的器材和设备。

### 14.3.1 基本构成(图 14.3)

### 14.3.2 企业应急组织网络

由企业内机构设置的层次决定企业应急组织网络的层次。自上而下，中国石化应急组织—直属企业应急组织—二级单位应急组织—基层单位应急组织，等等。

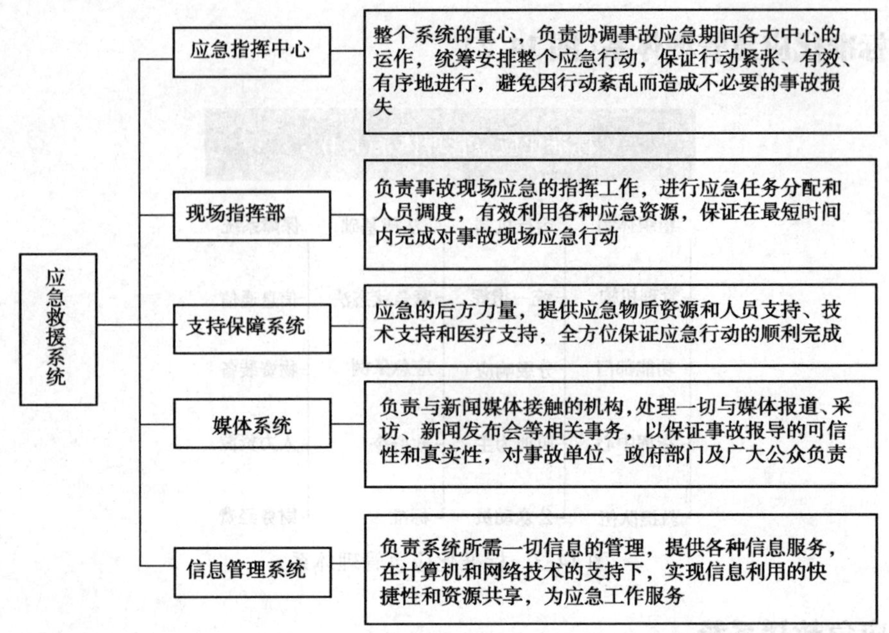


图 14.3　基本构成

## 14.3.3　集团公司的组织机构

中国石化应急指挥中心是集团公司应急管理的最高指挥机构，负责集团公司重特大突发事件的应急工作；集团公司各职能部门均接受其统一指挥。

应急指挥中心办公室是中国石化应急指挥中心的执行机构，听从应急指挥中心的指挥，负责应急指挥中心的24小时值班，负责组织应急准备工作；在突发事件应急响应期间负责传达和贯彻应急指挥中心的指令，具有应急值守、信息汇总和综合协调的职能。

安全环保局为常态下应急管理工作的办事机构，负责应急预案体系、应急保障体系建设等应急管理工作，并负责对各单位应急管理工作进行业务指导和督促检查。

## 14.3.4　各企事业单位的组织机构

各单位主要负责人应对应急工作全面负责，建立应急管理组织机构，落实各级人员的应急职责，形成主要领导全面负责、分管领导具体负责、有关部门分工负责、相关人员全部参与的应急组织体系。

各单位要设置或指定应急管理工作日常办事部门，配备专职应急工作人员，落实应急管理工作，指导和协调各相关部门开展应急管理工作，其他赋有应急职责的部门要主动参与，积极配合，认真完成相关应急管理工作任务。

各单位应设置应急指挥中心及应急指挥中心办公室，负责本单位突发事件的应急工作。

## 14.3.5　应急组织的实施原则

（1）以人为本的原则；

（2）扁平化原则；

（3）分级指挥原则；

（4）权威性与灵活性结合原则；

（5）准确性原则。

## 14.4 应急预案体系

### 14.4.1 应急预案体系

应急预案体系(见图 14.4 中国石化应急预案体系图)包括总体应急预案及专项预案、直属企业应急预案、二级单位应急预案和基层单位应急预案。

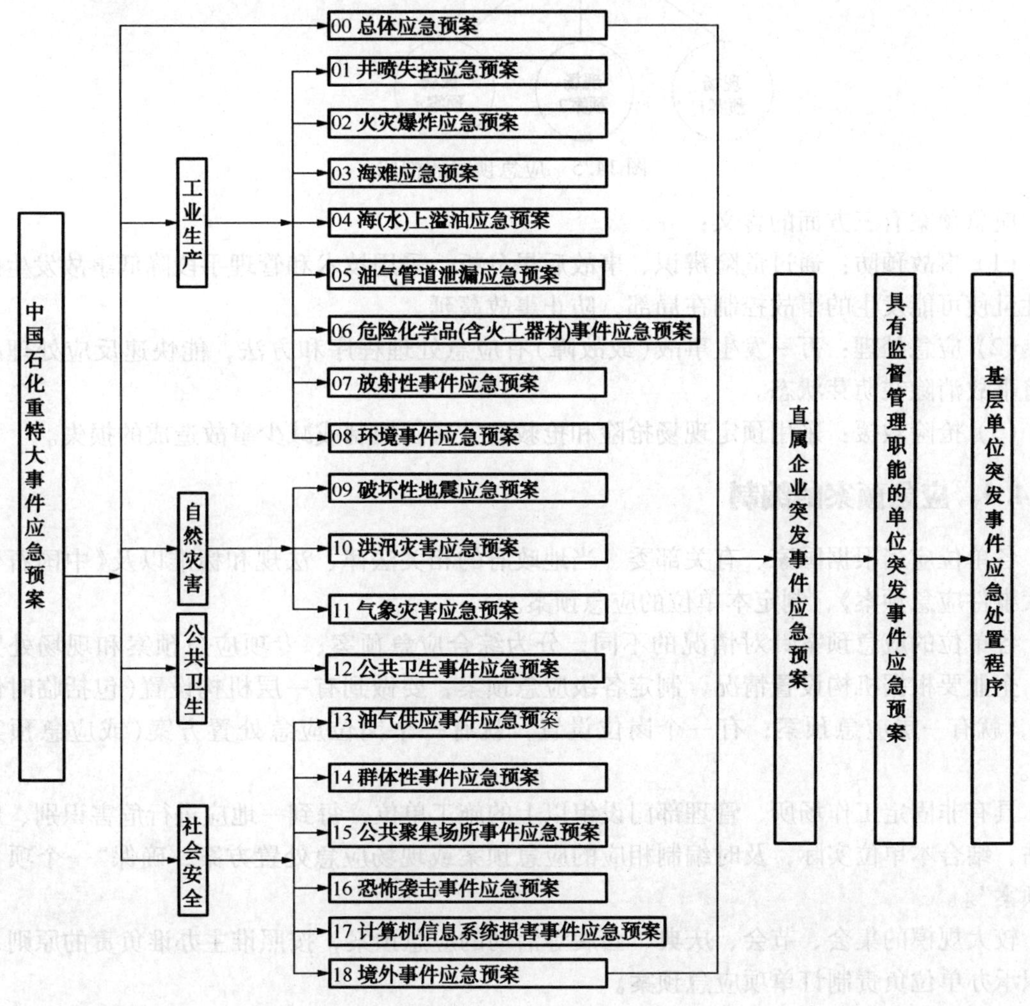


图 14.4 中国石化应急预案体系图

### 14.4.2 应急预案的构成(图 14.5)

### 14.4.3 应急预案的含义

应急预案应当根据《中华人民共和国突发事件应对法》和其他有关法律、法规的规定，针对突发事件的性质、特点和可能造成的社会危害，具体规定突发事件应急管理工作的组织指挥体系与职责和突发事件的预防与预警机制、处置程序、应急保障措施以及事后恢复与重建措施等内容。

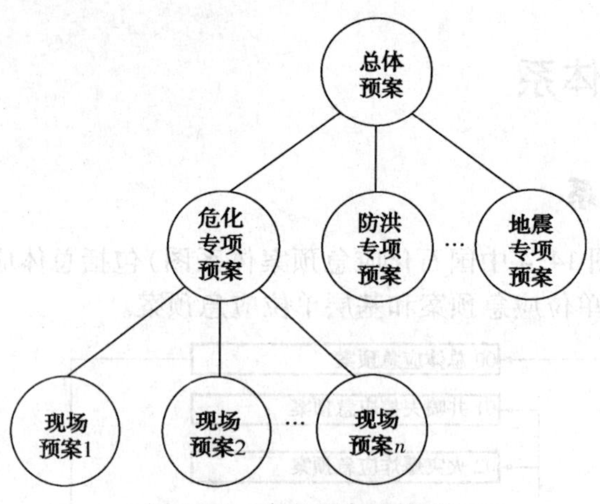

图 14.5　应急预案的构成

应急预案有三方面的含义：

(1) 事故预防：通过危险辨识、事故后果分析，采用技术和管理手段降低事故发生的可能性且使可能发生的事故控制在局部，防止事故蔓延。

(2) 应急处理：万一发生事故(或故障)有应急处理程序和方法，能快速反应处理故障或将事故消除在萌芽状态。

(3) 抢险救援：采用预定现场抢险和抢救的方式，控制或减少事故造成的损失。

### 14.4.4　应急预案的编制

各单位应当根据国家、有关部委、当地政府的相关法律、法规和标准以及《中国石化重特大事件应急预案》，制定本单位的应急预案。

各单位的应急预案针对情况的不同，分为综合应急预案、专项应急预案和现场处置方案。企业要根据机构设置情况，制定各级应急预案，要做到有一层机构设置(包括临时性单位)，就有一层应急预案；有一个岗位设置，就有一个岗位应急处置方案(或应急预案卡片)。

具有非固定工作场所、管理部门设组以上的施工单位，每到一地应进行危害识别、风险评估，结合本单位实际，及时编制相应的应急预案或现场应急处置方案，确保“一个项目一个预案”。

较大规模的集会、节会、庆典、会展等活动的应急预案，按照谁主办谁负责的原则，由组织承办单位负责制订单项应急预案。

### 14.4.5　应急预案的基本要求

(1) 符合有关法律、法规、规章和标准的规定；

(2) 结合本单位的危险源状况、危险性分析情况和可能发生的事故特点；

(3) 应急组织和人员的职责分工明确，并有具体的落实措施；

(4) 有明确、具体的应急程序和措施，并与其应急能力相适应；

(5) 有明确的应急保障措施，并能满足本单企业的应急工作要求；

(6) 预案基本要素齐全、完整，预案附件提供的信息准确；

(7) 总体应急预案、专项应急预案和现场处置方案之间应当相互衔接，同时与集团公司和地方政府相关部门的预案相衔接。

现场处置方案要实行牌板化管理，并赋予企业生产现场带班人员、班组长和调度人员在遇到险情时第一时间下达停产撤人命令的直接决策权和指挥权。

应急预案的编制要做到预案涉及的部门、人员都要参与，使预案的制定过程成为隐患排查治理和全员应急知识培训教育的过程。

### 14.4.6 应急预案评审、发布和备案

应急预案编制后，应当组织专家进行评审，评审应当形成书面纪要并附有专家名单。

应急预案编制经评审、完善后，由主要负责人签署批准，并以文件形式发布实施。

应急预案实行分级备案制度。下级单位应急预案应报上一级主管部门备案，直属企业应急预案报集团公司备案。

集团公司的综合应急预案和专项应急预案，报国务院国有资产监督管理部门、国务院安全生产监督管理部门和国务院有关主管部门备案；企业的应急预案分别抄送所在地的省、自治区、直辖市或者设区的市人民政府安全生产监督管理部门和有关主管部门备案。

各级应急预案宜每三年修订一次，预案修订情况应有记录并归档。有下列情形之一的，应及时予以修订：

（1）法律、法规、标准修订或变更；

（2）应急组织指挥体系或职责变更；

（3）单位、部门或岗位发生较大变化；

（4）地域、环境、工艺流程发生较大变化；

（5）应急演练过程中或实际应急过程中发现应急预案存在的问题，提出修改建议。

应急预案编制修订完成后，按照有关应急预案报备程序重新备案。

### 14.4.7 总体预案

总体预案是综合性的事故应急预案，主要阐述企业的应急方针、政策、预案的目标、应急组织与职责、预测与预警、应急准备、应急报告与应急指令、应急处置、应急终止与后期处置、新闻发布、应急保障、监督管理等内容。见图14.6。

### 14.4.8 专项应急预案

专项应急预案即特殊风险预案，是针对某种具体的、特定类型的紧急情况，如火灾、爆炸、地震灾害、洪涝灾害、突发公共卫生事件、公共聚集场所突发事件等紧急情况所制定的应急预案，专项预案是在总体预案的基础上充分考虑其特定危险的特点，对应急的形势、组织机构、应急活动等进行更具体的阐述，具有较强的针对性。见图14.7。

### 14.4.9 附件

附件是说明书和应急行动的记录。说明书是供应急组织或个人在履行特定任务及某些行动时使用的详细指导材料（如应急队员职责说明书、应急监测设备使用说明书、操作规程、应急救助协议、应急预案各种操作程序中可能的支持附件、附图、附表等）。

应急行动的记录包括在应急行动期间所做的通信记录、每一步应急行动的记录等。

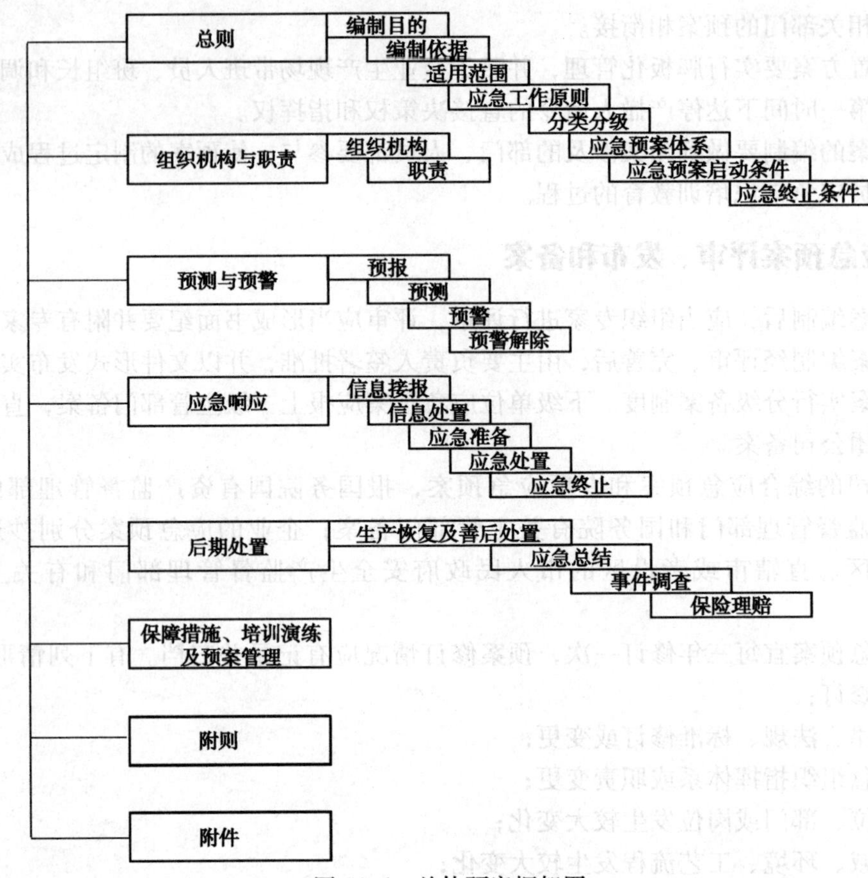

图 14.6　总体预案框架图

附件应按照轻重缓急，按如下类别排列：

(1) 应急通信录类

① 政府主管部门通讯录；

② 社会救援机构通讯录；

③ 中国石化应急工作通讯录；

④ 中国石化境外应急工作通讯录；

⑤ 中国石化应急专家通讯录。

(2) 应急资源(队伍、装备、物资)类

① 应急工作组组成及分工表；

② 中国石化应急资源统计表；

③ 中国石化应急联防区域图。

(3) 风险辨识类

① 中国石化简介；

② 中国石化所属企业区域分布图；

③ 中国石化所属境外企业和施工队伍区域分布图；

④ 中国石化油气管道走向示意图及管道数据表；

⑤ 中国石化防恐怖袭击重点目标区域分布图及重点目标统计表；

⑥ 中国石化要害(重点)部位、关键装置统计表；

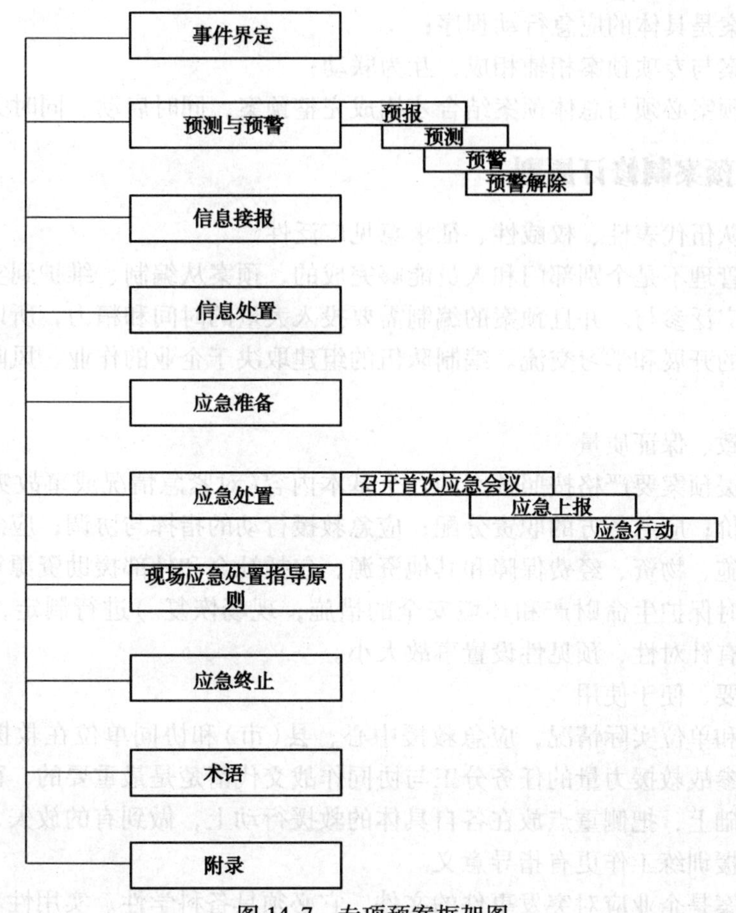

图 14.7　专项预案框架图

⑦ 中国石化海(水)上石油设施基础数据表;

⑧ 中国石化放射源统计表;

⑨ 中国石化危险化学品基础数据。

(4) 图表类

① 中国石化所属企业所在区域地震动峰值加速度区划图;

② 中国石化所属企业所在区域洪水警戒水位统计表;

③ 中国石化所属企业所在区域流行性传染病分布表。

(5) 其他类

① 编制依据;

② 中国石化应急管理规定;

③ 国务院特大、重大突发公共事件分级标准(试行);

④ 本预案依据的相关法律法规和标准规范;

⑤ 中国石化与相关单位签订的互助协议副本;

⑥ 应急预案变更记录表。

## 14.4.10　总体预案与专项预案的关系

(1) 总体预案是总纲;

(2) 专项预案是具体的应急行动程序；

(3) 总体预案与专项预案相辅相成，互为联动；

(4) 某专项预案必须与总体预案结合才构成完整预案，同时启动、同时关闭。

### 14.4.11 应急预案制修订原则

(1) 制修订队伍代表性、权威性、征求意见广泛性

应急响应和管理不是个别部门和人员能够完成的，预案从编制、维护到实施都应该有企业各级各部门的广泛参与。并且预案的编制需要投入大量的时间和精力，所以应该组建编制队伍，促进工作的开展和学习交流。编制队伍的组建取决于企业的作业、风险和资源的具体情况。

(2) 准确细致、保证质量

事故应急救援预案要严格按照预案的六个基本内容(对紧急情况或事故灾害及其后果的预测、辩识、评价；应急各方的职责分配；应急救援行动的指挥与协调；应急救援中可用的人员、设备、设施、物资、经费保障和其他资源，包括社会和外部援助资源等；在紧急情况或事故灾害发生时保护生命财产和环境安全的措施；现场恢复。)进行制定，同时结合实际情况科学合理、有针对性、预见性设置事故大小。

(3) 简明扼要、便于使用

要结合各地和单位实际情况，应急救援中心、县(市)和协同单位在救援力量部署方面多做文章，把各参战救援力量的任务分工与协同作战交代清楚是最重要的，而单位级预案应在上级预案的基础上，把侧重点放在各自具体的救援行动上，做到有的放矢，这样才对实战和平时的应急救援训练工作更有指导意义。

应急救援预案是企业应对突发事件的文件，它必须具备科学性、实用性和权威性，需要统筹考虑企业和社会的利益，符合国家有关法律法规要求。它也必须通过不断的演练甚至经受应急事件的检验，持续改进使之完善。

### 14.4.12 编制要求

企业应急预案在编制内容上与集团公司应急预案相比有较大的差异性，其应急程序及内容上更趋具体和针对性。在编制的要求上，要做到“三个明确”，即：明确职责；明确程序；明确能力和资源。

### 14.4.13 各级应急预案模板

中国石化重特大事件应急预案采用“总体预案+专项预案+附件”的结构模板。

直属企业突发事件应急预案采用“总体预案+专项预案+附件”的结构模板。

二级单位突发事件应急预案采用“总体预案+专项预案+附件”的结构模板。

基层单位突发事件应急预案采用图表结构：

(1) 图包括应急指挥小组及职责、报告及启动关闭程序；

(2) 表包括突发事件及各突发事件应急行动。

岗位(班组)突发事件应急预案采用卡片结构：

(1) 班组或岗位名称、所在装置；

(2) 可能发生的事件(一事)；

(3) 初期处置和应急报告；

(4) 应急行动程序(一案)。

## 14.5 应急培训与演练

### 14.5.1 内容

各单位应加强应急培训工作的管理，将应急培训纳入企业培训规划和职工年度培训计划，制定培训大纲和具体内容，运用各种方法和手段，开展对企业负责人、应急管理人员、应急救援人员、从业人员等各级各类人员的培训。

应急培训工作应与实际工作相结合，对新入厂、转岗员工，领导干部职务变动的要适时开展相关应急培训。

根据不同的培训对象，应开展有针对性的培训，主要包括以下培训内容。

(1) 应急法律法规、部门规章、标准规范；

(2) 相关应急预案；

(3) 应急职责、应急响应及其实施程序；

(4) 危险有害因素识别、风险分析与后果预测；应急对策与防护措施；

(5) 应急设施、设备、器材的性能与使用方法；

(6) 应急救援知识与技能，个人防护、自救、互救等基本知识。

宣传部门应充分利用电视、广播、宣传栏、标语、报纸等宣传手段，向员工和企业周边公众广泛宣传应急法律法规和普及安全生产事件预防、避险、自救、互救和应急处置知识。

### 14.5.2 各级日常培训

所有在企业工作或访问的人员都应接受培训。包括定期组织员工讨论会或评审会、技术培训、应急响应设备的使用、疏散演习、全面演习等。培训包括：

(1) 策划

明确制定培训计划的责任。考虑员工、合同方、来访者、管理人员和应急响应责任人员等的培训需求。确定如下内容：

培训对象；

培训教师；

培训活动；

各期培训时间；

各期培训的评价和建档；

利用附件的培训和演习图表来设计培训活动，也可以自己设计。

考虑如何动员社区参与培训。

各次培训活动之后评审培训效果。包括对响应人员和社区的培训效果。

(2) 培训活动

培训可以采取各种形式：启蒙与教育会议；桌面演习；走一遍演习；功能演习；疏散演习；全面演习等。

培训计划可以考虑在脆弱性分析的过程中发现的问题。

(3) 员工培训

一般包括以下主要内容：个人的职责；威胁、危害信息和防护措施；通报、警告和通信程序；在紧急情况下如何确定家庭成员所在的位置；应急响应程序；疏散和避难的职责和程序；一般应急设备的位置和使用；应急程序的终止。

在紧急情况下，所有人员应该知道：

我应该做什么？我应该向哪里去？

### 14.5.3 应急演练

应急演练是校验应急预案、提高综合应急能力的重要途径，一方面是检查预案的科学性与可行性并对预案缺陷进行诊断，另一方面演练也是提高应急救援体系的反应能力、救援能力以及协同作战能力的重要手段。演练的目标应侧重在现实应急能力评估和应急缺陷(包括脆弱性)分析上，以便通过持续改进，提高应急能力。

为检验和提高应急救援体系的实战能力，各级应急指挥中心都应制订相应的演练计划，协调、有效、迅速地开展应急演练，使应急人员进入“实战”状态，熟悉各类应急处理和整个应急行动程序，明确自身职责，提高协同作战能力，保证应急救援工作。应急演练的具体形式既可以是桌面演练，也可以实战模拟演练。无论哪种形式，都可以分为单项演练、组合演练和全面演练。

单项演练是为了发展和熟练某些基本操作或完成某种特定任务所需的技术而进行的演练。如通信联络、通知、报告程序；人员、装备及物资器材到位；化学监测与侦察等。

组合演练是将具有较紧密联系的多个应急任务组合在一起进行演练，其一个重要目的是要达到交流信息，加强各应急救援组织之间的配合和协调性。组合演练可能涉及多个应急救援组织，如化学监测、侦察与消毒去污之间的配合等。

全面演练是应急体系内所有承担应急救援任务的组织或其中绝大多数组织参加的演练，主要目的是验证各应急救援组织的执行任务能力，检查相互之间的协调能力，能否充分高效地调配和利用应急资源和应急力量。

制订演练计划时应充分考虑到演习人员和演习对象的承受能力、周密设计、精心组织、避免或减少由演习带来的公众恐慌和社会压力，尤其不能造成不应有的二次人为事故，导致人员生命财产损失。各单位每年要制订应急演练计划，明确演练的形式、内容、频次、日程、经费等。演练的形式和内容尽量具有一定的覆盖面，考虑本单位面对的各种事故风险；演练频次要满足有关法律法规、政策的基本要求。

各单位根据本单位的事故预防重点，每年或每半年至少组织一次综合应急预案演练或者专项应急预案演练，车间、班组的应急演练要常态化。应急演练结束后，应当对演练效果进行评估，撰写应急演练评估报告，报告的主要内容一般包括演练执行情况、演练存在的问题，预案的合理性与可操作性、应急指挥人员的指挥协调能力、参演人员的处置能力、演练所用设备装备的适用性、演练目标的实现情况、演练的成本效益分析、对完善预案的建议等。对演练中暴露出的问题和不足应及时解决，必要时提请上级应急机构予以协调解决。

在应急演练结束后，应根据演练记录、演练评估报告、应急预案、现场总结等材料，对演练进行系统和全面的总结，并形成演练总结报告。演练总结报告的内容包括：演练目的，时间和地点，参演单位和人员，演练方案概要，发现的问题与原因，经验和教训，以及改进有关工作的建议等。

应急演练完成后，应对演练的评估记录、相关图片、视频、音频以及演练评估报告等资料进行汇总，并归档保存，以备后用。

应急演练结束后，根据演练的评估和总结中发现的问题或不足，安排人员督促相关部门、人员针对其中尚待解决的问题或事项进行整改和完善。

### 14.5.4 关键装置要害(重点)部位应急预案演练

(1) 演练的范围

① 易发生事故的部位和危险程度。

② 工艺过程异常(设备故障、仪表失灵、超温超压、液位失控、物料跑冒泄漏)现象与处理。

③ 紧急停车程序。

④ 重大事故应急处理(初始灾害补救、防止灾害扩大和次生灾害的措施)，扑救的指挥系统，安全、机动、生产、消防、气防、抢修各有关部门的救灾分工职责明确。

(2) 管理要求

① 针对应急预案组织各岗位每个职工学习，做到每个职工应知应会。

② 确定演练方案，定期组织演练，做到二级单位每半年、车间每季度、岗位每月进行一次有针对性的演练。

③ 认真总结，针对厂内外发生的事故及时修定应急预案。

## 14.6 应急救援行动及现场清除净化

### 14.6.1 应急救援行动

(1) 定义

应急救援行动是指在紧急情况发生时，即发生火灾、爆炸和有毒物质泄漏等重大事故时，为及时营救人员、疏散撤离现场、减缓事故后果和控制灾情而采取的一系列抢救援助行动。

(2) 应急救援行动的一般程序

事故发生区：

① 掌握情况；

② 报告与通报；

③ 组织抢救与抢险。

事故发生区的附近地区：

① 公安、交通民警；

② 社区或街道(居民委员会)工作人员；

③ 应急指挥中心(部)。

值班员的行动、指挥组的行动、其他有关组织的行动。

(3) 应急行动的优先原则

① 员工和应急救援人员的安全优先；

② 防止事故扩展优先；

③ 保护环境优先。

(4) 事故现场处置

事故现场处置既是事故对策中的一个重要环节，也是事故管理工作的一个重要方面。从预防的角度分析，事故现场处置又是对已经发生的事故进行纵深防御的一道重要防线。

(5) 现场应急对策的确定和执行

① 初始评估；

② 危险物质的探测；

③ 建立现场工作区域；

④ 确定重点保护区域；

⑤ 防护行动；

⑥ 应急行动的优先原则；

⑦ 应急行动的支援。

### 14.6.2 现场清理、洗消

对现场中接触污染的员工和应急队员必须进行清洁净化。

例如对化学品及放射性物质污染的清洁净化。净化的方法主要是稀释、处理、物理去除、中和、吸附和隔离等。

此外，还要考虑伤害和医疗前的净化、分类及处理。

设备的清洁也是应急行动的一个环节，在事故发生后要对被污染的仪器和设备进行清洁、清理。

如果事故涉及有毒或易燃物质，清理工作必须在进行其他恢复工作之前进行。消除污染包括建立临时净化单元如洗池，用于清除场所内所有有毒物质和使用前的处理。由于事故直接造成的或者由于进行应急操作时(例如消防用水，如果污染水流失没有存留和回收)造成的土壤污染可能已经发生，土壤净化是一项花费时间、消耗大量资金的极为复杂的任务。

## 14.7 媒体应对与信息发布

在应急状态下做好应对媒体与信息发布工作，并明确信息发言人。突发事件发生后，及时进行相关信息收集、整理与分析、核实，确保信息的客观、准确与全面；根据舆情监控，确定信息发布的目的、内容与重点、时机，并确定信息发布的方式。

做好新闻媒体的采访接待，由相关人员负责媒体接待工作，主要负责向媒体提供审议通过的新闻稿，有必要时通过信息发言人向新闻单位说明发稿要求，掌握报道主动，引导社会舆论，创造有利的舆论环境。

信息发布要采取“三要三不要”策略：“要主动，不要被动；要公开，不要隐瞒；要应对，不要应付”，并要坚持以下原则：

(1) 统一性原则：信息发布的方式多样，但不同方式发布的信息内容必须具有一致性，做到数据统一、口径一致。

(2) 真实性原则：要确保信息的客观、准确与全面。

(3) 及时性原则：信息发布必须迅速及时、快捷、高效，在应急突发事件的初期，对事件进行快速回应，平息社会公众恐慌情绪。

（4）连续性原则：突发事件应对工作是一个连续过程，且发展态势瞬息万变，因此要注意保持信息发布的连续性，定期或不定期地向社会发布事件处置的最新进展情况。

（5）公众导向原则：坚持以公众的知情需求为导向，提供公众亟须获取的信息，并且在满足公众需求的同时，也要以信息发布的形式引导社会公众正确地对待突发事件。

## 14.8 事故后的恢复和善后处理

恢复活动主要包括：

（1）现场警戒和安全；

（2）清洁；

（3）对从业人员提供帮助；

（4）对破坏损失的评估；

（5）保险的索赔；

（6）事故调查；

（7）重建。

从应急到恢复和重新进入现场需要编制专门程序，根据事故类型和损害严重程度，具体问题具体解决。主要考虑如下内容：

组织重新进入人员；调查损坏区域；宣布紧急状态结束；开始对事故原因调查；评价企业损失；转移必要操作设备到其他位置；清理损坏区域；恢复损坏区的水、电等供应；清除废墟；抢救被事故损坏的物资和设备；恢复被事故影响的设备、设施；解决保险和损坏赔偿。

当应急结束，企业应急总指挥应该委派有关人员重新入驻，清理重大破坏地区和保证恢复操作的安全。根据危险的性质和事故大小，重新入驻人员可能不同，可包括应急人员，企业技术、工程、维修人员。重新入驻人员的安全应该保证，如果危险，人员应佩戴个人防护设备。重新入驻要直接观察现场和采取适当措施后才能进入破坏区域。

进入现场的人员应将发现的情况及时通知企业应急指挥，由应急指挥决定是否宣布应急结束。只有在所有火灾扑灭、没有点燃危险存在、所有气体泄漏物质已经被隔离和剩余气体被驱散时，才可以宣布结束应急状态。

事故调查应该尽早进行，并应严格遵守有关事故调查处理法规和标准。

水、电供应的恢复只有在对企业彻底检查之后才能开始，以保证不会产生新危险。

恢复工作的最终目的是恢复到企业原有状况或更好。所需时间进程、费用和劳动力与事故的严重程度有关。无论怎样，从事故中吸取教训是极为重要的，包括重新安装防止类似事故发生的装置，这也是审查应急反应预案、评价应急行动有效性的一个因素。通过加入新的内容，改善原应急预案，提高事故预防水平。

应急终止后，事发单位应对突发事件应对情况进行评估与总结，并上报安全环保局或相关部门。总结报告应至少包括以下内容：

（1）事件情况，包括事件发生时间、地点、波及范围、损失、人员伤亡情况、事件发生初步原因；

（2）应急处置救援过程；

（3）处置过程中动用的专业救援队伍、装备等应急资源情况，以及救援过程中发生的实际费用；

(4) 处置过程遇到的问题、取得的经验和吸取的教训；

(5) 应急预案启动和执行情况以及对预案的修改建议。

根据国家的有关政策规定和集团公司的相关规定，积极开展救助、补偿、抚慰、抚恤、安置等善后工作，妥善解决因处置突发事件引发的矛盾和纠纷。

对紧急调集、征用的有关单位的设备、物资，在使用完毕或者突发事件应急工作结束后，应当及时返还、补偿。

按照《事故管理规定》做好事故报告、事故调查、事故处理及汇报等工作。

## 14.9 应急保障系统

### 14.9.1 队伍保障

集团公司本着“统筹规划、合理布局”的原则，逐步建立和完善区域应急救援中心；整合企业现有应急资源，实行区域联防制度；充分利用社会应急资源，签订互助协议，以满足应急救援工作的需要。

加强应急抢险救援队伍建设。切实增强多种形式消防队伍的应急救援能力建设，逐渐将消防队伍的主要功能由过去的防火灭火，转向综合应急抢险救援。没有建立专业救援队伍的企业必须与邻近的具备相应能力的专业救援队签订应急救援协议。

### 14.9.2 应急装备和物资保障

集团公司坚持“实物储备与生产能力储备相结合，社会化储备与专业化储备相结合”的原则，建立健全以区域应急中心为主体的中国石化应急物资储备和以社会救援物资为辅的应急物资供应保障体系，完善应急物资储备的区域联动机制，做到中国石化应急物资资源共享、动态管理。在应急状态下，由中国石化应急指挥中心统一调配使用。

按照分类管理、分级负责的原则，各单位要做好本单位应急装备配备和应急物资的储备工作。

各单位要建立应急装备配备、物资储备与调运机制，确保装备精良、储备到位、调运顺畅、及时有效、发挥作用。

各单位要建立应急装备、物资的维护和更新机制，根据有关规定对短缺物资进行补充，对有保质期的物资实施更新和轮替。

为应急处置需要，各单位应开展应急资源现状调查，建立应急资源档案：

(1) 本单位现有的应急装备、物资种类、名称、数量；

(2) 联防区域内应急装备物资种类、名称、数量；

(3) 周边可利用的社会应急装备物资种类、名称、数量。

(4) 重要应急物资生产企业信息。

### 14.9.3 财力保障

中国石化应急指挥中心办公室对应急工作的日常费用作出预算，发展计划部、集团财务部、股份财务部审核，经中国石化应急指挥中心审定后，列入年度预算。

各单位应将应急体系建设所需资金纳入年度资金预算，建立应急体系建设保障资金投入机制，以应急预案制修订、应急培训与演练以及应应急队伍、装备、物资储备等方面建设与更新维护的要求，保证抢险救灾、恢复和重建所需的资金投入。

### 14.9.4 信息保障

各单位应加强应急信息平台建设，依托专业信息系统，实现突发事件实时信息传输与共享，建立软硬件结合、统一高效的应急指挥平台。

建立健全应急预案、重大危险源和各类应急资源的数据库，实现快速预警研判、科学决策指挥，并与总部应急平台互联互通。

### 14.9.5 技术保障

安环环保局和各单位组织聘请专家，建立中国石化重特大事件应急处置专家库。

各单位要根据需要，积极引进先进适用的应急救援装备和技术，提高安全自保障和应急救援能力。

### 14.9.6 应急值班

集团公司办公厅秘书处(总值班室)负责集团公司总值班工作，实行24小时值班制度，各企事业单位办公室或指定部门为本单位值班工作的负责部门，承担日常24小时值班工作。

各单位要明确落实责任，健全工作制度，明确工作流程，强化督查和考核，确保重大突发事件信息及时准确上报。

各单位要重视和加强值班工作的软硬件建设，配备良好的通信设施和相关设备，确保值班工作反映灵敏、应对迅速、处置及时。

## 14.10 应急装备配置与管理

### 14.10.1 《中华人民共和国突发事件应对法》相关要求

建立健全应急物资储备保障制度，完善重要应急物资的监管、生产、储备、调拨和紧急配送体系。建立应急救援物资、生活必需品和应急处置装备的储备制度。保障应急救援物资、生活必需品和应急处置装备的生产、供给。建立健全应急通信保障体系，建立有线与无线相结合、基础电信网络与机动通信系统相配套的应急通信系统，确保突发事件应对工作的通信畅通。

公共交通工具、公共场所和其他人员密集场所的经营单位或者管理单位应当制定具体应急预案，为交通工具和有关场所配备报警装置和必要的应急救援设备、设施，注明其使用方法，并显著标明安全撤离的通道、路线，保证安全通道、出口的畅通。

### 14.10.2 配置

根据本单位突发事件应急预案的要求和应急评估、应急策划结果，配齐常规救援应急装备和物资，做好本单位可能发生的突发事件的应急装备和物资的准备工作。按照应急装备和物资的用途及配置数量，对于本单位储量不足或损耗的装备和物资，要做好相关的计划和采购工作。

炼化企业消防车配备的数量应根据灭火系统设置情况，满足扑救最大火灾的要求，并不应低于《城市消防站建设标准》的要求。泡沫储存的种类应适合扑救可能发生的各类火灾，储量不应低于现有消防车装载泡沫总量的40%。

其他耗材应及时补充，确保应对各类突发事件的基本需求。

### 14.10.3 维护

单位应当定期检测、维护其报警装置和应急救援设备、设施，使其处于良好状态，确保正常使用。认真落实应急装备和物资管理使用的有关规定，执行应急装备的更新、检修、停用(临时停用)、报废申报程序，未经主管领导和部门批准，严禁擅自拆除、停用(临时停用)应急装备；安装、放置在规定的使用位置，确定管理人员和维护责任，不允许挪作他用；要经常对库房内的应急装备进行维护保养，保持库房清洁、卫生。各岗位人员对分工保管的器材，要经常进行维护保养，保证器材清洁，完整好用。按规定进行例行保养和强制保养。

### 14.10.4 现场管理

准备工作主要体现保险的方针，即一旦发生事故，要保证处置和救援工作能够有效地实施，必须做好救援设备、器材、物资等的准备。

### 14.10.5 设置临时区保存救援装备、物资

设置临时区用于保存救援装备、物资，临时区需设定专人管理，制定保存现有物资、设备和需求物资清单，包括收到和发放的清单。临时区域应该有充足的车位，保证应急车辆自由移动，要考虑保证电力照明和水源充足。应设置保卫防止无关人员进入此区域，临时区的位置应该让所有有关人员知道，要张贴标识以指示应急人员。

### 14.10.6 日常管理

加大对应急管理的资金投入力度。无论是应急队伍建设、人员培训、应急预案的演练，还是应急装备和物资的准备，均需要一定的资金支持。各单位要将应急经费纳入到本单位年度财务预算中，实行严格的审批制度，健全应急资金拨付制度，保障应急管理工作有效开展。对经费开支建立有效的监督机制，组织专人每年对本单位的经费账目开支进行核对。

加强实物储备的管理，对现有的实物储备要指定专人管理，器材库要建账、建卡。存放要分类分架定位摆放，要有相应的中文使用说明书，做到标记鲜明，材质不混，名称不错，数量准确，规格不串，与此无关的任何物品禁止存放。出入库要登记，做到账物相符，字迹清楚，不得涂改。保持装备的完好性。所有应急装备要妥善管理，不得挪作他用。

建立有效的监督机制，定期对应急装备和物资进行专项检查，做好检查记录，确保完好；组织专人每年对本单位的装备和物资进行核数，包括对实有物资，固定资产的核对，并进行审核。

结合生产实际，组织对操作人员进行正确使用应急装备和物资的技术培训。定期开展岗位练兵和应急演练，提高员工使用应急装备和物资的能力。

建立完整的各类应急装备和物资的档案和台账；组织编制和修订相关的安全技术操作规定。

## 14.11 应急平台

中国石化应急平台建设要在集团公司统一规划下，整合现有应急救援资源，依托集团公司现有通信资源及信息系统，实现对重特大突发事件的监测监控、预测预警、信息报告、综合分析、辅助决策等主要功能，满足企业应急响应中心、中国石化应急指挥中心、国家安全生产应急救援指挥中心、国务院应急办对重特大突发事件的应急救援协调指挥和应急管理的需要。

中国石化应急平台是中国石化生产营运指挥系统集成平台的重要组成部分，主要包括：中国石化应急指挥中心、中国石化应急技术保障中心、专家组、企业应急响应中心。示意图见图 14.8。

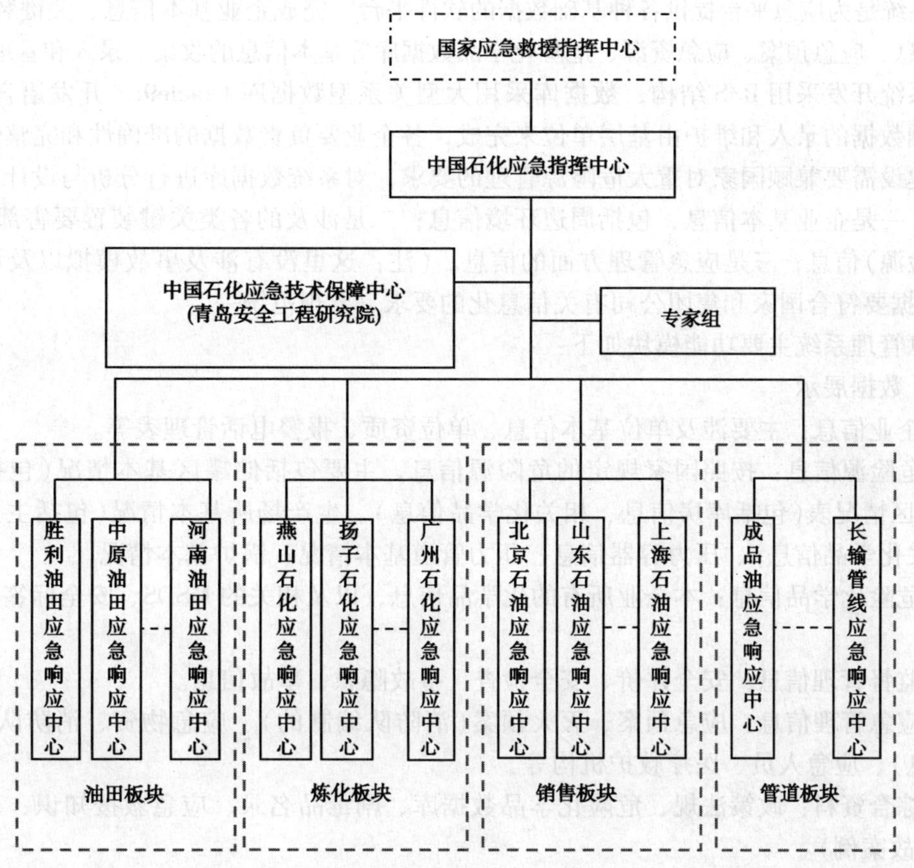


图 14.8 中国石化应急平台的体系组成示意图

应急平台是以安全科技为核心，以信息技术为支撑，软硬件相结合的突发公共事件应急保障技术系统，是实施应急预案，进行指挥决策的工具；具备日常应急管理、风险分析、监测监控、预测预警、动态决策、应急联动等功能。应急平台建设是应急管理的一项基础性工作，对于建立和健全统一指挥、功能齐全、反应灵敏、运转高效的应急机制，预防和应对重特大突发事件，减少事件造成的损失，具有重要意义。应急平台由基础支撑系统、信息管理系统、电子地理信息系统和综合应用系统四大部分组成。

### 14.11.1 硬件支撑系统

硬件支撑系统主要包括：应急响应中心(在企业现有调度中心等场所基础上，建立或完善应急指挥厅或值班室等应急场所)、数字网络视频监控系统(企业现有工业电视监控系统、无线移动视频系统)、数字监测系统(整合企业现有有毒有害气体检测仪、可燃气体检测仪、排污口、环境监测的信号，并予以数字化)等。实现全天候、全方位接收和显示来自事故现场、救援队伍、社会公众各渠道的信息并对各种信息进行全面监控管理；实现对本企业应急救援资源协调和管理；实现值守应急，在发生突发事件时进行救援资源调度、异地会商和决策指挥等。

### 14.11.2 信息管理系统

本系统是为应急平台提供各种基础数据的软件平台，完成企业基本信息、关键装置(要害部位)信息、应急预案、应急资源、危险化学品数据库等基本信息的收集、录入和管理工作。

本系统开发采用B/S结构，数据库采用大型关系型数据库Oracle9i，开发语言为.net。各种基础数据的录入和维护由基层单位来完成，各企业要负责数据的准确性和完整性。应急中心的建设需要兼顾国家对重大危险源管理的要求，对系统数据库进行分析与设计。共分三个层次：一是企业基本信息，包括周边环境信息；二是涉及的各类关键装置要害部位(以后简称危险源)信息；三是应急管理方面的信息。(注：这里没有涉及事故模拟以及评估的数据表)数据要符合国家和集团公司有关信息化的要求，要规范统一。

信息管理系统主要功能模块如下：

(1) 数据展示

① 企业信息：主要涉及单位基本信息、单位资质、报警电话管理表等。

② 危险源信息：按照国家规定的危险源信息，主要包括储罐区基本情况(包括储罐信息)、库区情况表(包括库房信息、相关化学品信息)、生产场所基本情况(包括主要设备信息、相关化学品信息)、压力容器信息、压力管道基本情况、锅炉基本情况。

③ 危险化学品信息：本企业所有的化学品信息，以及相关的MSDS、安全标签及应急处置信息。

④ 监督管理信息：安全评价、安全检查、事故隐患、事故信息。

⑤ 应急管理信息：应急预案、灭火预案(消防队编制的)、应急物资、消防队(包括消防车信息)、应急人员、医疗救护机构等。

⑥ 综合资料：政策法规、危险化学品数据库、剧毒品名录、应急救援知识、事故案例(典型事故案例)。

(2) 数据录入

系统需要各种数据录入的表格共30多个都在此录入编辑和录入。

(3) 系统维护

根据权限的不同，可以对系统进行以下维护：修改密码、新申请用户审核、单位管理、用户管理、数据备份与恢复、化学品库维护、政策法规维护、系统字典维护。

### 14.11.3 电子地理信息

以矢量地图为主，配合遥感卫星图像或航拍照片，构建中国石化地理信息数据库。主要包括以下地图信息：企业及周边布置图、装置和主要设备分布图、消防管网分布图、监测仪分布图、应急物资储备图、危险化学品分布图等。

### 14.11.4 综合应用系统

本系统是应急平台的核心部分，运用计算机技术、网络技术和通信技术、事故仿真模拟技术、GIS、实时数据采集等高技术手段，对企业的关键装置或要害部位进行监控、预警、事故应急响应和辅助决策。按照国家及中国石化有关管理规定，通过统一规划、设计和开发形成满足应对突发事件协调指挥和应急处置工作需要的综合应用系统。

系统应能够采集、分析和处理实时监控信息，为应急指挥机构协调指挥突发事件的应急处置工作提供参考依据。系统能够满足全天候、快速反应突发事件的信息处理和应急调度指挥的需要，使其具备事故快报功能，并以地理信息系统和视频会议系统为平台，以数据库为核心，快速进行事故受理，与应急资源和社会救助联动，及时、有效地进行应急调度指挥。

考虑到系统的安全和运行速度，本系统采用 C/S 结构，开发语言为 VC，按照突发事件应急处置程序，主要分为应急值守管理模块、应急响应模块；决策指挥模块；信息查询模块四大部分构成。系统流程示意图见图 14.9。

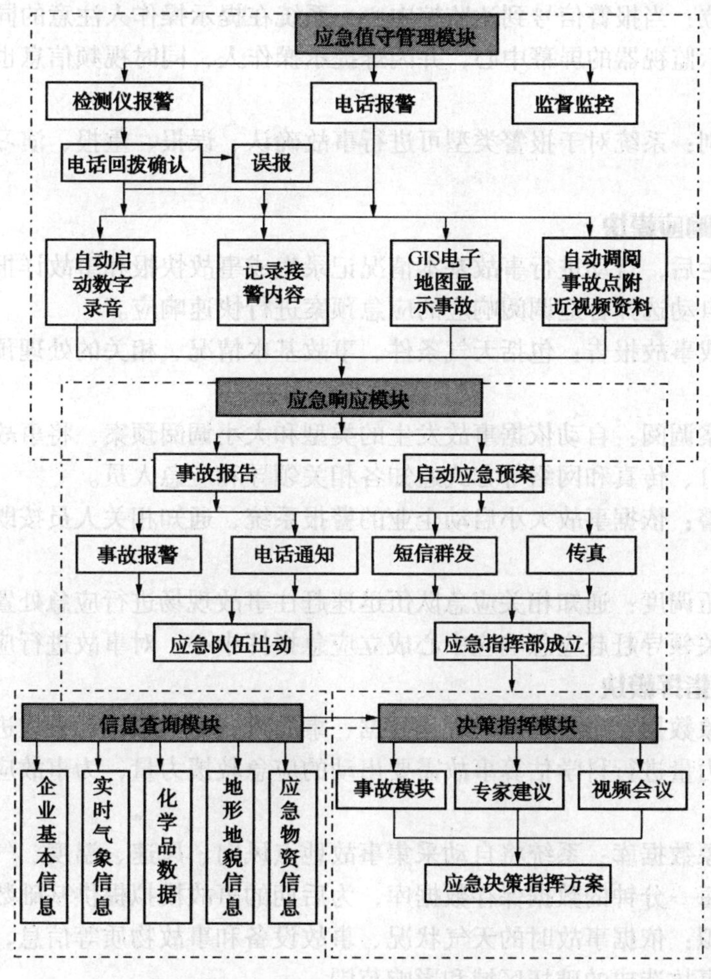


图 14.9 综合应用系统流程示意图

#### 14.11.4.1 应急值守管理模块

该模块主要将装置内的各类自动报警信号(如火灾报警、有毒气体报警仪、可燃气体报警仪、环保监测数据)、手动电话报警等信号连接到应急响应中心，并依据事故特点和性质进行分类处理。

(1) 接到报警信号后，系统结合电子地图、视频监控资料、信息数据库，自动、分屏显示报警地点、单位、电话、周边情况等信息。各类相关信息的调用、查看、打印功能方便、快速。

(2) 能够区分手动报警等各类报警的信号类型，采用图形、音响、语音、色彩等形式加以区分。

(3) 对于不同的报警信号类型采用相应措施。如电话报警可自动确认火警出动，同时启动数字录音，其他可自动弹出回叫电话加以确认。

(4) 对于损坏、检修等经常误报的探测器，系统可停用。或采用其他可行方式将误报率降至最低。

(5) 系统可对网络中各探测器、控制器自动进行巡查，显示故障部位，实现监督监控的功能。

(6) 自动定位：当报警信号到达监控中心，系统在提示操作人注意的同时，将自动将发生事故的位置显示监视器的屏幕中心，并闪烁提示操作人，同时视频信息也将现场视频快速定位和显示。

(7) 报警识别：系统对于报警类型可进行事故确认、误报、重报、演习等相关处理，同时保存到数据库。

#### 14.11.4.2 应急响应模块

突发事件发生后，自动进行事故基本情况记录生成事故快报和事故详报，同时依据事故的类型和大小，自动选择合适调阅响应的应急预案进行快速响应。

(1) 自动生成事故报告：包括天气条件、事故基本情况、相关的处理预案和电子平面显示图等基本信息。

(2) 应急预案调阅：自动依据事故发生的类型和大小调阅预案，将事故相关信息通过短信群发、电话拨打、传真和网络等方式通知各相关领导和应急人员。

(3) 事故报警：依据事故大小启动企业的警报系统，通知相关人员按既定预案进行人员疏散。

(4) 应急队伍调度：通知相关应急队伍迅速赶往事故现场进行应急处置。

(5) 通知相关领导赶赴应急响应中心成立应急指挥中心，对事故进行应急指挥。

#### 14.11.4.3 决策指挥模块

依据实时气象数据、事故物质的理化数据、事故设备的参数，对事故进行模拟并依据企业现有应急救援力量进行科学估算事故需要出动的应急救援力量，为事故应急救援提供辅助决策功能。

(1) 实时气象数据库：系统将自动采集事故地点风向、风速、温度、气压和湿度等实时气象数据，并将每一分钟的数据保存数据库，为后期的事故模拟提供基础数据。

(2) 事故模拟：依据事故时的天气状况、事故设备和事故物质等信息，进行快捷估算物料泄漏、火灾等事故造成的破坏区域和影响范围。

对泄漏事故：给出 1/2 爆炸下限浓度区、1/4 爆炸下限浓度区、中毒区和警戒区及其在下风向的影响距离，并给出环境污染(水源、大气)的扩散模型。

对火灾事故：给出 3kcal/m$^2$ 热辐射区和 8kcal/m$^2$ 热辐射区及其在下风向的影响距离、受热辐射影响的设备、消防车的出动信息等，对主要危险点和危险源进行预先的扩散模型计算，以便在事故发生时直接调用。

(3) 辅助决策方案：根据灾害评估确定的事故级别及现有的应急消防力量，智能优化生成灭火方案，内容包括：事故特点、影响范围、二次事故危害及防护、建议采用的灭火手段、工艺处理方案、出警要求及布车站位、供水方案、对联防车辆的要求。影响灭火方案生成的因素包括灭火战术的选择(如采用高喷车灭火、固定设施灭火、车载炮灭火、移动炮灭火等)、气象条件、火场面积及周围设备的影响等，系统将对这些因素进行综合分析、生成最佳方案，并对该方案进行评价分析，生成优化的灭火预案。

(4) 专家建议：依据事故类型选择适合专家联系，召开电话会议，听取专家建议。

(5) 视频会议：和中国石化应急指挥中心联系召开视频会议，进行事故报告，并听取领导指示。

#### 14.11.4.4 信息查询模块

(1) 企业基本信息：以集团公司关键装置要害部位为管理单位，涵盖企业、装置、主要设备的基本信息。同时，系统还能满足政府关于重大危险源管理数据的要求，可以直接将数据导入到重大危险源数据库中。

(2) 企业生产装置运行实时动态数据。

(3) 危险化学品信息：企业危险化学品的安全技术说明书；危险化学品信息数据库等。

(4) 事故案例数据库：中国石化事故数据库；国内外特别是本地区或本行业有重大影响的事故典型案例数据库等。

## 14.12 安全生产事故应急处置基本程序

### 14.12.1 安全生产事故应急处置的基本原则

安全生产事故应急处置是指在危险化学品企业造成或可能造成人员伤害、财产损失和环境污染及其他较大社会危害时，为及时控制事故源，抢救受害人员，指导群众防护和组织撤离，清除危害后果而采取的措施或组织的救援活动。

在进行安全生产事故应急处置时，需遵循以下原则：

(1) 坚持以人为本原则：

① 在安全生产事故应急处置中尽量减少人员伤害；

② 加强人员培训，提高事故现场人员第一时间自救、互救能力；

③ 安全生产事故现场情况不清楚时有限参与，避免不必要的人员伤亡和财物损失；

④ 安全生产事故现场先进行有效控制，再应急处置；

⑤ 坚持安全生产事故应急处置现场上风向处置的原则。

(2) 坚持环境保护原则：

① 安全生产事故应急处置要防止发生次生、衍生事故；

② 坚持以快制快的原则，力争在最短的时间内将事故控制在较小的范围；

③ 安全生产事故应急处置废弃物要回收处理；

④ 安全生产事故应急处置完毕要对现场进行洗消。

(3) 坚持化学品事故应急处置现场统一指挥原则。

(4) 坚持遵守国家法律法规，实事求是、客观公正、内容详实、及时准确、把握重点的新闻发布原则。

## 14.12.2 安全生产事故应急处置的基本任务

### 14.12.2.1 控制事故源

及时有效地控制事故源，是任何危险化学品应急处置工作的首要任务，只有及时有效地控制住事故源，才能及时防止事故的继续发展，为下一步的有效地处置工作铺平道路。

### 14.12.2.2 抢救受害人员

这是危险化学品应急处置工作的首要原则。在应急处置行动中，及时、有序、有效地实施现场急救与安全转送伤员是降低伤亡率、减少人员伤害的关键。

### 14.12.2.3 隔离现场，组织和疏导无关人员撤离

由于化学事故发生突然、扩散迅速、涉及面广、危害性大，应及时组织和疏导无关人员采取各种措施进行自身防护，并向上风向迅速撤离出危险区或可能受到危害的区域。

### 14.12.2.4 处置完成后要做好现场清理和洗消

对事故外逸和事故处置过程中产生的有毒有害物质和可能对人和环境继续造成危害的物质，应及时组织人员予以清理和洗消，消除危害后果，防止对人的继续危害和对环境的污染。

## 14.12.3 安全生产事故应急处置的基本程序

### 14.12.3.1 事故接处警

接警是指应急中心和救援机构接到应急救援的请求或要求救援的指示或报告。接警是救援工作的第一步，对成功实施救援起到重要作用。

我们国家应急中心或救援机构等都设有专门的报警或应急电话，以及专门的 24 小时化学事故应急咨询电话 0532-83889090，提供化学事故应急信息支持和帮助。

应急中心和救援机构的 24 小时报警电话，应使用专线号码，并有专人值班，线路保持畅通，报警系统应连接 UPS 电源和电话录音系统。接警人员应当接受过专业的培训，具备稳定的心理素质，善于沟通和引导，掌握一定的化学品知识或具备一定的化学和化工背景，普通话标准，吐字清晰。接到报警电话时，接警人员必须要在有限的时间内，迅速、准确、全面地了解和掌握事故现场的基本情况，为后续的应急救援提供重要信息和依据。

不同环节发生的事故，需要了解的内容也不同。

(1) 生产环节着重了解：生产单位、企业救援力量、事故装置、泄漏位置情况、专家意见等；

(2) 运输环节着重了解：生产单位、运输(托运)单位、车辆情况、容器规格、警示标识、泄漏部位、周边环境、现场是否警戒、是否进入水体；

(3) 储存环节着重了解：储存单位、物质数量、容器规格、周边情况、救援力量。

根据事故物质的不同，需要侧重了解的内容也有不同。

(1) 气体泄漏：气体性质、扩散范围、地势、气象条件、周边人员、火源、防爆、防冻；

(2) 液体泄漏：液体性质、地势、周边环境、挥发蒸气、火源；

（3）固体泄漏：泄漏量、物质特性、周边环境。

根据环境情况，了解事故信息的侧重点也有不同：

（1）水体泄漏：水体环境（水塘、水流）、泄漏物名称和性质、现已采取的控制措施等；

（2）陆地泄漏：地势、泄漏物名称和性质、周边环境、气象等。

#### 14.12.3.2 事故现场部署

现场询问灾情：救援人员到达灾害现场后，不要盲目进入灾区，首先向知情人询问情况，包括危险化学品名称、性质；泄漏原因；泄漏时间长短或泄漏量大小等；危险化学品的存量；周围环境情况，如附近有无其他危险化学品、火源情况、人员密集程度等；灾害区域有无受困人员需要救助；灾害单位有无堵漏设备，是否采取了堵漏措施等。

调集救援力量，部署救援行动：

（1）依据事故情况确定现场处置方案，调集救援力量，携带专用器材，分配救援任务，下达救援指令。

（2）根据需要配备适当的侦检器材，如可燃气体检测仪器、智能气体侦检仪等；配齐呼吸保护器具，保证进入危险区的人员人均一具；配备适当的防护服装，如抢险救援服、防化服、避火服等；调集必要的特种工具，如堵漏器具、破拆器具等；消防车辆的调集应根据危险化学品的火灾性质，如易燃气体事故应调用水罐消防车、干粉消防车、二氧化碳消防车；易燃液体事故应调用水罐消防车、泡沫消防车和干粉消防车；对于遇水燃烧或爆炸物质火灾，必须携带专用的灭火器材，如金属灭火器具，水、泡沫均不能用于灭火。

（3）消防车辆和人员到达现场时，不要盲目进入危险区，应先将力量部署在外围，尽量部署在上风或侧上风处，并在此安全部位建立指挥部。消防车辆不应停靠在工艺管线或高压线下方，不要靠近危险建筑，车头应朝向撤退位置，占据消防水源，充分利用地形、地物作掩护设置水枪阵地。

#### 14.12.3.3 现场侦察与检测

侦检是安全生产事故现场处置的首要环节，及时准确地查明事故现场的情况是有效处置安全生产事故的前提条件。安全生产事故现场侦检的目的是掌握危险化学品的种类、浓度及其分布，应根据不同灾情，派出若干个侦察小组，对事故现场进行侦察，侦察小组一般由2~3人组成，配备必要的防护措施和检测仪器。危险化学品的侦检一般在情况不明又十分紧迫时，以定性查明危险物的品种为主，只有准确知道危险物是什么物质，才能有效地对安全生产事故进行处置。在确定如何救援时，则要重视定量分析的结果，即确定危险化学物质的浓度及其分布，准确定量才能使采取的现场处置措施更可靠与完善。

为了准确和迅速地测出现场危险化学品的浓度及其分布，侦检小组人员在做好个人安全防护工作的前提下，应注意选择采样和检测点、实施方法等。

（1）选择采样和检测点

安全生产事故后，泄漏的化学物质分布极不均匀，时空变化大，对周围环境、人员等环境要素的污染程度也各不相同。因此，应急检测时采样和检测点的选择对于准确判断污染物的浓度分布、污染范围与程度等极为重要。

采样和检测点选择的基本要求是浓度高、密度大、检测干扰小。在选择采样和检测点时应考虑以下因素：①事故的类型（泄漏、火灾和爆炸等）、严重程度与影响范围；②事故发生的地点（如是否为饮用水源地、水产养殖区等敏感水域）与人口分布情况（是否在市区等）；③事故发生时的气象信息，如风向、风速及其变化情况。

(2) 现场侦检人员的配备

污染物进入周围环境后，随着稀释、扩散、降解和沉降等自然作用以及应急处理处置后，其浓度会逐渐降低。为了掌握事故发生后的污染程度、范围及变化趋势，需要实时进行连续的跟踪监测，原则上主要根据现场污染状况确定采样频率和次数。

各侦检小组至少应由 3 人组成，其中 2 人负责检测浓度，1 人随后记录和标志。

#### 14.12.3.4 划定安全区和事故现场控制

结合事故模拟结果和专家建议，并考虑危险化学品对人体的不同伤害程度，同时结合事故发生的不同时期，可以将现场分为初始安全区、事故现场控制等区域。

一旦确定警戒范围，必须在警戒区设置警戒标志，消除警戒区内火种。

设置警戒标志可使用反光警戒标志牌、警戒绳，夜间可以拉防爆灯光警戒绳。在警戒区周围布置一定数量的警戒人员，防止无关人员和车辆进入警戒区。主要路口必须布置警戒人员，必要时实行交通管制。

对于易燃气体、液体泄漏事故，如果火灾尚未发生，则必须消除警戒区内的火源。常见火源有明火、非防爆电器、高温设备、进入警戒区作业人员的手机、化纤类服装、钉子鞋、火花工具及汽车、摩托车等机动车辆的尾气。

#### 14.12.3.5 人员疏散

人员疏散就是发生重大安全生产事故后，危险区内的人员采取的避难措施。根据不同安全生产事故特点，应组织和指导与抢险无关的人员和群众就地取材(如毛巾、湿布、口罩等)，采用简易有效的防护措施保护自己。根据实际情况，制定切实可行的疏散程序(包括疏散组织、指挥机构、疏散范围、疏散方式、疏散路线、疏散人员的照顾等)。组织群众撤离危险区域时，应选择安全的撤离路线，避免横穿危险区域。进入安全区域后，应尽快去除受污染的衣物，防止继发性伤害。

危险区域内的人员疏散，包括“撤离”和“就地避难”两种形式，有时可能同时使用这两种方法。因此事故发生后很短的时间内，能够准确地确定危险区域人员的避难方式，将需要进行疏散的群众或员工从危险区域疏散到安全区域非常重要。

#### 14.12.3.6 事故现场控制

为了减少安全生产事故对生命和环境的危害，在事故发生的初期必须采取一些简单有效的控制措施和遏制行动，通过对危险化学品的有效回收和处置将其对环境或生命的危害降至最低，防止事故扩大，保证能够有效地完成恢复和处理行动。

(1) 火灾事故现场应急处置要点

① 所需的火灾应急救援处置技术和专家；

② 确定火灾扑救的基本方法；

③ 确定火灾可能导致的后果(含火灾与爆炸伴随发生的可能性)；

④ 确定火灾可能导致的后果对周围区域的可能影响规模和程度；

⑤ 火灾可能导致后果的主要控制措施(控制火灾蔓延、人员疏散、医疗救护等)；

⑥ 可能需要调动的应急救援力量(公安消防队伍、企业消防队伍等)。

(2) 爆炸事故现场应急处置要点

① 所需的爆炸应急救援处置技术和专家；

② 确定爆炸可能导致的后果(如火灾、二次爆炸等)；

③ 确定爆炸可能导致后果的主要控制措施(再次爆炸控制手段、工程抢险、人员疏散、

医疗救护等)；

④ 可能需要调动的应急救援力量(公安消防队伍、企业消防队伍等)。

(3) 泄漏事故现场应急处置要点

① 所需的泄漏应急救援处置技术和专家；

② 确定泄漏源的周围环境(环境功能区、人口密度等)；

③ 确定是否已有泄漏物质进入大气、附近水源、下水道等场所；

④ 明确周围区域存在的重大危险源分布情况；

⑤ 确定泄漏时间或预计持续时间；

⑥ 实际或估算的泄漏量；

⑦ 气象信息；

⑧ 泄漏扩散趋势预测；

⑨ 明确泄漏可能导致的后果(泄漏是否可能引起火灾、爆炸、中毒等后果)；

⑩ 明确泄漏危及周围环境的可能性；

⑪ 确定泄漏可能导致后果的主要控制措施(堵漏、工程抢险、人员疏散、医疗救护等)；

⑫ 可能需要调动的应急救援力量(消防特勤部队、企业救援队伍、防化兵部队等)。

#### 14.12.3.7 受伤人员现场救护、救治

在事故现场，化学品对人体可能造成伤害：中毒、窒息、冻伤、化学灼伤、烧伤等。对受伤害人员及时施救，可以最大限度地减少人员伤亡。

#### 14.12.3.8 现场人员个体防护

在安全生产事故应急抢险过程中应根据安全生产事故的特点及其引发物质的不同，以及应急人员的职责，采取不同的个体防护装备：应急救援指挥人员、医务人员和其他不进入污染区域的应急人员一般配备过滤式防毒面罩、防护服、防毒手套、防毒靴等；工程抢险、消防和侦检等进入污染区域的应急人员应配备密闭型防毒面罩、防酸碱型防护服和空气呼吸器等；同时做好现场毒物的洗消工作(包括人员、设备、设施和场所等)。

#### 14.12.3.9 现场清理和洗消

事故现场清理是为了防止进一步危害的过程。在现场危险分析的基础上，应对现场可能产生的进一步的危害和破坏采取及时的行动，使二次事故的可能性尽可能小。这类工作包括防止有毒有害气体的生成或蔓延、释放，防止易燃易爆物质或气体的生成与燃烧爆炸，防止由火灾引起的爆炸等。

洗消是使用物理/化学方法减少和防止污染物从涉及安全生产事故的人员或设备上蔓延扩散的过程。参与安全生产事故应急响应的人员应进行全面的、专业的洗消，直到经确认完全洗消为止。

洗消的目的是避免污染传播，或污染热区以外的其他人员、设备。如果怀疑被污染，就应对人员、设备进行洗消。因此，应急响应人员应掌握预先制定的洗消程序，尽可能将污染降到最低，避免与其接触，控制污染物的扩散，妥善处置污染物。

为避免人员和设备受到污染，应针对洗消的各个阶段制定和执行详细的程序。根据现场危险化学品的类型、危害程度、应急人员受到危害的可能性等信息，确定洗消的程度。如果防护器材受到污染，应针对相应的化学物质采用合适的洗消方法。洗消作业应在抵达现场后立即开始，且应提供足够的洗消点和人员，直到事故指挥人员确认不再需要洗消时才能结束。

在每次安全生产事故中，参与行动的应急人员、设备和一般公众都有可能受到污染。污染物不仅对被污染的人员造成威胁，而且对随后与被污染的人员和设备接触的其他人员同样存在威胁。为了保证应急人员、一般公众和环境的健康和安全，整个洗消过程应当在暖区和洗消走廊完成，事故现场的洗消一般在事故得到完全控制后进行。在制定洗消预案时，应对可能遇到的情况有恰当的判断，并评估洗消程序的可能效果。

尽管洗消主要在进入现场后进行，但作为整个事故预案和危害评估程序的组成部分，在事故发生前就应确定洗消的方法和程序。只有在根据现场的危险情况，确定了正确合理的洗消程序、方法，建立洗消点后，才可进入热区。但确实需要紧急救援，又有可行的应急洗消措施的情况除外。

## 14.13 思考题

（1）您单位应急管理体系如何建立？有无提升空间？

（2）您单位应急预案如何与政府接口？

（3）您单位应急演练如何开展？如何考核的？

# 第 15 章　石化企业防灾减灾

本章介绍了石化企业灾害特点、防灾减灾指导思想、防灾减灾规划等内容。

## 15.1　石化企业灾害特点

石化企业的生产特点决定了当其遭受自然灾害——洪水、干旱以及其他灾害，如地震、台风、风暴潮、滑坡、泥石流的侵袭时，会表现出一些特殊的灾害形式，具体特点表现在以下几个方面。

(1) 石化企业的原料、产品大多数是易燃、易爆、有毒、易污染的；生产过程多为高温、高压或低温、负压，潜在的危险性较大。因此，在遭遇地震、洪水、台风等自然灾害时，一旦设备、管线、储罐、塔釜遭到破坏就可能带来燃烧、爆炸和有毒有害气体蔓延等次生灾害，将会造成人员伤亡、生产破坏、环境污染、经济损失的严重灾害。

(2) 石化生产过程离不开水、电、气、汽，在遭受突发的自然灾害侵袭时，可能会造成停电、停水、停汽、停风等，使生产不能正常进行，进而造成生产瘫痪或引发严重的次生灾害。

(3) 石化企业的建(构)筑物有其脆弱性的一面，究其原因，除去设防强度构造特殊、地基复杂等因素外，还有一条重要的原因，就是厂房、设备连同基础、管线、管架长期处于有腐蚀性气(液)体腐蚀的环境中。加之石化企业生产区与生活区紧密相连，因此在受到地震、洪水、台风等自然灾害的侵袭时，可能会造成建筑群倒塌，会给人员疏散和抢险救灾带来困难，造成严重的人员伤亡。

(4) 石化企业的设备有其独特的特点，如各种塔釜、圆筒炉、烟囱、储罐、各种机泵、管道等在厂区纵横交错，许多设备的运行由计算机控制，整个系统自动化程度高。遭遇自然灾害时，无论哪一个设备遭到破坏，均可能引起整个系统连锁反应，导致生产瘫痪或引起严重的次生灾害。所以，加强灾害管理，健全内部灾害机制，培养全员减灾防灾意识，主动与政府及社区建立救灾防灾合作机制、关注对重大灾害的紧急救援，是中国石化企业文化建设和社会责任的体现。

## 15.2　石化企业防灾减灾指导思想

### 15.2.1　抗震减灾的指导思想

坚持“预防为主，平震结合，常抓不懈”的方针。坚持“突出重点、兼顾一般、摸清底数、分轻重缓急做好抗震鉴定加固和设防工作”的原则。尽早实现各单位具备“小震(低于地震设防烈度)不坏、中震(等同于地震设防烈度)可修、大震(高于地震设防烈度)不倒”抗震能力的目标。

### 15.2.2　防汛抗灾的指导思想

坚持“安全第一，常备不懈，以防为主，全力抢险”的方针。防洪工作实行全面规划、统筹兼顾、预防为主、综合治理；遵循团结协助、局部利益服从全局利益、“建重于防、防重于抢”的原则。

### 15.2.3 防台风抗灾的指导思想

实行“安全第一，常备不懈，以防为主，全力抢险”的方针，遵循团结协作和局部利益服从全局利益的原则。

### 15.2.4 防灾减灾工作的总目标

从基本国情出发，中国既难以像一些人口密度低的国家那样采取严厉限制向灾害高风险区发展的策略，也无力在短期内大幅度增加投资来降低灾害的风险度。针对中国石化自然灾害的基本特点与保障社会、经济可持续发展的需要，加强防灾减灾工作的总目标是：

（1）建立与社会、经济发展相适应的自然灾害综合防治体系，综合运用工程技术与法律、行政、经济、管理、教育等手段，提高减灾能力，为社会安定与经济可持续发展提供更可靠的安全保障；

（2）加强灾害科学的研究，提高对各种自然灾害孕育、发生、发展、演变及时空分布规律的认识，促进现代化技术在防灾体系建设中的应用，因地制宜实施减灾对策和协调灾害对发展的约束；

（3）在重大灾害发生的情况下，努力减轻自然灾害的损失，防止灾情扩展，避免因不合理的开发行为导致的灾难性后果，保护有限而脆弱的生存条件，增强全社会承受自然灾害的能力。

### 15.2.5 法规及有关文件

#### 15.2.5.1 抗震减灾

（1）中华人民共和国防震减灾法；

（2）抗震减灾工作管理规定；

（3）抗震加固工程管理规定；

（4）企业抗震减灾规划编制规定；

（5）破坏性地震应急预案。

#### 15.2.5.2 防汛抗灾法规条例

（1）《中华人民共和国水法》；

（2）《中华人民共和国水土保持法》；

（3）《中华人民共和国防汛条例》；

（4）《中华人民共和国河道管理条例》；

（5）《中华人民共和国水库大坝安全管理条例》；

（6）《防汛抗灾管理规定》。

#### 15.2.5.3 防台风抗灾法规条例

《防台风抗灾管理规定》。

## 15.3 石化企业的防灾减灾规划

石化企业防灾减灾规划的基本目标：逐步提高企业的综合防御能力，最大限度地减轻次生灾害，保障企业在遭到突发性的自然灾害袭击时，职工家属生命财产安全和生产建设的顺利进行。为此，编制防灾减灾规划应包括：防灾减灾规划纲要，灾前预防规划，灾时抢险救灾计划，灾后恢复，破坏性灾害应急预案等。不同企业，根据企业所在地的地理位置及可能遭遇的灾害类型，编制相应的减灾规划。

### 15.3.1 石化企业抗震减灾规划

地震不仅可能造成石油、化工企业直接的灾害损失，还会造成更大范围、更大强度的次生灾害。大火、放射性物质及有毒气体泄漏，腐蚀性物质污染饮水等，会造成更多人员的伤亡。据有关资料显示，震灾后由于次生灾害造成的人员伤亡有可能等于或大于直接伤亡人数。因此对于石油、化工企业的防灾减灾措施要更为得当。

我国抗震减灾的总目标："在遭遇相当于地震基本烈度的破坏时，能切实保障城市要害系统的安全，保障震后人民生活的基本需要；城市生命线工程应基本不受影响，重要工矿企业和关系到国计民生的关键部门不致严重破坏可迅速恢复生产；对可能引起次生灾害的重要设施不致产生严重后果；对量大、面广的居住建筑和重要公共建筑、指挥部门不致造成严重破坏或倒塌"。

企业抗震减灾的基本目标是：提高企业综合抗震减灾能力，使企业在遭遇相当于基本烈度或设防烈度的地震影响时，减免次生灾害的发生或有效地抑制次生灾害的蔓延，关键生产装置和重要部位不遭受比较严重的破坏，能正常或较快恢复生产，职工生活基本正常。

按照国家规定，位于基本烈度六度及六度以上地区的石化企业，均要制定抗震减灾规划并纳入本地区的总体规划。在制定抗震减灾规划时应注意因地制宜，有所侧重。

#### 15.3.1.1 抗震减灾规划的主要内容

抗震减灾规划，主要包括以下几个方面的内容：

(1) 抗震减灾规划纲要

这是该规划的指导性文件，主要包括：企业现状和减灾能力，地震危险分析，地震对本企业的影响及危害程度，规划的指导思想、目标和措施，规划的主要内容和依据等。

(2) 震前预防规划

① 工程抗震规划：工程抗震规划内容包括原有工程设施、建(构)筑物和设备的抗震能力的鉴定与加固计划，新建项目的抗震设防与关键要害部位的确保计划。

② 生命线工程的保障计划：生命线工程的保障计划包括交通、通信、供电、供排水、液化气、暖气、医疗、消防等系统的抗震能力和减灾措施、计划等。

③ 预防和控制次生灾害计划：预防和控制次生灾害计划包括火灾、水灾、溢毒、爆炸、放射性辐射及尘埃污染、细菌蔓延和海啸等次生灾害的危险程度的预测与减灾措施计划等。对强震区内的石化基地，要重点研究其遭受7级以上大震袭击的可能性预警以及预案，在规划输油输气管线及炼厂选址时，要结合考虑可能的震灾影响。1965年日本新泻7.4级地震发生在日本学者用概率方法作出的地震区划图中发生大震可能性较小的地区，然而大震发生了。1999年土耳其伊兹米特大震倒是发生在20年前就粗略预料到可能发生强震的地区，并进行国际合作进行研究，但因经费不足后撤销了该项研究，然而地震终于在后来发生了。以上经验教训说明，不能只靠一张地震烈度区划图进行石化基地抗震建设，还要重点进行大震预报的研究。如有大震的可能，就要进行防震措施。

④ 场地利用规划：企业发展和改造的场地利用规划，应根据地震危险性分析、地震小

区划、场地区划和震害预测，划分出对抗震有利和不利区域范围，不同地段适宜于建筑的结构类型、建筑层数和不宜进行工程建设地段；各种地段的地震影响及破坏程度的预测；了解处在活动断层的情况及发震的可能性，根据地震地质、地形地貌和各种环境因素划分出可能出现滑坡、崩塌、震陷、液化、水患、泥石流和地基失效等不利抗震地段。选择石化工业建筑基地要好。经验数据表明，好的地基比差的地基在地震时的破坏程度上要低1到2度(按地震烈度表划分)。

⑤ 疏散和避难规划：人员的应急疏散和撤离规划应认真地划分出各厂、各车间、各系统、各家属区居委会的避震地点，疏散通道、防灾避难场地应预前指定。

⑥ 物资储运计划：抢险救灾物资储运计划包括生产系统、生命线工程的要害部位、生活必需品、医疗救护等抢险救灾物资的储备和运送计划。

⑦ 技术培训计划：抢险救灾技术培训计划，包括地震时处在各种场所、各种状态下人员的临震避难技术、群众的自救互救技术、灾情控制技术、被压埋人员和困在火、毒气危险现场的遇难者的抢救与医疗技术、交通、通信、供电、供水等生命线工程的抢修技术及治安管理诸方面的培训和演习计划。

(3) 震时抢险救灾计划

震时抢险救灾计划主要包括震前的应急措施、人员自救互救技术和破坏性地震应急预案。

① 震前的应急措施和企、事业单位在震时的应急措施：建立震前的抗震组织机构；配备通信器具和交通车辆，临震前，机动车辆不准进库房，应备足油料，驾驶员坚守岗位，车辆停放在规定地点待命；储备抗震救援物资，包括临震前储备好充分的食品，利用一切可储容器、设施，准备生活、消防用水；临震前，拆除危险建筑物，装饰性建筑物及悬挂物；注意地震前兆(地光、地声、动物反常等)，预感地震发生时，应从容不迫，果断地采取应急措施；紧急撤离时，要相互照顾，有秩序、迅速地按抗震防灾应急预案进行；临震时一旦确感地震即将发生，应立即关闭供水、供暖、供气系统的阀门和切断电源，消灭一切火源。

② 个人或家庭在震时的应急措施：平时要学习和掌握抗震防灾的知识，在震时保持清醒的头脑，运用避震和自我防护方法，果断地采取正确避险措施；平时准备一个有手电筒、水、食品、药品的急救箱，以备地震时应急使用；掌握关闭煤气、电灯、水等方法，楼层内备放一个或多个灭火器；在电话机旁明示医院、消防队和公安局的电话号码；将那些在地震时可能翻倒的书架及一些重家具固定在墙上；将易燃、易爆、有毒等危险品安放在固定式的容器内，减少次生灾害发生的可能；要清楚疏散通道，并确定震后家人集中的地点；疏散通道一旦遭到破坏要立即修复，便于人员疏散和援救人员出入；在个人衣袋里装有家庭成员名单及本人血型、工作单位等基本情况的卡片或笔记本，以便震后的救护工作，此外还应备放一台收音机，地震后可及时了解政府的通告和震情的发展动态。

③ 人员自救互救：遇震时，应保持冷静，避免慌乱，正确利用身边的避险环境，进行自我防护，要求避震和防护行动果断，力戒犹豫。通常地震发生至房屋的倒塌间隔时间有十几秒钟，因此，可以充分利用这个时间差，采取果断的措施就近躲避。此外，在紧急避险后，为了防止更大的地震或余震的袭击，人们要立即撤离现场，疏散到指定的安全地方，直到震情解除。地震时人们应根据当时的情况和环境作出相应的对策。

(4) 震后恢复

地震后，应集中力量尽快恢复正常的生产、生活秩序，为全面恢复生产、重建家园做好各项工作。安排好职工家属的生活，把解决居民生活的问题放在首位；立即对所有生产装置进行普查，分清受灾严重和较轻的装置，组织列出修复和复工计划，以最快的速度为恢复生产创造条件；经过检修后在公司(总厂)的统一指挥下，尽快组织开车生产；同时还要搞好火灾评估、卫生防疫、社会治安、生活保障、重建家园等一系列工作。

#### 15.3.1.2 编制抗震减灾规划注意的问题

(1) 分析危险部位和预测震害程度

必须首先对企业的地质、系统工程、生产装置等资料进行分析，按基本烈度，分别找出防御地震灾害的薄弱环节和存在问题。然后再综合分析判断震时可能出现的危险部位，预测可能发生的震害及次生灾害(如滑坡、塌方、震陷、地裂、跑水、漏油、漏气、泄毒、着火、爆炸、放射性辐射等)和可能造成的人员伤亡。

(2) 分层次编写规划

在危险分析及灾害预测基础上，结合已有的防御措施，确定防止和减轻地震灾害的对策，编制出切实可行的抗震减灾规划。规划可分层次编写，属于企业综合性的称规划；专业性的称对策；车间(或装置)的称为应急措施。规划可采用文字和图表相结合的表达形式，文字简练，说明问题，具有科学性、指导性及普及性，便于实施。

### 15.3.2 石化企业防汛减灾规划目标

达到当地设防标准；防大汛、抗大灾。使企业在遭遇特大洪水或设防标准时，减免次生灾害的发生或有效地抑制次生灾害的蔓延，关键生产装置和要害部位不遭受比较严重的破坏；保障企业生产建设顺利进行，保护国家财产和职工、家属生命财产安全。

### 15.3.3 石化企业防台风减灾规划目标

防台风抗灾的目标：防台风、抗大灾。使企业在遭遇台风或特大台风时，减免次生灾害的发生或有效地抑制次生灾害的蔓延，关键生产装置和要害部位不遭受比较严重的破坏；保障企业生产建设顺利进行，保护国家财产和职工、家属生命财产安全。

## 15.4 编制抢险救灾预案

根据集团公司“安全第一，预防为主，全员动手，综合治理”的安全生产方针和“预防重于抢救”的要求，各企业都应建立健全防灾抗灾组织及岗位责任制。明确各级工作人员的任务和要求，并针对防灾抗灾工作的特点，建立健全各项规章制度。但只有制度是不够的，还应编制相应的抢险救灾预案，包括：破坏性地震应急预案、直属企业防洪防汛应急预案、直属企业防台风应急预案等，并定期演习，做到遇灾不慌不乱，按预案行事，确保安全，使防灾抗灾工作做到正规化，规范化。

## 15.5 典型案例

### 15.5.1 破坏性地震事件

#### 15.5.1.1 情景

2008 年 5 月 12 日 14 时 28 分，四川汶川地区发生里氏 8. 0 级、最大烈度 11 度特大地震，造成69227人遇难、17923人失踪，紧急转移安置1510万人，直接经济损失8451亿多元。

汶川地区特大地震地震发生的2分钟之内，地动山摇，房屋大量倒塌损坏，人们惊慌失措，纷纷躲避这突如其来的灾难。受灾地区基础设施大面积损毁，工农业生产遭受重大损失，生态环境遭到严重破坏。其后的几个月内，余震不断，累计达3万多次，地震还引发了崩塌、滑坡、泥石流、堰塞湖等次生灾害。此次地震影响范围涉及四川、甘肃、陕西、重庆等10个省市的417个县(市、区)、4667个乡(镇)、48810个村庄。受灾区域总面积约50万平方公里、受灾人数达4625万多人，其中极重灾区、重灾区面积13万平方公里。

据不完全统计，地震造成石油石化企业员工死亡489人，受伤3785人，造成油气田的采集输场站受损360余座，净化厂受损1座，输油气管道受损70余条，加油(气)站累计受损1000余座，其中停运100余座，油库累计受损50余座，直接经济损失120亿元。

地震对中国石化川渝两地的企业造成不同程度的破坏，其中川渝销售分公司受损加油站52座，受损油库2座，受损办公楼1座，经济损失约4570万元，但无员工伤亡。

#### 15.5.1.2 问题

石化企业如何预防特大地震，减少危害?

#### 15.5.1.3 简析

此次地震是新中国历史上破坏性最强、波及范围最广、救灾难度最大的一次地震，在应急救援实施过程中，应急救援能力经历了一次严峻的考验。在地震中采取的处置措施为今后更好的开展地震灾害后的应急救援提供了借鉴和参考，同时也暴露出不足之处，须在今后工作中不断的加强完善。通过对此次特大地震的总结分析如下：

(1) 应急预案启动迅速，组织有序，应急措施得力。面对此次特大地震灾难，在第一时间启动了应急预案，并有序的组织了应急救援工作的开展。

(2) 中国石化总部统一组织，调度保障有序，克服一切困难，全力保证灾区抗震救灾的油气供应，彰显了中国石化的企业形象。在“5·12”特大地震发生当天，中国石化立即安排增加3万吨资源计划，并紧急落实铁路、水路将成品油发往受灾地区。根据地震灾区的需求，中国石化不断的增加资源计划，从各地紧急调运油品前往灾区一线，确保了抗震救灾用油的稳定供应。在地震灾区，救灾通道沿线加油站采取了24小时不间断配送，并紧急调度流动加油车深入灾区供油，如进入都江堰、紫坪铺、安县、彭州、平武等重灾区的流动加油车就有14台，切实落实“设备到哪里，供油就到哪里”的工作要求，受到了政府部门的高度评价，凸显了中国石化“讲政治、负责任”的企业形象。

(3) 专业的应急救援队伍在地震的救援实战中发挥了重大作用。中国石化的专业的应急救援队伍携带抢险车、雷达生命探测仪、起重气垫等救援装备赶往灾区，在废墟中成功挽救出34个鲜活的生命，找到遇难者100多个，救助伤员数百人，体现了建立区域性专业救援力量的重要。

(4) 这次地震中由于通信的基础设施遭到破坏，致使地震区域通信陷入瘫痪，给应急救援带来极大的困难；也暴露出先前制定的应急预案存在一定的局限性，尤其是各基层单位采取的应急处置措施还需完善等问题。

### 15.5.2 冰雪灾害事件

#### 15.5.2.1 情景

2008年元月底至2月上旬，我国南方地区出现历史上罕见的冰雪灾害，严重影响了部分地区的交通运输、能源供应、电力传输、通信联络、农业生产和人民生活，造成了129人死亡，4人失踪，166万人被紧急转移，48.5万间房屋倒塌，直接经济损失达1516.5亿元。

灾害发生期间，交通运输严重受阻，京广、沪昆铁路因断电运输受阻，京珠高速公路等“五纵七横”干线近2万公里路段瘫痪，22万公里普通公路，沿途大批车辆和人员滞留，缺乏油料供应和基本生活物资。电煤供应告急，19个省(区、市)出现不同程度的拉闸限电。电力设施损毁严重，电网大面积倒塔断线，13个省(区、市)输配电系统受到影响，170个县(市)的供电被迫中断，3.67万条线路、2018座变电站停运。工业企业大面积停产，农业和林业遭受重创，大量建筑物倒塌，居民生活受到严重影响。

灾害造成石油石化企业所属的加油站120余座坍塌，4人死亡，16人受伤，其中中国石化湖南石油分公司所属的31座油库、29座加油站罩棚发生垮塌，40座加油站罩棚严重变形被迫停业，300多个加油站的设备设施受到不同程度的损坏，经济损失达1.5亿。

#### 15.5.2.2 问题

冷冻冰雪灾害对石化企业可能造成的影响有哪些？如何搞好冬季安全生产？

#### 15.5.2.3 简析

据气象部门公布，此次冰雪灾害在湖南的综合强度指数为建国以来最严重的一次，已达到特大气象灾害标准，在应急救援实施过程中，湖南石油分公司的应急救援能力经受住了严峻考验，灾害中实施的处置措施为应对特大气象灾害提供了宝贵经验。

(1) 应急预案启动及时，反应迅速，组织有序，应急预案在救援过程中发挥了重要作用。

(2) 救灾过程中对设备设施的维护、检测、抢修处置及时，措施得力，最大限度减少了人员和财产的损失。

(3) 在救灾过程中通过与企业外部的有效沟通协调，在政府、部队和其他企业的鼎力支持下，使救灾工作得以更好更快地展开。

(4) 各企业克服了特大气象灾害带来的重重困难，保障了油料的供应，树立了良好的中国石化形象。

尽管在灾害发生后采取的处置行动得到社会各界的广泛认可，但在处理突如其来的特大气象灾害时，还存在以下不足：

(1) 应急预案有待进一步完善，对特大气象灾害带来的影响，尚认识不足，缺乏经验，预测预警手段需要进一步提高科技含量。

(2) 应急物资不能满足特大气象灾害的需要，缺乏通信设备，抢修材料，车辆防滑、人员防护装备，应适当提高应急物资的配备标准。

(3) 油库、加油站设计时对建筑物的抗灾等级考虑欠周全，对新建、改建油库、加油站等建筑物时应适当提高抗灾等级。

## 15.6 思考题

(1) 石化企业遭遇自然灾害时所表现的灾害特点有哪些？

(2) 从石化企业防灾减灾基本目标，谈一谈作为安全处(科)长在防灾减灾方面应做哪些工作？

(3) 你在工作中是否遇到过安保基金的索赔事例？谈一谈在处理这类问题时应注意哪些事项？

# 第 16 章　相关方安全监督管理

本章主要介绍承包商及相关方的安全监督管理。承包商是炼化企业安全管理的重点，要求重点掌握承包商的 HSE 资质审查和 HSE 管理实施程序。

## 16.1　相关方的概念及分类

### 16.1.1　相关方的概念

依据《职业健康安全管理体系规范》(GB/T 28001—2001)的定义，相关方是指与组织的职业健康安全绩效有关的或受其职业健康安全绩效影响的个人或团体。简单的说，相关方就是指与企业存在各种关系的非本企业的个人或团体。

### 16.1.2　相关方分类

#### 16.1.2.1　按定义范畴分

(1) 广义相关方：与组织活动和业务流程有影响的所有相关方。按照《职业健康安全管理体系规范》的定义，组织的相关方一般包括：立法、司法机关、社区居民、供方、合同方或承包方、客户或消费者、股东或投资者、媒体等。

(2) 狭义相关方：参与组织活动和业务流程的相关方。包括供应商、承运商、经销商(终端消费者)、外包(承租)商、施工承包商、技术服务商等。

#### 16.1.2.2　按影响程度分

(1) 参与组织活动和业务流程的相关方：外包(承租)商、施工承包商、技术服务商等。

(2) 与组织活动和业务流程有衔接的相关方：供应商、承运商、关联企业、经销商(终端消费者)等。

(3) 与组织活动和业务流程有关的相关方：政府机关、社区居民、媒体等。

## 16.2　相关方的形成与现状

### 16.2.1　相关方的形成过程

(1) 组织按照价值链价值最大化原则，为扩大竞争优势，将非竞争优势业务(过程)外包。围绕价值最大化原则，以及生产专业化要求，从成本、专业、风险等方面评估，将检修、工程、包装、仓储、运输及清扫、装卸等非竞争优势业务(过程)外包。

(2) 组织在经营发展过程中，为符合法律法规相关要求及履行社会责任，活动和业务流程开展期间受到不同关注方的影响和制约。

### 16.2.2　管理现状

(1) 法律法规要求、企业内部管理对相关方要求提升；

（2）相关方越来越多，管理越来越复杂；

（3）相关方管理水平和人员素质参差不齐；

（4）参与组织活动和业务流程的相关方实施过程成为能否确保组织整体安全目标实现的一个关键点；

（5）与组织活动和业务流程有关的相关方对组织的活动影响越来越重要。

## 16.3 相关方的管控

### 16.3.1 相关方的识别评价

相关方识别范围：

（1）参与组织活动和业务流程的相关方；

（2）与组织活动和业务流程有衔接的相关方；

（3）与组织活动和业务流程有关的相关方；

（4）相关方人员。

相关方识别与评价因素，见表 16.1。

**表 16.1 相关方识别与评价因素**

| 序号 | 要 素 | 评估等级 | | |
|---|---|---|---|---|
| 1 | 参与公司活动和业务流程的深度和重要程度 | 重大 | 较大 | 一般 |
| 2 | 相关法律、法规及标准的要求 | 强制要求 | 推荐要求 | |
| 3 | 生产经营过程中与公司发生关系的频次 | 高 | 中 | 低 |
| 4 | 与公司关系的主次关系 | 被动 | 平等 | 主动 |
| 5 | 对相关方的技能要求 | 复杂 | 较复杂 | 简单 |
| 6 | 管理难度 | 难度大 | 较有难度 | 一般 |
| 7 | 发生关系的区域 | 装置内 | 公司内 | 公司外 |

根据评价结果，实施分类分级管理。

### 16.3.2 相关方的安全管理与控制要求

#### 16.3.2.1 管理职责

（1）基层单位负责现场安全管理、二级安全教育等。

（2）安全部门负责施工承包商 HSE 资质审查、外来人员一级安全教育、现场安全监管；

（3）工程管理部门负责施工资质审查、组织选用承包商、现场安全措施制定、开展风险评价等；

（4）物资采购部门负责对供应商的评审与选择、保证物资符合安全标准等；

（5）营销部门负责承运商资质审查、评审、对承包商安全管理进行检查等。

明确政府机关、社区居民、媒体等与公司有关的相关方对应的公司内部归口协调部门。

#### 16.3.2.2 管理制度

企业及各单位应建立《承包商资源库管理办法》《物资采购管理规定》《承包商安全管理规定》《承包商 HSE 管理考核规定》《供应商管理规定》《产品销售管理规定》等规章以及新闻发

布、应急预案等方面的程序文件。

#### 16.3.2.3 管理控制重点

(1) 与组织活动和业务流程有关的相关方

重点是建立主动沟通渠道和沟通机制，随时掌握影响公司发展和合法经营的政策、法规等。控制方式包括：

① 建立法律法规和其他要求的识别程序与渠道；

② 定期评审公司经营活动与法律法规的符合性；

③ 按照相关方的要求完成各项任务，如建设项目“三同时”报审机制、重大危险源辨识与管理、隐患排查、危险化学品生产、使用、储运、运输等。

(2) 与组织活动和业务流程有衔接的相关方

重点是明确双方需求、评审合同、建立合同关系和安全管理协议，实现供应链的互利。控制方式包括：

① 建立供方准入标准与定期评估制；

② 明确双方需求和要求；

③ 签订合同、安全管理协议书与执行；

④ 向相关方及时传递法律法规要求和公司管理要求。

(3) 参与组织活动和业务流程的相关方

重点是通过控制确保相关方活动能满足公司业务流程需要。控制方式包括：

① 建立准入、淘汰机制；

② 确定相关方选择与评价标准；

③ 签订安全管理协议，明确双方责任；

④ 设定活动、过程控制标准；

⑤ 培训、教育相关方，使其满足能力要求；

⑥ 按标准监督检查过程实施。

(4) 与公司活动有关的相关方人员管理

对于考察人员、参观学习人员、监察巡视人员等，安全管理的重点是：设定路线、做好引导解说；提供防护用品；做好培训，介绍安全管理制度和紧急情况应对措施，确保进入公司内人员的安全。

## 16.4 承包商安全监督管理

承包商是所有相关方中参与公司活动和业务流程最多、最直接的相关方，其活动的规范性和可控性决定着直接作业环节安全管理，而且集团公司要求对承包商“统一管理、统一标准、统一考核”，发生事故纳入到公司的业绩考核，其重要性可见一斑。同时由于参加业务的承包商数量众多，各承包商管理水平、人员素质等参差不一，有着较大的管理难度。

### 16.4.1 法律法规及企业规章要求

中国石化集团公司为全面贯彻落实国家安全生产法律法规、标准、规范，强化本企业对承包商的安全生产监督管理，制定了《承包商安全管理规定》及其他相应的安全生产监督管理制度。炼化企业对承包商的安全监督管理主要执行以下法律法规规范和规定，见表16.2。

表 16.2 承包商安全管理执行的主要规范、标准

| 序号 | 名称 | 文号 | 发布日期 |
|---|---|---|---|
| 1 | 中华人民共和国安全生产法 | 中华人民共和国主席令第七十号 | 2002.6.29 |
| 2 | 中华人民共和国劳动法 | 中华人民共和国主席令第二十八号 | 1994.7.5 |
| 3 | 中华人民共和国职业病防治法 | 中华人民共和国主席令第六十号 | 2001.10.27 |
| 4 | 建设工程安全生产管理条例 | 中华人民共和国国务院令第393号 | 2004.2.1 |
| 5 | 建筑施工企业安全生产许可证管理规定 | 中华人民共和国建设部令第128号 | 2004.7.5 |
| 6 | 石油化工建设项目管理方安全管理实施导则 | AQ/T 3005—2006 | 2006.11.2 |
| 7 | 关于落实建设工程安全生产监理责任的若干意见 | 建市〔2006〕248号 | 2006.10.16 |
| 8 | 建筑起重机械安全监督管理规定 | 中华人民共和国建设部令第166号 | 2008.1.8 |
| 9 | 关于印发《建筑施工企业负责人及项目负责人施工现场带班暂行办法》的通知 | 建质〔2011〕111号 | 2011.7.22 |
| 10 | 建筑施工企业安全生产管理规范 | GB 50656—2011 | 2011.7.26 |
| 11 | 炼化企业外委检维修承包商资源库管理办法(试行) | 石化股份炼〔2012〕67号 | 2012.3.1 |
| 12 | 承包商安全管理规定 | 中国石化安〔2011〕560号 | 2011.6.27 |
| 13 | 施工作业安全管理规定 | 中国石化安〔2011〕715号 | 2011.8.5 |
| 14 | 中国石油化工集团公司安全生产禁令(试行) | 中国石油化工集团公司 | 2007.7.27 |
| 15 | 炼油化工企业安全、环境与健康(HSE)管理规范 | Q/SHS 0001.3—2001 | 2001.2.8 |

## 16.4.2 安全管理职责

按照国家有关法律法规及中国石化《承包商安全管理规定》，涉及承包商安全监督管理的单位、部门的职责如下。

### 16.4.2.1 建设单位(业主)

(1) 工程项目管理部门

① 组织对承包商的相应等级及资质证书进行审核备案，并签发“工程项目承包商施工资格确认证书”；

② 在编制工程概算时，应确定安全作业环境及安全施工措施所需费用，并抄送安全监督管理部门确认备查；

③ 负责监督检查项目安全措施的落实情况，对查出的问题督促承包商整改，并跟踪检查封闭情况；

④ 在项目完工后，负责对承包商的 HSE 业绩及表现做出评价，将承包商的 HSE 业绩及表现评价送交施工单位，并抄送安全监督管理部门备案。

⑤ 组织对特种作业人员证书、技术能力；特种设备证书；施工机具安全状态的鉴别、审查和管理。

⑥ 负责组织、安排施工人员的技术、安全教育或培训。

(2) 安全监督管理部门

① 负责制定本单位《承包商 HSE 管理规定》和《承包商 HSE 管理考核规定》，并监督检查落实情况；

② 对各承包商进行年度 HSE 资质评审或安全资质评审；审核并签发“工程项目承包商

HSE 资格确认证书”。

③ 对本单位及承包商的执行情况（包括作业现场）进行监督、检查和考核，并定期进行公布。

④ 负责施工人员安全教育或培训的实施和管理。

（3）有关部门或基层单位

按照本企业的职责分工，创造施工作业条件，为承包商提供安全可靠的作业环境，根据作业特点及危害因素，按照相关直接作业环节的安全管理规定，做好施工项目和作业部位的现场隔离及安全措施的落实。

#### 16.4.2.2 承包商

（1）遵守国家法律法规和中国石化有关规定，依法取得相应等级的资质证书，并在其资质等级许可的范围内承揽工程。

（2）遵守建设单位的安全生产管理规定，办理相关作业许可证；凡施工现场的作业人员，应严格执行合同中的 HSE 条款，接受建设单位安全监督管理部门及监理单位的检查和监督。

（3）承包商是安全施工作业的直接责任单位。承包商主要负责人依法对本单位的安全生产工作全面负责，建立健全安全生产责任制度和安全生产教育培训制度，制定安全生产规章制度和操作规程，保证本单位安全生产条件所需资金的投入。承包商的各级主要行政负责人，是施工安全的第一责任人。承包商应对所承担的建设工程进行定期和专项安全检查，并做好安全检查记录。

（4）承包商的项目负责人应当由取得相应执业资格的人员担任，对建设工程项目的安全施工负责，落实安全生产责任制度、安全生产规章制度和操作规程，确保安全生产费用的有效使用，并根据工程的特点组织制定安全施工措施，消除安全事故隐患，及时、如实报告生产安全事故。

（5）承包商应当设立安全生产管理机构，配备专职安全生产管理人员，作业班组应设兼职安全员并明确其安全职责；承包商应指定一名专职安全管理人员负责本单位施工现场的安全管理工作，并保证与用工企业安全监督管理部门及监理单位联系畅通。专职安全生产管理人员负责对安全生产进行现场监督检查，发现安全事故隐患，应当及时向项目负责人和安全生产管理机构报告；对违章指挥、违章操作的，应当立即制止。

（6）承包商对列入建设工程概算的安全作业环境及安全施工措施所需费用，应当用于施工安全防护用具及设施的采购和更新、安全施工措施的落实、安全生产条件的改善，不得挪作他用。

（7）建设工程实行施工总承包的，由总承包单位对施工现场的安全生产负总责。总承包单位依法将建设工程分包给其他单位的，分包合同中应当明确各自的安全生产方面的权利、义务。总承包单位和分包单位对分包工程的安全生产承担连带责任。分包单位应当服从总承包单位的安全生产管理，分包单位不服从管理导致生产安全事故的，由分包单位承担主要责任。

（8）对于未实行总承包的建设工程，各承包商对本单位施工现场的安全生产负责。承包商将工程分包或转包给其他单位的，承包商对分包商的 HSE 管理负全责。

（9）承包商的特种作业人员，必须按照国家有关规定经过专门的安全作业培训，并取得特种作业操作资格证书后，方可上岗作业。承包商的管理人员和作业人员应每年至少进行一次安全生产教育培训，其教育培训情况记入个人工作档案，安全生产教育培训考核不合格的人员，不得上岗。

(10) 承包商应为施工作业人员配备符合安全要求的劳保服装和安全防护用品，为工程施工配备符合安全要求的施工机具和设备，并经检(校)验合格，使设备机具处于完好状态。

#### 16.4.2.3 监理单位

(1) 监督、指导承包商在工程项目的检修、施工过程中做好规范的 HSE 管理。

(2) 按照法律、法规和工程建设强制性标准，对项目及管理过程实施质量、安全监理，并对建设工程安全生产承担监理责任。

(3) 审查承包商施工组织设计中的安全技术措施或者专项施工方案是否符合工程建设强制性标准，满足建设单位的安全管理要求。

(4) 在实施监理过程中，发现存在安全事故隐患或不符合标准及管理要求的问题，应当要求承包商整改；情况严重的，应当要求承包商暂时停止施工，并及时报告建设单位。

## 16.5 安全资质管理要求

(1) 在中国石化炼化企业从事检维修施工的外委检维修承包商必须是承包商资源库的成员。具有中国石化委托第三方评审机构颁发的《石油化工检修资质证书》。近三年在炼化企业内未发生重大安全、质量责任事故。

(2) 所有总承包、专业分包和劳务分包的承包商都应实行安全、环境与健康(以下简称 HSE)管理，并具有有效的审核和评审报告。

(3) 承包商应将本单位的施工、安装资质报建设单位的工程质量监督部门，其资质等级必须与承担的施工项目相适应，经工程质量监督部门审核后取得该部门签发的“工程项目承包商施工资格确认证书”(格式见中国石化《承包商安全管理规定》附件 1)。

(4) 承包商在取得“工程项目承包商施工资格确认证书”后，应向建设单位的安全监督管理部门申请 HSE 资质审查，并提交以下书面资料：

① 近三年重大安全事故原始记录以及事故隐患治理情况档案的复印件、事故发生率统计表；

② 符合国家法规规定的特殊工种作业人员操作证复印件；主要负责人、项目负责人和安全管理人员安全生产资格证复印件；

③ HSE 管理体系文件中的 HSE 管理手册，或《职业健康安全管理体系要求》(GB/T 28001—2011)和《环境管理体系要求及使用指南》(GB/T 24001—2004)的管理手册及其有效的认证(或复审)证书复印件；

④ 建设单位工程质量监督部门签发的“工程项目承包商施工资格确认证书”原件；

⑤ 建设单位安全监督管理部门对承包商的 HSE 资质审查合格后，向承包商签发“工程项目承包商 HSE 资格确认证书”(格式见中国石化《承包商安全管理规定》附件 2)。“工程项目承包商 HSE 资格确认证书”每年复审一次，连续三年复审合格的承包商可将复审周期延长至两年一次。

## 16.6 承包项目监管要求

(1) 承包商承接的所有工程项目应按《合同法》要求签订工程合同书，合同中应明确双方 HSE 管理工作的内容及应负的责任。

（2）合同在双方确认签订合同前，应报送建设单位安全监督管理部门审查会签，未经会签的施工、检维修、劳务等合同不得开工。如有违反，应按《承包商 HSE 管理考核规定》严肃处理，对发生事故的还应追究领导责任。承包商承接的所有工程项目（包括临时追加的工程项目），应制定安全措施，经建设单位安全监督管理部门审定后，方可实施。

（3）施工前，承包商应持“工程项目承包商 HSE 资格确认证书”，到建设单位安全监督管理部门接受 HSE 教育。建设单位保卫部门凭安全教育“合格证”，向承包商发放“临时出入证”，有效期应与施工期限同步，最长不超过一年。

（4）施工前的安全准备工作。

① 明确双方 HSE 管理工作的第一责任人；

② 确定双方现场 HSE 管理的联络人员；

③ 建设单位应对施工方案中的危害识别和风险评价结论进行审核、确认；

④ 建设单位工程项目主管部门已向施工单位明确了 HSE 措施及要求；

⑤ 建设单位应对施工人员进行三级安全教育，施工单位应将“特种作业操作证”和有关人员的安全管理资格证，报建设单位安全监督管理部门备案；

⑥ 施工用的临时设施、建筑符合防火、防爆、防毒等要求，消防器材配备齐全，道路畅通；

⑦ 双方人员确认作业现场已具备安全作业条件。

## 16.7 安全监管的重点

### 16.7.1 资质审查

（1）无企业工程质量监督部门签发的“工程项目承包商施工资格确认证书”的承包商，不得进入本企业进行工程施工。

（2）未取得企业安全监督管理部门签发的“工程项目承包商 HSE 资格确认证书”的承包商，不得进入本企业进行工程施工。

（3）未向企业安全监督管理部门提交特种作业人员有效《特种作业操作资格证书》复印件的承包商，不得进行相关特种作业。

（4）实施施工分包的承包商，未向企业安全监督管理部门提交承包商与分包商签订的含有双方安全施工权利、义务、责任分包合同的，分包商不得进入本企业进行工程施工。

（5）未经企业安全监督管理部门进行入厂安全教育的承包商作业人员，不得进入本企业进行工程施工。

### 16.7.2 承包商选择

（1）承包商一般由业务主管部门在公司承包商资源库内通过项目招（议）标方式或制定专项的投标方案予以确定。对特殊专业项目的承包商选择，可不受承包商资源库的限制，但确定的承包商必须通过承包商资源市场专业委员会的资质审查。

（2）确定符合要求的承包商后，业务主管部门应与承包商签订合同，合同书中必须有 HSE 条款，并签订 HSE 管理协议书作为合同附件，明确双方 HSE 管理工作的内容及应负的

责任。安全部门审核合同书及 HSE 管理协议书中乙方(承包商)应遵守的条款是否包含了以下 HSE 内容:

① 遵守甲方(业主单位)HSE 管理的有关制度、规定，服从甲方的 HSE 管理；接受安全部门、业务主管部门和项目所属单位管理人员的监督检查；

② 根据国家法律和政府规定设置安全管理机构和专兼安全管理人员，现场按施工作业人员 50∶1 配备安全管理人员，不到 50 人的配备 1 人；

③ 按住建部规定提取安全生产(HSE)专项费用，单独列支专款专用；

④ 为作业人员提供必要的、安全的工机具和设备，并保持设备完好；

⑤ 根据甲方 HSE 管理的有关制度、规定，为所有人员提供符合国家有关标准的劳动防护用品和用具；

⑥ 根据甲方 HSE 管理的有关制度、规定，对所有人员进行 HSE 教育培训；

⑦ 明确承包商对施工作业中事故的责任；

⑧ 明确承包商对分包队伍的 HSE 责任。

(3) 业务主管部门与总承包商签订工程施工合同时，应明确要求总承包商在与具有相应资质的专业分承包商签订的分包合同中，需明确其各自 HSE 管理的权利、义务及 HSE 措施费的分配、支付、使用等。

## 16.7.3　危害识别

根据各单位管理特点，明确需要承包商实施危害识别和风险评价的工程项目范围，并在施工前由业务主管部门组织项目所属单位、承包商对项目进行危害识别和环境因素识别；承包商根据识别结果，制订相应的 HSE 控制措施。业务主管部门主管人员要审查外包商的 HSE 管理措施，包括防止安全事故、伤害事故、环境污染的具体措施和应急预案，并会同项目所属单位管理人员检查落实情况。

工程项目承包商应进行项目 HSE 策划，施工现场要根据危害识别结果设立 HSE 公告牌。HSE 公告至少包括施工项目信息、危害与控制措施、应急预案、紧急撤离路线等。并由工程项目管理单位监督落实情况。

## 16.7.4　施工前必备的安全条件

(1) 已明确现场 HSE 管理工作的第一责任人及职责。

(2) 已明确双方现场 HSE 管理的对口人员，按项目施工人员的 2%比例配备现场专职安全管理人员(小于 50 人的单位至少配备 1 名)。

(3) 建设单位主管部门已组织召开工程项目施工安全协调会，已明确施工 HSE 措施及要求。

(4) 建设单位主管部门已按规定范围组织开展危害识别和风险评价，承包商已将识别结果及控制措施纳入施工方案。

(5) 施工方案(HSE 策划)已经建设单位认可并发布。方案中至少应包括项目概况、施工作业程序、HSE 管理架构及项目现场安全管理人员名单、采取的 HSE 控制措施、危害识别和风险评价记录、应急救援预案。

(6) 施工管理、作业人员已按照“安全教育管理规定”完成三级安全教育，特种作业人员、施工安全管理人员持有地方行政主管部门颁发的“特种作业操作证”和安全管理证，并已报建设单位安全部门备案。

（7）施工用的临时设施、建筑符合防火、防爆、防毒等要求，消防器材配备齐全，道路畅通。

（8）承包商已完成对施工用工机具的检查(检验)，并加贴合格标签，标签上应注明项目名称、检查时间、检查人。

（9）建设单位、承包商双方人员对作业现场已进行检查，有关 HSE 措施已落实。

### 16.7.5 施工过程安全要求

（1）项目现场安全管理人员都佩戴明显的标志，到位率100%。

（2）作业单位的工机具必须符合安全要求。

（3）必须按甲方的规定办理相关作业许可证。

（4）施工期间现场所有人员必须严格执行合同中的 HSE 条款，接受甲方的检查和监督。

（5）进入施工现场人员应穿戴符合国家标准、配发与作业环境相适应的个体防护用品，并统一着装、统一标识(乙方企业标识)。

（6）作业过程中严格遵守各类作业的安全操作规程，遵守国家、地方政府相关安全管理规定和集团公司、公司的 HSE 管理规定。

（7）承包商内部的安全管理体系检查、考核、教育培训、问题整改等制度得到落实。

### 16.7.6 施工过程安全检查

（1）建设单位项目管理人员应从以下几方面检查承包商的 HSE 资源配置及施工管理。

① 项目经理、现场安全管理人员职责落实和到位率是否满足要求，特种作业人员持证上岗、在许可范围内作业；

② 为作业人员配备了必需的个体防护用品；

③ 作业环境危害、健康危害已识别，防范措施已落实，应急设施已配置；

④ 施工作业人员是否按规定的作业地点、作业对象、作业内容、作业程序工作；

⑤ 施工作业人员的作业行为是否符合 HSE 规定；

⑥ 施工用设备、工机具及安全设施的安全状态是否符合规定；

⑦ 施工过程中产生的“三废”按公司规定程序得到处置；

⑧ 及时处理项目所属单位、安全部门的管理人员在施工作业中检查发现的问题，对承包商的整改结果进行验证确认；

⑨ 检查考核监理单位的职责落实。

（2）建设单位安全部门不定期对直接作业环节 HSE 措施的落实情况进行监督抽查，及时阻止和纠正违章作业。

① 检查工程项目是否按要求签订 HSE 管理协议书、落实管理负责人；

② 检查施工作业要求的 HSE 措施是否得到落实；

③ 检查施工作业人员穿戴的劳动保护用品和防护用品合格情况；

④ 检查施工作业人员遵守各项 HSE 管理制度情况；

⑤ 检查现场安全管理人员的到位情况和日常检查考核情况；

⑥ 检查业务主管部门、监理单位对施工单位 HSE 管理情况的监督检查情况；

⑦ 项目所属单位人员对施工人员的作业行为负有监督责任，施工地点所在班组或岗位

应将施工作业情况、施工人员的 HSE 表现列入岗位巡检内容，发现违章行为及时阻止，出现紧急情况及时进行处理或报告。

(3) 建设单位的工程管理部门、安全管理部门从以下方面检查监理单位责任的落实情况。

① 施工准备阶段安全监理的主要工作内容：

a. 监理单位应根据《条例》的规定，按照工程建设强制性标准、《建设工程监理规范》(GB 50319)和相关行业监理规范的要求，编制包括安全监理内容的项目监理规划，明确安全监理的范围、内容、工作程序和制度措施，以及人员配备计划和职责等。

b. 对中型及以上项目和《条例》第二十六条规定的危险性较大的分部分项工程，监理单位应当编制监理实施细则。实施细则应当明确安全监理的方法、措施和控制要点，以及对施工单位安全技术措施的检查方案。

c. 审查施工单位编制的施工组织设计中的安全技术措施和危险性较大的分部分项工程安全专项施工方案是否符合工程建设强制性标准要求。

d. 检查施工单位在工程项目上的安全生产规章制度和安全监管机构的建立、健全及专职安全生产管理人员配备情况，督促施工单位检查各分包单位的安全生产规章制度的建立情况。

e. 审核特种作业人员的特种作业操作资格证书是否合法有效。

f. 审核施工单位应急救援预案和安全防护措施费用使用计划。

② 施工阶段安全监理的主要工作内容：

a. 监督施工单位按照施工组织设计中的安全技术措施和专项施工方案组织施工，及时制止违规施工作业。

b. 定期巡视检查施工过程中的危险性较大工程作业情况。

c. 核查施工现场施工起重机械、整体提升脚手架、模板等自升式架设设施和安全设施的验收手续。

d. 检查施工现场各种安全标志和安全防护措施是否符合强制性标准要求，并检查安全生产费用的使用情况。

e. 督促施工单位进行安全自查工作，并对施工单位自查情况进行抽查，参加建设单位组织的安全生产专项检查。

建设单位安全、工程项目管理部门发现承包商施工人员违反 HSE 管理规定，应向承包商下达“隐患整改通知单”，并跟踪检查。对安全措施不落实的，根据承包商 HSE 管理考核规定的有关条款，给予相应处理。

## 16.7.7 HSE 管理例会

施工过程中，建设单位和承包商应建立 HSE 例会制度，以及时通报 HSE 信息，协调解决施工过程的 HSE 问题。

(1) HSE 管理例会：施工周期较长的工程建设项目或系统停工大检修，企业安全监督管理部门应定期组织召开 HSE 例会，传达 HSE 文件，通报 HSE 管理情况及事故通报，交流 HSE 安全信息，探讨 HSE 管理中出现的问题，布置下一阶段 HSE 工作任务、明确事故隐患管理措施、限定整改时间。承包商及分包商的项目负责人、安全管理负责人应按时参加会议。

（2）HSE 专题会议：施工周期较长的工程建设项目或系统停工大检修，企业安全监督管理部门应根据具体情况不定期召开专题会议，讨论解决要害部位、重点作业安全施工方案；专题讨论通报施工中出现的重伤以上级事故及重大未遂事故，吸取教训，制定“四不放过”措施，讨论处理意见，报送有关部门。

（3）会议纪要及记录：企业安全监督管理部门组织的 HSE 例会及 HSE 专题会议均应认真记录并做出会议纪要；各承包商应按时完成 HSE 会议纪要决定的事项，在下次会议上进行汇报。

### 16.7.8 考核与奖惩

（1）企业安全监督管理部门应建立对承包商的考核与奖惩制度，对承包商 HSE 业绩进行考核、奖励和处罚。

（2）奖励资金可以从承包工程款中按比例提取；从承包工程款中提取的奖励资金必须用于表彰取得 HSE 优良业绩的承包商(单位)或对 HSE 作出突出贡献的承包商员工，做到专款专用。对于违章者进行处罚的罚没款只能补充用于奖励资金，不得挪作它用。

（3）HSE 考核应实施结果考核与行为考核相结合，以结果考核为主，坚持公开、公正、公平，坚持职权与责任相统一的原则。

（4）企业安全监督管理部门应制定承包商 HSE 考核细则和相应的 HSE 检查表，对违章现象及 HSE 不符合项进行记录、拍照或录像；对发生 HSE 事故的承包商，根据事故类型、事故级别以及引发事故的原因，依据考核评分标准分别对每个承包商进行打分，按照承包商施工人员数量进行加权，依考核分数对承包商进行奖励或处罚。

（5）承包商在施工过程中，如违反了建设单位的有关 HSE 规定，企业安全监督管理部门有权进行停工、整顿及经济处罚，所罚款项在工程款中扣除。对于承包商违章指挥或作业、管理失误和不到位所造成的各类伤亡事故及其他事故，责任由承包商自负。

### 16.7.9 应急救援管理

（1）建立应急救援系统：为使施工现场各类 HSE 事故、事件及自然灾害的应急工作高效有序地进行，最大限度地减少人员伤亡和财产损失，建设单位和承包商应建立施工现场应急救援系统，该系统应包括建设单位、监理单位、承包商等相关单位；设置应急指挥部及相应的应急救援组织机构，负责组织实施事故(事件)的抢险救灾、医疗救护、消防保卫、物资救援等各方面工作。

（2）编制事故预案：建设单位应编制建设工程总体事故预案，参与工程施工和检修的监理单位、承包商应依承担的工程项目分别编制事故分预案。各预案应符合中国石化关于事故应急救援预案编制的有关要求。

（3）预案培训与演练：承包商应对进入施工现场的全体员工进行事故应急预案的培训，包括对预案的学习和现场仿真培训，根据施工现场投入的人员变化，不定期进行事故应急救援预案的演练，通过培训和演练，不断提高施工现场员工的应急能力。

### 16.7.10 业绩与表现评价

公司应建立对承包商项目施工的 HSE 业绩及表现评价机制，明确评价范围、程序、频率以及标准等。

项目完工后由工程主管部门组织安全管理部门、项目所属单位对承包商在工程项目施工中的 HSE 管理表现进行评价，并保持记录。

结合承包商年度资质审查，对各承包商进行年度 HSE 管理总体评价，作为评选下一年度准入评审的依据，实行优胜劣汰。

## 16.8 典型案例

### 16.8.1 临时用电器材不防爆，原油罐内浮顶隔仓刷漆防腐，发生闪爆事故

#### 16.8.1.1 情景

2006 年 10 月 28 日 19 时 16 分，某石化分公司在建的 $10\times10^4m^3$ 原油储罐内浮顶隔舱刷漆防腐作业时，发生爆炸。

发生爆炸事故的原油储罐为浮顶罐，全高 21.8m，全钢材质结构。储罐的浮顶为圆盘状，内径 80m，高约 0.9m，从圆盘中心向外被径向分隔成 1 个圆盘舱(半径为 9.6m)和 5 个间距相等、完全独立的环状舱，每个环状舱又被隔板分隔成个数不等的相对独立的隔舱，每个隔舱均开设人孔。事故发生前，储罐在进行水压测试，储罐内水位高度约 13m。2006 年 10 月 28 日，某省防腐工程总公司在原油储罐浮顶隔舱内进行刷漆作业的施工人员有 27 人，其中施工队长、小队长及配料工各 1 人，其他 24 人被平均分为 4 个作业组。防腐所使用的防锈漆为环氧云铁中间漆，稀料主要成分为苯、甲苯。当日 19 时 16 分，在作业接近结束时，隔舱突然发生爆炸，造成 13 人死亡、6 人轻伤，损毁储罐浮顶面积达 $850m^2$。

#### 16.8.1.2 调查与分析

国家安全生产监督管理总局迅速派有关人员赶赴事故现场，指导协助事故调查处理工作；该分公司上级单位和防腐工程总公司所在省人民政府也及时派有关部门人员赶赴事故现场协助现场救援、事故调查和善后工作。

据了解，施工单位某省防腐工程总公司成立于 1989 年 12 月 31 日，注册资金 1500 万元，注册经济类型为集体经济；2002 年 6 月 28 日，获建设部颁发的防腐保温工程专业承包壹级资质；2004 年 12 月 28 日，获省建设厅颁发的安全生产许可证。

事故的直接原因：在施工过程中，防腐工程总公司违规私自更换防锈漆稀料，用含苯及甲苯等挥发性更大的有机溶剂替代原施工方案确定的主要成分为二甲苯、丁醇和乙二醇乙醚醋酸酯，在没有采取任何强制通风措施的情况下组织施工，使储罐隔舱内防锈漆和稀料中的有机溶剂挥发、积累达到爆炸极限；施工现场电气线路不符合安全规范要求，使用的行灯和手持照明灯具都没有防爆功能。调查组判定是电气火花引爆了达到爆炸极限可燃气体，导致这起特大爆炸事故的发生。

事故的间接原因：一是负责建设工程施工单位安全管理存在严重问题。安全管理制度不健全，没有制定受限空间安全作业规程，没有按规定配备专职安全员，没有对施工人员进行安全培训；作业现场管理混乱，在可能形成爆炸性气体的作业场所火种管理不严，使用非防爆照明灯具等电器设备，施工现场还发现有手机、香烟和打火机等物品；且施工组织极不合理，多人同时在一个狭小空间内作业。二是负责建设工程监理的单位某建设项目管理有限公司监理责任落实不到位。该公司内部管理混乱，监理人员数量、素质与承揽项目不相适应，监理水平低；对施工作业现场缺乏有效的监督和检查措施，安全监理不规范，不能及时纠正

施工现场长期存在的违章现象。

#### 16.8.1.3 问题

请学员分析事故的教训，提出整改措施？

#### 16.8.1.4 简析

建设单位要加强对建设工程全过程的安全监督管理，通过招投标选择有资质的施工队伍和工程监理。所选单位安全管理制度要健全，具有较丰富的工程经验，人员安全素质较高。加强施工过程中对施工单位、监理单位安全生产的协调与管理，持续对施工单位和监理单位的安全管理和施工作业现场安全状况进行监督检查。发现施工现场安全管理混乱的要立即停产整顿，对不符合施工安全要求和严重违反施工安全管理规定的，要坚决依法处理。建设单位要切实加强对承包方的监管，不能“以包代管”，要安排专人监督承包方安全制度执行情况，及时发现纠正承包方的违章行为。要发挥建设单位安全管理、人才、技术优势，共同做好在建工程的安全工作。

施工单位要增强安全意识，完善安全管理制度，强化施工现场的安全监管，大力开展反“三违”活动。针对施工单位从业人员安全意识不强、人员流动性大等情况，要加大安全培训力度，提高从业人员安全素质。要加强施工现场安全监管力度，及时发现、消除事故隐患，及时纠正“三违”现象，切实做到安全施工。

监理单位要严格执行建设部《关于落实建设工程安全生产监理责任的若干意见》(建市〔2006〕248号)的有关要求，认真落实建设工程安全生产监理责任。

高度重视易燃、易爆环境临时用电安全管理，尤其是进入易燃、易爆受限空间环境作业所使用的照明灯具应选用防爆型，导线应采用防爆橡胶绝缘线；必须按要求使用安全电压；手持式或移动式电动工具应采用防爆措施等。

### 16.8.2 停工检修违章进行气密性试验，加油站发生爆炸

#### 16.8.2.1 情景

某公司在安全检查中发现油气加注站存在安全隐患，由其下属的某销售中心与某燃气有限公司(以下简称“燃气公司”)签订工程承包合同，将检修工作委托给燃气公司负责，燃气公司又转包给没有压力管道施工资质的某建筑安装工程有限公司。计划检修项目为油气加注站管道刷油漆防腐、更换紧急切断阀、校验安全阀。

2007年10月12日，油气加注站暂停营业，进行检修。同日，燃气公司用10瓶氮气分别将1号、2号储罐内的剩余液化石油气物料压到槽车内，进行退料，至储罐液位表到零位后结束，但没有对液化石油气储罐进行置换。

11月7日，施工人员按合同内容开始对管路进行除锈、刷漆。11月14日，销售中心变更工程项目内容，在原有合同的基础上增加了更换系统管道的内容。11月22日，管道全部更换完毕。11月23日15时，建筑安装工程有限公司严重违反压力管道试压规定，擅自用压缩空气气密性试验代替对新更换管道的压力试验，并确定管道系统气密性试验压力为1.76MPa。在没有用盲板将试压管道与埋地液化石油气储罐隔离、且储罐的液相管道阀门和气相平衡管阀门处于全开情况下，19时，用空气压缩机将试压管道连同埋地液化石油气储罐一起加压至1.2MPa，保压至24日上午。24日7时10分，继续升压；7时40分，焊工违章进行液化石油气管道防静电装置焊接作业，7时51分，当将第3只单头螺栓焊至液化石油气管道气相总管，空压机加压至1.36MPa时，2号液化石油气储罐发生爆炸，罐体冲出地

面，严重损坏，其余两个埋地液化石油气储罐受爆炸冲击，向左右偏转，造成液化石油气罐区全部破坏，爆炸形成的冲击波将混凝土盖板碎块最远抛出420多米。

事故造成2名作业人员当场死亡，30名附近居民和油气加注站旁边道路上行人受伤，其中2名伤势严重的行人在送往医院途中死亡，周边约180户居民房屋玻璃不同程度损坏，12家商店及70余部车辆破损。

#### 16.8.2.2 问题

检修期间如何依法对承包商进行管理？

#### 16.8.2.3 简析

(1) 直接原因：经初步分析判断，此次爆炸为化学爆炸。事故的直接原因是，在进行管道气密性试验时，没有将管道与埋地液化石油气储罐用盲板隔断，液化石油气储罐用氮气压完物料后没有置换，导致液化石油气储罐与管道系统一并进行气密性试验，罐内未置换干净的液化石油气与压缩空气，形成爆炸性混合气体，因现场同时进行电焊动火作业，电焊火花引发试压系统发生化学爆炸，导致事故发生。

(2) 管理上存在的主要问题：这次爆炸事故暴露出销售分公司在油气加注站的检修组织上管理混乱。一是以包代管，销售中心将油气加注站的检修工作外包后，没有对施工过程的安全进行监督，致使承担检修任务的单位在检修过程中屡屡违反施工安全作业规程。二是层层转包，燃气公司承接检修工程项目后，又将检修工程转包给没有相关施工资质的建筑安装工程有限公司。三是检修计划不周密，施工过程中随意多次增加检修项目却不及时修改检修施工方案。四是没有按照安全检修要求对检修管道和设备内的气体进行置换，擅自用气密性试验代替管道的压力试验，在管道气密性试验时，没有将管道与液化石油气储罐用盲板隔离。五是安全意识差，在油气加注站的检修过程中没有执行动火有关规定，在没有动火许可证的情况下擅自动火，从而引发事故。《安全生产法》明确规定："生产经营单位不得将生产经营项目、场所、设备发包或者出租给不具备安全生产条件或者相应资质的单位或者个人。生产经营项目、场所有多个承包单位、承租单位的，生产经营单位应当与承包单位、承租单位签订专门的安全生产管理协议，或者在承包合同、租赁合同中约定各自的安全生产管理职责；生产经营单位对承包单位、承租单位的安全生产工作统一协调、管理。"这就要求生产经营单位对承包商的经营资质、技术水平等进行审查，不能满足要求的承包商不准其承担项目。在签订项目合同的同时，必须签订专门的安全生产管理协议。实际上，涉及承包商安全管理的法律法规还有不少，如《建设工程安全生产管理条例》《危险化学品安全管理条例》《劳动法》《消防法》等，都必须认真贯彻实施。

## 16.9 思考题

(1) 对于基本建设工程(包括新建、改建和扩建)，企业对承包商的安全监督管理采取何种模式，效果如何？

(2) 对于装置系统停车大检修，企业安全监督管理部门是如何对承包商进行安全监督的，有何好的经验？

# 参 考 文 献

[1] 乐云．工程项目管理[M]．武汉：武汉理工大学出版社，2008.

[2] 孙科，陈惠泰．相关方 HSE 管理工作探索[J]．安全与环境工程，2011，4(10).

[3] 李洪利，冯建柱．化工企业相关方安全管理[J]．化工安全与环境，2009，18(9).

[4] 全国注册安全工程执业资格考试辅导教材编审委员会．安全生产技术(2006 版)．北京：中国大百科全书出版社，2006.

[5] 全国注册安全工程执业资格考试辅导教材编审委员会．安全生产事故案例分析(2006 版)．北京：中国大百科全书出版社，2006.

[6] 全国注册安全工程执业资格考试辅导教材编审委员会．安全生产管理知识(2006 版)．北京：中国大百科全书出版社，2006.

[7] 中国石油化工总公司安全监督局．石油化工安全技术(高级本)．北京：中国石化出版社，2009.

[8] 孙丽华主编．电力工程基础[M]．北京：机械工业出版社，2009.

[9] 郭铁男主编．中国消防手册[M]．(灭火救援基础)．上海：上海科学技术出版社，2007.

[10] 郭铁男主编．中国消防手册[M]．(消防装备、消防产品)．上海：上海科学技术出版社，2007.

[11] 公安部消防局编．消防灭火救援[M]．北京：中国人民公安大学出版社，2002.

[12] 金泰廙等．职业卫生与职业医学[M]．(第 5 版)．北京：人民卫生出版社，2006.

[13] 周学勤主编．职业卫生管理与技术[M]．北京：中国石化出版社，2005.

[14] 苏树祥主编．职业病防治知识问答[M]．北京：中国石化出版社，2005.

[15] 中国石化集团公司．石油化工安全技术(中级本)[M]．北京：中国石化出版社，2004.

[16] 中国安全生产协会注册安全工程师工作委员会编写．安全生产法及相关法律知识[M]．北京：中国大百科全书出版社，2008.

[17] 中国安全生产协会注册安全工程师工作委员会编写．安全生产管理知识[M]．北京：中国大百科全书出版社，2008.

[18] 王世果．安全技术[M]．北京：中国电力出版社，2010.

[19] 闪淳昌．现代安全管理原理[M]．北京：中国工人出版社，2003.

[20] 匡永泰，高维民．石油化工安全评价技术[M]．北京：中国石化出版社，2005.

[21] 施红勋，王秀香，牟善军等．中国石化 HSE 管理系统建设及应用[J]．安全、健康和环境，2011，10(10).